제1판

중등임용 전공수학 대비

윤양동
임용수학

III

윤양동 편저

위상수학
미분기하

박문각 임용 동영상강의 www.pmg.co.kr

차 례

Contents

PART 1 위상수학

Chapter 1. 위상공간

1. 위상공간과 기저 — 6
2. 위상공간의 사례 — 11
3. 거리 위상공간 — 12

Chapter 2. 위상공간의 기본 개념

1. 내부, 외부, 경계 — 16
2. 폐포, 도집합, 수렴성 — 19

Chapter 3. 연속사상

1. 연속사상 — 27
2. 연속사상의 성질 — 36
3. 개사상, 폐사상 — 42
4. 위상동형사상과 위상적 불변성 — 44

Chapter 4. 부분공간, 적공간과 상공간

1. 부분위상공간과 상대위상 — 53
2. 적공간과 적위상 — 60
3. 사상의 유도위상 — 69
4. 상공간과 상사상 — 72

Chapter 5. 연결성과 컴팩트

1. 연결성 — 87
2. 컴팩트 — 99

Chapter 6. 분리공리와 가산공리

1. 가산공리 — 115
2. 분리공리 — 123

Chapter 7. 완비거리공간과 거리화

1. 거리동형과 완비거리공간   147

2. 거리화에 관한 정리   150

PART **2** **미분기하학**

Chapter 1. 곡선의 기하학

1. 평면과 공간의 이해   156

2. 곡선의 표현과 프레네 틀   159

3. 프레네-세레 정리와 곡률과 열률   163

Chapter 2. 곡면의 기하학

1. 곡면의 표현   182

2. 법곡률과 측지곡률   194

3. 주요곡률과 가우스곡률, 평균곡률   206

4. 여러 가지 곡면과 곡률   213

5. 다르보 정리   223

6. 곡면에 관한 정리   226

7. 등장사상과 가우스 정리   231

8. 가우스-보네 정리   243

Chapter 3. 선적분과 면적분

1. 선적분   249

2. 면적분   251

윤양동
임용수학

Mathematics

PART

1

위상수학

Chapter 1. 위상공간

Chapter 2. 위상공간의 기본 개념

Chapter 3. 연속사상

Chapter 4. 부분공간, 적공간과 상공간

Chapter 5. 연결성과 컴팩트

Chapter 6. 분리공리와 가산공리

Chapter 7. 완비거리공간과 거리화

위상공간(Topological Space)

01 위상공간(Topological space)과 기저(Base)

1. 위상공간(Topological space)

> **[정의] {위상공간}** 공집합이 아닌 집합 X의 부분집합족 $\mathfrak{I}$가 다음 공리계를 만족할 때, $\mathfrak{I}$를 X 위의 위상(topology)이라 하고, 집합 X와 위상 $\mathfrak{I}$의 쌍 $(X, \mathfrak{I})$를 위상공간(topological space)이라 한다.
> (1) $X, \varnothing \in \mathfrak{I}$
> (2) $\{ G_i \mid i \in I \} \subset \mathfrak{I}$ 에 대하여 합집합 $\bigcup_{i \in I} G_i \in \mathfrak{I}$
> (3) $G_1, G_2, \cdots, G_k \in \mathfrak{I}$ 에 대하여 교집합 $G_1 \cap G_2 \cap \cdots \cap G_k \in \mathfrak{I}$

위상이 분명한 경우 줄여서 위상공간 X 또는 간단히 공간 X라 한다.

위상공간 $(X, \mathfrak{I})$에서 위상 $\mathfrak{I}$에 속하는 X의 부분집합을 개집합(열린 집합, open set)이라 하며,

개집합의 여집합을 폐집합(닫힌 집합, closed set)이라 한다.

간단한 위상공간의 예를 들면 집합 $X = \{ 0, 1 \}$에 집합족 $\mathfrak{I} = \{ X, \varnothing, \{0\} \}$는 X 위의 위상을 이루며 집합 X, $\varnothing$, $\{0\}$은 개집합(open set)이고 여집합 $\varnothing$, X, $\{1\}$은 폐집합(closed set)이다.

집합 $X = \{ a, b, c, d, e \}$에 집합족

$\mathfrak{I} = \{ X, \varnothing, \{a\}, \{c,d\}, \{a,c,d\}, \{b,c,d,e\} \}$

는 X 위의 위상을 이루며, 이 위상공간에서 X, $\varnothing$, $\{a\}$, $\{b,c,d,e\}$ 등은 개집합이며, 동시에 폐집합이다. $\{a,b\}$는 개집합도 폐집합도 아니다.

> 개집합/폐집합은 배타적 개념이 아님

드 모르강(De Morgan) 법칙을 적용하면 다음 정리를 얻는다.

> **[정리]** (1) X, $\varnothing$ 은 폐집합이다.
> (2) 폐집합의 무제한 교집합은 폐집합이다.
> (3) 폐집합의 유한번 합집합은 폐집합이다.

한 집합위의 위상들끼리도 다음과 같이 서로 비교할 수 있다.

> **[정의] {강한 위상, 약한 위상}** 집합 X의 두 위상 $\mathfrak{I}_1$, $\mathfrak{I}_2$ 가 $\mathfrak{I}_1 \subset \mathfrak{I}_2$ 일 때, $\mathfrak{I}_1$ 은 $\mathfrak{I}_2$ 보다 약한 위상(거친 위상, weaker topology)이라 하고, $\mathfrak{I}_2$ 는 $\mathfrak{I}_1$ 보다 강한 위상(섬세한 위상, stronger topology)라 한다.

여러 위상들이 주어질 때, 다음 정리와 같이 그 위상들 보다 약한 위상을 구성할 수 있다.

[정리] X 의 위상 $\mathfrak{I}_k\,(k\in I)$들에 대하여 $\bigcap_{k\in I}\mathfrak{I}_k$ 는 X 의 위상이다.

모든 $\mathfrak{I}_k$ 들의 교집합기호 $\bigcap_{k\in I}\mathfrak{I}_k$ 를 $\bigcap\{\,\mathfrak{I}_k\mid k\in I\,\}$ 로 쓰기도 한다.

또한 합집합기호 $\bigcup_{k\in I}\mathfrak{I}_k$ 를 $\bigcup\{\,\mathfrak{I}_k\mid k\in I\,\}$ 로 쓰기도 한다.

집합 $X=\{\,a,b,c\,\}$의 부분집합족 $S=\{\,X,\varnothing,\{a,b\},\{b,c\}\,\}$
에 대하여 $\cap\{\,\{a,b\},\{b,c\}\,\}=\{a,b\}\cap\{b,c\}=\{b\}\notin S$
이므로 S 는 X 의 위상이 될 수 없다.

○— ∩, ∪기호에 대한 새로운 약속이다.

X 의 부분집합족 $B=\{\,X,\{a\},\{b\},\varnothing\,\}$ 에 대하여
$$\cup\{\,\{a\},\{b\}\,\}=\{a\}\cup\{b\}=\{a,b\}\notin B$$
이므로 B 는 X 의 위상이 될 수 없다.

X 의 부분집합족 $T=\{\,\varnothing,X,\{a,b\},\{b,c\},\{b\}\,\}$ 는 위상의 공리를 모두 만족하므로 X 의 위상이다.

두 위상의 합집합은 위상이 아닌 경우도 있으며 두 위상을 모두 포함하는 위상을 구성하려면 단순 합집합외에 더 많은 개집합을 추가해야 할 필요가 있다.
집합 $X=\{\,a,b,c\,\}$의 두 위상
$$T_1=\{\,\varnothing,X,\{a,b\},\{c\}\,\},\ \ T_2=\{\,\varnothing,X,\{a,b\},\{a\}\,\}$$
에 대하여 $T_1\cap T_2=\{\,\varnothing,X,\{a,b\}\,\}$ 는 X 의 위상이다.
위상 $T_1\cap T_2$ 는 T_1 보다 약한 위상이며 T_2 보다 약한 위상이다.
그러나 $T_1\cup T_2=\{\,\varnothing,X,\{a,b\},\{c\},\{a\}\,\}$ 는 X 의 위상이 아니다.
X 의 부분집합 $T_1\cup T_2$ 에 몇 가지 집합을 추가하여 위상이 될 수 있도록 구성할 수 있다. 위의 경우에는 집합 $\{a,c\}$ 을 첨가하면 된다.
$$T_3=\{\,\varnothing,X,\{a,b\},\{c\},\{a\},\{a,c\}\,\}$$
T_3 는 X 의 위상이며 T_3 는 T_1 보다 강한 위상이며 T_2 보다 강한 위상이다.

2. 부분기저(subbase)와 생성

공집합이 아닌 집합 X 의 적당한 부분집합들의 족 $S = \{\, A_i \subset X \mid i \in I \,\}$ 가 있을 때,

$$S \;\rightarrow\; B = \{\, A_{i_1} \cap \cdots \cap A_{i_n} \mid i_1, \cdots, i_n \in I \,\} \;\rightarrow\; T = \left\{\, \bigcup_{G \in J} G \;\middle|\; J \subset B \,\right\}$$

유한 교집합   무제한 합집합

> J 는 첨자집합 I 의 부분집합이 아니다.

이와 같은 절차를 거쳐 구성한 T 는 위상의 공리를 만족한다. 이때 T 는 S 를 포함하는 X 의 위상들 중에서 최소 위상이 된다. 이 위상 T 를 'S 가 생성한 위상'이라 한다.

> **[정의] {부분기저}** 위상공간 $(X, \mathfrak{I})$ 의 개집합족 S 에 대하여 S 로 생성한 위상이 $\mathfrak{I}$ 일 때, S 를 위상 $\mathfrak{I}$ 의 부분기저(subbase)라 한다.

위상수학 교재 중에는 "$\bigcup S = X$" 조건을 추가로 요구하는 교재도 있다.
이런 교재는 0번의 교집합이 전체집합 X 가 된다는 점을 자연스럽게 지도하기 어려움으로 인해 나타나는 경우에 해당한다.

※ 유의: '유한교집합을 하는 $S \rightarrow B$' 절차에서 0개의 교집합도 고려해야 하며 논리적 이유로 0개의 교집합은 X 가 되고 항상 B 에 X 가 속한다.
    그리고 0개의 합집합은 $\varnothing$ 이다.

위의 집합족 B 로부터 위상을 생성하더라도 같은 위상을 생성한다.
즉, 집합족 S 로부터 위상$= T =$집합족 B 로부터 위상

예를 들어, 집합 $X = \{\, a, b, c \,\}$ 의 부분집합족 $S = \{\, \{a,b\}, \{b,c\} \,\}$ 일 때,
$$S \rightarrow B = \{\, X, \{a,b\}, \{b,c\}, \{b\} \,\} \rightarrow T = \{\, \varnothing, X, \{a,b\}, \{b,c\}, \{b\} \,\}$$
따라서 S 로 생성한 위상은 $T = \{\, \varnothing, X, \{a,b\}, \{b,c\}, \{b\} \,\}$ 이다.
집합 $X = \{\, a, b, c \,\}$ 의 부분집합족 $S = \varnothing$ 일 때,
    S 로 생성한 위상은 $\{\, X, \varnothing \,\}$ 이다.
집합 $X = \{\, a, b, c \,\}$ 의 부분집합족 $S = \{X\}$ 일 때,
    S 로 생성한 위상은 $\{\, X, \varnothing \,\}$
집합 $X = \{\, a, b, c \,\}$ 의 부분집합족 $S = \{\, \{a\}, \{b\}, \{c\} \,\}$ 일 때,
    S 로 생성한 위상은 2^X

3. 기저(base)

> **[정의] {기저}** 위상공간 $(X, \mathfrak{I})$의 부분집합족 $B \subset \mathfrak{I}$에 대하여, 공간 X의 모든 개집합이 B의 적당한 원들의 합집합이 될 때, B를 위상공간 $(X, \mathfrak{I})$의 기저(base, basis)라 한다. 즉, 모든 $G \in \mathfrak{I}$에 대하여 $\bigcup_{i \in I} V_i = G$인 개집합 $V_i \in B$, $i \in I$가 존재한다.

기저 B의 원소를 '기저 개집합(basic open set)'이라 한다.
B가 위상공간 X의 기저(base)이기 위한 필요충분조건은 임의의 개집합 G와 임의의 점 $p \in G$에 대하여
$p \in V \subset G$를 만족하는 $V \in B$가 존재하는 것"
이다. 따라서 임의의 개집합은 다음

$$G = \bigcup_{x \in G} V_x \quad (단, \ V_x 는 \ x \in V_x \subset G 인 \ 기본 \ 개집합)$$

와 같이 기저 개집합(basic open set)들의 합집합으로 쓸 수 있다.
두 기저(base)로부터 생성된 위상이 같을 때, 두 기저(base)는 동치(equivalent)라고 한다.

집합 X의 부분 집합족 B가 다음의 두 가지 조건을 만족한다고 하자.

> **[정리]** X의 부분집합족 B가 다음 두 조건 (1), (2)를 만족하면 B는 B로 생성한 위상의 기저(base)가 된다.
> (1) $X = \bigcup \{ U \mid U \in B \}$
> (2) 임의의 $U, V \in B$, $p \in U \cap V$에 대하여 $p \in W \subset U \cap V$, $W \in B$가 존재

이 명제를 기저의 정의로 삼는 위상수학 교재도 있다.

증명 B로 생성한 위상의 원소는 B의 원소들의 유한 교집합과 합집합이다. B가 기저가 되기 위해서는 유한 교집합을 B의 원소들의 합집합으로 나타낼 수 있으면 된다.
교집합 $\cap \varnothing = X$는 (1)에 의하여 B의 합집합이 된다.
B의 두 원소 U, V의 교집합은 (2)에 의하여 $p \in W_p \subset U \cap V$, $W_p \in B$인 W_p들에 대하여 $U \cap V = \bigcup_{p \in U \cap V} W_p$이다.

따라서 B는 B로 생성한 위상의 기저이다.
이때, B의 부분 집합족 $\{ G_i \mid i \in I \} \subset B$의 합집합 $\bigcup_{i \in I} G_i$들 전체로 구성된 집합족 $\mathfrak{I}(B)$는 위상의 공리를 만족하며 B는 이 위상의 기저(base)가 된다.
이때 위상 $\mathfrak{I}(B)$를 기저 B로부터 생성된 위상이라 한다.

4. 국소기저(local base)와 근방계(neighborhood system)

p는 위상공간X의 한 점이다. $L(p)$를 점p가 속하는 개집합의 족(a family of open sets)으로서 p를 포함하는 임의의 개집합U에 대하여 U에 포함되는 $V \in L(p)$가 존재하면, 즉

> **[정의] {국소기저}** 점p가 속하는 개집합들의 족 $L(p)$가 조건
> $\exists V \in L(p)$, s.t. $p \in V \subset U$
> 일 때, $L(p)$를 점 p의 국소기저(local base)라고 한다.

위상공간에서 국소기저와 같은 역할을 할 수 있는 '근방계'라는 개념이 있다. 위상공간X의 한 점 p와 X의 부분집합N이 있을 때, N을 p의 근방(neighborhood)이라 함은 p를 포함하고 N에 포함되는 개집합 U가 존재하는 것이다. 즉,

> **[정의] {근방, 근방계}** $\exists U \text{(open)}$ s.t. $p \in U \subset N$일 때, N을 p의 근방이라 한다.
> p의 모든 근방으로 된 집합족 $N(p)$를 p의 근방계(neighborhood system)라 한다.

개집합만을 근방이라 하는 교재도 있다.

근방은 개집합이 아니어도 된다.
개집합인 근방을 개근방(open neighborhood)이라 부르기도 한다.
일반적으로 점p의 국소기저 $L(p) \subset N(p)$ (p의 근방계)이다.
위상공간 X의 모든 점마다 근방계$N(p)$가 주어져 있으면 부분집합 G가 개집합일 필요충분조건은 「$\forall p \in G$ $\exists N \in N(p)$, $p \in N \subset G$」를 만족하는 것이다.

> **[정리]** 위상공간$(X, \mathfrak{I})$의 기저B에 대하여
> (1) $L(p) = \{ G \in B \mid p \in G \}$는 점$p$의 국소기저가 된다.
> (2) X의 모든 점들의 국소기저$L(p)$의 합집합 $\bigcup_{p \in X} L(p)$는 X의 기저가 된다.

증명 (1) $p \in G$인 임의 개집합G에 대하여 $p \in V \subset G$, $V \in B$인 기저개집합 V가 있다.
또한 $V \in L(p)$이므로 $L(p)$는 p의 국소기저이다.

(2) X의 개집합G에 대하여 각 점$p \in G$마다 $p \in V_p \subset G$, $V_p \in L(p)$인 국소기저 개집합 V_p가 있다.
이때 $G = \bigcup_{p \in G} V_p$이므로 $\bigcup_{p \in X} L(p)$는 X의 기저이다.

02 위상공간의 사례

1. 밀착 위상공간(Indiscrete Space)

공집합이 아닌 집합 X 의 부분집합족 $\mathfrak{I}_i = \{\, X \,,\, \varnothing \,\}$ 는 집합 X 의 위상을 이루며 위상공간 $(X, \mathfrak{I}_i)$ 를 밀착위상공간(또는 비이산위상공간)이라 한다.
기저는 $B = \{X\}$ 이며 가장 단순한 위상이며, $|X| \geq 2$ 이면 거리로부터 유도될 수 없다.

예 $X = \{a, b, c\}$ 이면 $\mathfrak{I}_i = \{\, X \,,\, \varnothing \,\}$

2. 이산 위상공간(Discrete Space)

공집합이 아닌 집합 X 의 모든 부분집합들의 집합족 $\mathfrak{I}_d = 2^X$ 는 위상의 공리를 모두 만족하며 위상공간 $(X, \mathfrak{I}_d)$ 를 이산위상공간 (또는 줄여서 이산공간)이라 한다. 이산공간 $(X, \mathfrak{I}_d)$ 에 대하여 $B = \{\,\{x\} \mid x \in X\,\}$ 가 기저(base)를 이루며 다음의 이산거리함수를 갖는 거리공간이다.

$$d(p, q) = \begin{cases} 1, & p \neq q \\ 0, & p = q \end{cases} \ (p, q \in X)$$

예 $X = \{a, b, c\}$ 이면 $\mathfrak{I}_d = \{X, \varnothing, \{a\}, \{b\}, \{c\}, \{a,b\}, \{a,c\}, \{b,c\}\}$

3. 여유한 위상공간(Co-finite Space)

공집합이 아닌 집합 X 의 부분집합들 중 여집합이 유한집합인 부분집합족 $\mathfrak{I}_f$ 는 X 의 위상이며 위상공간 $(X, \mathfrak{I}_f)$ 를 여유한 공간이라 한다.
여유한위상공간 $(X, \mathfrak{I}_f)$ 에 대하여 $S = \{\,\{x\}^c \mid x \in X\,\}$ 가 부분기저를 이룬다.
만약 X 가 유한집합이면 여유한위상 $\mathfrak{I}_f$ 는 이산위상과 같다.

예 $X = \mathbb{N}$ (자연수집합)이면 $\mathfrak{I}_f = \{\,\mathbb{N} - F \mid F : 유한집합\,\} \cup \{\varnothing\}$

4. 여가산 위상공간(Co-countable Space)

공집합이 아닌 집합 X 의 부분집합들 중 여집합이 가산집합인 부분집합족 $\mathfrak{I}_c$ 는 X 의 위상이며 위상공간 $(X, \mathfrak{I}_c)$ 를 여가산공간이라 한다.
만약 X 가 가산집합이면 여가산위상 $\mathfrak{I}_c$ 는 이산위상과 같다.

예 $X = \mathbb{R}$ (실수집합)이면 $\mathfrak{I}_c = \{\,\mathbb{R} - C \mid C : 가산집합\,\} \cup \{\varnothing\}$

5. 순서 위상공간(Order topological Space)

다음 두 조건을 만족하는 관계 $<$ 를 선형순서(linear order, 또는 전순서 : total order)라 한다.
① 추이율 : $a < b$, $b < c$ 이면 $a < c$
② 삼분율 : $a = b$, $a < b$, $b < a$ 중 단 한 가지만 성립한다.
선형순서(linear order) $<$ 를 정의한 선형순서집합 $(X, <)$ 가 있다.

두 점 $a, b \in X$ 에 대하여 다음과 같은 세 종류의 구간(interval)을 정의하자.

$(a, \infty) = \{x \mid a < x\}$, $(-\infty, b) = \{x \mid x < b\}$, $(a, b) = \{x \mid a < x < b\}$

세 종류의 구간들 전체의 집합족을 기저(base)

$B = \{(a, b), (a, \infty), (-\infty, b) \mid a, b \in X\}$로서 정의한 위상을 순서위상(order topology)이라 한다. 이 순서위상을 $\mathfrak{I}_<$ 라 하면 위상공간 $(X, \mathfrak{I}_<)$ 를 순서위상공간이라 한다.

> **예** $X = \mathbb{R}$ (실수집합)이면 순서위상 $\mathfrak{I}_<$ 는 $\{(a, b) \mid a, b \in \mathbb{R}, a < b\}$ 로 생성한 위상이다.
> 실수집합의 순서위상을 보통위상이라 부르기도 한다.

6. 상한위상공간(Upper limit Space), 하한위상공간(Lower limit Space)

실수집합 $X = \mathbb{R}$ 위에 다음과 같이 기저로 생성된 두 위상을 정의하자.

집합족 $\{[a, b) \mid a, b \in \mathbb{R}, a < b\}$ 로 생성한 위상 $\mathfrak{I}_L$,

집합족 $\{(a, b] \mid a, b \in \mathbb{R}, a < b\}$ 로 생성한 위상 $\mathfrak{I}_U$

실수집합 위의 $\mathfrak{I}_L$ 를 하한위상, $\mathfrak{I}_U$ 를 상한위상이라 하며, 위상공간 $(\mathbb{R}, \mathfrak{I}_L)$ 를 하한위상공간이라 하며 위상공간 $(\mathbb{R}, \mathfrak{I}_U)$ 를 하한위상공간이라 한다.

이와 같이 실수집합 $\mathbb{R}$ 위에 다양한 위상을 정의할 수 있으며 위상에 따라 실수들의 위치관계는 다르게 나타난다.

$$(a, b) = \bigcup_{n=2}^{\infty} \left[a + \frac{b-a}{n}, b\right) \in \mathfrak{I}_L, \quad (a, b) = \bigcup_{n=2}^{\infty} \left(a, b - \frac{b-a}{n}\right] \in \mathfrak{I}_U$$

이므로 모든 개구간이 상한위상과 하한위상에 속한다.

상한위상과 하한위상은 보통위상의 강위상이다.

03 거리 위상공간(Metric Topological Space)

1. 거리 위상공간(Metric Topological Space)

> **[정의] {거리공간}** 집합 X에 대하여 $X \times X$ 상에 정의된 실수치 함수
> $d : X \times X \to [0, \infty)$ 가 다음의 성질을 만족할 때, d를 X의 거리(metric)이라 하고, (X, d) 를 거리공간이라 한다.
> (1) $d(x, y) = 0$ 일 필요충분조건은 $x = y$
> (2) 모든 $x, y \in X$에 대하여, $d(x, y) = d(y, x)$
> (3) 모든 $x, y, z \in X$에 대하여, $d(x, z) \leq d(x, y) + d(y, z)$

거리공간 (X, d) 의 부분집합

$B(p; r) = \{x \in X \mid d(p, x) < r\}$

을 중심 p, 반경 r 의 열린구(open ball)이라 한다. 열린구들은 공간 X 의 기저(base)를 이루고, 이 기저에 의하여 다음과 같이 위상을 정의한다.

[정의] {거리공간의 위상} 기저 $\{\,B(x\,;r)\mid x\in X,\,r>0\,\}$로 생성된 위상 $\Im(d)$를 거리 d로 유도한 위상 또는 거리 위상(metric topology)이라 한다.
위상공간 $(X,\,\Im(d))$를 거리위상공간(metric topological space)이라 한다.

열린구들의 집합은 거리위상의 기저가 됨을 보이자.

[예제 1] 거리공간 (X,d)의 두 점 p_1, p_2와 양의 실수 r_1, r_2에 대하여
$d(p_1,p_2)<r_1+r_2$일 때, 점 $q\in B(p_1,r_1)\cap B(p_2,r_2)$와 양의 실수
$s=\min\{r_1-d(p_1,q)\,,\,r_2-d(p_2,q)\}$에 대하여 다음 식을 보이시오.
$$B(q,s)\subset B(p_1,r_1)\cap B(p_2,r_2)$$

[증명] 임의의 $x\in B(q,s)$에 대하여 $x\in B(p_1,r_1)\cap B(p_2,r_2)$임을 보이면 충분하다.
$x\in B(q,s)$라 하면, $d(q,x)<s$이고 $s\leq r_1-d(p_1,q),\,r_2-d(p_2,q)$이다.
따라서 $r_1>d(x,q)+d(p_1,q)$이며, $r_2>d(x,q)+d(p_2,q)$이다.
삼각부등식에 의하여 $d(x,q)+d(p_1,q)\geq d(x,p_1)$이며,
$d(x,q)+d(p_2,q)\geq d(x,p_2)$이다.
$d(x,p_1)<r_1$이며, $d(x,p_2)<r_2$이므로 $x\in B(p_1,r_1)$, $x\in B(p_2,r_2)$이다.
그러므로 $x\in B(p_1,r_1)\cap B(p_2,r_2)$이다.
위의 예제에 의해 $\{\,B(p\,;r)\mid p\in X,\,r>0\,\}$는 거리위상의 기저가 된다.

위상공간 (X,T)의 위상 T가 어떤 거리 d로부터 유도될 수 있을 때, 위상 T를 거리화가능(metrizable)위상이라 하며, 위상공간 (X,T)을 거리화가능 위상공간(metrizable space)이라 한다.
이산위상공간은 거리화가능 위상공간이며 이산거리에 의하여 유도된 위상공간이 된다.
집합 X에 앞절에서 정의된 이산거리를 d라 두면, 공 $B(x,1)=\{x\}$이며, 이 공들로 이루어진 기저는 $B=\{\{x\}\mid x\in X\}$이고, 합집합연산을 수행하여 위상을 구하면 거리위상 $T=2^X$이다.
따라서 이산공간 $(X,2^X)$는 이산거리 d에 의해 거리화 가능한 거리화가능 위상공간이다.
서로 다른 두 거리가 동일한 위상을 생성할 수 있다.

[정의] {동치 거리} 집합 X 상에 두 거리 d_1, d_2로부터 유도된 위상 $\Im(d_1)$, $\Im(d_2)$가 같은 위상이면, 두 거리 d_1, d_2를 동치(equivalent) 거리라 한다.

두 거리가 동치일 조건은 다음과 같다.

> **[정리]** X 위의 두 거리 d_1, d_2 의 열린구(ball)를 각각 $B_1(p,r)$, $B_2(p,r)$ 이라 놓으면, 임의의 점 p 와 임의의 양의 실수 r 에 대하여
>
> (1) $B_2(p,r') \subset B_1(p,r)$, (2) $B_1(p,r'') \subset B_2(p,r)$
>
> 인 양의 실수 r', r'' 가 있으면 두 거리 d_1, d_2 는 같은 위상을 유도한다.

증명 임의의 점 $x \in B_1(p,r)$ 에 대하여 $r_x = r - d_1(p,x)$ 라 두면
$r > d_1(p,x)$ 이므로 $r_x > 0$ 이며 모든 점 $y \in B_1(x,r_x)$ 에 대하여
$$d_1(y,p) \le d_1(y,x) + d_1(x,p) < r_x + d_1(p,x) = r$$
이므로 $B_1(x,r_x) \subset B_1(p,r)$

조건 (1)에 의하여 $B_2(x,r_x') \subset B_1(x,r_x)$ 인 양수 r_x' 가 있다.

모든 $x \in B_1(p,r)$ 에 대하여 $B_2(x,r_x') \subset B_1(p,r)$ 이므로
$$B_1(p,r) = \bigcup_{x \in B_1(p,r)} B_2(x,r_x') \in \mathfrak{I}(d_2)$$

따라서 $\mathfrak{I}(d_1) \subset \mathfrak{I}(d_2)$

임의의 점 $x \in B_2(p,r)$ 에 대하여 $r_x = r - d_2(p,x)$ 라 두면

조건 (2)에 의하여 적당한 양수 r_x'' 가 존재하여
$$B_1(x,r_x'') \subset B_2(x,r_x) \subset B_2(p,r)$$

이때 $B_2(p,r) = \bigcup_{x \in B_2(p,r)} B_1(x,r_x'') \in \mathfrak{I}(d_1)$

따라서 $\mathfrak{I}(d_1) \supset \mathfrak{I}(d_2)$

그러므로 $\mathfrak{I}(d_1) = \mathfrak{I}(d_2)$

2. 공간 $\mathbb{R}^n$ 의 보통위상(usual topology)

n 차원 실공간 $\mathbb{R}^n$ 은 두 점 $\mathrm{x} = (x_1, \cdots, x_n)$, $\mathrm{y} = (y_1, \cdots, y_n)$ 의 거리함수
$$\|\mathrm{x} - \mathrm{y}\| = \sqrt{(x_1 - y_1)^2 + \cdots + (x_n - y_n)^2}$$
로서 정의된 거리공간이다. 이 거리공간을 보통거리공간이라 한다.

점 $p = (a_1, \cdots, a_n)$ 와 양수 $r > 0$ 의 열린구
$$
\begin{aligned}
\mathrm{B}(p\,;r) &= \{\, \mathrm{x} \in \mathbb{R}^n \mid \|\mathrm{x} - p\| < r \,\} \\
&= \{\, \mathrm{x} \mid (x_1 - a_1)^2 + \cdots + (x_n - a_n)^2 < r^2 \,\}
\end{aligned}
$$
들의 집합족 $B = \{\, \mathrm{B}(p\,;r) \mid p \in \mathbb{R}^n,\ r > 0 \,\}$ 을 기저로 생성한 위상 $\mathfrak{I}$ 에 대하여 위상공간 $(\mathbb{R}^n, \mathfrak{I})$ 를 $\mathbb{R}^n$ 의 보통위상공간이라 한다.

특히, 실수집합 $\mathbb{R}$ 도 같은 과정을 거쳐 위상공간이 된다. 이때의 위상을 보통위상(usual topology)이라 한다.

실수집합 $\mathbb{R}$ 위에 정의된 거리 $|x-y|$ 로부터 구간 $\mathrm{B}(x,r) = (x-r, x+r)$ 이며, 이러한 개구간(open interval)들로 구성된 기저
$$\{\, (a,b) \mid a < b,\ a, b \in \mathbb{R} \,\}$$

이 보통위상의 기저임을 알 수 있다.

그런데, 실수가 유리수들의 코시열의 극한으로 정의되므로, 구간의 양끝을 유리수들로 두어도 합집합 연산을 수행하여 모든 구간을 생성할 수 있다.

따라서 보통위상공간 $(\mathbb{R}, U)$ 의 기저로서

$$B = \{ (a, b) \mid a < b, \ a, b \in \mathbb{Q} \}$$

를 선택할 수 있다.

유리수집합이 가산집합이므로 기저 B 의 개집합은 가산개 있다.

Chapter 02

위상공간의 기본 개념

01 내부, 외부, 경계

1. 내부(Interior)

A를 위상공간(X, T)의 부분집합이라 하자.

> **[정의] {내점}** 한 점 $p \in A$에 대하여 p를 포함하고 A에 포함되는 개집합 U가 존재할 때, 즉 $\exists U(\text{open})$ s.t. $p \in U \subset A$일 때, p를 A의 내점(interior point)이라 한다.

점$p \in A$가 A의 내점인 것은 집합A가 점p의 근방(neighborhood)인 것과 동치이다.

A의 내점들 전체의 집합을 A의 내부(interior)라 하고, $\text{int}(A)$ 또는 A^i, A°로 표시한다. 또한 내부를 A의 부분집합 중에서 가장 큰 개집합으로 정의하기도 한다.

> **[정의] {내부}** $\text{int}(A) = \bigcup_{T \ni G \subset A} G = \bigcup \{ G \in T \mid G \subset A \}$

내점을 판단하기 위하여 일반적인 개집합을 대신할 수 있다.

> **[정리]** 내점에 관한 다음 명제는 서로 동치이다.
> (1) p는 A의 내점이다.
> (2) $p \in G \subset A$인 기저개집합 G가 있다.
> (3) $p \in G \subset A$인 p의 국소기저 개집합 G가 있다.
> (4) $p \in N \subset A$인 p의 근방 N이 있다.

증명 (1) → (2) → (3) → (4)는 자명하다.
(4) → (1)임을 보이자.
$p \in N \subset A$인 p의 근방N에 대하여 $p \in G \subset N$인 개집합 G가 있다.
$p \in G \subset N \subset A$이므로 p는 A의 내점이다.

정리에서 「부분기저 개집합G」를 사용하면 동치가 아니다.
보통위상공간 $\mathbb{R}$의 부분기저 $S = \{ (a, \infty), (-\infty, b) \mid a, b \in \mathbb{R} \}$를 적용하면 내점 $1 \in [0, 2]$에 대하여 $1 \in G \subset [0, 2]$인 부분기저 개집합G는 존재하지 않는다.

내부의 성질을 정리하면 다음과 같다.

[정리]
(1) A는 개집합 $\leftrightarrow$ $\text{int}(A) = A$
(2) $\text{int}(A) \subset A$, $\text{int}(\text{int}(A)) = \text{int}(A)$
(3) $A \subset B$이면 $\text{int}(A) \subset \text{int}(B)$
(4) $\text{int}(A \cap B) = \text{int}(A) \cap \text{int}(B)$
(5) $\text{int}(A) \cup \text{int}(B) \subset \text{int}(A \cup B)$
(6) $\text{int}(A - B) \subset \text{int}(A) - \text{int}(B)$

○─ 유한번 교집합하면 성립
한다.

증명 (1) ($\rightarrow$) A의 최대 부분 개집합은 A이므로 $\text{int}(A) = A$
($\leftarrow$) $\text{int}(A)$는 개집합이므로 A는 개집합이다.
(2) $\text{int}(A)$의 정의에 의하여 $\text{int}(A) \subset A$
$\text{int}(A)$는 개집합이므로 (1)에 의하여 $\text{int}(\text{int}(A)) = \text{int}(A)$
(3) $\text{int}(A) \subset A \subset B$이므로 개집합 $\text{int}(A)$는 B의 부분집합이다.
$\text{int}(B)$는 B의 최대 부분 개집합이므로 $\text{int}(A) \subset \text{int}(B)$
(4) ($\subset$) $A \cap B \subset A$, $A \cap B \subset B$이므로 (3)에 의하여
$\text{int}(A \cap B) \subset \text{int}(A)$, $\text{int}(A \cap B) \subset \text{int}(B)$
$\text{int}(A \cap B) \subset \text{int}(A) \cap \text{int}(B)$
($\supset$) $\text{int}(A) \cap \text{int}(B)$는 개집합이며 $\text{int}(A) \cap \text{int}(B) \subset A \cap B$
이므로 $\text{int}(A) \cap \text{int}(B) \subset \text{int}(A \cap B)$
(5) $A \subset A \cup B$, $B \subset A \cup B$이므로 (3)에 의하여
$\text{int}(A) \subset \text{int}(A \cup B)$, $\text{int}(B) \subset \text{int}(A \cup B)$
따라서 $\text{int}(A) \cup \text{int}(B) \subset \text{int}(A \cup B)$
(6) $p \in \text{int}(A - B)$이면 $p \in G \subset A - B$인 개집합 G가 있다.
$p \in G \subset A$이므로 $p \in \text{int}(A)$
$p \notin B$이므로 $p \notin \text{int}(B)$
따라서 $p \in \text{int}(A) - \text{int}(B)$이며 $\text{int}(A - B) \subset \text{int}(A) - \text{int}(B)$

무한개의 집합들을 조작하는 경우에는 주의해야 한다.

[정리] $\text{int}\left(\bigcap_{i \in I} A_i\right) \subset \bigcap_{i \in I} \text{int}(A_i)$, $\text{int}\left(\bigcup_{i \in I} A_i\right) \supset \bigcup_{i \in I} \text{int}(A_i)$

증명 $\text{int}\left(\bigcap_{i \in I} A_i\right) \subset \text{int}(A_i)$이므로 $\text{int}\left(\bigcap_{i \in I} A_i\right) \subset \bigcap_{i \in I} \text{int}(A_i)$

$\text{int}\left(\bigcup_{i \in I} A_i\right) \supset \text{int}(A_i)$이므로 $\text{int}\left(\bigcup_{i \in I} A_i\right) \supset \bigcup_{i \in I} \text{int}(A_i)$

포함관계에서 등호가 성립하지 않는 경우가 있다.

2. 외부(Exterior)

A의 여집합의 내점을, A의 외점(exterior point)이라 한다. A의 외점들의 집합을, A의 외부(exterior)라고 하고, ext(A) 또는 A^e로 표시한다.

즉, 여집합의 내부가 곧 외부가 된다. $\text{ext}(A) = \text{int}(A^c)$

외부에 관한 성질을 정리하면 다음과 같다.

[정리]
(1) $\text{ext}(A) = \text{int}(A^c) \subset A^c$
(2) $\text{ext}(A \cup B) = \text{ext}(A) \cap \text{ext}(B)$

3. 경계(Boundary)

[정의] {경계} A의 내점도 외점도 아닌 점들을 경계점(boundary point)이라 한다. A의 경계점들의 집합을 A의 경계(boundary)라 하고, $\text{Bd}(A)$, $b(A)$, ∂A 등으로 표기한다.
$$b(A) = X - \text{int}(A) - \text{ext}(A)$$

경계의 정의에 따라 다음과 같은 성질이 있다.

[정리]
(1) $b(A) = b(A^c)$
(2) $b(A)$는 폐집합이다.
(3) $b(A) = \varnothing \;\leftrightarrow\; A$는 개집합이며 동시에 폐집합이다.
(4) $b(A \cup B) \subset b(A) \cup b(B)$

증명 ⟨ (4)를 증명하자.
$$\begin{aligned}
X - (b(A) \cup b(B)) &= (A^i \cup A^e) \cap (B^i \cup B^e)\\
&= (A^i \cap B^i) \cup (A^i \cap B^e) \cup (A^e \cap B^i) \cup (A^e \cap B^e)\\
&\subset (A^i \cup B^i) \cup (A^e \cap B^e)\\
&\subset (A \cup B)^i \cup (A \cup B)^e\\
&= X - b(A \cup B)
\end{aligned}$$
따라서 $b(A \cup B) \subset b(A) \cup b(B)$

내부, 외부, 경계의 관계를 도시하면 다음과 같다.

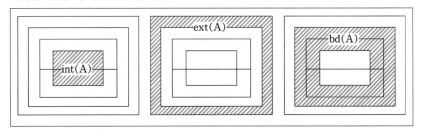

02 폐포(Closure), 도집합, 수렴성

1. 폐포(Closure)

A를 위상공간 X의 부분집합이라 하자. A의 폐포(closure)는 A를 포함하는 가장 작은 폐집합이다. 즉, A를 포함하는 모든 폐집합들의 교집합이 폐포이다.

[정의] {폐포} $\overline{A} = \bigcap \{ F \mid A \subset F , \ F : \text{closed set} \}$

정의에 따라 폐포는 폐집합이다.
폐포와 내부사이에 다음과 같은 관련성이 있다.

[정리] 폐포의 여집합은 여집합의 내부이다. 즉, $\text{int}(A^c) = (\overline{A})^c$

증명 ⟨ $a \in \text{int}(A^c)$라 하면 $a \in O \subset A^c$인 개집합 O가 존재한다.
이때, $A \cap O = \varnothing$이므로 a는 A의 부착점이 아니다. 즉 $a \not\in \overline{A}$
따라서 $\text{int}(A^c) \subset (\overline{A})^c$
$a \not\in \overline{A}$라 하면 a는 A의 부착점이 아니므로 $A \cap O = \varnothing$, $a \in O$인 개집합 O가 존재한다.
이때, $a \in O \subset A^c$이므로 a는 A^c의 내점이다. 즉 $a \in \text{int}(A^c)$
따라서 $\text{int}(A^c) \supset (\overline{A})^c$
그러므로 $\text{int}(A^c) = (\overline{A})^c$

위 정리는 다음과 같이 여러 가지 결과들을 파생시킨다.

[정리] 위상공간 X의 부분집합 A에 대하여
(1) $\overline{A} = (\text{int}(A^c))^c$
(2) $X - \text{int}(A) = \overline{A^c}$
(3) $\text{int}(A) = (\overline{A^c})^c$
(4) $\overline{A} = X - \text{ext}(A)$
(5) $b(A) = \overline{A} \cap \overline{A^c} = \overline{A} - \text{int}(A)$
(6) $\overline{A} = \text{int}(A) \cup b(A)$

[정리] 위상공간 X의 부분집합 A에 대하여
$p \in \overline{A} \ \leftrightarrow \ p \in G$인 임의의 개집합 G에 대하여 $G \cap A \neq \varnothing$

위 정리의 조건을 만족하는 점 p를 A의 밀착점(부착점, adherent point)라 한다. 위 정리에 의해 A의 밀착점들 전체의 집합이 A의 폐포가 된다.

관계를 대략 도시하면 다음과 같다.

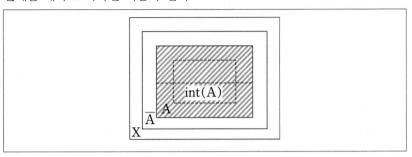

폐포의 성질을 정리하면 다음과 같다.

> **[정리]**
> (1) A가 폐집합 $\leftrightarrow \overline{A} = A$
> (2) $A \subset \overline{A}$, $\overline{\overline{A}} = \overline{A}$
> (3) $A \subset B$이면 $\overline{A} \subset \overline{B}$
> (4) $\overline{A \cup B} = \overline{A} \cup \overline{B}$
> (5) $\overline{A \cap B} \subset \overline{A} \cap \overline{B}$
> (6) $\overline{A - B} \supset \overline{A} - \overline{B}$

증명 (4)와 (6)을 증명하자.

(4) $A, B \subset A \cup B$이므로 $\overline{A}, \overline{B} \subset \overline{A \cup B}$ 이다.

따라서 $\overline{A} \cup \overline{B} \subset \overline{A \cup B}$ 이다.

또한, $A \subset \overline{A}$, $B \subset \overline{B}$이므로 $A \cup B \subset \overline{A} \cup \overline{B}$이며,

$\overline{A \cup B} \subset \overline{\overline{A} \cup \overline{B}}$ 이다. 이때, $\overline{A}, \overline{B}$는 폐집합이므로 $\overline{A} \cup \overline{B}$도 폐집합이다.

따라서 $\overline{\overline{A} \cup \overline{B}} = \overline{A} \cup \overline{B}$이며, $\overline{A} \cup \overline{B} \supset \overline{A \cup B}$ 이다.

(6) $x \in \overline{A} - \overline{B}$ 라 하자.

$x \in \overline{A}$ 이며 $x \in (\overline{B})^c$

$x \in G$인 임의의 개집합 G에 대하여 $x \in G \cap (\overline{B})^c$ (개집합)이며

$x \in \overline{A}$ 이므로 $(G \cap (\overline{B})^c) \cap A \neq \varnothing$ 이다.

$(G \cap (\overline{B})^c) \cap A = G \cap (A - \overline{B}) \subset G \cap (A - B)$ 이므로

$G \cap (A - B) \neq \varnothing$

따라서 $x \in \overline{A - B}$ 이며 $\overline{A} - \overline{B} \subset \overline{A - B}$

무한개의 집합들을 조작하는 경우에는 주의해야 한다.

> **[정리]** $\overline{\bigcup_{i \in I} A_i} \supset \bigcup_{i \in I} \overline{A_i}$, $\overline{\bigcap_{i \in I} A_i} \subset \bigcap_{i \in I} \overline{A_i}$

포함관계에서 등호가 성립하지 않는 경우가 있다.

2. 도집합(Derived Set)

위상공간 X 의 부분집합 A 의 도집합은 다음과 같이 정의된다.

> **[정의] {집적점, 도집합}** 한 점 $p \in X$ 에 대하여 p 를 포함하는 임의의 개집합 G 가 p 외에 A 의 점을 포함할 때,
> 즉, $\forall G \in \mathfrak{I}$, $(G - \{p\}) \cap A \neq \varnothing$ 일 때,
> p 를 A 의 집적점(cluster point, accumulation point, limit point)이라 한다.
> A 의 집적점들 전체의 집합을 A 의 도집합(derived set)이라 하고, A' 으로 표시한다.

집적점 개념은 칸토어가 처음 도입하였다.

limit point와 limit는 다른 개념이다.

참고 $(G - \{p\}) \cap A = G \cap (A - \{p\}) = (G \cap A) - \{p\}$

위상공간 X 의 부분집합 A 의 점 중에서 집적점이 아닌 점을 고립점(isolated point)이라 한다. 즉, 집합 $A - A'$ 의 원소를 말한다. 즉,

> **[정의] {고립점}** $\exists U(\text{open})$ s.t. $U \cap A = \{p\}$
> 일 때, p 를 A 의 고립점(isolated point)이라 한다.
>
> **[정의] {완전집합}** $A' = A$ 일 때, A 를 완전집합(perfect set)이라 한다.

완전수/완전집합 등 완전 많다.

정의로부터 고립점이 없는 폐집합이 완전집합이다.

> **[정리]**
> (1) A 가 폐집합 $\leftrightarrow A' \subset A$
> (2) $A \subset B$ 이면 $A' \subset B'$
> (3) $(A \cap B)' \subset A' \cap B'$
> (4) $(A \cup B)' = A' \cup B'$
> (5) $p \in A' \leftrightarrow p \in (A - \{p\})'$
> (6) A 가 폐집합이면 A' 은 폐집합

증명 (4)와 (6)을 증명하자.

(4) ($\subset$) $(A \cup B)' \subset A' \cup B'$ 임을 보이자.

$a \notin A' \cup B'$ 라 하자.

그리고 U 를 a 를 포함하는 임의의 개집합이라 하자.

$a \notin A' \cup B'$ 이므로 $a \notin A'$ 이며 $a \notin B'$ 이다.

$a \notin A'$ 이므로 적당한 개집합 U 가 존재하여 $(U - \{a\}) \cap A = \varnothing$, $a \in U$ 가 성립한다.

$a \notin B'$ 이므로 $(V - \{a\}) \cap B = \varnothing$, $a \in V$ 인 적당한 개집합 V 가 있다.

이때, $U \cap V$ 는 a 를 포함하는 개집합이며,

$((U \cap V) - \{a\}) \cap B = \varnothing$, $((U \cap V) - \{a\}) \cap A = \varnothing$ 이 성립하며,

이로부터 $((U \cap V) - \{a\}) \cap (A \cup B) = \varnothing$ 도 성립한다.

따라서 a 는 $A \cup B$ 의 집적점이 아니다.

즉 $a \notin A' \cup B'$ 이면 $a \notin (A \cup B)'$ 이다.

따라서 $(A \cup B)' \subset A' \cup B'$ 이다.

($\supset$) $A' \cup B' \subset (A \cup B)'$ 임을 보이자.

$a \in A' \cup B'$ 라 하자. 그리고 U 를 a 를 포함하는 임의의 개집합이라 하자.

$a \in A'$ 또는 $a \in B'$ 이므로 $(U - \{a\}) \cap A \neq \varnothing$ 또는 $(U - \{a\}) \cap B \neq \varnothing$

따라서 $\{(U-\{a\})\cap A\}\cup\{(U-\{a\})\cap B\}\neq\varnothing$,

즉, $(U-\{a\})\cap(A\cup B)\neq\varnothing$ 이다.

a 는 $A\cup B$ 의 집적점(accumulation point)이다. 즉, $a\in(A\cup B)'$

따라서 $A'\cup B'\subset(A\cup B)'$

그러므로 $(A\cup B)' = A'\cup B'$

(6) $\overline{A}=A\cup A' = A$ 이므로 $A'\subset A$

　$A''\subset A'$ 이므로 $\overline{A'}=A'\cup A'' = A'$

　따라서 A' 는 폐집합이다.

[정리] $\overline{A}= A \cup A'$, $A-A' =\{$고립점$\}$

증명 $A'\subset\overline{A}$ 이며 $\{A$ 의 고립점들$\}\subset A\subset\overline{A}$

(1) $a\in A'$ 이면 $a\in O$ 인 모든 개집합 O 에 대하여 $A\cap(O-\{a\})\neq\varnothing$

　이므로 $A\cap O\neq\{a\}$ 이다. 즉, a 는 A 의 고립점이 아니다.

　따라서 A' 와 $\{A$ 의 고립점들$\}$는 서로소이다.

(2) $a\in\overline{A}$ 이며, a 가 A 의 고립점이 아니라 하자.

　$a\in\overline{A}$ 이므로 $a\in O$ 인 모든 개집합 O 에 대하여 $A\cap O\neq\varnothing$

　a 가 A 의 고립점이 아니므로 $a\in O$ 인 모든 개집합 O 에 대하여

　$A\cap O\neq\{a\}$

　$(A\cap O)-\{a\} = A\cap(O-\{a\})\neq\varnothing$. 즉, a 는 A 의 집적점이다.

　따라서 $\overline{A}-\{A$ 의 고립점들$\}\subset A'$

　(1), (2)로부터 $\overline{A}=A'\cup\{A$ 의 고립점들$\}$, $A'\cap\{A$ 의 고립점들$\}=\varnothing$

　그러므로 $\overline{A}= A \cup A'$ 이며 $A-A' =\{$고립점$\}$

집적점을 조사할 때, 국소기저(또는 기저)의 개집합에 대해서만 집적점 정의를 충족하면 필요충분하다.

[정리] 점 p 가 A 의 집적점 $\leftrightarrow$ p 의 국소기저 $L(p)$ 에 대하여 $G\in L(p)$ 이면 $G\cap A-\{p\}\neq\varnothing$

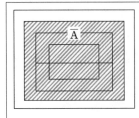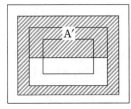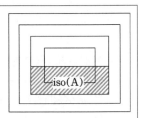

3. 조밀성(Density)

A를 위상공간 X의 부분집합이라 하자.

> **[정의] {조밀}** $B \subset X$가 A의 폐포에 포함되면 즉, $B \subset \overline{A}$이면, A는 B에 조밀하다(dense)라 하고, 특히 $\overline{A} = X$이면, A는 X에 조밀하다(dense) 또는 X의 조밀한 부분집합(dense subset)이라 한다.

조밀한 집합과 대비되는 개념으로 다음 개념이 있다.

> **[정의] {조밀한 곳이 없는 집합}** 위상공간 X의 부분집합 A가 $\mathrm{int}(\overline{A}) = \varnothing$일 때, A를 '어디에도 조밀하지 않은 집합(조밀한 곳이 없는 집합, nowhere dense set)'이라 한다.

전체 X에 조밀한 집합임을 판정할 때 유용한 성질이 있다.

> **[정리]** 위상공간 X의 부분집합 A에 대하여
> $\overline{A} = X$ ↔ 공집합이 아닌 모든 개집합 G에 대하여 $G \cap A \neq \varnothing$

증명 ($\rightarrow$) 공집합이 아닌 임의의 개집합 G에 대하여 $x \in G$라 하면
$x \in X = \overline{A}$이므로 $G \cap A \neq \varnothing$
($\leftarrow$) 임의의 점 x와 $x \in G$인 개집합 G에 대하여 $G \cap A \neq \varnothing$이므로
x는 A의 밀착점이다. 즉, $x \in \overline{A}$
따라서 $\overline{A} = X$

> **[정리] {유리수의 조밀성}**
> 보통위상공간 $\mathbb{R}$의 유리수부분집합 $\mathbb{Q}$는 $\mathbb{R}$에 조밀하다.

증명 $\mathbb{R}$의 임의의 기저개집합 (a, b) $(a < b)$에 대하여
$b - a > 0$이므로 $\dfrac{1}{b-a}$도 실수이며, (아르키메데스의 공리)에 의하여
$n > \dfrac{1}{b-a}$인 정수 n이 존재하며, $n > 0$이다.
또한, $bn - an > 1$이므로 an보다 큰 정수 중에서 최소의 정수를 택하여 m이라 하면 $an < m < bn$이 성립한다.
이때 $\dfrac{m}{n}$은 유리수이고, $a < \dfrac{m}{n} < b$가 성립한다.
따라서 $(a, b) \cap \mathbb{Q} \neq \varnothing$이며 $\overline{\mathbb{Q}} = \mathbb{R}$

4. 점열의 수렴성

$\{a_n\}$을 위상공간 $(X, \mathfrak{I})$ 의 점으로 이루어진 점열이라 할 때, 점열 $\{a_n\}$ 이 a 로 수렴한다고 함은 a를 포함하는 임의의 개집합 U에 대하여 적당한 양의 정수 N이 존재하여 $n > $ N이면 $a_n \in U$이 성립함을 말한다. 즉

해석학의 수렴 정의와 동일한 의미이다.

> **[정의]〔점열의 수렴〕**
>
> $\forall\, G$: open $,\ a \in G ,\ \exists K$ s.t. $K < n\ \rightarrow\ a_n \in G$
>
> 일 때, 「점열 $\{a_n\}$ 이 a로 수렴한다.」라 하고, a 를 점열 $\{a_n\}$ 의 극한(limit)이라 한다.
>
> $\displaystyle\lim_{n \to \infty} a_n = a$ 라 표기한다.

❶주의 일반적으로 점열의 극한은 유일하지는 않다.

T_2 (Hausdorff)공리를 만족하는 위상공간에서 점열의 극한은 유일하다. 거리위상공간으로서 실수집합의 수열의 수렴의 정의는 위의 정의와 동치이다.

점열의 수렴을 조사할 때, 국소기저(또는 기저)의 개집합에 대해서만 수렴의 정의를 충족하면 필요충분하다.

> **[정리]** 다음 명제는 서로 동치이다.
> (1) 점열 x_n 이 점 p 로 수렴
> (2) p 의 기저 개집합 G에 대하여 $\exists K$ s.t. $K < n\ \rightarrow\ x_n \in G$
> (3) p 의 부분기저 개집합 G에 대하여 $\exists K$ s.t. $K < n\ \rightarrow\ x_n \in G$
> (4) p 의 국소기저의 개집합 G에 대하여 $\exists K$ s.t. $K < n\ \rightarrow\ x_n \in G$

증명 (1) → (2) → (3), (1) ↔ (4)는 자명하다. (3) → (1)을 보이자.

$p \in G$인 임의 개집합 G에 대하여 $p \in V_1 \cap \cdots \cap V_m \subset G$인 부분기저 개집합 V_k 가 있다.

(3)으로부터 $K_k < n$ 이면 $x_n \in V_k$ 인 적당한 양의 정수 K_k 가 있다.

$K = \max\{K_1, \cdots, K_m\}$ 라 두면 $K < n$ 일 때, $x_n \in V_1 \cap \cdots \cap V_m \subset G$

따라서 x_n 는 p로 수렴한다.

극한과 폐포 사이의 관계를 살펴보자.

> **[정리]** 집합 A의 수렴하는 수열 $\{x_n\}$ 의 극한 x 는 폐포 $\overline{A}$ 의 원소이다.
> 즉, $x_n \in A$ 이며 $x_n \to x$ 이면 $x \in \overline{A}$

증명 $x \in O$인 임의의 개집합 O 에 대하여, x_n이 x로 수렴하므로, $n_1 < n$ 이면 $x_n \in O$이 성립하는 양의 정수 n_1이 존재한다.

따라서 $O \cap A \neq \varnothing$ 이다.

그러므로 $x \in \overline{A}$ 이다.

예제 1 경계에 관한 다음 관계를 보이시오.

(1) $b(b(A)) \subset b(A)$

(2) $b(b(b(A))) = b(b(A))$

증명 (1) $b(A)$ 는 폐집합이므로 $\overline{b(A)} = b(A)$

따라서 $b(b(A)) = \overline{b(A)} - \mathrm{int}(b(A)) \subset \overline{b(A)} = b(A)$

(2) $\mathrm{int}(B - \mathrm{int}(B)) = \mathrm{int}(B \cap (X - \mathrm{int}(B)))$

$\qquad\qquad\qquad = \mathrm{int}(B) \cap \mathrm{int}(X - \mathrm{int}(B))$

$\qquad\qquad\qquad = \mathrm{int}(B) \cap (X - \overline{\mathrm{int}(B)}) = \mathrm{int}(B) - \overline{\mathrm{int}(B)} = \varnothing$

위 식에서 $B = b(A)$ 를 대입해도 성립한다.

$\mathrm{int}(b(b(A))) = \mathrm{int}(\overline{b(A)} - \mathrm{int}(b(A))) = \mathrm{int}(b(A) - \mathrm{int}(b(A))) = \varnothing$

따라서 $b(b(b(A))) = \overline{b(b(A))} - \mathrm{int}(b(b(A))) = \overline{b(b(A))} = b(b(A))$

예제 2 두 집합 A, B 에 대하여 $\overline{A} \cap B = \varnothing$, $A \cap \overline{B} = \varnothing$ 일 때 다음을 증명하시오.

(1) $\mathrm{int}(A \cup B) = \mathrm{int}(A) \cup \mathrm{int}(B)$

(2) $b(A \cup B) = b(A) \cup b(B)$

증명 (1) 집합 S 의 내부 $\mathrm{int}(S)$ 를 간단히 S^i 라 쓰기로 하자.

$(A \cup B)^i \supset A^i$, $(A \cup B)^i \supset B^i$ 이므로 $(A \cup B)^i \supset A^i \cup B^i$

$p \in (A \cup B)^i$ 이라 하면 $p \in G \subset A \cup B$ 인 개집합 G 가 있다.

$p \in A$ 인 경우 $A \cap \overline{B} = \varnothing$ 이므로 $p \in (\overline{B})^c$

$p \in G \cap (\overline{B})^c \subset (A \cup B) \cap (\overline{B})^c = A - \overline{B} \subset A$ 이므로 $p \in A^i$

$p \in B$ 인 경우 $\overline{A} \cap B = \varnothing$ 이므로 $p \in (\overline{A})^c$

$p \in G \cap (\overline{A})^c \subset (A \cup B) \cap (\overline{A})^c = B - \overline{A} \subset B$ 이므로 $p \in B^i$

따라서 $(A \cup B)^i = A^i \cup B^i$ 이다.

(2) $b(A) \cup b(B) = (\overline{A} - A^i) \bigcup (\overline{B} - B^i) = (\overline{A} \cap (A^i)^c) \bigcup (\overline{B} \cap (B^i)^c)$

$\qquad\qquad = (\overline{A} \cup \overline{B}) \bigcap (\overline{A} \cup (B^i)^c) \bigcap ((A^i)^c \cup \overline{B}) \bigcap ((A^i)^c \cup (B^i)^c)$

$\overline{A} \cap B^i = \varnothing$, $A^i \cap \overline{B} = \varnothing$ 이므로

$\qquad\qquad = (\overline{A} \cup \overline{B}) \bigcap (B^i)^c \bigcap (A^i)^c \bigcap ((A^i)^c \cup (B^i)^c)$

$\qquad\qquad = (\overline{A} \cup \overline{B}) \bigcap (B^i)^c \bigcap (A^i)^c$

$\qquad\qquad = (\overline{A} \cup \overline{B}) \bigcap (A^i \cup B^i)^c$

$\qquad\qquad = \overline{A \cup B} - (A^i \cup B^i)$

$(A \cup B)^i = A^i \cup B^i$ 이므로

$\qquad\qquad = \overline{A \cup B} - (A \cup B)^i = b(A \cup B)$

따라서 $b(A \cup B) = b(A) \cup b(B)$ 이다.

예제 3 정수집합 $\mathbb{Z}$ 위에 여유한위상 T 가 주어져 있다. 위상공간 $(\mathbb{Z}, T)$ 에서 서로 다른 정수로 이루어진 임의의 수열 a_n 은 각각의 정수 m 으로 수렴함을 보이시오.

증명 임의의 원소 $m \in \mathbb{Z}$ 와 m 의 임의의 개근방 U에 대하여, $U \neq \varnothing$ 이므로 U 의 여집합은 유한집합이다.

따라서 교집합 $U^c \cap \{a_n\}$ 도 유한집합이며 수열 a_n 이 서로 다른 정수로 구성된 수열이므로 $U^c \cap \{a_n\} = \{a_{k_1}, \cdots, a_{k_n}\}$ 라 쓸 수 있다.

$K = \max(1, k_1, \cdots, k_n)$ 라 정하면 $K < k$ 인 정수k에 대하여 $a_k \in U$

따라서 수열 a_n 은 임의의 정수 m 으로 수렴하며 m 이 임의의 정수이므로 수열 a_n 은 임의의 정수로 수렴한다.

예제 4 집합 X 의 두 위상 $\mathfrak{J}_1$, $\mathfrak{J}_2$ 에 대하여 $\mathfrak{J}_1 \subset \mathfrak{J}_2$ 일 때,

X 의 부분집합 A 의 $\mathfrak{J}_1$ 와 $\mathfrak{J}_2$ 에 관한 내부를 각각 $\text{int}_1(A)$, $\text{int}_2(A)$, 폐포를 각각 $\overline{A_1}$, $\overline{A_2}$, 도집합을 각각 A_1', A_2' 라 하면 다음 관계가 성립함을 보이시오.

(1) $\text{int}_1(A) \subset \text{int}_2(A)$

(2) $\overline{A_1} \supset \overline{A_2}$

(3) $A_1' \supset A_2'$

증명 (1) $\text{int}_1(A) \in \mathfrak{J}_1 \subset \mathfrak{J}_2$ 이므로 $\text{int}_1(A)$ 는 $\mathfrak{J}_2$ 의 개집합이다.

  $\text{int}_1(A) \subset A$ 이므로 $\text{int}_1(A) \subset \text{int}_2(A)$

(2) $p \in \overline{A_2}$ 라 하면 $p \in G$인 $\mathfrak{J}_2$ 의 개집합 G 에 대하여 $G \cap A \neq \varnothing$

  $\mathfrak{J}_1 \subset \mathfrak{J}_2$ 이므로 $p \in G$ 인 $\mathfrak{J}_1$ 의 개집합 G 에 대하여 $G \cap A \neq \varnothing$

  따라서 $p \in \overline{A_1}$ 이며 $\overline{A_1} \supset \overline{A_2}$ 이다.

(3) $p \in A_2'$ 라 하면

  $p \in G$인 $\mathfrak{J}_2$ 의 개집합 G 에 대하여 $G \cap A - \{p\} \neq \varnothing$

  $\mathfrak{J}_1 \subset \mathfrak{J}_2$ 이므로 $p \in G$인 $\mathfrak{J}_1$ 의 개집합 G 에 대하여 $G \cap A - \{p\} \neq \varnothing$

  따라서 $p \in A_1'$ 이며 $A_1' \supset A_2'$ 이다.

연속사상(Continuous Map)

Chapter 03

01 연속사상(Continuous Map)

1. 연속사상(Continuous Map)

두 집합 X, Y 사이의 사상 $f : X \to Y$가 있다. 각 X, Y의 모든 부분집합들의 집합(멱집합, power set)을 각각 2^X, 2^Y (또는 $P(X)$, $P(Y)$)라 쓴다.

사상 f로부터 X의 부분집합 A와 Y의 부분집합 B에 관하여

> A의 상(image)　　　$f(A) = \{ f(x) \mid x \in A \}$,
>
> B의 역상(preimage)　　$f^{-1}(B) = \{ x \mid f(x) \in B \}$

라 한다.

X의 부분집합 A에 대하여 $f(A)$는 Y의 부분집합이므로 대응: $2^X \ni A \to f(A) \in 2^Y$으로 $f(A)$를 이해할 수 있다.

또한 Y의 부분집합 B에 관하여 $f^{-1}(B)$는 X의 부분집합이므로 대응: $2^Y \ni B \to f^{-1}(B) \in 2^X$으로 $f^{-1}(B)$를 이해할 수 있다.

이와 같이 사상 $f : X \to Y$로부터 대응 $f : 2^X \to 2^Y$와 역상 $f^{-1} : 2^Y \to 2^X$를 자연스럽게 정의할 수 있다. 그러나 맥락에 따라 그 용도를 구분해야 한다.

[정리] 사상 $f : X \to Y$, 상 $f : 2^X \to 2^Y$, 역상 $f^{-1} : 2^Y \to 2^X$

(1) $f^{-1}(\bigcup_i B_i) = \bigcup_i f^{-1}(B_i)$, $f^{-1}(\bigcap_i B_i) = \bigcap_i f^{-1}(B_i)$

(2) $f^{-1}(B^c) = f^{-1}(B)^c$

(3) $f(\bigcup_i A_i) = \bigcup_i f(A_i)$, $f(\bigcap_i A_i) \subset \bigcap_i f(A_i)$

(4) $f(x) \in B \leftrightarrow x \in f^{-1}(B)$

(5) $f(A) \subset B \leftrightarrow A \subset f^{-1}(B)$

(6) $A \subset f^{-1}(f(A))$, $f(f^{-1}(B)) \subset B$

참고로, 사상 $f : X \to Y$가 전사(onto)사상인 경우와 단사(1-1)사상인 경우에 따라 위의 성질 외에 몇 가지 성질을 더 갖는다. 정리하면 다음과 같다.

[정리] 사상 $f : X \to Y$와 임의의 부분집합 A, A_1, $A_2 \subset X$와 $B \subset Y$에 대하여

(1) f 는 전사(onto) $\leftrightarrow$ $f(f^{-1}(B)) = B$ $\leftrightarrow$ $f(A)^c \subset f(A^c)$

(2) f 는 단사(1-1) $\leftrightarrow$ $A = f^{-1}(f(A))$ $\leftrightarrow$ $f(A^c) \subset f(A)^c$
$\leftrightarrow$ $f(A_1 \cap A_2) = f(A_1) \cap f(A_2)$

증명 (1)과 (2)의 일부를 증명하자.

첫째, f 는 전사 $\leftrightarrow$ $f(f^{-1}(B)) \supset B$ 임을 보이자.

($\to$) 임의의 $y \in B$ 에 대하여 f 는 전사이므로 $y = f(x)$ 인 x 가 있다.

$f(x) \in B$ 이므로 $x \in f^{-1}(B)$ 이며 $f(x) \in f(f^{-1}(B))$

$\therefore B \in f(f^{-1}(B))$

($\leftarrow$) $B = Y$를 대입하면 $f(f^{-1}(Y)) \supset Y$이며 $f(X) \supset Y$

$\therefore f$ 는 전사

둘째, f 는 단사(1-1) $\leftrightarrow$ $A \supset f^{-1}(f(A))$ 임을 보이자.

($\to$) 임의의 $x \in f^{-1}(f(A))$ 에 대하여 $f(x) \in f(A)$ 이며, $f(x) = f(a)$, $a \in A$ 인 a 가 있다. f 는 단사이므로 $x = a \in A$

$\therefore A \supset f^{-1}(f(A))$

($\leftarrow$) $f(x) = f(a)$ 이라 하면 $x \in f^{-1}(f(a))$ 이며 $A = \{a\}$ 를 대입하면

$x \in \{a\}$ 이므로 $x = a$

$\therefore f$ 는 단사

예제 1 $f : X \to Y$와 $A \subset X$, $B \subset Y$일 때 다음 식을 보이시오.

① $f(f^{-1}(f(A))) = f(A)$ ② $f^{-1}(f(f^{-1}(B))) = f^{-1}(B)$

③ $f(f^{-1}(B) \cap A) = f(f^{-1}(B)) \cap f(A) = B \cap f(A)$

$f^{-1}(B)$ 때문에 등호가 성립한다.

풀이 ① $f(f^{-1}(B)) \subset B$이므로 $B = f(A)$ 를 대입하면

$f(f^{-1}(f(A))) \subset f(A)$

$f^{-1}(f(A)) \supset A$이므로 $f(f^{-1}(f(A))) \supset f(A)$

따라서 $f(f^{-1}(f(A))) = f(A)$

② $f^{-1}(f(A)) \supset A$이며 $A = f^{-1}(B)$ 대입: $f^{-1}(f(f^{-1}(B))) \supset f^{-1}(B)$

$f(f^{-1}(B)) \subset B$이므로 $f^{-1}(f(f^{-1}(B))) \subset f^{-1}(B)$

따라서 $f^{-1}(f(f^{-1}(B))) = f^{-1}(B)$

③ $y \in f(f^{-1}(B) \cap A)$ $\leftrightarrow$ $\exists x \in f^{-1}(B) \cap A$, $y = f(x)$
$\leftrightarrow$ $\exists x \in A$, $x \in f^{-1}(B)$, $y = f(x)$
$\leftrightarrow$ $\exists x \in A$, $y = f(x)$, $f(x) \in B$, $f(x) \in f(A)$
$\leftrightarrow$ $\exists x \in A$, $y = f(x)$, $y \in B$, $y \in f(A)$
$\leftrightarrow$ $y \in B \cap f(A)$

따라서 $f(f^{-1}(B) \cap A) = B \cap f(A)$

일반적으로 $f(f^{-1}(B) \cap A) \subset f(f^{-1}(B)) \cap f(A) \subset B \cap f(A)$ 이므로 등식

$f(f^{-1}(B) \cap A) = f(f^{-1}(B)) \cap f(A) = B \cap f(A)$ 이 성립한다.

[정리] 사상 $f : X \to Y$ 의 역상 $f^{-1} : 2^Y \to 2^X$ 에 대하여

(1) $f^{-1}(\bigcup_i B_i) = \bigcup_i f^{-1}(B_i)$　　　　(2) $f^{-1}(\bigcap_i B_i) = \bigcap_i f^{-1}(B_i)$

역상의 성질 (1), (2)는 2^Y 와 2^X 를 연산 $\cup$, $\cap$ 에 관하여 일정한 연산법칙을 만족하는 대수적 대상 $(2^Y, \cup, \cap)$, $(2^X, \cup, \cap)$ 으로 이해할 때, 사상 $f^{-1} : 2^Y \to 2^X$ 를 두 연산에 관한 준동형사상으로 생각할 수 있게 한다.

그런데 위상(topology)도 위상의 정의에 의해 위와 같이 두 연산 $\cup$, $\cap$ 에 관하여 닫혀있고 항등원이 존재하며 결합법칙, 교환법칙, 분배법칙과 같은 연산법칙을 충족하는 대수적 대상으로 이해할 수 있다.

즉, X 의 위상 $\mathfrak{I}_X$ 는 2^X 의 부분집합으로서 대수적 대상 $(\mathfrak{I}_X, \cup, \cap)$ 이며, Y 의 위상 $\mathfrak{I}_Y$ 는 2^Y 의 부분집합으로서 대수적 대상 $(\mathfrak{I}_Y, \cup, \cap)$ 이라 할 수 있다.

이때 사상 $f : X \to Y$ 의 역상 $f^{-1} : 2^Y \to 2^X$ 의 정의역 2^Y 와 공역 2^X 을 각각 위상 $\mathfrak{I}_Y$ 와 $\mathfrak{I}_X$ 로 교체하여도 역상 $f^{-1} : \mathfrak{I}_Y \to \mathfrak{I}_X$ 은 두 연산 $\cup$, $\cap$ 에 관하여 준동형사상으로 생각할 수 있을까?

준동형성 $f^{-1}(A_1 \cup A_2) = f^{-1}(A_1) \cup f^{-1}(A_2)$ 와

$f^{-1}(A_1 \cap A_2) = f^{-1}(A_1) \cap f^{-1}(A_2)$ 는 사상 f 에 관하여 항상 성립하는 성질이므로 문제될 것이 없다. 그러나 정의역 2^Y 와 공역 2^X 을 위상 $\mathfrak{I}_Y$ 와 $\mathfrak{I}_X$ 로 좁게 줄이는 과정에서 잘 정의됨(Well-definedness) 문제가 나타난다. 즉 $\mathfrak{I}_Y$ 의 원소 G 로부터 역상 $f^{-1}(G)$ 가 $\mathfrak{I}_X$ 에 속하지 않을 수 있다. 정의역과 공역을 줄임으로서 일종의 잘 정의됨(Well-definedness)문제가 생긴다.

f^{-1} 를 위상 $(\mathfrak{I}_Y, \cup, \cap)$ 와 위상 $(\mathfrak{I}_X, \cup, \cap)$ 사이의 준동형사상으로 파악할 수 있으려면

　　　　조건: $G \in \mathfrak{I}_Y$ 이면 $f^{-1}(G) \in \mathfrak{I}_X$

을 충족해야 한다. 이 조건을 사상 f 의 연속성(continuity)으로 정의한다.

[정의] {연속} 두 위상공간 $(X, \mathfrak{I}_X)$, $(Y, \mathfrak{I}_Y)$ 사이의 사상 $f : X \to Y$ 에 의한 Y 의 모든 개집합의 역상이 X 의 개집합이 될 때, 즉,

　　　$\forall\, G \in \mathfrak{I}_Y \;\to\; f^{-1}(G) \in \mathfrak{I}_X$

일 때, 사상 f 를 연속사상(continuous map)이라 한다.

사상 $f : X \to Y$ 가 연속사상이면 역상 $f^{-1} : (\mathfrak{I}_Y, \cup, \cap) \to (\mathfrak{I}_X, \cup, \cap)$ 는 두 연산 $\cup$, $\cap$ 에 관하여 준동형사상이라 할 수 있다.

또한 사상의 성질에 의하여 Y 의 기저에 속하는 개집합에 대하여 역상이 개집합이면 f 는 연속이며, 사상의 성질에 의하여 부분기저에 속하는 개집합에 대하여 역상이 개집합일 때도 f 는 연속이고, 모든 폐집합에 대하여 역상이 폐집합이면 f 는 연속이다.

> **[정리]** 사상 $f : X \to Y$에 대하여 다음 명제는 서로 동치이다.
> (1) 사상 f가 연속사상이다.
> (2) Y의 기저에 속하는 개집합의 역상이 개집합이다.
> (3) Y의 부분기저에 속하는 개집합의 역상이 개집합이다.
> (4) Y의 임의의 폐집합의 역상은 X에서 폐집합이다.

증명 (1) → (2) → (3)은 자명하다.

첫째, (3) → (1)을 보이자.

Y의 부분기저 S가 있다고 하면 Y의 임의의 개집합 G는 S의 원소들인 부분기저개집합들의 유한교집합과 무제한 합집합으로 나타낼 수 있다.

즉, 유한첨자집합 J_i와 $V_{ij} \in S$에 대하여 $G = \bigcup_{i \in I} \left(\bigcap_{j \in J_i} V_{ij} \right)$

$$f^{-1}(G) = f^{-1}\left(\bigcup_{i \in I} \left(\bigcap_{j \in J_i} V_{ij} \right) \right) = \bigcup_{i \in I} f^{-1}\left(\bigcap_{j \in J_i} V_{ij} \right) = \bigcup_{i \in I} \left(\bigcap_{j \in J_i} f^{-1}(V_{ij}) \right)$$

$f^{-1}(V_{ij})$는 개집합이며 위상의 정의에 의하여 $\bigcap_{j \in J_i} f^{-1}(V_{ij})$는 개집합이며

$f^{-1}(G)$는 개집합이다. 따라서 f는 연속이다.

둘째, (1) ↔ (4) 을 보이자.

임의 폐집합은 개집합의 여집합이므로 G^c (단, G는 개집합)으로 나타나며
$f^{-1}(G^c) = f^{-1}(G)^c$

f는 연속이므로 $f^{-1}(G)$는 개집합이며 $f^{-1}(G^c)$는 폐집합이다.

따라서 f에 관한 폐집합의 역상은 폐집합이다.

임의 개집합은 폐집합의 여집합이므로 F^c (단, F는 폐집합)으로 나타나며
$f^{-1}(F^c) = f^{-1}(F)^c$

f에 관한 폐집합의 역상은 폐집합이므로 $f^{-1}(F)$는 폐집합이며 $f^{-1}(F^c)$는 개집합이다.

따라서 f는 연속사상이다.

기저에 속하는 개집합을 기저개집합 또는 기본개집합이라 부른다.

정리에 따르면 사상이 연속임을 증명할 때, 기저개집합 또는 부분기저 개집합의 역상이 개집합임을 보여도 필요충분하다.

위상수학의 여러 가지 개념 중에서 부분기저 개집합에 대하여 조사하면 충분하지 않은 경우가 많다(예 집적점).

그런데 연속성과 수렴성 개념은 부분기저 개집합을 조사하면 충분하다.

몇 가지 연속사상의 사례를 정리하자.

[정리]

(1) 모든 상수함수는 항상 연속이다.

(2) 항등사상 $id : (X, \mathfrak{I}_1) \to (X, \mathfrak{I}_2)$ 가 연속 $\leftrightarrow \mathfrak{I}_2 \subset \mathfrak{I}_1$

(3) 두 위상공간 $(X, \mathfrak{I}_x)$, $(Y, \mathfrak{I}_y)$ 가 있을 때,

　　밑줄 모든 $f : X \to Y$ 가 연속 $\leftrightarrow \mathfrak{I}_x$ 가 이산위상 또는 $\mathfrak{I}_y$ 가 밀착위상

증명 (1) 위상공간사이의 사상 $f : X \to Y$ 가 상수함수 $f(x) = c$ 라 하면

Y 의 임의 개집합 G 에 대하여 $f^{-1}(G) = \begin{cases} X & , c \in G \\ \varnothing & , c \not\in G \end{cases}$ 는 개집합이다.

따라서 f 는 연속이다.

(2) ($\to$) id 는 연속이므로 모든 $G \in \mathfrak{I}_2$ 에 대하여 $id^{-1}(G) = G \in \mathfrak{I}_1$

따라서 $\mathfrak{I}_2 \subset \mathfrak{I}_1$

($\leftarrow$) 모든 $G \in \mathfrak{I}_2$ 에 대하여 $id^{-1}(G) = G \in \mathfrak{I}_2 \subset \mathfrak{I}_1$

따라서 id 는 연속이다.

(3) ($\to$) $\mathfrak{I}_y$ 가 밀착위상인 경우, 증명 끝

$\mathfrak{I}_y$ 가 밀착위상이 아닌 경우, $\varnothing \neq G \neq Y$, $G \in \mathfrak{I}_y$ 인 G 가 있다.

$a \in G$, $b \in Y - G$ 인 두 원소 a, b 가 있다.

X 의 임의 부분집합 A 에 대하여 사상 $f(x) = \begin{cases} a & , x \in A \\ b & , x \not\in A \end{cases}$ 라 두자.

모든 사상이 연속이므로 $f(x)$ 도 연속이며 $f^{-1}(G) = A \in \mathfrak{I}_x$

따라서 $\mathfrak{I}_x$ 는 X 의 모든 부분집합이 속하는 X 의 이산위상이다.

($\leftarrow$) $\mathfrak{I}_x$ 가 이산위상이면 모든 $f^{-1}(G) \in \mathfrak{I}_x$ 이므로 모든 함수 f 는 연속이다.

$\mathfrak{I}_y$ 가 밀착위상이면 모든 함수 f 에 대하여

$$f^{-1}(Y) = X \in \mathfrak{I}_x , \ f^{-1}(\varnothing) = \varnothing \in \mathfrak{I}_x$$

이므로 f 는 연속이다.

위의 정리는 특수한 경우에 적용하는 명제들이므로 일반화하지 않도록 주의
해야한다.

「연속 $\to$ 상수」,

「$f : (X, \mathfrak{I}_1) \to (X, \mathfrak{I}_2)$ 가 연속 $\to \mathfrak{I}_2 \subset \mathfrak{I}_1$ 」,

「어떤 함수 $f : X \to Y$ 가 연속 $\to \mathfrak{I}_x$ 가 이산위상 또는 $\mathfrak{I}_y$ 가 밀착위상」
등은 모두 일반적으로 성립하지 않는 명제들이다.

2. 한 점의 연속성(Continuity)

두 위상공간 $(X, \Im_X)$, $(Y, \Im_Y)$ 사이의 사상 $f : X \to Y$ 가 X 의 한 점 x 에서 연속이라 함은

"$f(x)$ 가 속하는 Y 의 임의의 개집합 V 에 대하여 x 가 속하는 X 의 개집합 U 가 존재하여

$$f(x) \in f(U) \subset V \ \text{또는} \ x \in U \subset f^{-1}(V)$$

를 만족하는 것"이다. 즉,

> **[정의] {점에서 연속}** 점 $x \in X$ 에 대하여 사상 $f : X \to Y$ 가 x 에서 연속이라 함은
> 「$f(x)$ 의 모든 근방 N 에 대하여 $f^{-1}(N)$ 이 x 의 근방이다.」

「점에서 연속」 개념은 주어진 점의 근방에서 다루는 개념이므로 다른 방식으로 표현할 수 있다.

몇 가지 동치명제를 정리하면 다음과 같다.

> **[정리]** $f : X \to Y$ 와 점 $x \in X$ 가 주어질 때, 다음 명제는 서로 동치이다.
> (1) f 가 「x 에서 연속」이다.
> (2) 「$f(x) \in G$ 인 모든 개집합 G 에 대하여 $f^{-1}(G)$ 는 x 의 근방이다.」
> (3) 「$f(x) \in G$ 인 기저개집합 G 에 대하여 $f^{-1}(G)$ 는 x 의 근방이다.」
> (4) 「$f(x) \in G$ 인 부분기저개집합 G 에 대하여 $f^{-1}(G)$ 는 x 의 근방이다.」
> (5) 「$f(x)$ 의 국소기저 개집합 G 에 대하여 $f^{-1}(G)$ 는 x 의 근방이다.」

증명 (1) → (2) → (3) → (4), (1) → (5)는 자명하다.

(4) → (1): $f(x)$ 의 근방 N 에 대하여 $f(x) \in (V_1 \cap \cdots \cap V_n) \subset N$ 인 부분기저 개집합 V_i 들이 있다. $x \in (f^{-1}(V_1) \cap \cdots \cap f^{-1}(V_n)) \subset f^{-1}(N)$ 이므로 $f^{-1}(N)$ 는 x 의 근방이다. 따라서 f 는 x 에서 연속이다.

(5) → (1): $f(x)$ 의 근방 N 에 대하여 $f(x) \in V \subset N$ 인 국소기저 개집합 V 가 있다. $x \in f^{-1}(V) \subset f^{-1}(N)$ 이므로 $f^{-1}(N)$ 는 x 의 근방이다. 따라서 f 는 x 에서 연속이다.

해석학에서 다루는 연속성과 위상수학에서 다루는 연속성을 비교해보자.

실수집합 $\mathbb{R}$ 에 보통위상 U 를 부여한 위상공간 $(\mathbb{R}, U)$ 에서 $(\mathbb{R}, U)$ 로의 함수 $f(x)$ 가 있다.

함수 $f(x)$ 가 실수 a 에서 연속이라 함은 해석학에서 다음과 같이 정의한다.

$$\forall \epsilon > 0 \ \exists \delta > 0 \ \text{s.t.} \ |x-a| < \delta \ \Rightarrow \ |f(x) - f(a)| < \epsilon$$

이를 집합표현으로 바꾸면

$$\forall \epsilon > 0 \ \exists \delta > 0 \ \text{s.t.} \ (a-\delta, a+\delta) \subset f^{-1}((f(a)-\epsilon, f(a)-\epsilon))$$

이며, $G = (f(a)-\epsilon, f(a)-\epsilon)$, $V = (a-\delta, a+\delta)$ 라 두면,

$$\forall G \ni f(a) \ \exists V \ \text{s.t.} \ a \in V \subset f^{-1}(G)$$

이 명제는 위상수학의 "점 a 에서 연속"의 정의와 일치함을 알 수 있다.

따라서 "모든 점에서 연속일 때 연속사상"이라 정의한 해석학의 입장과 위상수학의 연속사상의 정의가 일치하려면 위상수학에서 "모든 점에서 연속인 사상과 연속사상이 동일한 개념"임이 밝혀져야 한다. 그리고 아래의 실제 증명을 통해 확인된다.

점별 연속과 연속 사이에 다음과 같은 정리가 성립한다.

[정리] 사상 $f : X \to Y$ 가 연속사상일 필요충분조건은 f 가 모든 점에서 연속인 것이다.

증명 ($\to$) $f : X \to Y$ 가 연속이라 하고 정의역 X 의 임의의 점을 x 라 하자. $f(x) = y \in O$ 인 임의의 개집합 O 에 대하여 $x \in f^{-1}(O)$ 이며 f 가 연속이므로 $f^{-1}(O)$ 는 개집합이다. 따라서 $f^{-1}(O)$ 는 x 의 근방이다. 그러므로 f 는 x 에서 연속이다.

($\leftarrow$) f 가 모든 점에서 연속이라 하고, $O \subset Y$ 가 임의의 개집합이라 하자. $x \in f^{-1}(O)$ 라 하면, f 가 x 에서 연속이므로 $f^{-1}(O)$ 는 x 의 근방이며 $x \in V \subset f^{-1}(O)$ 인 개집합 V 가 존재한다. 따라서 x 는 $f^{-1}(O)$ 의 내점이다.
즉, $f^{-1}(O) \subset \text{int}(f^{-1}(O))$
따라서 $f^{-1}(O) = \text{int}(f^{-1}(O))$ 이며 $f^{-1}(O)$ 는 개집합이다.
그러므로 f 는 연속사상이다.

해석학적인 접근을 통해 연속사상을 정의하기보다 위상수학적 접근을 통해 연속사상을 정의 하는 것이 훨씬 간결하며 위상(topology)이라는 근본적인 수학적 구조와 이 구조를 유지하는 사상(homomorphism)이 연속사상이라는 높은 수준의 이해에 도달할 수 있다.

예를 들어, 함수 $f : \mathbb{R} - \{0\} \to \mathbb{R}$, $f(x) = \dfrac{1}{x}$ 가 연속임을 증명할 때, 해석학적 방법은 $|x - a|$ 와 $|f(x) - f(a)|$ 사이의 부등식과 $\epsilon - \delta$ 논법을 이용해야 하지만, 위상수학적 방법은 보통위상의 기저개집합인 개구간의 역상

$$f^{-1}((a,b)) = \begin{cases} (\dfrac{1}{b}, \dfrac{1}{a}) & , 0 < ab \text{일 때} \\ (-\infty, \dfrac{1}{a}) \cup (\dfrac{1}{b}, \infty) & , ab < 0 \text{일 때} \\ (\dfrac{1}{b}, \infty) & , a = 0 \text{일 때} \\ (-\infty, \dfrac{1}{a}) & , b = 0 \text{일 때} \end{cases}$$

가 모두 개집합임을 확인하면 충분하다.

보통거리공간 $\mathbb{R}^n$ 사이의 몇 가지 함수의 연속성을 살펴보자.

[정리] 보통거리공간 $\mathbb{R}^2$ 와 $\mathbb{R}$ 사이의 사상 $f: \mathbb{R}^2 \to \mathbb{R}$ 에 대하여
(1) $f(x,y) = x+y$ 는 연속사상이다.
(2) $f(x,y) = xy$ 는 연속사상이다.

증명) 임의의 점 $p=(a,b) \in \mathbb{R}^2$ 에 대하여 f 가 p 에서 연속임을 보이자.

(1) $f(p) = a+b \in (a+b-r, \, a+b+r)$ (단, $r>0$)에 대하여

$$q=(x,y) \in \mathrm{B}\left(p\,;\frac{r}{2}\right) \text{ 이면}$$

$$|f(q)-f(p)| = |x+y-a-b| \le |x-a|+|y-b| < \frac{r}{2}+\frac{r}{2} = r \text{ 이므로}$$

$$\mathrm{B}\left(p\,;\frac{r}{2}\right) \subset f^{-1}((a+b-r, \, a+b+r))$$

따라서 f 는 임의의 점 p 에서 연속이며 $f(x,y) = x+y$ 는 연속사상이다.

(2) $f(p) = ab \in (ab-r, \, ab+r)$ (단, $r>0$)에 대하여

$$\delta = \min\left(1, \, \frac{r}{2\|p\|+2}\right) \text{ 라 두면 } q=(x,y) \in \mathrm{B}(p\,;\delta) \text{ 일 때}$$

$$|f(q)-f(p)| = |xy-ab| \le (|a|+|b|+1)(|x-a|+|y-b|) < (2\|p\|+2)\delta = r$$

이므로 $\mathrm{B}(p\,;\delta) \subset f^{-1}((ab-r, \, ab+r))$

따라서 f 는 임의의 점 p 에서 연속이며 $f(x,y) = xy$ 는 연속사상이다.

예제1 $\chi_A : X \to \mathbb{R}$, $\chi_A(x) = \begin{cases} 1 & , \, x \in A \\ 0 & , \, x \notin A \end{cases}$ 와 점 $p \in X$ 일 때,

χ_A 가 「p 에서 연속」일 필요충분조건은 $p \notin b(A)$ 임을 보이시오.

증명) ($\rightarrow$) $\chi_A(p) = 1$ 일 때 χ_A 는 p 에서 연속이므로
$p \in G \subset \chi_A^{-1}((0,2)) = A$ 인 개집합 G 가 존재한다.
따라서 $p \in \mathrm{int}(A)$ 이며 $p \notin b(A)$
$\chi_A(p) = 0$ 일 때 χ_A 는 p 에서 연속이므로 $p \in G \subset \chi_A^{-1}((-1,1)) = A^c$ 인 개집합
G 가 있다.
따라서 $p \in \mathrm{ext}(A)$ 이며 $p \notin b(A)$
($\leftarrow$) $p \notin b(A)$ 이라 하면 $p \in \mathrm{int}(A)$ 또는 $p \in \mathrm{ext}(A)$
$p \in \mathrm{int}(A)$ 일 때, $\chi_A(p) = 1$ 이며 $1 \in (a,b)$ 인 개구간 (a,b) 에 대하여
$A \subset \chi_A^{-1}((a,b))$ 이므로 $p \in G \subset \chi_A^{-1}((a,b))$ 인 개집합 G 가 존재한다.
따라서 χ_A 는 p 에서 연속이다.
$p \in \mathrm{ext}(A)$ 일 때, $\chi_A(p) = 0$ 이며 $0 \in (a,b)$ 인 개구간 (a,b) 에 대하여
$A^c \subset \chi_A^{-1}((a,b))$ 이므로 $p \in G \subset \chi_A^{-1}((a,b))$ 인 개집합 G 가 존재한다.
따라서 χ_A 는 p 에서 연속이다.

3. 점열연속(Sequential Continuity)

[정의] {점열연속} 위상공간 $(X, \mathfrak{I}_X)$ 에서 $(Y, \mathfrak{I}_Y)$ 로의 사상 $f : X \to Y$ 가 한 점 $p \in X$ 에서 점열연속이라 함은 'p 로 수렴하는 임의의 점열 $\{x_n\}$ 에 대하여 $\{f(x_n)\}$ 이 $f(p)$ 로 수렴'이다.

할 때를 말한다. 사상 $f : X \to Y$ 가 점 $p \in X$ 에서 연속이면 점 p 에서 점열 연속이지만 그 역은 일반적으로 성립하지 않는다.

특별한 경우로서, 보통위상을 갖는 실수공간에서 정의된 사상은 점열연속이면 연속이다.

[정리] 연속사상은 점열연속이다.

증명 $f : X \to Y$ 가 $x \in X$ 에서 연속이라 하고, 점열 $\{a_n\}$ 이 x 로 수렴한다고 하자.

f 가 x 에서 연속이므로 $f(x) \in O$ 인 임의의 개집합 O 에 대하여

$f^{-1}(O)$ 는 x 의 근방이며 $x \in V \subset f^{-1}(O)$ 인 개집합 V 가 존재한다.

a_n 이 x 로 수렴하므로 적당한 양의 정수 K 가 존재하여 $K < n$ 이면 $a_n \in V$ 이 성립한다.

이때 $a_n \in f^{-1}(O)$ 이므로 $f(a_n) \in O$ 이다.

따라서 $K < n$ 이면 $f(a_n) \in O$ 이다.

즉, $f(a_n)$ 은 $f(x)$ 로 수렴한다.

그러므로 f 는 x 에서 점열연속이다.

위의 정리의 역은 일반적으로 성립하지 않는다.

위상공간에 조건이 있는 경우는 성립한다.

[정리] $f : X \to Y$ 가 점열연속이고 X 가 제1가산공간이면 f 는 연속이다.

이 정리의 증명은 제1가산공간을 다룰 때 제시한다.

거리공간은 제1가산공간이며 위의 정리가 성립하므로

거리공간 X 에서 위상공간 Y 사이의 사상 $f : X \to Y$ 가 연속일 필요충분조건은 f 가 모든 점에서 점열연속인 것이다.

02 연속사상의 성질

1. 연속사상에 관한 정리

> **[정리]** 사상 $f : X \to Y$ 가 주어져 있을 때,
> (1) f 가 연속일 필요충분조건은 $\forall A \subset X$, $f(\overline{A}) \subset \overline{f(A)}$
> (2) f 가 연속일 필요충분조건은 $\forall B \subset Y$, $f^{-1}(\text{int}(B)) \subset \text{int}(f^{-1}(B))$
> (3) f 가 연속일 필요충분조건은 $\forall B \subset Y$, $\overline{f^{-1}(B)} \subset f^{-1}(\overline{B})$
> (4) f 가 연속일 필요충분조건은 $\forall B \subset Y$, $b(f^{-1}(B)) \subset f^{-1}(b(B))$

증명 (1) $a \in f(\overline{A})$ 라 하면, $a = f(x)$ 인 원소 $x \in \overline{A}$ 가 있다.

$a \in O$ 인 임의의 개집합 O 를 생각하자.

f 가 연속이므로 $f^{-1}(O)$ 도 개집합이며, $a = f(x)$ 이므로 $x \in f^{-1}(O)$

$x \in \overline{A}$ 이므로 $f^{-1}(O) \bigcap A \neq \varnothing$ 이다.

이때 $f^{-1}(O) \bigcap A \neq \varnothing$ 이므로 $f(f^{-1}(O) \bigcap A) \neq \varnothing$ 이며,

$f(f^{-1}(O) \bigcap A) \subset f(f^{-1}(O)) \bigcap f(A)$

그리고 $f(f^{-1}(O)) \subset O$ 이므로 $f(f^{-1}(O) \bigcap A) \subset O \bigcap f(A)$

따라서 $O \bigcap f(A) \neq \varnothing$

그러므로 a 는 $f(A)$ 의 부착점이다. 즉, $a \in \overline{f(A)}$ 이며 $f(\overline{A}) \subset \overline{f(A)}$ 이다.

($\leftarrow$) 역으로 Y 의 개집합 O 에 대하여, $A = f^{-1}(O^c)$ 두면

$f(\overline{A}) \subset \overline{f(f^{-1}(O^c))} \subset \overline{O^c} = O^c$

따라서 $\overline{A} \subset f^{-1}(O^c) = A$ 이며, A 는 폐집합이다. 즉, $f^{-1}(O)$ 는 개집합이다. 그러므로 f 는 연속사상이다.

(2) ($\to$) Y 의 임의 집합 B 에 대하여 $f^{-1}(\text{int}(B)) \subset f^{-1}(B)$

f 는 연속이므로 $f^{-1}(\text{int}(B))$ 는 개집합이다.

따라서 $f^{-1}(\text{int}(B)) \subset \text{int}(f^{-1}(B))$

($\leftarrow$) Y 의 임의 개집합 G 를 B 에 대입하면

$f^{-1}(G) = f^{-1}(\text{int}(G)) \subset \text{int}(f^{-1}(G))$

따라서 $f^{-1}(G)$ 는 개집합이며 f 는 연속이다.

(3) ($\to$) $f^{-1}(Y - \overline{B})$ 은 개집합이므로 $X - f^{-1}(Y - \overline{B})$ 은 폐집합

그런데 $X - f^{-1}(Y - \overline{B}) = f^{-1}(\overline{B})$ 이므로 $f^{-1}(\overline{B})$ 은 폐집합

따라서 $\overline{f^{-1}(\overline{B})} = f^{-1}(\overline{B})$

그리고 $f^{-1}(B) \subset f^{-1}(\overline{B})$ 이므로 $\overline{f^{-1}(B)} \subset \overline{f^{-1}(\overline{B})}$

$\therefore \overline{f^{-1}(B)} \subset f^{-1}(\overline{B})$

($\leftarrow$) Y 의 임의 열린부분집합 O 에 대하여 $B = O^c$ 라 두고 대입하자.

O^c 가 폐집합이므로 $\overline{O^c} = O^c$ 임을 대입하면,

$\overline{f^{-1}(O^c)} \subset f^{-1}(O^c)$ 이며, $\overline{f^{-1}(O^c)} = f^{-1}(O^c)$ 이다.

따라서 $f^{-1}(O^c)$ 은 폐집합이며, $f^{-1}(O^c) = f^{-1}(O)^c$ 이므로

$f^{-1}(O)$ 는 개집합이다.

그러므로 f 는 연속사상이다.

(4) ($\rightarrow$) f 는 연속이므로 $f(\overline{f^{-1}(B)}) \subset \overline{f(f^{-1}(B))} \subset \overline{B}$ 이며,

$$\overline{f^{-1}(B)} \subset f^{-1}(\overline{B})$$

$f^{-1}(\text{int}(B)) \subset f^{-1}(B)$ 이며 $f^{-1}(\text{int}(B))$ 는 개집합이므로

$$f^{-1}(\text{int}(B)) \subset \text{int}(f^{-1}(B))$$

따라서 $b(f^{-1}(B)) = \overline{f^{-1}(B)} - \text{int}(f^{-1}(B)) \subset f^{-1}(\overline{B}) - f^{-1}(\text{int}(B))$

$$= f^{-1}(b(B))$$

($\leftarrow$) 임의 개집합 G 에 대하여 $B = G^c$ 라 두면

$$\overline{f^{-1}(B)} = f^{-1}(B) \cup b(f^{-1}(B)) \subset f^{-1}(B) \cup f^{-1}(b(B))$$

$$= f^{-1}(B \cup b(B)) = f^{-1}(\overline{B})$$

이므로 $f^{-1}(B)$ 는 폐집합이며 $f^{-1}(G)$ 는 개집합이다.

따라서 f 는 연속함수이다.

위의 정리에 따라 다음 명제를 증명할 수 있다.

[정리] 사상 $f : X \to \mathbb{R}$ 가 연속이며 X 에 조밀한 부분집합 A 로 제한한 사상 $f|_A$ 가 상수함수이면 f 는 상수함수이다. (단, $\mathbb{R}$ 은 보통위상공간)

증명 ⟨ 상수함수 $f|_A = c$ 라 하면

$f(X) = f(\overline{A}) = \overline{f(A)} = \overline{\{c\}} = \{c\}$ 이므로 f 는 상수함수이다.

위의 결과는 사상 $f : X \to Y$ 와 Y 가 T_1-공간일 때도 성립한다.

위의 정리를 이용하면 연속성과 관련된 증명에 편리하다.

연속성의 다른 동치명제를 살펴보자.

다음은 사상 $f : X \to Y$ 가 연속함수이기 위한 동치명제들이다.

[정리] 위상공간 X, Y 사이의 사상 $f : X \to Y$ 가 있다.

(1) X 의 열린 덮개(open cover)$\{O_i \mid i \in I\}$ 가 있을 때, 즉, $\bigcup O_i = X$

　　사상 $f : X \to Y$ 가 연속일 필요충분조건은

　　각각의 개집합 O_i 로 정의역을 제한한 사상 $f|_{O_i}$ 들이 연속이다.

(2) 공집합이 아닌 두 폐부분집합 A, B 가 $A \cup B = X$ 일 때,

　　사상 $f : X \to Y$ 가 연속일 필요충분조건은

　　제한사상 $f|_A : A \to Y$, $f|_B : B \to Y$ 가 연속이다.

> 부분집합의 위상은 상대위상이다.

> O_i 들이 무한히 많아도 성립한다.

> 폐부분집합의 개수가 유한개인 경우 성립

증명 ⟨ (1) ($\rightarrow$) Y 의 임의의 개집합 G 에 대하여 f 는 연속사상이므로 $f^{-1}(G)$ 는 X 의 개집합이다.

　　O_i 도 X 의 개집합이므로 $f|_{O_i}^{-1}(G) = O_i \cap f^{-1}(G)$ 는 X 의 개집합이다.

　　따라서 정의역을 제한한 사상 $f|_{O_i}$ 는 연속이다.

($\leftarrow$) Y의 임의의 개집합 G에 대하여 $f|_{O_i}$는 연속이므로 $f|_{O_i}^{-1}(G)$는 O_i의 상대위상에 관해 개집합이다.

O_i는 X의 개집합이므로 $f|_{O_i}^{-1}(G)$는 X의 개집합이다.

그리고 $\bigcup_{i \in I} f|_{O_i}^{-1}(G) = \bigcup_{i \in I} (O_i \cap f^{-1}(G)) = (\bigcup_{i \in I} O_i) \cap f^{-1}(G)$

이며 O_i들은 X의 덮개이므로

$$= X \cap f^{-1}(G) = f^{-1}(G)$$

따라서 $f^{-1}(G)$는 X의 개집합이며 f는 연속사상이다.

(2) ($\rightarrow$) Y의 임의의 폐집합 F에 대하여 f는 연속이므로 $f^{-1}(F)$는 X의 폐집합이다.

$f|_A^{-1}(F) = A \cap f^{-1}(F)$, $f|_B^{-1}(F) = B \cap f^{-1}(F)$ 이므로 $f|_A^{-1}(F)$는 A에서 폐집합이며 $f|_B^{-1}(F)$는 B에서 폐집합이다.

따라서 $f|_A$, $f|_B$가 연속사상이다.

($\leftarrow$) Y의 임의의 폐집합 F에 대하여 $A \cup B = X$이므로

$f^{-1}(F) = (f^{-1}(F) \cap A) \cup (f^{-1}(F) \cap B) = f|_A^{-1}(F) \cup f|_B^{-1}(F)$

$f|_A$, $f|_B$가 연속이므로 $f|_A^{-1}(F)$는 A에서 폐집합이며 $f|_B^{-1}(F)$는 B에서 폐집합이다.

A, B는 X의 폐집합이므로 $f|_A^{-1}(F)$, $f|_B^{-1}(F)$는 X의 폐집합이며 합집합 $f|_A^{-1}(F) \cup f|_B^{-1}(F)$도 X의 폐집합이다.

따라서 $f^{-1}(F)$는 X의 폐집합이며 f는 연속이다.

위의 정리는 A, B를 부분위상공간으로 간주한다.

[정리] 위상공간 X, Y, Z에 대하여 사상 $f : X \to Y$와 $g : Y \to Z$가 연속사상이면 합성사상 $g \circ f : X \to Z$는 연속이다.

증명 Z의 임의 개집합 G에 대하여 g는 연속이므로 $g^{-1}(G)$는 Y의 개집합이다. f는 연속이므로 $f^{-1}(g^{-1}(G))$는 X의 개집합이다.

$f^{-1}(g^{-1}(G)) = (g \circ f)^{-1}(G)$ 이므로 $g \circ f$는 연속이다.

연속사상들의 합성연산이 연속임을 보였다.

덧셈이나 곱셈과 같은 연산에 대해서도 연속임을 증명해보자.

그런데 주의할 점은 일반적인 위상공간은 덧셈이나 곱셈연산을 정의하지 않는다.

함수들의 덧셈과 곱셈을 정의하려면 공역이 연산을 가진 위상공간이어야 한다. 전형적인 사례가 보통위상공간 $\mathbb{R}$ 이다.

상황을 정리하면 다음과 같다.

위상공간 X와 보통위상공간 $\mathbb{R}$ 사이의 두 함수 $f, g : (X, \mathfrak{I}) \to \mathbb{R}$에 대하여

덧셈 $(f+g)(x) = f(x) + g(x)$, 곱셈 $(fg)(x) = f(x) \times g(x)$

몫 $(f/g)(x) = f(x)/g(x)$ (단, 모든 x 에서 $g(x) \neq 0$)

라 정의한다.

> **[정리]** 두 함수 $f, g : (X, \mathfrak{I}) \to \mathbb{R}$ (보통위상공간)가 연속함수이면
>
> (1) $f+g$ 는 연속함수이다.
>
> (2) 실수 c배 함수 cf 는 연속함수이다.
>
> (3) fg 는 연속함수이다.
>
> (4) 모든 x 에서 $g(x) \neq 0$일 때, f/g 는 연속함수이다.

증명 (1) $A = (f+g)^{-1}((a,b))$가 개집합임을 보이면 충분하다.

$A = \{x : a < f(x) + g(x)\} \cap \{x : f(x) + g(x) < b\}$ 이다.

$$\{x : a < f(x) + g(x)\} = \{x : a - f(x) < g(x)\}$$
$$= \bigcup_{r \in \mathbb{R}} \{x : a - f(x) < r < g(x)\},$$

$$\{x : a - f(x) < r < g(x)\} = \{x : a - r < f(x)\} \cap \{x : r < g(x)\}$$
$$= f^{-1}(a-r, \infty) \cap g^{-1}(r, \infty)$$

f, g 가 연속이므로 $f^{-1}(a-r, \infty)$, $g^{-1}(r, \infty)$ 는 개집합이다.

따라서 $\{x : a < f(x) + g(x)\}$는 개집합이다.

같은 방법으로 $\{x : f(x) + g(x) < b\} = \bigcup_{r \in \mathbb{R}} \{x : f(x) < r < b - g(x)\}$,

$\{x : f(x) < r < b - g(x)\} = f^{-1}(-\infty, r) \cap g^{-1}(-\infty, b-r)$

f, g 가 연속이므로 $\{x : f(x) + g(x) < b\}$ 는 개집합이다.

따라서 A 는 개집합이며, $f+g$ 는 연속사상이다.

(2) $c = 0$인 경우 cf 는 상수함수이므로 연속이다.

$c \neq 0$인 경우 $(cf)^{-1}((a,b)) = \begin{cases} f^{-1}((\dfrac{a}{c}, \dfrac{b}{c})) & , c > 0 \\ f^{-1}((\dfrac{b}{c}, \dfrac{a}{c})) & , c < 0 \end{cases}$

이며 f 는 연속이므로 $(cf)^{-1}((a,b))$ 는 개집합이다.

따라서 cf 는 연속이다.

(3) 함수 $sq : \mathbb{R} \to \mathbb{R}$, $sq(x) = x^2$ 에 대하여

$$sq^{-1}((a,b)) = \begin{cases} (-\sqrt{b}, -\sqrt{a}) \cup (\sqrt{a}, \sqrt{b}) &, 0 \leq a < b \text{ 일때} \\ (-\sqrt{b}, \sqrt{b}) &, a < 0 < b \text{ 일때} \\ \varnothing &, a < b \leq 0 \text{ 일때} \end{cases}$$

이므로 함수 $sq(x) = x^2$ 는 연속함수이다.

f, g 가 연속이면 (1)로부터 $f+g$ 는 연속이며

합성함수 $sq(f) = f^2$, $sq(g) = g^2$, $sq(f+g) = (f+g)^2$ 는 연속함수이다.

또한 (1)로부터 $f^2 + g^2$ 도 연속함수이다.

상수배하고 더한 함수 $fg = \dfrac{1}{2}(f+g)^2 + (-\dfrac{1}{2})(f^2 + g^2)$ 는 (1), (2)로부터

연속함수이다.

따라서 fg 는 연속함수이다.

(4) $r : \mathbb{R} - \{0\} \to \mathbb{R}$, $r(x) = \dfrac{1}{x}$ 는 연속함수이다. (앞 절의 내용참조)

g 는 연속이므로 합성함수 $(r \circ g)(x) = \dfrac{1}{g(x)}$ 는 연속함수이다.

$f, \dfrac{1}{g}$ 는 연속이므로 (3)에 의하여 $\dfrac{f}{g}$ 는 연속함수이다.

> 적위상과 상대위상을 이용하여 증명한다.

(다른 증명) 보통위상공간 $\mathbb{R}$ 과 보통위상공간 $\mathbb{R}$ 의 적위상공간 $\mathbb{R}^2$ 일 때, (2)의 경우 $h : \mathbb{R} \to \mathbb{R}$, $h(x) = cx$ 는 연속함수이며, $f(x)$ 는 연속이므로 두 연속함수의 합성함수 $cf(x) = h \circ f$ 는 연속이다.

(1)과 (3)의 경우 적공간의 연속성을 이용하여 증명할 수 있다.

f, g 가 연속이므로 $F : X \to \mathbb{R}^2$, $F(x) = (f(x), g(x))$ 는 연속함수이다.

함수 $P, M : \mathbb{R}^2 \to \mathbb{R}$, $P(x, y) = x + y$ 와 $M(x, y) = xy$ 는 연속이다.

따라서 합성함수 $(P \circ F)(x) = f(x) + g(x)$, $(M \circ F)(x) = f(x)g(x)$ 는 연속함수이다.

(4)의 경우 보통위상공간 $\mathbb{R}$ 의 부분위상공간 $\mathbb{R} - \{0\}$ 과의 적위상공간으로서 $\mathbb{R} \times (\mathbb{R} - \{0\})$ 일 때, $D : \mathbb{R} \times (\mathbb{R} - \{0\}) \to \mathbb{R}$, $D(x, y) = \dfrac{x}{y}$ 는 연속이다.

$E : X \to \mathbb{R} \times (\mathbb{R} - \{0\})$, $E(x) = (f(x), g(x))$ 라 정의하면 f, g 가 연속이며 $g(x) \neq 0$ 이므로 $E(x)$ 는 연속함수이다.

따라서 합성함수 $(D \circ E)(x) = \dfrac{f(x)}{g(x)}$ 는 연속함수이다.

정리 (1), (3)의 두 번째 적공간을 이용한 증명이 간단하고 이해하기 쉽다. 다소 복잡한 식을 가진 함수의 연속성은 위의 정리를 활용하여 증명하는 것이 간편하다.

예제 1 실수집합 $\mathbb{R}$ 에서 $\mathcal{U}$ 는 보통위상이며 집합족 $\mathcal{U} \cup \{\mathbb{Q}\}$ 로 생성한 위상 T 일 때, 사상 $f : (\mathbb{R}, T) \to (\mathbb{R}, \mathcal{U})$ 는 연속이며 $f|_\mathbb{Q}$ 가 상수이면 f 는 상수함수임을 보이시오.

증명 $f|_\mathbb{Q} = c$ (상수)라 놓자.

위상공간 $(\mathbb{R}, T)$ 에서 $\overline{\mathbb{Q}} = \mathbb{R}$ 이므로
$$f(\mathbb{R}) = f(\overline{\mathbb{Q}}) \subset \overline{f(\mathbb{Q})} = \overline{\{c\}} = \{c\}$$
따라서 f 는 상수함수이다.

예제 2 실수집합 $\mathbb{R}$ 에서 $\mathbb{U}$ 는 보통위상이며 집합족 $\mathbb{U} \cup \{\mathbb{R}-\mathbb{Q}\}$ 로 생성한 위상 T 일 때, 사상 $f : (\mathbb{R},T) \to (\mathbb{R},\mathbb{U})$ 는 연속이며 $f|_{\mathbb{Q}}$ 가 상수이면 f 는 상수함수임을 보이시오.

증명 위상 T 에서 $B = \mathbb{U} \cup \{(r,s)-\mathbb{Q} \mid r < s\}$ 는 T 의 기저이다.

$f|_{\mathbb{Q}} = c$ (상수)라 놓자. 그리고 f 가 상수가 아니라고 가정하자.

$f(a) \neq c$ 인 적당한 무리수 a 가 있다. 이때 $f(a) < c$ 라 하자.

두 실수 $f(a)$, c 의 중점을 m 이라 놓고, 개구간 $G = (f(a)-1, m)$,

$H = (m, c+1)$ 이라 놓으면 $f(a) \in G$, $c \in H$, $G \cap H = \varnothing$ 이다.

$a \in f^{-1}(G)$ 이며 f 는 연속이므로 $a \in (r,s)-\mathbb{Q} \subset f^{-1}(G)$ 인 개구간 (r,s) 가 있다.

개구간 (r,s) 에는 유리수 q 가 적어도 하나 존재한다.

$f|_{\mathbb{Q}} = c$ 이므로 $f(q) = c$ 이며 $c \in H$ 이므로 $q \in f^{-1}(H)$ 이다.

f 는 연속이므로 $q \in (u,v) \subset f^{-1}(H)$ 인 개구간 (u,v) 가 있다.

$q \in (r,s) \cap (u,v)$ 이므로 $(r,s) \cap (u,v)$ 는 개구간이며

$(r,s) \cap (u,v)-\mathbb{Q} \neq \varnothing$ 이다.

$(r,s) \cap (u,v)-\mathbb{Q} \subset f^{-1}(G)$ 이며 $(r,s) \cap (u,v)-\mathbb{Q} \subset f^{-1}(H)$

이므로 $f^{-1}(G) \cap f^{-1}(H) \neq \varnothing$

그런데 $f^{-1}(G) \cap f^{-1}(H) = f^{-1}(G \cap H) = f^{-1}(\varnothing) = \varnothing$ 이므로 모순

그러므로 $f|_{\mathbb{Q}}$ 가 상수이면 f 는 상수함수이다.

예제 3 실수집합 $\mathbb{R}$ 에서 T_u 는 보통위상, T_c 는 여가산위상일 때, 연속사상 $f : (\mathbb{R},T_u) \to (\mathbb{R},T_c)$ 는 상수함수임을 보이시오.

증명 f 는 상수함수가 아니라 가정하면 $f(a) \neq f(b)$, $a < b$ 인 실수 a, b 가 있다. 그리고 유계폐구간 $[a,b]$ 는 연결이고 컴팩트집합이다.

f 는 연속이므로 $f([a,b])$ 는 컴팩트 연결집합이다.

$(\mathbb{R},T_c)$ 에서 컴팩트 연결집합은 한 점집합이므로 $f(a) = f(b)$. 모순

따라서 f 는 상수함수이다.

> 뒤에 나오는 연결, 컴팩트 개념을 쓴다.

정의역-공역의 위상별 연속사상 $f : (\mathbb{R},T_x) \to (\mathbb{R},T_y)$ 의 유형

T_x \ T_y	여유한 위상	여가산 위상	보통 위상	상한 위상	이산 위상
여유한(f)	항등 등	상수	상수	상수	상수
여가산(c)	항등 등	항등 등	상수	상수	상수
보통(u)	항등 등	상수	항등 등	상수	상수
상한(s)	항등 등	특성 등	항등 등	항등 등	특성 등
이산(d)	모든 f	모든 f	모든 f	모든 f	모든 f

> 증명은 연결, 컴팩트 등이 필요할 수 있다.

표에서 '상수'는 상수함수 만 연속함수이며 그 외에는 불연속이라는 뜻이다.

표에서 '항등 등'은 항등함수 id 는 연속이며 그 외에도 여러 가지 연속함수들이 있다는 뜻이다.

표에서 '특성 등'은 특성함수 $f(x) = \chi_A(x) = \begin{cases} c \, , \, x \in A \\ d \, , \, x \in A^c \end{cases}$, $A = (a,b]$ 는 연속이며, 항등함수 id 는 불연속이지만 그 외에 여러 가지 연속함수들이 있다는 뜻이다.

> **예제 4** $\{ (a,b] \mid a < b \}$ 로 생성하는 상한위상 $\mathfrak{I}$ 일 때 $f : (\mathbb{R}, \mathfrak{I}) \to (\mathbb{R}, \mathfrak{I})$ 는 연속이면 "모든 실수 a 에 대하여 적당한 양의 실수 δ 가 존재하여 $x \in (a-\delta, a]$ 이면 $f(x) \leq f(a)$ "이 성립함을 보이시오.

증명 임의의 점 $a \in \mathbb{R}$ 에 관하여 f 는 a에서 연속이다.

$f(a) = b$ 이라 놓자.

f 는 a 에서 연속이므로 $b \in (b-\epsilon, b]$ 인 임의의 기저개집합 $(b-\epsilon, b]$에 관하여 $f^{-1}((b-\epsilon, b])$ 는 a의 근방이다.

따라서 $(a-\delta, a] \subset f^{-1}((b-\epsilon, b])$ 인 $(a-\delta, a]$ 인 기저개집합이 있다.

이때, $f((a-\delta, a]) \subset (b-\epsilon, b]$ 이다.

즉, $a-\delta < x \leq a$ 이면 $b-\epsilon < f(x) \leq b = f(a)$ 이다.

따라서 각 점 $a \in \mathbb{R}$ 와 임의의 양의 실수 ϵ 마다

$a-\delta < x \leq a$ 이면 $b-\epsilon < f(x) \leq b = f(a)$ 이 성립하는 양의 실수 δ 가 존재한다.

그러므로 f 는 보통위상에 관하여 각 점 $a \in \mathbb{R}$ 에서 좌-연속이며

각 점 $a \in \mathbb{R}$ 마다 기저개집합 $(a-\delta, a]$ 이 존재하여

$x \in (a-\delta, a]$ 이면 $f(x) \leq f(a)$ 이 성립한다.

03 개사상, 폐사상

1. 개사상(Open Map)과 폐사상(Closed Map)

> **[정의] {개사상}** 두 위상공간 $(X, \mathfrak{I}_X)$, $(Y, \mathfrak{I}_Y)$ 사이의 사상 $f : X \to Y$에 대하여 X 의 모든 개집합의 상이 Y 의 개집합일 때, 즉,
> $$X \supset G : \text{open} \to f(G) : \text{open}$$
> 이면 사상 f 를 개사상(open map)이라 한다.
>
> **{폐사상}** X 의 모든 폐집합의 상이 Y 의 폐집합일 때, 즉
> $$X \supset F : \text{closed} \to f(F) : \text{closed}$$
> 이면 사상 f 를 폐사상(closed map)이라 한다.

일반적으로 $f(A)^c \neq f(A^c)$ 이므로 개사상과 폐사상은 동치개념이 아니며 한 쪽 개념이 다른 쪽 개념을 함의하지도 않는다.

위상 $\mathfrak{I}_X$의 기저(base) B_X가 주어진 경우
$$G \in B_X \to f(G) \in \mathfrak{I}_Y$$

이면 $f(\bigcup_i A_i) = \bigcup_i f(A_i)$ 임을 이용하여 사상 f 는 개사상이다.

따라서 개사상임을 증명하기 위하여 기저를 이용할 수 있다.

그러나 일반적으로 $f(\bigcap_i A_i) \neq \bigcap_i f(A_i)$ 이므로 B_X 가 부분기저이면 f 는 개사상이 아닐 수 있다.

> **[정리]** 사상 $f : X \to Y$ 가 개사상일 필요충분조건은 모든 기저개집합 G 에 대하여 $f(G)$ 가 개집합인 것이다.

또한 일반적으로 $f(A)^c \neq f(A^c)$, $f(\bigcap_i A_i) \neq \bigcap_i f(A_i)$ 이므로 위상 $\mathfrak{I}_X$ 의 기저(base) B_X 가 주어져도 기저 B_X 로부터 $F^c \in B_X \ \to \ f(F)^c \in \mathfrak{I}_Y$ 이 성립하더라도 f 를 폐사상이라 할 수 없음에 주의해야 한다. 폐사상임을 증명하는데 기저를 사용할 수 없으므로 폐사상임을 증명하는 것이 개사상임을 증명하는 것보다 더 까다롭다.

예를 들어 함수 $f : \mathbb{R} \to \mathbb{R}$ 이 모든 개구간 (a, b) 에 대하여 $f((a, b))$ 가 개집합이면 f 는 개사상이다.

그러나 모든 폐구간 $[a, b]$ 에 대하여 $f([a, b])$ 가 폐집합이 되더라도 f 는 폐사상이 아닌 사례가 있다(**예** $f(x) = \sin(x)$).

2. 동치 명제

두 위상공간 $(X, \mathfrak{I}_X)$, $(Y, \mathfrak{I}_Y)$ 사이의 사상 $f : X \to Y$ 에 대하여 f 가 개사상/폐사상 일 필요충분조건은 다음과 같다.

> **[정리]** 사상 $f : X \to Y$ 가 있을 때,
> (1) f : 개사상 $\leftrightarrow \forall A \subset X \ f(\mathrm{int}(A)) \subset \mathrm{int}(f(A))$
> (2) f : 폐사상 $\leftrightarrow \forall A \subset X \ \overline{f(A)} \subset f(\overline{A})$

증명 (1) ($\to$) f 는 개사상이므로 $f(\mathrm{int}(A))$ 는 개집합이다.

$f(\mathrm{int}(A)) \subset f(A)$ 이므로 $f(\mathrm{int}(A)) \subset \mathrm{int}(f(A))$

($\leftarrow$) X 의 임의 개집합 G 를 A 에 대입하면 $f(\mathrm{int}(G)) \subset \mathrm{int}(f(G))$

G 는 개집합이므로 $\mathrm{int}(G) = G$

$f(G) \subset \mathrm{int}(f(G))$ 이므로 $f(G)$ 는 개집합이다.

따라서 f 는 개사상이다.

(2) ($\to$) f 는 폐사상이므로 $f(\overline{A})$ 는 폐집합이다.

$f(A) \subset f(\overline{A})$ 이므로 $\overline{f(A)} \subset f(\overline{A})$

($\leftarrow$) X 의 임의 폐집합 F 를 A 에 대입하면 $\overline{f(F)} \subset f(\overline{F})$

F 는 폐집합이므로 $\overline{F} = F$

$\overline{f(F)} \subset f(F)$ 이므로 $f(F)$ 는 폐집합이다.

따라서 f 는 폐사상이다.

사상 f 가 연속일 필요충분조건 중에 $f(\overline{A}) \subset \overline{f(A)}$ 가 있다.

폐사상일 필요충분조건과 포함관계가 반대로 되어 있다.

그런데 이러한 특징을 개사상일 필요충분조건 (I)에 유추 적용하면 옳지 않다.

개사상일 필요충분조건 $f(\text{int}(A)) \subset \text{int}(f(A))$ 의 포함관계를 반대로 놓은 조건 $f(\text{int}(A)) \supset \text{int}(f(A))$ 은 f 가 연속이 될 필요충분조건이 되지 않는다.

또한 연속의 필요충분조건인 $f^{-1}(\text{int}(B)) \subset \text{int}(f^{-1}(B))$ 의 포함관계를 반대로 놓은 조건 $f^{-1}(\text{int}(B)) \supset \text{int}(f^{-1}(B))$ 도 f 가 개사상이 될 필요충분조건이 되지 않는다.

04 위상동형사상(Homeomorphism)과 위상적 불변성

1. 위상동형사상(Homeomorphism)

> **[정의] {위상동형사상}** 두 위상공간 $(X, \mathfrak{I}_X)$ 와 $(Y, \mathfrak{I}_Y)$ 사이의 사상 $f : X \rightarrow Y$ 가 다음 조건을 만족할 때 위상동형사상(homeomorphism)이라 한다.
> (1) $f : X \rightarrow Y$ 는 전단사 (1-1 대응)
> (2) $f : X \rightarrow Y$ 는 연속(continuous)
> (3) 역사상 $f^{-1} : Y \rightarrow X$ 도 연속

이때, 두 위상공간은 위상동형(homeomorphic)이라 하며, $X \xrightarrow{\cong} Y$ 또는 $X \cong Y$ 로 표기한다.

사상 $f : X \rightarrow Y$ 가 위상동형사상이면 두 위상 사이의 역상사상 $f^{-1} : \mathfrak{I}_Y \rightarrow \mathfrak{I}_X$ 도 1-1 대응이며, 대수적 대상으로서 위상$(\mathfrak{I}_Y, \cup, \cap)$ 와 위상$(\mathfrak{I}_X, \cup, \cap)$ 사이의 동형사상이다.

유의할 점은 조건 (1), (2) 로부터 (3)이 연역되지 않는다는 것이다.

> **[정리]** 전단사 사상 $f : X \rightarrow Y$ 가 주어져 있을 때,
> (1) f 가 위상동형사상 $\leftrightarrow$ f 는 연속이며 개사상
> (2) f 가 위상동형사상 $\leftrightarrow$ f 는 연속이며 폐사상
> (3) f 가 위상동형사상 $\leftrightarrow$ 모든 A 에 대하여 $f(\overline{A}) = \overline{f(A)}$

증명 $(f^{-1})^{-1}(A) = f(A)$ 이므로 (1), (2)는 자명하다.

(3) ($\rightarrow$) f 가 연속이므로 $f(\overline{A}) \subset \overline{f(A)}$

f 가 폐사상이므로 $f(\overline{A}) \supset \overline{f(A)}$

따라서 $f(\overline{A}) = \overline{f(A)}$

($\leftarrow$) 모든 A 에 대하여 $f(\overline{A}) \subset \overline{f(A)}$ 이므로 f 는 연속이다.

또한 $f(\overline{A}) \supset \overline{f(A)}$ 이므로 f 는 폐사상이다.

따라서 f 는 위상동형사상이다.

> **[정리]** 단사 사상 $f : X \rightarrow Y$ 가 주어져 있을 때,
> (1) f 는 연속이며 개사상이면 X 와 $f(X)$ 는 위상동형
> (2) f 는 연속이며 폐사상이면 X 와 $f(X)$ 는 위상동형

> $f(X)$ 는 부분위상공간으로 간주한다.

증명 f 는 단사 연속이므로 $f : A \rightarrow f(A)$ 는 전단사 연속사상이다.

(1), (2)에서 f 가 개사상 또는 폐사상이면 f 는 위상동형사상이다.

몇 가지 위상동형사상을 살펴보자.

일대일 대응 $f : X \rightarrow Y$ 에 대하여 A 와 $f(A)$ 도 일대일로 대응하므로 원소의 수가 같다.

$$A \text{ 가 유한집합} \leftrightarrow f(A) \text{ 가 유한집합}$$
$$A \text{ 가 가산집합} \leftrightarrow f(A) \text{ 가 가산집합}$$

이므로 여유한위상공간 또는 여가산위상공간의 폐집합사이에 일대일 대응이 있다.

따라서 밀착위상공간, 이산위상공간, 여유한위상공간, 여가산위상공간은 전체공간의 기수(농도)만 같으면 위상동형이다.

$\mathbb{R}$ 위의 상한위상 $\mathfrak{I}_u$ 과 하한위상 $\mathfrak{I}_l$ 에 관한 상한위상공간 $(\mathbb{R}, \mathfrak{I}_u)$ 와 하한위상공간 $(\mathbb{R}, \mathfrak{I}_l)$ 사이에 사상

$$f : (\mathbb{R}, \mathfrak{I}_u) \rightarrow (\mathbb{R}, \mathfrak{I}_l) , \ f(x) = -x$$

은 위상동형사상임을 보이자.

모든 실수 x 에 대하여 $f(-x) = x$ 이므로 f 는 전사사상이다.

$f(a) = f(b)$ 이면 $-a = -b$, $a = b$ 이므로 f 는 단사사상이다.

따라서 f 는 전단사사상이다.

$f^{-1}([a,b)) = (-b, -a] \in \mathfrak{I}_u$ 이므로 f 는 연속사상이다.

$f((a,b]) = [-b, -a) \in \mathfrak{I}_l$ 이므로 f 는 개사상이다.

그러므로 f 는 위상동형사상이다.

$\mathbb{R}$ 위의 상한위상 $\mathfrak{I}_u$ 과 보통위상 U 에 관한 상한위상공간 $(\mathbb{R}, \mathfrak{I}_u)$ 와 하한위상공간 $(\mathbb{R}, U)$ 사이에 사상

$$f : (\mathbb{R}, \mathfrak{I}_u) \rightarrow (\mathbb{R}, U) , \ f(x) = x$$

은 전단사사상이다.

$f^{-1}((a,b)) = (a,b) \in \mathfrak{I}_u$ 이므로 f 는 연속사상이다.

그러나 $f((0,1]) = (0,1] \not\in U$ 이므로 f 는 위상동형사상이 아니다.

f 가 위상동형사상이 아니므로 $(\mathbb{R}, \mathfrak{I}_u)$ 와 $(\mathbb{R}, U)$ 는 위상동형이 아니라고 할 수 있을까? 그렇지 않다.

두 위상공간사이에 위상동형사상이 존재할 수 없음을 증명해야 위상동형이 아니라고 할 수 있다. 위상동형을 부정하는 문제는 위상동형사상이 있을 때 나타나는 여러 가지 성질을 살펴보고 그 성질을 이용하는 방법이 편리하다.

2. 위상적 불변성

몇 가지 위상동형의 사례를 보자.

길이나 유계성은 위상적 성질이 아니다.

(1) 실공간 $\mathbb{R}$과 개구간 $(0,1)$은 위상동형(homeomorphic)이다.

함수 $f(x) = \dfrac{1-2x}{x-x^2}$ 는 구간 $(0,1)$에서 $\mathbb{R}$로 대응하는 전단사함수이고 연속이며 역함수도 연속함수이다. 따라서 f 는 $(0,1)$과 $\mathbb{R}$ 사이의 위상동형사상이다.

(2) 실공간 $\mathbb{R}$과 폐구간 $[0,1]$은 위상동형이 아니다.

위상동형이라면 위상동형사상 $f : [0,1] \to \mathbb{R}$ 가 존재해야 하며 f 가 연속이므로 최대 최솟값 정리에 의하여 f 의 치역이 유계이다.

따라서 f 는 전사가 아니며 위상동형사상이 될 수 없다. 그러므로 $\mathbb{R}$과 폐구간 $[0,1]$는 위상동형이 아니다.

(3) 모든 삼각형은 위상동형이다.

각의 크기는 위상적 성질이 아니다.

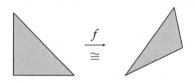

$f : \{\,(x,y) \mid 0 \leq x \,,\, 0 \leq y \,,\, x+y \leq 1\,\} \to \triangle ABC$
$f(x,y) = (1-x-y)A + xB + yC$

(4) 사각형은 삼각형과 위상동형이다.

변의 개수는 위상적 성질이 아니다.

$f : \{\,(x,y) \mid 0 \leq x \leq 1 \,,\, 0 \leq y \leq 1\,\} \to \{\,(x,y) \mid 0 \leq x \leq 1 \,,\, 0 \leq y \leq 1-x\,\}$

$f(x,y) = \begin{cases} (x-\dfrac{y}{2} \,,\, \dfrac{y}{2}) \,,\, y \leq x \\ (\dfrac{x}{2} \,,\, y-\dfrac{x}{2}) \,,\, y > x \end{cases}$

(5) 부채꼴과 삼각형은 위상동형이다.

직진이나 휨은 위상적 성질이 아니다.

$f : \{\,(x,y) \mid 0 \leq x \,,\, 0 \leq y \,,\, x^2+y^2 \leq 1\,\} \to \{\,(x,y) \mid 0 \leq x \,,\, y \,,\, x+y \leq 1\,\}$
$f(x,y) = (x^2 \,,\, y^2)$

(6) 한 변을 제외한 것은 한 꼭짓점을 제외한 것과 위상동형이다.

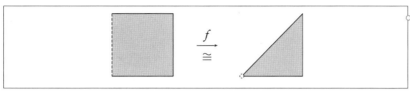

> 겉모양으로 위상동형을 판단하긴 어렵다.

$f : \{ (x,y) \mid 0 < x \le 1 , 0 \le y \le 1 \} \to \{ (x,y) \mid 0 < x \le 1 , 0 \le y \le x \}$

$f(x,y) = (x , xy)$

(7) 두 변을 제외한 것과 한 변을 제외한 것은 위상동형이다.

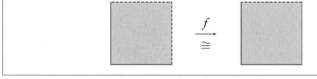

$f : \{ (x,y) \mid 0 \le x < 1 , 0 \le y < 1 \} \to \{ (x,y) \mid 0 \le x \le 1 , 0 \le y < 1 \}$

$$f(x,y) = \begin{cases} (x , -2xy+2x+2y-1) , & y > \dfrac{1}{2} \\ (2xy-2y+1 , x) & , y \le \dfrac{1}{2} \end{cases}$$

(8) 두 변 뺀 사각형과 사분면은 위상동형이다.

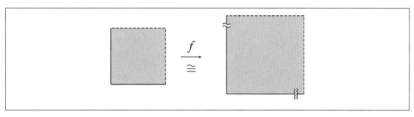

$f : \{ (x,y) \mid 0 \le x < 1 , 0 \le y < 1 \} \to \{ (x,y) \mid 0 \le x < \infty , 0 \le y < \infty \}$

$f(x,y) = \left(\dfrac{x}{1-x} , \dfrac{y}{1-y} \right)$

(9) 열린 원판에서 한 점 뺀 것과 열린 띠는 위상동형이다.

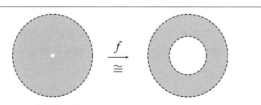

> 여집합으로 위상동형을 판단하면 안된다.

$f : \{ (x,y) \mid 0 < x^2+y^2 < 4 \} \to \{ (x,y) \mid 1 < x^2+y^2 < 4 \}$

$f(x,y) = \left(\dfrac{x}{2} + \dfrac{x}{\sqrt{x^2+y^2}} , \dfrac{y}{2} + \dfrac{y}{\sqrt{x^2+y^2}} \right)$

(10) **평면과 한 점 빠진 구면은 위상동형이다(Stereographic projection).**

평평함, 굽음은 위상적 성
질이 아니다.

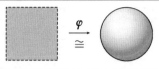

$$\varphi : \mathbb{R}^2 \to X,\ \mathrm{S}^2 = \left\{ (x,y,z) \mid x^2+y^2+z^2=1 \right\},\ X = \mathrm{S}^2 - \left\{ (0,0,1) \right\}$$

$$\varphi(x,y) = \left(\frac{2x}{x^2+y^2+1},\ \frac{2y}{x^2+y^2+1},\ \frac{x^2+y^2-1}{x^2+y^2+1} \right)$$

(11) **열린 원판과 한 점 빠진 구면은 위상동형이다.**

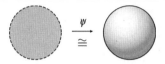

$$\psi : \mathrm{D}^2 \to X,\ \mathrm{D}^2 = \left\{ (x,y) \mid x^2+y^2<1 \right\},$$

$$\mathrm{S}^2 = \left\{ (x,y,z) \mid x^2+y^2+z^2=1 \right\},\ X = \mathrm{S}^2 - \left\{ (0,0,1) \right\}$$

$$\psi(x,y) = \left(2x\sqrt{1-x^2-y^2},\ 2y\sqrt{1-x^2-y^2},\ 2x^2+2y^2-1 \right)$$

(12) **원과 꼬인 매듭(knot)은 위상동형이다.**

매듭의 풀림은 위상적 성
질이 아니다.

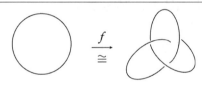

$$f(\cos t,\sin t) = \left((2+\cos(3t))\cos(2t),\ (2+\cos(3t))\sin(2t),\ \sin(3t) \right)$$

두 위상공간이 위상동형이라는 성질은 동치관계(equivalence relation)이며 따라서 위상적으로 동형인 위상공간으로 분류할 수 있다. 이러한 분류(classification)문제는 위상수학에서 매우 중요한 과제로서 위상공간을 분류하기 위한 다양한 도구가 개발되어 왔다.

위상동형인 위상공간들이 갖는 공통된 성질을 '위상적 성질' 또는 '위상적 불변성'(topological invariant)이라 한다.

위상공간에 관한 성질 P가 위상동형인 위상공간들 사이에서 동일하게 나타날 때, 성질 P를 위상적 성질이라 하고, "P는 위상불변성(topological invariant)이다"라고 한다.

따라서 위상동형사상(homeomorphism)에 의하여 위상불변성(topological invariant)은 변하지 않는다.

위상기하란 위상공간의 이러한 위상적 불변성을 연구하는 학문분야이라 할 수 있다.

위상적 불변성의 사례를 살펴보자.

① 위상공간의 컴팩트성(compact)은 위상불변성이다.

② 위상공간의 연결성분의 수와 호연결 성분의 수는 위상불변량이다.

③ 분리공리와 가산공리도 위상불변성이다.

④ 도형의 오일러 표수(Euler characteristic)는 컴팩트 정칙곡면에 관한 완전-위상불변량이다.

⑤ 내부, 폐포, 집적점, 경계, 조밀성, 수렴성 등도 위상적 성질이다.

> **[정리]** 위상동형사상 $f : X \to Y$ 가 있을 때,
>
> (1) $\overline{f(A)} = f(\overline{A})$ 즉, 폐포는 위상적 성질이다.
>
> (2) $\text{int}(f(A)) = f(\text{int}(A))$ 즉, 내부는 위상적 성질이다.
>
> (3) 점열 x_n 이 p 로 수렴하면 $f(x_n)$ 은 $f(p)$ 로 수렴한다. 즉, 수렴성은 위상적 성질이다.
>
> (4) p 가 A 의 집적점이면 $f(p)$ 는 $f(A)$ 의 집적점이다. 즉, 집적점은 위상적 성질이다.

증명 (1) f 가 위상동형사상이므로 $\overline{f(A)} = f(\overline{A})$

(2) f 는 개사상이므로 $f(\text{int}(A)) \subset \text{int}(f(A))$

   $y \in \text{int}(f(A))$ 이면 $y \in G \subset f(A)$ 인 개집합 G 가 있다.

   f 는 위상동형사상이므로 $G = f(H)$, $H \subset A$ 인 개집합 H 가 있다.

   그리고 $y = f(h)$, $h \in H \subset A$ 인 h 가 있다.

   $h \in \text{int}(A)$ 이므로 $y = f(h) \in f(\text{int}(A))$

   따라서 $f(\text{int}(A)) \supset \text{int}(f(A))$ 이며 $\text{int}(f(A)) = f(\text{int}(A))$

(3) 위상동형사상은 연속이므로 점열연속이다.

(4) $f(p) \in G$ 인 개집합 G 에 대하여 f 는 위상동형사상이므로 $G = f(H)$ 인 개집합 H 가 있으며 $p \in H$

   p 는 A 의 집적점이므로 $H \cap A - \{p\} \neq \varnothing$

   f 는 전단사이므로 $f(H) \cap f(A) - \{f(p)\} \neq \varnothing$,

   $$G \cap f(A) - \{f(p)\} \neq \varnothing$$

   따라서 $f(p)$ 는 $f(A)$ 의 집적점이다.

> **예제 1** $f : (0, \infty) \to [-1, 1]$, $f(x) = \sin\left(\dfrac{1}{x}\right)$ 에 대하여 다음 명제를 보이시오.
>
> (1) f 는 개사상이다.   (2) f 는 폐사상이 아니다.

증명 (1) $(0, \infty)$ 의 임의의 기저 개집합 (a, b) 에 대하여

① $\left[n\pi - \dfrac{\pi}{2}, n\pi + \dfrac{\pi}{2} \right] \subset \left(\dfrac{1}{b}, \dfrac{1}{a} \right)$ 인 양의 정수 n 이 있을 때

   $f((a, b)) = [-1, 1]$ 는 $[-1, 1]$ 의 개집합이다.

② $n\pi - \dfrac{\pi}{2} \in \left(\dfrac{1}{b}, \dfrac{1}{a} \right)$ 인 홀수 n 이 있을 때 $\min\left(\sin\dfrac{1}{a}, \sin\dfrac{1}{b} \right) = c$ 이면

   $f((a, b)) = (c, 1]$ 이며 $[-1, 1]$ 의 개집합이다.

③ $n\pi - \dfrac{\pi}{2} \in \left(\dfrac{1}{b}, \dfrac{1}{a}\right)$ 인 짝수 n 이 있을 때 $\max\left(\sin\dfrac{1}{a}, \sin\dfrac{1}{b}\right) = d$ 이면

$f((a,b)) = [-1, d)$ 이며 $[-1, 1]$ 의 개집합이다.

④ 그 외의 경우 $\min\left(\sin\dfrac{1}{a}, \sin\dfrac{1}{b}\right) = c$, $\max\left(\sin\dfrac{1}{a}, \sin\dfrac{1}{b}\right) = d$ 이면

$f((a,b)) = (c, d)$ 이며 $[-1, 1]$ 의 개집합이다.

따라서 $f((a,b))$ 는 항상 $[-1, 1]$ 의 개집합이며 $f(x)$ 는 개사상이다.

(2) $F = \displaystyle\bigcup_{n=1}^{\infty} \left[\dfrac{1}{2n\pi + \dfrac{\pi}{2}}, \dfrac{1}{2n\pi + \dfrac{1}{n}}\right]$ 라 두자. (**참고** $F = \left[\dfrac{2}{\pi}, \infty\right)$ 라 두어도 반례

가 됨)

여집합 $(0, \infty) - F$ 는 개구간들의 합집합이므로 개집합이다.

따라서 F 는 $(0, \infty)$ 의 폐집합이다.

$f(F) = \displaystyle\bigcup_{n=1}^{\infty} \sin\left(\left[2n\pi + \dfrac{1}{n}, 2n\pi + \dfrac{\pi}{2}\right]\right) = \bigcup_{n=1}^{\infty} \left[\sin\left(\dfrac{1}{n}\right), 1\right] = (0, 1]$ 는

$[-1, 1]$ 의 폐집합이 아니다.

따라서 $f(x) = \sin\left(\dfrac{1}{x}\right)$ 는 폐사상이 아니다.

예제 2 위상공간$(U = \{a, b, c, d\}, T_U = \{U, \varnothing, \{a, b\}, \{a\}, \{a, c, d\}\})$ 와 부분기저가$\{\{1, 2, 3\}, \{3, 4\}\}$ 인 위상공간 $V = \{1, 2, 3, 4\}$ 은 서로 위상동형이라고 한다. U 에서 V 로의 위상동형사상을 모두 구하시오.

풀이 위상동형사상을 f 라 두면, 각 개집합에 속하는 원소의 개수가 같아야 하므로

$f^{-1}(\{3\}) = \{a\}$, $f^{-1}(\{3, 4\}) = \{a, b\}$, $f^{-1}(\{1, 2, 3\}) = \{a, c, d\}$

따라서 $(f(a), f(b), f(c), f(d)) = (3, 4, 1, 2)$ 와 $(3, 4, 2, 1)$

예제 3 함수 $f : \mathbb{R} \to \mathbb{R}$ (보통위상공간)가 연속사상이며 개사상이면 f 는 단사사상임을 보이시오.

증명 $a < b$ 이며 $f(a) = f(b)$ 이라 가정하자.

f 는 연속이며 폐구간 $[a, b]$ 에서 최대최솟값 정리에 따라 최댓값 M 과 최솟값 m 을 가지므로 $f([a, b]) = [m, M]$ 라 쓸 수 있다.

$f((a, b))$ 는 $[m, M]$ 에서 $f(a), f(b)$ 를 제외한 부분집합이므로

$[m, M] - \{f(a), f(b)\} \subset f((a, b)) \subset [m, M]$ 이다.

f 는 개사상이므로 $f((a, b))$ 는 개집합이며 $f((a, b)) \subset (m, M)$ 이다.

$f(a) = f(b)$ 이므로 $m = M$ 이다. 모순!

따라서 f 는 단사사상이다.

예제 4 보통위상공간 $(\mathbb{R}, \mathbb{U})$ 의 가산무한부분집합 A , B 가 $\overline{A} = \overline{B} = \mathbb{R}$ 이면 부분공간 A , B 는 위상동형 $A \cong B$ 임을 보이시오.

증명 $A = \{ a_n \,|\, n \in \mathbb{N} \}$, $B = \{ b_n \,|\, n \in \mathbb{N} \}$ 라 놓자(첨자는 중복없음).

함수 $f : A \to B$, $f(a_k) = b_{g(k)}$ 를 다음과 같이 귀납적으로 정의한다.

$k = 1$ 일 때, $f(a_1) = b_{g(1)} = b_1$ 즉, $g(1) = 1$

$k = n$ 일 때, $f(a_1) = b_{g(1)} = b_1$, $f(a_2) = b_{g(2)}$, $\cdots$, $f(a_n) = b_{g(n)}$
과 같이 대응한다고 놓자.

$k = n+1$ 일 때,

$\mathbb{R} - \{ a_1, \cdots, a_n \} = (-\infty, r_1) \cup (r_1, r_2) \cup \cdots \cup (r_{n-1}, r_n) \cup (r_n, \infty)$

라 놓으면 $a_{n+1} \in (r_{j-1}, r_j)$ 인 적당한 j 번째 구간이 있다.

(단, $1 \le i \le n+1$, $r_0 = -\infty$, $r_{n+1} = \infty$)

$\mathbb{R} - \{ b_{g(1)}, \cdots, b_{g(n)} \} = (-\infty, s_1) \cup (s_1, s_2) \cup \cdots \cup (s_{n-1}, s_n) \cup (s_n, \infty)$

라 할 때, $\overline{B} = \mathbb{R}$ 이므로 j 번째 구간 (s_{j-1}, s_j) 에 속하는 b_i 가 존재하며, b_i 들 중에서 첨자 i 의 최솟값을 $g(n+1)$ 이라 정의하고, $f(a_{n+1}) = b_{g(n+1)}$ 이라고 정의하자.

이와 같이 정의한 함수 f 에 관하여 $\overline{A} = \mathbb{R}$ 이므로 f 는 일대일 대응이다.

또한 $a_i < a_j$ 이면 $f(a_i) < f(a_j)$ 이 성립한다.

$\overline{A} = \mathbb{R}$, $\overline{B} = \mathbb{R}$ 이므로 $\{ (a_i, a_j) \,|\, a_i < a_j \}$ 와 $\{ (b_i, b_j) \,|\, b_i < b_j \}$ 들은 보통위상공간의 기저가 된다.

$a_i < a < a_j$ 이면 $f(a_i) < f(a) < f(a_j)$ 이므로

$f((a_i, a_j) \cap A) = (f(a_i), f(a_j)) \cap B$ 이며 f 는 개사상이다.

임의의 개구간 (b_i, b_j) 에 관하여 f 는 일대일 대응이므로 $f(a_k) = b_{g(k)} = b_i$,
$f(a_l) = b_{g(l)} = b_j$ 인 a_k, a_l 이 있다.

이때 $(a_k, a_l) \cap A = f^{-1}((b_i, b_j) \cap B)$ 이므로 f 는 연속사상이다.

그러므로 f 는 위상동형사상이다.

예제 5 복소수집합 $\mathbb{C}$ 의 보통거리위상공간 $(\mathbb{C}, \mathfrak{I})$ 에서 모든 다항식함수 $f : \mathbb{C} \to \mathbb{C}$ 는 폐사상임을 보이시오.

> $f : \mathbb{R} \to \mathbb{R}$ 이 다항식일때도 폐사상

증명 f 가 상수이면 자명하며 f 가 상수함수가 아닌 경우를 증명하면 된다.

첫째, 상수가 아닌 다항식함수는 유계집합의 역상이 유계집합임을 보이자.

$f(x) = a_n x^n + g(x)$, $\deg(g(x)) \le n-1$, $a_n \ne 0$, $n \ge 1$ 라 두면

$\displaystyle\lim_{z \to \infty} \frac{|g(x)|}{|x|^n} = 0$ 이므로 $r_0 < |z|$ 이면 $\dfrac{|g(x)|}{|x|^n} \le \dfrac{|a_n|}{2}$ 인 양수 r_0 에 있다.

$r_0 < |x|$ 일 때, $|g(x)| \le \dfrac{|a_n|}{2} |x|^n$ 이므로

$|f(z)| \ge |a_n x|^n - |g(x)| \ge \dfrac{|a_n|}{2} |x|^n$

$m = \dfrac{|a_n|}{2}$ 이라 두면 $r_0 < |z|$ 일 때 $m|x|^n \le |f(x)|$ 이 성립한다.

집합 B 를 공역의 임의의 유계집합이라 하자.

모든 $w \in B$ 에 대하여 $|w| \leq R$ 인 양의 실수 R 이 존재한다.

$r = \max\left(r_0 , \sqrt[n]{\dfrac{R}{m}} \right)$ 라 두고 집합 $A = \{ z \mid |z| \leq r \}$ 이라 놓자.

$z \not\in A$ 이라 하면 $r < |z|$ 이다.

$r < |z|$ 이므로 $\sqrt[n]{\dfrac{R}{m}} < |z|$ 이며 $r_0 < |z|$ 이다.

$\sqrt[n]{\dfrac{R}{m}} < |z|$ 이므로 $\dfrac{R}{m} < |z|^n$, $R < m|z|^n$

$r_0 < |z|$ 이므로 $m|z|^n \leq |f(z)|$ 이다.

두 식으로부터 $R < |f(z)|$ 이며 $f(z) \not\in B$ 이고 $z \not\in f^{-1}(B)$ 이다.

대우명제는 "$z \in f^{-1}(B)$ 이면 $z \in A$ "이다.

즉, 유계집합 B 에 대하여 $f^{-1}(B) \subset A$

또한 A 는 유계집합이므로 $f^{-1}(B)$ 는 유계집합이다.

따라서 모든 유계집합 B 의 역상 $f^{-1}(B)$ 는 유계집합이다.

둘째, f 는 폐사상임을 보이자.

$\mathbb{C}$ 의 임의의 부분집합 A 에 대하여 $y \in \overline{f(A)}$ 이라 하자.

$y = \lim\limits_{n \to \infty} f(a_n)$, $a_n \in A$ 인 점열 a_n 이 존재한다.

수렴하는 점열 $f(a_n)$ 은 유계이므로 $\{ f(a_n) \} \subset B$ 인 유계집합 B 가 있다.

f 는 다항식함수이므로 유계집합 B 의 역상 $f^{-1}(B)$ 는 유계집합이다.

$\{ a_n \} \subset f^{-1}(B)$ 이므로 B-W정리에 의하여 수렴하는 부분점열 a_{n_k} 가 있다.

a_{n_k} 의 극한을 x 라 놓으면 $a_{n_k} \in A$ 이므로 $x \in \overline{A}$ 이다.

f 는 연속이며 $y = \lim\limits_{n \to \infty} f(a_{n_k})$ 이므로 $y = f(x) \in f(\overline{A})$ 이다.

따라서 $\overline{f(A)} \subset f(\overline{A})$ 이므로 f 는 폐사상이다.

부분공간, 적공간과 상공간

01 부분위상공간과 상대위상

1. 부분위상공간의 정의

Y를 위상공간 $(X, \mathfrak{I})$ 의 공집합이 아닌 부분집합이라 하자. 위상공간 X 로부터 Y를 새로운 위상공간으로 보는 방법을 살펴보자.

> **[정의] {상대위상, 부분공간}**
> 위상공간 $(X, \mathfrak{I})$ 와 $\varnothing \neq Y \subset X$ 일 때, Y의 부분집합족
> $$\mathfrak{I}_Y = \{\, V \subset Y \mid V = Y \cap U, \ U \in \mathfrak{I} \,\}$$
> 를 Y 위의 상대위상(relative topology on Y)이라 한다.
> 이때, 위상공간 $(Y, \mathfrak{I}_Y)$을 $(X, \mathfrak{I})$의 부분위상공간 또는 간단히 부분공간(topological subspace)이라 한다.

또한 B 가 위상공간 $(X, \mathfrak{I})$ 의 기저이면 $B_Y = \{\, Y \cap G \mid G \in B \,\}$ 는 상대위상의 기저가 된다. 또한 S 가 위상공간 $(X, \mathfrak{I})$ 의 부분기저이면 $S_Y = \{\, Y \cap G \mid G \in S \,\}$ 는 상대위상의 부분기저가 된다.

예 ① 밀착위상공간 $(X, \mathfrak{I})$ 의 부분공간 Y 는 밀착위상공간이다.
  $\because \ X \cap Y = Y, \ \varnothing \cap Y = \varnothing$
② 이산위상공간 $(X, \mathfrak{I})$ 의 부분공간 Y 는 이산위상공간이다.
  $\because \ y \in Y$ 이면 $\{y\} \cap Y = \{y\}$
③ 여유한위상공간 $(X, \mathfrak{I})$ 의 부분공간 Y 는 여유한위상공간이다.
  $\because \ F$ 가 유한집합일 때, $(X - F) \cap Y = Y - F$
④ 여가산위상공간 $(X, \mathfrak{I})$ 의 부분공간 Y 는 여가산위상공간이다.
  $\because \ C$ 가 가산집합일 때, $(X - C) \cap Y = Y - C$
거리공간의 부분공간도 거리공간이다.

> **[정리]** 거리공간의 부분공간은 제한된 거리함수에 관한 거리공간이다.

증명 거리공간 (X, d) 의 공집합이 아닌 부분집합 A 의 상대위상 $\mathfrak{I}_A$ 는 $B(x\,;r) \cap A$ 로 생성되며, 거리 d 를 A 로 제한한 거리 d_A 의 거리위상 $\mathfrak{I}_{d_A}$ 는 d_A 의 열린 구 $B_A(x\,;r)$ 로 생성된다. $x \in X$ 이며 $a \in B(x\,;r) \cap A$ 일 때 $s_a = r - d(x, a)$ 라 놓으면 $B_A(a\,;s_a) \subset B(x\,;r) \cap A$ 이므로 $\mathfrak{I}_A \subset \mathfrak{I}_{d_A}$
$B_A(a\,;r) = \{\, x \mid d_A(a, x) < r \,\} = \{\, x \in A \mid d(a, x) < r \,\} = B(a\,;r) \cap A$
(단, $a \in A$)이므로 $\mathfrak{I}_{d_A} \subset \mathfrak{I}_A$
따라서 상대위상 $\mathfrak{I}_A$ 은 거리 d_A 로 유도한 거리위상 $\mathfrak{I}_{d_A}$ 와 같다.

[정리] 위상공간 X의 부분공간 Y와 Y의 부분집합 A가 있다.
(1) A가 Y의 폐집합 $\leftrightarrow$ $A = Y \cap F$인 X의 폐집합 F가 있다.
(2) A가 Y의 폐집합, Y가 X의 폐집합이면 A는 X의 폐집합이다.
(3) A가 Y의 부분공간이면 A는 X의 부분공간이다.

증명 (1) ($\rightarrow$) $A = Y - (Y \cap G)$인 X의 개집합 G가 있다.

$A = Y - (Y \cap G) = Y \cap (X - G)$ 이므로 $F = X - G$라 두면

F는 X의 폐집합이며 $A = Y \cap F$이다.

($\leftarrow$) F는 X의 폐집합이며 $A = Y \cap F$이라 하자.

$F = X - G$인 X의 개집합 G가 있다.

$A = Y \cap (X - G) = Y - (Y \cap G)$ 이므로 A는 Y의 폐집합이다.

(2) $A = Y \cap F$인 X의 폐집합 F가 있다.

Y도 X의 폐집합이므로 $A = Y \cap F$는 X의 폐집합이다.

(3) Y의 부분공간 A의 개집합은 $A \cap V$인 Y의 개집합 V가 있다.

Y의 개집합 V는 $V = Y \cap G$인 X의 개집합 G가 있다.

$A \cap V = A \cap (Y \cap G) = (A \cap Y) \cap G = A \cap G$

A의 개집합은 $A \cap G$인 X의 개집합 G가 있다.

따라서 A는 X의 부분공간이다.

위상공간 X의 부분공간 Y에 대하여

X가 갖는 위상적 성질을 모든 부분공간 Y도 가지면 그러한 성질을 유전적 성질이라 한다.

앞에서 증명한 성질에 따르면 「거리공간」은 유전적 성질이다.

순서위상공간은 유전적 성질을 갖지 않는다.

$\mathbb{R}$의 순서위상은 보통위상 U와 같다.

$(\mathbb{R}, U)$의 부분집합 $Y = (0,1] \cup (2,3)$에 관하여 순서집합 $(Y, <)$의 순서위상 $T_<$와 상대위상 T_Y는 서로 다르다.

왜냐하면 $(0,1] \in T_Y$이지만 $(0,1] \notin T_<$ 이다.

(X, T)의 부분공간 A, B, $C \subset A \cup B$가 있을 때, 다음 명제에 주의하자.

$A \cap C$는 A에서 개집합, $B \cap C$는 B에서 개집합이면 C는 $A \cup B$에서 개집합이다. (거짓명제)

(반례) $X = \mathbb{R}$, $A = (0,2]$, $B = (2,4)$, $C = (1,2] \cup (3,4)$라 하면

$A \cap C$는 A에서 개집합, $B \cap C$는 B에서 개집합이다.

그러나 $A \cup B = (0,4)$에서 C는 개집합이 아니다.

2. 부분공간의 위상동형

위상동형사상 $f : X \to Y$가 있을 때, 임의의 부분집합 $A \subset X$에 대하여 A와 $f(A)$도 서로 위상동형이다.

> **[정리]** $f : X \to Y$가 위상동형사상이며 $\varnothing \neq A \subset X$이면
> 제한사상 $f|_A : A \to f(A)$는 위상동형사상이다.

증명 f는 단사이므로 $f|_A$도 단사사상이다.

$f|_A(A) = f(A)$이므로 $f|_A$는 전사사상이다.

$f(A)$의 임의 개집합은 $f(A) \cap G$ (단, G는 Y의 개집합)이며

f는 전단사이므로 $f|_A^{-1}(f(A) \cap G) = A \cap f^{-1}(G)$

f는 연속이므로 $f^{-1}(G)$는 X의 개집합이다.

$f^{-1}(G)$는 X의 개집합이므로 $A \cap f^{-1}(G)$는 A의 개집합이다.

따라서 $f|_A$는 연속이다.

A의 개집합은 $A \cap H$ (단, H는 X의 개집합)이며

f는 전단사이므로 $f|_A(A \cap H) = f(A) \cap f(H)$

f는 개사상이므로 $f(H)$는 Y의 개집합이다.

$f(H)$는 Y의 개집합이므로 $f(A) \cap f(H)$는 $f(A)$의 개집합이다.

따라서 $f|_A$는 개사상이다.

그러므로 $f|_A$는 위상동형사상이다.

보통거리공간 $\mathbb{R}^2$ 사이의 사상 $f : \mathbb{R}^2 \to \mathbb{R}^2$, $f(x,y) = (2x, 3y)$는 위상동형사상이다.

$\mathbb{R}^2$의 부분공간 $A = \{ (x,y) \mid x^2 + y^2 \leq 1 \}$와 f에 의하여 대응하는

$f(A) = \left\{ (x,y) \,\middle|\, \dfrac{x^2}{4} + \dfrac{y^2}{9} \leq 1 \right\}$는 위상동형이다.

또한 여집합의 부분공간 $A^c = \{ (x,y) \mid x^2 + y^2 > 1 \}$와 대응하는

$f(A^c) = \left\{ (x,y) \,\middle|\, \dfrac{x^2}{4} + \dfrac{y^2}{9} > 1 \right\}$도 위상동형이다.

예와 같이 정리의 내용은 전체공간사이의 위상동형사상이 있으면 부분공간의 위상동형사상을 얻을 수 있다.

그러나 부분공간의 위상동형사상을 전체공간사이의 위상동형사상을 제한하여 얻을 수 있다고 생각해서는 안 된다.

부분공간은 위상동형이지만 전체공간은 위상동형이 아닐 수 있기 때문이다.

이와 같이 위의 정리를 지나치게 확대해석하지 말아야 한다.

부분공간은 전체공간과 독립된 별개의 위상공간일 뿐이다.

예를 들어, $\mathbb{R}$ 의 부분공간 $[a,b]$ 와 $\mathbb{R}^2$ 의 부분공간 $\{(x,y) \mid x^2+y^2=1\}$ 는 위상동형인지 판단하는 문제는 $[a,b]$ 와 $\{(x,y) \mid x^2+y^2=1\}$ 를 $\mathbb{R}$, $\mathbb{R}^2$ 와 관계없이 하나의 독립된 위상공간으로 간주해야 한다.

보통위상공간 $\mathbb{R}$ 의 두 부분공간
$$A = (0,1) \cup (1,2), \quad B = (0,1) \cup (2,3)$$
라 하면 두 부분공간 A 와 B 사이에 사상
$$f : A \to B, \quad f(x) = \begin{cases} x & , x \in (0,1) \\ x+1 & , x \in (1,2) \end{cases}$$
는 위상동형사상이므로 A 와 B 는 위상동형이다.

그러나 $F(A) = B$, $F : \mathbb{R} \to \mathbb{R}$ 인 위상동형사상 F 는 존재하지 않는다.

만약 존재한다고 가정하면 $\overline{A} = [0,2]$ 이므로 $F([0,2]) = \overline{B} = [0,1] \cup [2,3]$ 이 되어야 한다.

$F : \mathbb{R} \to \mathbb{R}$ 는 연속이므로 구간 $[0,2]$ 에서 중간값 정리를 만족해야 하지만 $F(x) = 1.5$ 인 x 는 구간 $[0,2]$ 에 있을 수 없다. 모순!

따라서 두 부분공간 $A = (0,1) \cup (1,2)$ 와 $B = (0,1) \cup (2,3)$ 사이의 위상동형사상은 $\mathbb{R}$ 사이의 위상동형사상 $F : \mathbb{R} \to \mathbb{R}$ 을 제한하여 얻을 수 없다. 두 부분공간 $A = (0,1) \cup (1,2)$ 와 $B = (0,1) \cup (2,3)$ 의 위상동형성은 $\mathbb{R}$ 과 관계 짓지 말고 A 와 B 만을 직접 관찰 분석하여 판단해야 한다.

(1) **위상공간** $X = \mathbb{R} - \{0\}$ **와** $Y = \{x \in \mathbb{R} \mid x^2 > 1\}$ **는 위상동형인가?**

그렇다. 사상 $f(x) = \begin{cases} x+1 & , x > 0 \\ x-1 & , x < 0 \end{cases}$ 는 X 와 Y 사이의 위상동형사상이다.

차원을 높여보자.

(2) **위상공간** $X = \mathbb{R}^2 - \{0\}$ **와** $Y = \{(x,y) \mid x^2+y^2 > 1\}$ **는 위상동형인가?**

> 여집합으로 위상동형을 판단하면 안된다.

그렇다. $f(x,y) = \left(x + \dfrac{x}{\sqrt{x^2+y^2}} \ , \ y + \dfrac{y}{\sqrt{x^2+y^2}} \right)$ 는 X 와 Y 사이의 위상 동형사상이다.

이 물음에 「X 는 $\mathbb{R}^2$ 에서 한 점을 제거한 것이고, Y 는 $\mathbb{R}^2$ 에서 원판을 제거한 것이며, 한 점과 원판은 위상동형이 아니니까 X 와 Y 도 위상동형이 아닐 거야」라고 생각하지 않도록 주의해야 한다.

「X 와 Y 를 부드러운 고무판이나 밀가루 반죽처럼 보고 X 를 늘려서 Y 를 만들 수 있으니까 X 와 Y 는 위상동형일 거야」라고 생각하자.

3. 부분공간의 폐포와 내부

위상공간 $(X, \mathfrak{I})$ 의 한 부분공간(subspace)을 $(Y, \mathfrak{I}_Y)$ 라 하자.

아래 식에서 $\overline{A_Y}$ 와 $\mathrm{int}_Y(A)$ 와 같이 아래첨자 Y 는 부분공간 $(Y, \mathfrak{I}_Y)$ 에서 구하는 것이며, $\overline{A_X}$ 와 $\mathrm{int}_X(A)$ 와 같이 아래첨자 X 는 $(X, \mathfrak{I})$ 에서 구한 것이다.

[정리] 위상공간 $(X, \mathfrak{I})$ 와 $A \subset Y \subset X$ 일 때

(1) $A_Y' = A_X' \cap Y$

(2) $\overline{A_Y} = \overline{A_X} \cap Y$

(3) $\mathrm{int}_Y(A) = \mathrm{int}_X(A \cup (X-Y)) \cap Y$, $\mathrm{ext}_Y(A) = \mathrm{ext}_X(A) \cap Y$

(4) $\mathrm{int}_X(A) = \mathrm{int}_X(Y) \cap \mathrm{int}_Y(A)$

증명 (1) $p \in A_Y'$ 이라 하자.

$p \in G \cap Y$ 인 개집합 G 에 대하여 $(G \cap Y) \cap A - \{p\} \neq \varnothing$

$A \subset Y$ 이므로 $G \cap A - \{p\} \neq \varnothing$ 이며 $p \in A_X' \cap Y$

따라서 $A_Y' \subset A_X' \cap Y$

$p \in A_X' \cap Y$ 이라 하자.

$p \in Y$ 이며 $p \in G$ 인 개집합 G 에 대하여 $G \cap A - \{p\} \neq \varnothing$

$A \subset Y$ 이므로 $(G \cap Y) \cap A - \{p\} \neq \varnothing$ 이며 $p \in A_Y'$

따라서 $A_Y' \supset A_X' \cap Y$

그러므로 $A_Y' = A_X' \cap Y$

(2) $\overline{A_Y} = A \cup A_Y' = A \cup (A_X' \cap Y) = (A \cup A_X') \cap Y = \overline{A_X} \cap Y$

(3) $p \in \mathrm{int}_Y(A)$ 이라 하면 $p \in G \cap Y \subset A$ 인 개집합 G 가 존재한다.

$p \in G = G \cap X = (G \cap Y) \cup (G \cap (X-Y)) \subset A \cup (X-Y)$ 이므로

$p \in \mathrm{int}_X(A \cup (X-Y)) \cap Y$

따라서 $\mathrm{int}_Y(A) \subset \mathrm{int}_X(A \cup (X-Y)) \cap Y$

$p \in \mathrm{int}_X(A \cup (X-Y)) \cap Y$ 라 하면

$p \in Y$ 이며 $p \in \mathrm{int}_X(A \cup (X-Y))$

$p \in G \subset A \cup (X-Y)$ 인 개집합 G 가 존재한다.

$p \in G \cap Y \subset (A \cup (X-Y)) \cap Y = A$ 이므로 $p \in \mathrm{int}_Y(A)$

따라서 $\mathrm{int}_Y(A) \supset \mathrm{int}_X(A \cup (X-Y)) \cap Y$

그러므로 $\mathrm{int}_Y(A) = \mathrm{int}_X(A \cup (X-Y)) \cap Y$

$$\begin{aligned}(4)\ \mathrm{int}_X(Y) \cap \mathrm{int}_Y(A) &= \mathrm{int}_X(Y) \cap \mathrm{int}_X(A \cup (X-Y)) \cap Y \\ &= \mathrm{int}_X(Y \cap (A \cup (X-Y))) \\ &= \mathrm{int}_X(Y \cap A) = \mathrm{int}_X(A)\end{aligned}$$

정리의 내용을 도시하자.

(1) **폐포(도집합)** $\overline{A}_Y = \overline{A}_X \cap Y$ ($A_Y' = A_X' \cap Y$)

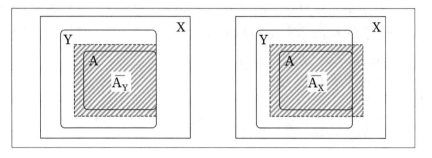

(2) **관계식** $\mathrm{int}_X(A) = \mathrm{int}_X(Y) \cap \mathrm{int}_Y(A)$

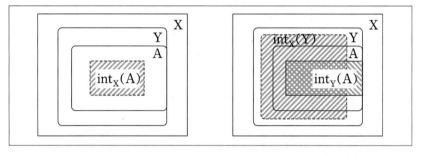

(3) **관계식** $\mathrm{int}_Y(A) = \mathrm{int}_X(A \cup (X - Y)) \cap Y$

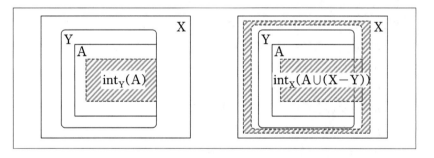

4. 부분공간에 관한 정리

위상공간 $(Y, \mathfrak{I}_Y)$ 을 $(X, \mathfrak{I})$ 의 부분공간(subspace)이라 하면,
포함사상(inclusion map) $i_Y : Y \to X$, $i_Y(y) = y$ 에 대하여 $G \in \mathfrak{I}$ 이면
$i_Y^{-1}(G) = G \cap Y \in \mathfrak{I}_Y$ 이므로 i_Y 는 연속함수이다.
포함사상이 연속이 되도록 하는 Y 위의 위상 T 에 대하여 $G \in \mathfrak{I}$ 이면
$i_Y^{-1}(G) = G \cap Y \in T$ 이므로 상대위상 $\mathfrak{I}_Y \subset T$ 이다.

이를 정리하면 다음과 같다.

> **[정리]**
> ⑴ 포함사상은 연속이다.
> ⑵ 상대위상은 포함사상이 연속이 되는 가장 약한 위상(weak topology)이다.

또한 $(X, \mathfrak{I})$의 부분공간 $(Y, \mathfrak{I}_Y)$에 관한 함수 $f : Z \to Y$가 연속인지 판단하기 위하여 다음과 같은 정리가 성립한다.

> **[정리]** 위상공간 X의 부분공간 Y와 포함사상
> $i : Y \to X$가 주어져 있다.
> 사상 $f : Z \to Y$가 연속사상일 필요충분조건은
> 합성 $i \circ f : Z \to X$가 연속사상인 것이다.
>
>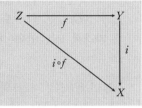

증명 $(\to)$ f와 포함사상 i는 연속이므로 합성 $i \circ f$는 연속이다.
$(\leftarrow)$ Y의 개집합 $Y \cap G$(단, G는 X의 개집합)에 대하여
$$f^{-1}(Y \cap G) = f^{-1}(i^{-1}(G)) = (i \circ f)^{-1}(G)$$
이며 $i \circ f$는 연속이므로 $f^{-1}(Y \cap G)$는 개집합이다.
따라서 f는 연속사상이다.

이 정리로부터 다음 명제를 증명할 수 있다.

> **[정리]** 사상 $f : X \to Y$가 연속사상이며 X의 부분공간 A와 Y의 부분공간 B에 대하여
> $f(A) \subset B$이면 정의역–공역을 제한한 사상 $g : A \to B$, $g(a) = f(a)$는 연속사상이다.

증명 포함사상 $i_A : A \to X$와 $i_B : B \to Y$에 대하여
$f \circ i_A = i_B \circ g$이며
f, i_A는 연속이므로 $f \circ i_A$는 연속이다.
따라서 $i_B \circ g$는 연속이며 위의 정리로부터 g는 연속사상이다.

> **[정리]** $E \cup F = X$, $E \ne \varnothing \ne F$, $f : E \to Y$, $g : F \to Y$이며
> $a \in E \cap F$이면 $f(a) = g(a)$일 때, 사상 $h = f \cup g : X \to Y$라 하자.
> ⑴ E, F가 모두 개집합이며 f, g는 연속이면 h는 연속이다.
> ⑵ E, F가 모두 폐집합이며 f, g는 연속이면 h는 연속이다.

증명 (I) Y의 임의의 개집합 G에 대하여
$$h^{-1}(G) = (h^{-1}(G) \cap E) \cup (h^{-1}(G) \cap F) = f^{-1}(G) \cup g^{-1}(G)$$
f, g가 연속이므로 $f^{-1}(G)$는 E에서 개집합이며 $g^{-1}(G)$는 F에서 개집합이다.

E, F는 X의 개집합이므로 $f^{-1}(G)$, $g^{-1}(G)$는 X의 개집합이며 합집합 $f^{-1}(G) \cup g^{-1}(G)$도 X의 개집합이다.

따라서 h는 연속이다.

(2) Y의 임의의 폐집합 G에 대하여

$h^{-1}(G) = (h^{-1}(G) \cap E) \cup (h^{-1}(G) \cap F) = f^{-1}(G) \cup g^{-1}(G)$

f, g가 연속이므로 $f^{-1}(G)$는 E에서 폐집합이며 $g^{-1}(G)$는 F에서 폐집합이다.

E, F는 X의 폐집합이므로 $f^{-1}(G)$, $g^{-1}(G)$는 X의 폐집합이며 합집합 $f^{-1}(G) \cup g^{-1}(G)$도 X의 폐집합이다.

따라서 h는 연속이다.

[정리] 위상공간 (X, T)의 부분집합 A에서 정의된 사상 $f : A \to (Y, T_Y)$는 A의 고립점 p에서 연속이다. (단, $A \neq \varnothing$이며, 위상은 상대위상)

증명 p는 A의 고립점이므로 $A \cap U = \{p\}$인 개집합 U가 존재한다.

A의 상대위상에서 $A \cap U = \{p\}$는 A에서 개집합

$f(p) \in O$인 개집합 O에 대하여 $p \in \{p\} \subset f^{-1}(O)$이므로 $f^{-1}(O)$는 p의 근방이다.

따라서 f는 p에서 연속이다.

---

02 적공간과 적위상

1. 적공간의 정의

임의의 위상공간족 $\{(X_a, \mathfrak{I}_a) \mid a \in I\}$의 Cartesian적집합 $X = \prod_{a \in I} X_a$와

사영사상 $\pi_k : \prod_{a \in I} X_a \to X_k$, $\pi_k(\{x_a \mid a \in I\}) = x_k$에 대하여 다음과 같이

X의 위상을 도입하여 X를 위상공간으로 구성한다.

[정의] {적위상, 적공간}

위상공간족 $\{(X_a, \mathfrak{I}_a) \mid a \in I\}$에 대하여

(부분기저) $S = \left\{ \pi_k^{-1}(G_k) \mid k \in I, G_k \in \mathfrak{I}_k \right\}$

(단, $\pi_k^{-1}(G_k) = \prod_{l \neq k} X_l \times G_k$)

(기저) $B = \left\{ \prod_{l \neq k_i} X_l \times G_{k_1} \times \cdots \times G_{k_n} \,\middle|\, k_1, \cdots, k_n \in I, G_{k_i} \in \mathfrak{I}_{k_i} \right\}$

로 생성하는 위상 $\mathfrak{I}$를 X의 적위상(Cartesian product topology)이라 하고, 위상공간 $(X, \mathfrak{I})$를 적공간(product space)이라 한다.

유한개의 위상공간 (X_k, T_k)를 곱한 적집합 X와 적위상의 기저는 간단히 나타날 수 있다.

> **(유한 적집합)** $X = X_1 \times X_2 \times \cdots \times X_n$
>
> **(적위상의 기저)** $B = \{ G_1 \times G_2 \times \cdots \times G_n \mid G_k \in T_k \}$

유한 적공간과 달리 무한 적공간은 개집합의 형태에서 차이가 있다.
가산 무한개의 위상공간 (X_k, T_k)를 곱한 적집합 X와 적위상의 기저는 다음과 같다.

> **(가산무한 적집합)** $X = \displaystyle\prod_{k=1}^{\infty} X_k = X_1 \times X_2 \times \cdots \times X_n \times \cdots$
>
> **(적위상의 기저)** $B = \{ G_1 \times \cdots \times G_n \times X_{n+1} \times X_{n+2} \times \cdots \mid G_k \in T_k \}$

기저의 개집합은 유한개 $G_1, \cdots, G_n$을 제외한 성분은 모두 전체공간 $X_n, X_{n+1}, \cdots$ 들의 곱이다.

가산무한 적집합의 원소는 $(x_1, x_2, \cdots, x_n, \cdots)$와 같이 수열로 나타낼 수 있다. 그러나 비가산개의 위상공간 X_i (단, $i \in I$) 들의 적집합의 원소는 순서쌍으로 표현할 수 없다. 이 경우 적집합의 원소는 함수 $\mathrm{x} : I \to \cup X_i$ (단, $\mathrm{x}(i) \in X_i$)로 표현한다.

참고로, 교집합 $\left(\displaystyle\prod_{k \in I} A_k \right) \cap \left(\displaystyle\prod_{k \in I} B_k \right) = \displaystyle\prod_{k \in I} (A_k \cap B_k)$

> 합집합은 간편한 공식이 없다.

여집합 $(A_1 \times A_2 \times A_3)^c = (A_1^c \times X_2 \times X_3) \cup (X_1 \times A_2^c \times X_3) \cup (X_1 \times X_2 \times A_3^c)$

2. 적공간에 관한 정리

두 위상공간 X, Y의 적공간 $(X \times Y, \mathfrak{J})$이라 하고, 적위상공간의 부분집합의 성질을 살펴보자.

> **[정리]** $A \subset X$, $B \subset Y$일 때
>
> (1) $\mathrm{int}(A \times B) = \mathrm{int}(A) \times \mathrm{int}(B)$, $\mathrm{int}\left(\displaystyle\prod_{i \in I} A_i \right) \subset \displaystyle\prod_{i \in I} \mathrm{int}(A_i)$
>
> (2) $\overline{A \times B} = \overline{A} \times \overline{B}$, $\overline{\displaystyle\prod_{i \in I} A_i} = \displaystyle\prod_{i \in I} \overline{A_i}$ (폐집합들의 곱은 폐집합이다.)
>
> (3) $b(A \times B) = (b(A) \times \overline{B}) \cup (\overline{A} \times b(B))$
>
> (4) $(A \times B)' = (A' \times \overline{B}) \cup (\overline{A} \times B')$

증명 (1) ($\supset$) $A \times B \supset \mathrm{int}(A) \times \mathrm{int}(B)$이며 $\mathrm{int}(A) \times \mathrm{int}(B)$는 개집합이므로 $\mathrm{int}(A \times B) \supset \mathrm{int}(A) \times \mathrm{int}(B)$

($\subset$) $(a, b) \in \mathrm{int}(A \times B)$이라 하면 $(a, b) \in G \subset A \times B$인 개집합 G가 존재하며 $(a, b) \in V_a \times W_b \subset G$인 기저 개집합 $V_a \times W_b$가 존재하므로 $a \in V_a \subset A$, $b \in W_b \subset B$

따라서 $(a, b) \in \mathrm{int}(A) \times \mathrm{int}(B)$이며 $\mathrm{int}(A \times B) \subset \mathrm{int}(A) \times \mathrm{int}(B)$

그러므로 $\mathrm{int}(A \times B) = \mathrm{int}(A) \times \mathrm{int}(B)$

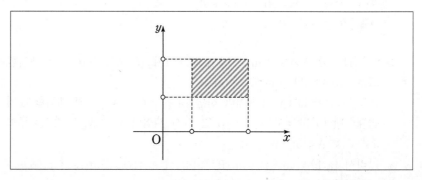

(2) ($\subset$) $A \times B \subset \overline{A} \times \overline{B}$ 이며 $\overline{A} \times \overline{B}$ 는 폐집합이므로 $\overline{A \times B} \subset \overline{A} \times \overline{B}$

($\supset$) $(a,b) \in \overline{A} \times \overline{B}$ 이라 하면 $(a,b) \in G$ 인 임의의 개집합 G 에 대하여

$(a,b) \in V_a \times W_b \subset G$ 인 기저 개집합 $V_a \times W_b$ 가 존재하며

$a \in \overline{A}$, $b \in \overline{B}$ 이므로 $V_a \cap A \neq \varnothing$, $W_b \cap B \neq \varnothing$ 이며

$(A \times B) \cap G \supset (A \times B) \cap (V_a \times W_b) = (A \cap V_a) \times (B \cap W_b) \neq \varnothing$

따라서 $(A \times B) \cap G \neq \varnothing$ 이며 $(a,b) \in \overline{A \times B}$

즉, $\overline{A \times B} \supset \overline{A} \times \overline{B}$. 그러므로 $\overline{A \times B} = \overline{A} \times \overline{B}$

(3) $\begin{aligned} b(A \times B) &= \overline{A \times B} - int(A \times B) = \overline{A} \times \overline{B} - int(A) \times int(B) \\ &= (\overline{A} \times \overline{B} - int(A) \times \overline{B}) \bigcup (int(A) \times \overline{B} - int(A) \times int(B)) \\ &= \{(\overline{A} - int(A)) \times \overline{B}\} \bigcup \{int(A) \times (\overline{B} - int(B))\} \\ &= (b(A) \times \overline{B}) \bigcup (int(A) \times b(B)) \quad \cdots\cdots ① \end{aligned}$

$\begin{aligned} b(A \times B) &= \overline{A \times B} - int(A \times B) = \overline{A} \times \overline{B} - int(A) \times int(B) \\ &= (\overline{A} \times \overline{B} - \overline{A} \times int(B)) \bigcup (\overline{A} \times int(B) - int(A) \times int(B)) \\ &= \{\overline{A} \times (\overline{B} - int(B))\} \bigcup \{(\overline{A} - int(A)) \times int(B)\} \\ &= (\overline{A} \times b(B)) \bigcup (b(A) \times int(B)) \\ &= (b(A) \times int(B)) \bigcup (\overline{A} \times b(B)) \quad \cdots\cdots ② \end{aligned}$

①, ②를 합집합하면 $b(A \times B) = (b(A) \times \overline{B}) \cup (\overline{A} \times b(B))$

따라서 $b(A \times B) = (b(A) \times \overline{B}) \cup (\overline{A} \times b(B))$

(4) $\begin{aligned} (a,b) \in (A \times B)' &\leftrightarrow (a,b) \in \overline{A \times B - \{(a,b)\}} \\ &\leftrightarrow (a,b) \in \overline{((A - \{a\}) \times B) \cup (A \times (B - \{b\}))} \\ &\leftrightarrow (a,b) \in \overline{(A - \{a\}) \times B} \cup \overline{A \times (B - \{b\})} \\ &\leftrightarrow (a,b) \in (\overline{A - \{a\}} \times \overline{B}) \cup (\overline{A} \times \overline{B - \{b\}}) \\ &\leftrightarrow (a,b) \in (A' \times \overline{B}) \cup (\overline{A} \times B') \end{aligned}$

따라서 $(A \times B)' = (A' \times \overline{B}) \cup (\overline{A} \times B')$

정리의 일부를 도시하자.

(1) **내부** $int(A \times B) = int(A) \times int(B)$

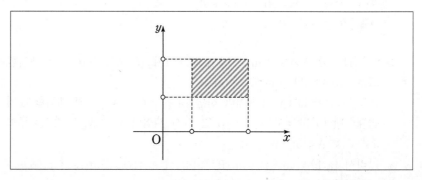

(2) **폐포** $\overline{A \times B} = \overline{A} \times \overline{B}$

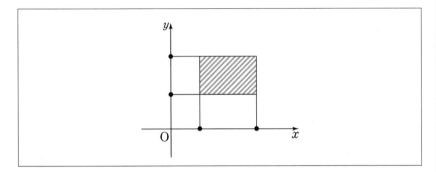

(3) **경계** $b(A \times B) = (b(A) \times \overline{B}) \cup (\overline{A} \times b(B))$

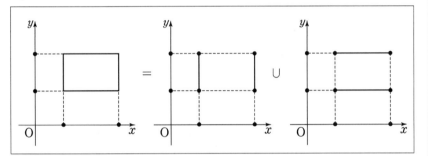

참고로 $(A \times B) \cap (C \times D) = (A \cap C) \times (B \times D)$ 이다.

일반화하면 $(\Pi A_i) \cap (\Pi B_i) = \Pi (A_i \cap B_i)$ 이다.

$X \times Y$ 의 부분집합 $A \times B$ 의 여집합은 $(A \times B)^c = (A^c \times Y) \cup (X \times B^c)$

$X \times Y \times Z$ 이면 $(A \times B \times C)^c = (A^c \times Y \times Z) \cup (X \times B^c \times Z) \cup (X \times Y \times C^c)$

[정리] 거리공간의 가산개의 적공간은 거리공간이다.

거리공간 (X_k , d_k) 의 가산곱 ΠX_k 위의 거리 $d(p, q)$ 를 다음과 같이 정의한다.

$$d(p, q) = \sum_{k=1}^{\infty} \frac{1}{2^k} \frac{d_k(a_k, b_k)}{1 + d_k(a_k, b_k)} \quad \text{(단, } p = (a_k)_{k=1}^{\infty} , \ q = (b_k)_{k=1}^{\infty})$$

거리공간 $(\Pi X_k , d)$ 는 거리공간 (X_k , d_k) 들의 적위상공간이다.

풀이 거리 d 의 거리위상을 $\mathfrak{I}(d)$, 거리공간의 적위상을 $\mathfrak{I}^*$ 라 두자.

첫째, $\mathfrak{I}(d) \subset \mathfrak{I}^*$ 임을 보이자.

ΠX_k 의 임의의 점 $p = (a_k)_{k=1}^{\infty}$ 와 양수 r 의 열린 구를 $B(p ; r)$ 라 하자.

양의 실수 r 에 대하여 $\displaystyle\lim_{K \to \infty} \sum_{k=K}^{\infty} \frac{1}{2^k} = 0$ 이므로 $\displaystyle\sum_{k=K}^{\infty} \frac{1}{2^k} < r$ 인 양의 정수

K 가 존재하며, $0 < r_K < r - \displaystyle\sum_{k=K}^{\infty} \frac{1}{2^k}$ 인 양의 실수 r_K 를 택하자.

> $B(p ; r)$ 은 거리위상의 개집합

G 는 적위상의 개집합

$G = \prod_{k=1}^{K-1} \mathrm{B}_k(a_k\,;r_K) \times \prod_{k=K}^{\infty} X_k$ 라 두면, $x = (x_1, x_2, \cdots) \in G$ 에 대하여

$k < K$ 이면 $x_k \in \mathrm{B}_k(a_k\,;r_K)$ 이므로 $d_k(a_k, x_k) < r_K$ 이며

$\sum_{k=1}^{K-1} \frac{1}{2^k} \frac{d_k(a_k, x_k)}{1+d_k(a_k, x_k)} < \sum_{k=1}^{K-1} \frac{r_K}{2^k} < r_K$

$K \leq k$ 이면 $x_k \in X_k$ 이며

$\frac{d_k(a_k, x_k)}{1+d_k(a_k, x_k)} < 1$ 이며 $\sum_{k=K}^{\infty} \frac{1}{2^k} \frac{d_k(a_k, x_k)}{1+d_k(a_k, x_k)} < \sum_{k=K}^{\infty} \frac{1}{2^k}$

$d(p, x) = \sum_{k=1}^{K-1} \frac{1}{2^k} \frac{d_k(a_k, x_k)}{1+d_k(a_k, x_k)} + \sum_{k=K}^{\infty} \frac{1}{2^k} \frac{d_k(a_k, x_k)}{1+d_k(a_k, x_k)} < r_K + \sum_{k=K}^{\infty} \frac{1}{2^k} < r$

개집합의 포함관계와 위상의 포함관계는 반대

따라서 $x \in \mathrm{B}(p\,;r)$ 이며 $G \subset \mathrm{B}(p\,;r)$. 즉, $\Im(d) \subset \Im^*$

둘째, $\Im(d) \supset \Im^*$ 임을 보이자.

$\prod X_k$ 의 임의의 점 $p = (a_k)_{k=1}^{\infty}$ 의 적위상에 관한 개집합

$G = \prod_{k=1}^{K-1} \mathrm{B}_k(a_k\,;r_k) \times \prod_{k=K}^{\infty} X_k$ 라 두자.

$r = \min \left(\frac{1}{2} \frac{r_1}{1+r_1}, \cdots, \frac{1}{2^{K-1}} \frac{r_{K-1}}{1+r_{K-1}} \right)$ 라 두면

$x \in \mathrm{B}(p\,;r)$ 일 때, $d(p, x) = \sum_{k=1}^{\infty} \frac{1}{2^k} \frac{d_k(a_k, x_k)}{1+d_k(a_k, x_k)} < r$ 이므로

$k < K$ 이면 $\frac{1}{2^k} \frac{d_k(a_k, x_k)}{1+d_k(a_k, x_k)} < \frac{1}{2^k} \frac{r_k}{1+r_k}$ 이며 $d_k(a_k, x_k) < r_k$

이므로 $x_k \in \mathrm{B}_k(a_k\,;r_k)$

$K \leq k$ 이면 $x_k \in X_k$. 따라서 $\mathrm{B}(p\,;r) \subset G$. 즉, $\Im(d) \supset \Im^*$

그러므로 거리공간 $(\prod X_k, d)$ 는 거리공간 (X_k, d_k) 들의 적위상공간이다.

3. 적위상과 사영사상(projection map)의 성질

위상공간족 $\{ (X_i, \Im_i) \mid i \in I \}$ 의 적공간 $X = \prod_{i \in I} X_i$ 와 사영사상

$\pi_i : X \to X_i$ 에 대하여 모든 사영사상 π_i 은 연속함수이며, 사영사상 π_i 들 모두를 연속이 되게 하는 X 의 임의의 위상 $\tilde{\Im}$ 는 적위상 $\Im$ 를 포함한다. 즉, 적위상은 모든 사영사상을 연속이 되게 하는 위상 중에서 가장 약한 위상이다.

[정리] 위상공간 X_i 들의 적공간 $X = \prod X_i$ 일 때,
(1) 사영사상 $\pi_i : X \to X_i$ 는 연속사상이고 개사상이다.
(2) X 의 점열 p_n 이 q 로 수렴할 필요충분조건은 모든 사영사상 π_i 에 관해 점열 $\pi_i(p_n)$ 이 $\pi_i(q)$ 로 수렴하는 것이다.

증명 (1) 적위상의 정의에 의하여 모든 사영사상은 연속사상이다.

적위상의 정의에 의하여 적공간 X 의 기저개집합은 유한교집합

$\pi_{i_1}^{-1}(G_{i_1}) \cap \cdots \cap \pi_{i_m}^{-1}(G_{i_m})$ (단, G_{i_k} 는 X_{i_k} 의 개집합)을 쓸 수 있으며

$$\pi_j(\pi_{i_1}^{-1}(G_{i_1}) \cap \cdots \cap \pi_{i_m}^{-1}(G_{i_m})) = \begin{cases} G_j, & j = i_k \\ X_j, & j \neq i_k \end{cases}$$ 는 X_j 의 개집합이다.

따라서 모든 사영사상은 개사상이다.

(2) ($\rightarrow$) 모든 사영사상은 연속이므로 점열연속이다.

($\leftarrow$) $q \in G$ 인 개집합 G 에 대하여 $q \in \pi_{i_1}^{-1}(G_{i_1}) \cap \cdots \cap \pi_{i_m}^{-1}(G_{i_m}) \subset G$ 인

기저개집합 $\pi_{i_1}^{-1}(G_{i_1}) \cap \cdots \cap \pi_{i_m}^{-1}(G_{i_m})$ 이 있다. (단, G_{i_k} 는 X_{i_k} 의 개집합)

$\pi_{i_k}(q) \in G_{i_k}$ 이므로 적당한 양의 정수 K_k 가 있어서

$K_k < n$ 이면 $\pi_{i_k}(p_n) \in G_{i_k}$ 이 성립한다.

$K = \max\{K_1, \cdots, K_m\}$ 라 두자.

$K < n$ 이면 $\pi_{i_k}(p_n) \in G_{i_k}$ 이며 $p_n \in \pi_{i_k}^{-1}(G_{i_k})$ 이므로

$$p_n \in \pi_{i_1}^{-1}(G_{i_1}) \cap \cdots \cap \pi_{i_m}^{-1}(G_{i_m}) \subset G$$

따라서 점열 p_n 은 q 로 수렴한다.

위의 정리 (1)에서 사영사상이 폐사상이 될 수 있을까? 아니다.

사영사상 $\pi_1 : \mathbb{R}^2 \to \mathbb{R}$, $\pi_1(x, y) = x$ 에 대하여 $A = \{(x, y) \mid xy \geq 1\}$ 는

$\mathbb{R}^2$ 의 폐집합이다. $\pi_1(A) = \mathbb{R} - \{0\}$ 는 $\mathbb{R}$ 의 폐집합이 아니다.

정리 (2)에서 두 위상공간의 적공간 $X \times Y$ 인 경우

점열 $p_n = (x_n, y_n)$ 이 수렴할 필요충분조건은 각각의 점열 x_n, y_n 이 수렴하는 것이다.

즉, 각 성분별로 수렴함을 보이면 점열은 수렴하는 것이다.

이와 비슷한 논법을 함수에 적용해보자.

> Y 가 컴팩트이면 사영사상 $X \times Y \to X$ 는 폐사상이다.

함수 $f : Y \to X_1 \times X_2$, $f(t) = (f_1(t), f_2(t))$ 가 연속이 될 필요충분조건은 각각의 함수 $f_1(t), f_2(t)$ 가 연속인 것이다.

이를 일반적인 명제로 만들고 증명하자.

즉, 다음과 같은 연속사상을 판단하는 정리가 있다.

[정리] 위상공간 X_i 들의 적공간 $X = \prod_{i \in I} X_i$ 와

사영사상 $\pi_i : X \to X_i$ 가 주어져 있다.

사상 $f : Y \to X$ 가 연속사상일 필요충분조건은
모든 합성 $\pi_i \circ f : Y \to X_i$ 가 연속사상인 것이다.

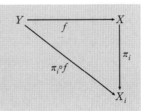

증명 $(\rightarrow)$ f 가 연속이고 모든 사영사상 π_i 는 연속이므로 합성 $\pi_i \circ f$ 는 연속사상이다.

$(\leftarrow)$ 적공간 X 의 부분기저개집합 $\pi_i^{-1}(G_i)$ (단, G_i 는 X_i 의 개집합) 에 대하여 $f^{-1}(\pi_i^{-1}(G_i)) = (\pi_i \circ f)^{-1}(G_i)$ 이며,

$\pi_i \circ f$ 는 연속이므로 $(\pi_i \circ f)^{-1}(G_i)$ 는 개집합이다.

따라서 $f^{-1}(\pi_i^{-1}(G_i))$ 는 개집합이며 f 는 연속사상이다.

적공간 $X \times Y$ 의 한 점 (a, b) 에 대하여 $X \times \{b\}$ 와 $\{a\} \times Y$ 는 각각 X 와 Y 와 위상동형이다. 이러한 성질을 일반화하면 다음 정리가 된다.

> **[정리]** 위상공간 X_i 들의 적공간 $X = \prod_{i \in I} X_i$ 의 한 점 p 에 대하여
>
> X 의 부분공간 $A_k = \{ x \in X \mid i \neq k$ 이면 $x(i) = p(i) \}$ 와 X_k 는 위상동형이다.

증명 사영사상 $\pi_k : X \to X_k$ 는 연속사상이므로 정의역을 A_k 로 제한한 제한사상 $\pi_k|_{A_k} : A_k \to X_k$ 도 연속사상이다.

$x \in A_k$ 에 대하여 $i \neq k$ 이면 $x(i) = p(i)$ 이며 $\pi_k|_{A_k}(x) = x(k)$ 이므로 $\pi_k|_{A_k}$ 는 전단사사상이다.

A_k 의 부분기저개집합 $\pi_i^{-1}(G_i) \cap A_k$ (단, G_i 는 X_i 의 개집합)에 대하여

$$\pi_k|_{A_k}(\pi_i^{-1}(G_i) \cap A_k) = \begin{cases} X_k, & i \neq k, \, p \in G_i \\ G_k, & i = k \\ \varnothing, & i \neq k, \, p \notin G_i \end{cases}$$

이므로 $\pi_k|_{A_k}$ 는 개사상이다.

따라서 $\pi_k|_{A_k}$ 는 위상동형사상이며 A_k 와 X_k 는 위상동형이다.

> **[정리]** 사상 $f : (X, T_X) \to (Y, T_Y)$ 에 대하여 적공간 $X \times Y$ 의 부분집합
> $G = \{ (x, f(x)) \in X \times Y \mid x \in X \}$ 에 상대위상 T_G 를 부여하여 부분공간 (G, T_G) 를 얻었다.
> 사상 f 가 연속일 필요충분조건은 사상 $\varphi : X \to G$, $\varphi(x) = (x, f(x))$ 가 위상동형사상인 것이다.

풀이 $(\rightarrow)$ 사상 $\pi_1 : G \to X$, $\pi_1(x, y) = x$ 라 두자.

$x \in X$ 에 대하여 $(\pi_1 \circ \varphi)(x) = \pi_1(x, f(x)) = x$ 이므로

$\pi_1 \circ \varphi = id_X$

$(x, f(x)) \in G$ 에 대하여 $(\varphi \circ \pi_1)(x, f(x)) = \varphi(x) = (x, f(x))$ 이므로

$\varphi \circ \pi_1 = id_G$

따라서 $\varphi^{-1} = \pi_1$ 이며 φ 는 전단사 사상이다.

사영사상 $\pi_1(x, y) = x$, $\pi_2(x, y) = y$ 에 대하여 $\pi_1 \circ \varphi = id_X$ 는 연속이며 $\pi_2 \circ \varphi = f$ 도 연속이므로 φ 는 연속사상이다.

또한 $\pi_1(x,y)=x$ 는 사영사상이므로 연속사상이다.

따라서 φ^{-1} 는 연속사상이다.

그러므로 φ 는 위상동형사상이다.

($\leftarrow$) φ 가 위상동형사상이므로 연속이며 사영사상 $\pi_2 : X \times Y \to Y$ 도 연속이므로 합성 $\pi_2 \circ \varphi = f$ 는 연속이다.

예제 1 보통위상공간 $(\mathbb{R}, \Im)$ 의 무리수집합 부분공간을 Y 라 하면 Y 는 적공간

$$\prod_{k=1}^{\infty} \mathbb{N}$$ (단, $\mathbb{N}$ 는 이산위상공간)와 위상동형임을 보이시오.

풀이 유한 연분수 $[x_0 ; x_1, \cdots, x_n] = x_0 + \cfrac{1}{x_1 + \cfrac{1}{\ddots \cfrac{\ddots}{x_{n-1} + \cfrac{1}{x_n}}}} = \dfrac{p_n}{q_n}$

(기약분수)이라 할 때,

무한 연분수 $[x_0 ; x_1, \cdots, x_n, \cdots] = \lim_{n \to \infty} [x_0 ; x_1, \cdots, x_n] = \lim_{n \to \infty} \dfrac{p_n}{q_n}$

(극한)으로 표기하기로 정한다.

연분수에 관하여 다음 성질이 성립함이 알려져 있다.

① 모든 유리수는 유한 연분수로 유일하게 표현할 수 있다.

② 모든 무리수는 무한 연분수로 유일하게 표현할 수 있다.

③ 모든 자연수 수열 $x_1, x_2, \cdots$ 에 대하여 극한 $\lim_{n \to \infty} [x_0 ; x_1, \cdots, x_n]$ 는 항상 수

렴하며 극한값은 0과 1 사이의 무리수이다.

정수들의 이산공간 $\mathbb{Z}$ 와 자연수들의 이산공간 $\mathbb{N}$ 들의 무한 적공간을

$X = \mathbb{Z} \times \mathbb{N}^{\infty}$ 라 놓고, 보통위상공간 $\mathbb{R}$ 의 무리수 부분공간을 $Y = \mathbb{R} - \mathbb{Q}$ 라 놓자.

사상 $\psi : X \to Y$, $\psi((x_0, x_1, \cdots, x_n, \cdots)) = [x_0 ; x_1, \cdots, x_n, \cdots]$

이라 정의하자.

(1) 임의의 무리수 x 는 무한 연분수 $x = [x_0 ; x_1, \cdots, x_n, \cdots]$ (단, x_0 는 정수, 그 외의 x_k 는 자연수)로 유일하게 표현할 수 있으므로 사상 ψ 는 일대일 대응사상이다.

(2) 임의의 무리수 $x = [a_0 ; a_1, a_2, a_3, \cdots]$ 에 대하여

$r_n = [a_0 ; a_1, \cdots, a_n]$, $s_n = [a_0 ; a_1, \cdots, a_n + 1]$

이라 놓으면 $\lim_{n \to \infty} r_n = x$, $\lim_{n \to \infty} s_n = x$ 이다.

또한 $r_{2k} < s_{2k}$, $s_{2k-1} < r_{2k-1}$ 이다.

$x \in (r, s)$ 인 임의의 개구간 (r, s) 에 대하여 $\lim_{n \to \infty} r_n = x$, $\lim_{n \to \infty} s_n = x$

이므로 $x \in (r_{2n}, s_{2n}) \subset (r, s)$ 인 적당한 양의 정수 n 이 있다.

그리고 $x \in (r_{2n}, s_{2n}) \cap Y \subset (r, s) \cap Y$ 이다.

따라서 집합족 $L(x) = \{ (r_{2k}, s_{2k}) \cap Y \mid k = 1, 2, \cdots \}$ 는 Y 에서 무리수 x 의 국소기저이다.

$\psi^{-1}((r_{2n}, s_{2n}) \cap Y) = \{a_0\} \times \{a_1\} \times \cdots \times \{a_{2n}\} \times \mathbb{N}^\infty$ 이며

$\{a_0\} \times \{a_1\} \times \cdots \times \{a_{2n}\} \times \mathbb{N}^\infty$ 는 적공간 $X = \mathbb{Z} \times \mathbb{N}^\infty$ 에서

점 $(a_0, a_1, a_2, a_3, \cdots)$ 의 개근방이다.

따라서 ψ 는 연속이다.

(3) $X = \mathbb{Z} \times \mathbb{N}^\infty$ 의 기저개집합 $\{a_0\} \times \{a_1\} \times \cdots \times \{a_n\} \times \mathbb{N}^\infty$ 에 대하여 유리수

$r_n = [a_0 ; a_1, \cdots, a_n]$, $s_n = [a_0 ; a_1, \cdots, a_n + 1]$ 이라 놓으면

$$\psi(\{a_0\} \times \{a_1\} \times \cdots \times \{a_n\} \times \mathbb{N}^\infty) = \begin{cases} (r_n, s_n) \cap Y, \ n = \text{짝수} \\ (s_n, r_n) \cap Y, \ n = \text{홀수} \end{cases} \text{이다.}$$

ψ 는 개사상이다.

따라서 ψ 는 위상동형사상이며 적공간 $X = \mathbb{Z} \times \mathbb{N}^\infty$ 와 무리수 부분공간

$Y = \mathbb{R} - \mathbb{Q}$ 는 위상동형이다.

그리고 이산위상공간으로서 $\mathbb{N}$ 과 $\mathbb{Z}$ 는 위상동형이다.

그러므로 이산위상공간으로서 $\mathbb{N}$ 을 가산 번 곱한 적공간 $\mathbb{N}^\infty$ 와 무리수 부분공간

$Y = \mathbb{R} - \mathbb{Q}$ 는 위상동형이다.

4. 적집합의 상자위상(box topology)

위상공간족 $\{(X_i, \mathfrak{I}_i) \mid i \in I\}$ 의 적집합 $X = \prod_{i \in I} X_i$ 위에 다음과 같이 위상

을 정의하자.

$$\text{기저 } B_{box} = \left\{ \prod_{i \in I} G_i \ \middle| \ G_i \in \mathfrak{I}_i \right\} \text{로 생성한 위상 } T_{box}$$

이 위상을 상자위상(box topology)라 하며 적집합의 적위상과 구별한다.

유한개 위상공간 (X_k, T_k) 를 곱한 적집합 X 의 상자위상은 적위상(product topology)과 같다.

그러나 무한개 위상공간 (X_k, T_k) 를 곱한 적집합 X 의 상자위상은 적위상보다 강한 위상이다.

그래서 무한적공간일 때, 상자위상에 관해서도 모든 사영사상들은 연속이다.

그러나 상자위상이 모든 사영사상들이 연속인 가장 약한 위상은 아니다.

가산 무한개의 위상공간 (X_k, T_k) 를 곱한 적집합 X 와 상자위상의 기저는 다음과 같다.

(가산무한 적집합) $X = \prod_{k=1}^\infty X_k = X_1 \times X_2 \times \cdots \times X_n \times \cdots$

(상자위상의 기저) $B_{box} = \{ G_1 \times \cdots \times G_n \times G_{n+1} \times \cdots \mid G_k \in T_k \}$

적위상 기저의 개집합은 유한개 G_k 들 제외한 모든 성분이 전체공간 X_n 들이 되어야 하지만 상자위상 기저의 개집합은 그런 제약이 없이 모든 성분이 부분개집합 G_k 들로 구성한다.

예를 들어, 보통위상공간 $\mathbb{R}$ 들의 무한적집합 $\mathbb{R}^\infty$ 의 부분집합 I^∞ (단, 구간 $I = (0, 1)$)는 상자위상의 개집합이 되지만 적위상의 개집합은 아니다.

부분집합 $I \times I \times \mathbb{R} \times \mathbb{R} \times \mathbb{R} \times \cdots$ 는 적위상의 개집합이며 상자위상의 개집합이다.

03 사상의 유도위상(약위상)

1. 사상의 유도위상(약위상, weak topology)

주어진 사상들이 연속이 되도록 위상을 만드는 방법을 살펴보자.

사상 $f_i : X \rightarrow Y$ $(i \in I)$ 들이 연속이 되도록 X 또는 Y 의 위상을 정하는 문제를 살펴보자. X 의 위상을 주고 f_i 들이 연속인 Y 의 위상을 정하는 문제는 상공간에서 다루는 문제이다. 여기서는 Y 의 위상을 정해두고 f_i 들이 연속이 되는 X 의 위상을 구성하는 방법을 생각해보자.

> **[정리]** 사상 $f_i : X \rightarrow (Y, \mathfrak{I}_y)$ $(i \in I)$ 들이 주어져 있다.
>
> X 의 부분집합족 $\left\{ f_i^{-1}(G) \mid G \in \mathfrak{I}_y , i \in I \right\}$ 로 생성한 위상 $\mathfrak{I}_X$ 를 사상 f_i 들의 유도위상(induced topology) 또는 사상 f_i 들의 약위상(weak topology)이라 한다.

함수가 단 하나 f 로 주어진 경우: 부분집합족 $\left\{ f^{-1}(G) \mid G \in \mathfrak{I}_y \right\}$ 는 위상의 공리를 만족한다.

따라서 부분집합족 $\left\{ f^{-1}(G) \mid G \in \mathfrak{I}_y \right\}$ 는 X 의 유도위상(약위상)이다.

여러 개의 사상이 주어진 경우: 부분집합족 $\left\{ f_i^{-1}(G) \mid G \in \mathfrak{I}_y , i \in I \right\}$ 는 X 의 위상이 되지 않는다. 유도위상의 부분기저가 된다.

유도위상의 기저가 되지 않는 경우도 있다.

> **[정리]** $f_i : X \rightarrow (Y, T_Y)$ $(i \in I)$ 의 유도위상을 $\mathfrak{I}_X$ 라 할 때,
> (1) 사상 $f_i : (X, \mathfrak{I}_X) \rightarrow (Y, T_Y)$ 들은 연속사상이다.
> (2) 사상 $f_i : (X, T_X) \rightarrow (Y, T_Y)$ 들이 모두 연속사상이면 유도위상 $\mathfrak{I}_X \subset T_X$ 이다.

증명 (1)은 유도위상의 정의에 의하여 자명하다.

(2) $G \in T_Y$, $i \in I$ 에 대하여 f_i 는 연속이므로 $f_i^{-1}(G) \in T_X$

따라서 $\left\{ f_i^{-1}(G) \mid G \in \mathfrak{I}_y , i \in I \right\} \subset T_X$ 이며 유도위상 $\mathfrak{I}_X \subset T_X$ 이다.

정리로부터 f_i 들의 유도위상은 f_i 들이 연속인 가장 작은 위상이다.

유도위상의 개념은 부분공간의 상대위상과 적공간의 적위상과 연결된다.

상대위상은 포함사상의 유도위상이고 적위상은 사영사상들의 유도위상이다.

2. 유도위상(약위상)의 성질

> **[정리]** 위상공간 X 의 위상이 함수 $f: X \to Y$ 의 유도위상이며, $g: Z \to X$, $h: Z \to Y$ 에 대하여 $f \circ g = h$ 일 때, 다음 명제들이 성립한다.
> (1) g 가 연속일 필요충분조건은 h 가 연속인 것이다.
> (2) f 가 전사사상이면 f 는 개사상이다.
> (3) f 가 일대일 대응이면 f 는 위상동형사상이다.

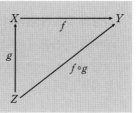

증명 (1) ($\to$) f, g 는 연속이므로 h 는 연속이다.

($\leftarrow$) X 의 임의의 개집합 G 에 관하여 $G = f^{-1}(H)$ 인 Y 의 개집합 H 가 있다.

h 가 연속이므로 $h^{-1}(H)$ 는 Z 의 개집합이다.

$h^{-1}(H) = (f \circ g)^{-1}(H) = g^{-1}(f^{-1}(H)) = g^{-1}(G)$ 이므로 $g^{-1}(G)$ 는 Z 의 개집합이다.

따라서 g 는 연속이다.

(2) X 의 개집합 G 에 대하여 X 의 위상이 f 의 유도위상이므로

$G = f^{-1}(H)$ 인 Y 의 개집합 H 가 있다.

f 가 전사이므로 $f(G) = f(f^{-1}(H)) = H$ 이다.

H 가 개집합이므로 $f(G)$ 는 개집합이다.

그러므로 f 는 개사상이다.

(3) 첫째, X 의 위상이 f 의 유도위상이므로 f 는 연속이다.

둘째, X 의 개집합 G 에 대하여 X 의 위상이 f 의 유도위상이므로

$G = f^{-1}(H)$ 인 Y 의 개집합 H 가 있다.

f 가 전사이므로 $f(G) = f(f^{-1}(H)) = H$ 이다.

H 가 개집합이므로 $f(G)$ 는 개집합이다.

그러므로 일대일 대응 f 는 위상동형사상이다.

$\mathbb{R}$ 과 $\mathbb{R}^2$ 는 기수(농도, cardinality)가 같으므로 일대일 대응 $f: \mathbb{R} \to \mathbb{R}^2$ 가 존재한다.

평면 $\mathbb{R}^2$ 위의 보통거리 $d(p, q) = \|p - q\|$ 에 관한 거리위상을 $\mathfrak{I}_d$ 라 할 때,

일대일 대응 $f: \mathbb{R} \to (\mathbb{R}^2, \mathfrak{I}_d)$ 에 관한 유도위상(약위상)을 $\mathfrak{I}$ 이라 놓으면

위의 정리 (3)에 따라서 $f: (\mathbb{R}, \mathfrak{I}) \to (\mathbb{R}^2, \mathfrak{I}_d)$ 는 위상동형사상이 된다.

즉, 보통거리공간 $(\mathbb{R}^2, \mathfrak{I}_d)$ 와 위상동형이 되는 위상공간 $(\mathbb{R}, \mathfrak{I})$ 인 위상 $\mathfrak{I}$ 가 있다.

예제 1 함수 $f : X \to (Y, T_Y)$ 의 유도위상 $\Im$ 에 관하여 $(X, \Im)$ 에서 부분집합 $A \subset X$ 에 관한 폐포 $\overline{A} = f^{-1}(\overline{f(A)})$ 임을 보이시오.

풀이 $(\subset)$ $f : (X, \Im) \to (Y, T_Y)$ 는 연속이므로 $f(\overline{A}) \subset \overline{f(A)}$ 이며 $\overline{A} \subset f^{-1}(\overline{f(A)})$

$(\supset)$ $(X, \Im)$ 는 유도위상 $\Im$ 의 위상공간이므로 $\overline{A} = f^{-1}(C)$ 인 Y 의 폐집합 C 가 존재한다.

$f(A) \subset f(\overline{A}) = f(f^{-1}(C)) \subset C$ 이므로 $\overline{f(A)} \subset C$ 이며

$f^{-1}(\overline{f(A)}) \subset f^{-1}(C) = \overline{A}$

따라서 $\overline{A} = f^{-1}(\overline{f(A)})$ 이다.

예제 2 함수 $f : X \to (Y, T_Y)$ 의 유도위상 $\Im$ 에 관하여 $(X, \Im)$ 에서 부분집합 $A \subset X$ 에 관해 $\text{int}(A) = f^{-1}(\text{int}((f(A^c))^c))$ 임을 보이시오.

풀이 $\text{int}(A) = (\overline{A^c})^c = (f^{-1}(\overline{f(A^c)}))^c = f^{-1}((\overline{f(A^c)})^c) = f^{-1}(\text{int}((f(A^c))^c))$

이므로 $\text{int}(A) = f^{-1}(\text{int}((f(A^c))^c))$

예제 3 두 함수 $f_1 : X \to (Y_1, T_1)$, $f_2 : X \to (Y_2, T_2)$ 에 관한 유도위상 $\Im$ 는 X 에서 적공간 $(Y_1, T_1) \times (Y_2, T_2)$ 로의 사상

$$\phi : X \to (Y_1, T_1) \times (Y_2, T_2), \quad \phi(x) = (f_1(x), f_2(x))$$

에 관한 유도위상임을 보이시오.

풀이 $G_1 \in T_1$, $G_2 \in T_2$ 일 때, $G_1 \times G_2$ 는 적공간의 기저개집합이며

$$
\begin{aligned}
\phi^{-1}(G_1 \times G_2) &= \{ x \in X \mid \phi(x) \in G_1 \times G_2 \} \\
&= \{ x \in X \mid (f_1(x), f_2(x)) \in G_1 \times G_2 \} \\
&= \{ x \in X \mid f_1(x) \in G_1, f_2(x) \in G_2 \} \\
&= \{ x \in X \mid x \in f_1^{-1}(G_1), x \in f_2^{-1}(G_2) \} \\
&= f_1^{-1}(G_1) \cap f_2^{-1}(G_2)
\end{aligned}
$$

이므로 $\{ f_1^{-1}(G_1) \cap f_2^{-1}(G_2) \mid G_1 \in T_1, G_2 \in T_2 \}$ 는 ϕ 의 유도위상의 기저이다.

또한 $\{ f_1^{-1}(G_1) \cap f_2^{-1}(G_2) \mid G_1 \in T_1, G_2 \in T_2 \}$ 는 두 함수 f_1, f_2 의 유도위상 $\Im$ 를 생성한다.

따라서 ϕ 의 유도위상은 f_1, f_2 의 유도위상 $\Im$ 와 같다.

04 상공간과 상사상

1. 상위상과 상사상

'전사'조건이 없을 때 final topology 또는 '강위상'이라 한다.

[정의] {상위상(Quotient topology)} 임의의 위상공간 (X, T_X) 와 집합 Y 사이의 전사사상(surjection) $f : X \to Y$ 가 주어졌을 때, $f^{-1}(G)$ 가 개집합이 되는 Y 의 부분집합 G 들의 집합족

$$\mathfrak{I}(f) = \left\{ G \subset Y \mid f^{-1}(G) \in T_X \right\}$$

은 Y 의 위상을 이루며, 이 Y 의 위상 $\mathfrak{I}(f)$ 를 '함수 f 의 상위상(Quotient topology)' 또는 함수 f 의 동일화 위상(identification topology)'이라 한다.

그리고 상위상 $\mathfrak{I}(f)$ 에 관한 위상공간 $(Y, \mathfrak{I}(f))$ 를 f 의 상공간(Quotient space)이라 한다.

Y 의 어떤 위상 T_Y 에 관하여 사상 $f : (X, T_X) \to (Y, T_Y)$ 가 연속이라 하면 임의의 $G \in T_Y$ 에 대하여 $f^{-1}(G) \in T_X$ 이므로 $G \in \mathfrak{I}(f)$ 이다.

즉, $T_Y \subset \mathfrak{I}(f)$

따라서 f 의 상위상 $\mathfrak{I}(f)$ 은 사상 f 가 연속이 되게 하는 가장 강한 위상(strong topology)이다.

요약하면, 사상 $f : X \to Y$ 의 상위상은

첫째, f 는 전사이며

둘째, 정의역 X 에는 위상공간이 오고, 공역 Y 는 집합일 뿐이고

셋째, 조건 「$G \in \mathfrak{I}(f) \leftrightarrow f^{-1}(G) \in T_Y$」와 같이 공역 Y 에 위상을 주는 것이다.

두 위상공간 사이의 사상 $f : (X, \mathfrak{I}_X) \to (Y, \mathfrak{I}_Y)$ 를 '상사상'이라 함을 다음과 같이 정의한다.

[정의] {상사상(Quotient map)}
두 위상공간 $(X, \mathfrak{I}_X)$ 와 $(Y, \mathfrak{I}_Y)$ 사이의 사상 $f : X \to Y$ 가 다음 조건을 만족할 때 상사상(Quotient map)이라 한다. (동일화 사상, identification)
(1) $f : X \to Y$ 는 전사(onto)
(2) $f : X \to Y$ 는 연속(continuous)
(3) $f^{-1}(G) \in \mathfrak{I}_X$ 이면 $G \in \mathfrak{I}_Y$

상사상의 정의 중 (2)와 (3)의 대우를 정리하면

(2) 연속의 정의: $G \in \mathfrak{I}_Y \to f^{-1}(G) \in \mathfrak{I}_X$

(3) 명제의 대우: $G \not\in \mathfrak{I}_Y \to f^{-1}(G) \not\in \mathfrak{I}_X$

그리고 두 조건 (2), (3)을 묶어서, 한 조건 '$G \in \mathfrak{I}_Y \leftrightarrow f^{-1}(G) \in \mathfrak{I}_X$'으로 정리할 수 있다.

따라서 f 가 상사상이 될 필요충분조건은

첫째, f 는 전사이며

둘째, 조건 '$G \in \mathfrak{I}_Y \leftrightarrow f^{-1}(G) \in \mathfrak{I}_X$'이 성립하는 것이다.

두 개념 '상위상'과 '상사상' 사이의 관련성을 살펴보자.

먼저, 두 위상공간사이의 사상 $f : (X, T_X) \rightarrow (Y, T_Y)$ 가 상사상이라 하자. Y에 위상 T_Y가 주어져 있지만 없다고 간주하고, 전사사상 f의 상위상 $\mathfrak{I}(f)$를 구했다고 생각하자.

첫째, f는 연속이므로 임의의 $G \in T_Y$에 대하여 $f^{-1}(G) \in T_X$이므로 $G \in \mathfrak{I}(f)$이다.

즉, $T_Y \subset \mathfrak{I}(f)$

둘째, $G \in \mathfrak{I}(f)$이면 상위상 $\mathfrak{I}(f)$의 정의에 의해 $f^{-1}(G) \in T_X$이며, f는 상사상이므로 $G \in T_Y$이다. 즉, $T_Y \supset \mathfrak{I}(f)$

따라서 f가 상사상이면 공역의 위상 $T_Y = \mathfrak{I}(f)$이다. 위상공간 Y의 위상과 상사상 f의 상위상 $\mathfrak{I}(f)$는 일치한다.

또한 전사사상 $f : (X, T_X) \rightarrow Y$의 상위상 $\mathfrak{I}(f)$에 관하여 사상 $f : (X, T_X) \rightarrow (Y, \mathfrak{I}(f))$라 하면, 임의의 $G \in \mathfrak{I}(f)$에 대하여 상위상 $\mathfrak{I}(f)$의 정의에 의해 $f^{-1}(G) \in T_X$이므로 f는 연속이며, $f^{-1}(G) \in T_X$인 모든 $G \in \mathfrak{I}(f)$이다. 따라서 f는 상사상이 된다.

위의 논증을 정리하면 다음 정리를 얻는다.

> **[정리]** 사상 $f : X \rightarrow Y$는 전사사상이라 하자.
> (1) $f : (X, T_X) \rightarrow (Y, T_Y)$ 가 상사상 $\rightarrow$ f의 상위상: $\mathfrak{I}(f) = T_Y$
> (2) $f : (X, T_X) \rightarrow Y$의 상위상 $\mathfrak{I}(f)$ $\rightarrow$ $f : (X, T_X) \rightarrow (Y, \mathfrak{I}(f))$ 는 상사상

2. 동치관계로 정의하는 상공간

집합 X 위에 동치관계(equivalence relation) E가 주어져 있다 하자.

임의의 원소 $x \in X$에 대하여 x와 동치관계를 갖는 모든 원소들의 집합을 x의 동치류라 하며, $\bar{x}$ (또는 $[x]$)라 표기하기로 하자.

$$\bar{x} = \{ y \mid (x, y) \in E \}$$

동치관계 E에 의한 동치류들 전체의 집합을 X/E로써 표기하며 이를 상집합이라 한다.

$$X/E = \{ \bar{x} \mid x \in X \}$$

이때 $X = \bigcup_{x \in X} \bar{x}$ 이며 서로 다른 동치류 $\bar{x}$ 들은 서로소이다. 즉, 동치류 $\bar{x}$ 들은 X를 분할한다.

자연사상 $\phi : X \rightarrow X/E$를 $\phi(x) = \bar{x}$ 라 정의하면 사상 ϕ는 전사사상이 된다. 여기서 집합 X 위의 위상 T_X가 주어져 위상공간 (X, T_X)가 주어졌다고 생각하자.

전사사상 $\phi : (X, T_X) \rightarrow X/E$ 의 상위상 $\mathfrak{I}(\phi)$ 는 상집합 X/E 의 위상이 된다.

상위상 $\mathfrak{I}(\phi)$ 를 '동치관계 E 에 관한 상위상'이라 하며, $\mathfrak{I}(E)$ 라 표기하자.

상집합 X/E 의 한 부분집합 $G = \left\{ \overline{x_k} \mid k \in I \right\}$ 에 관하여

$$\phi^{-1}(G) = \{ x \mid \phi(x) \in G \} = \{ x \mid \overline{x} \in G \} = \bigcup_{\overline{x} \in G} \overline{x} = \bigcup G$$

따라서 X/E 의 부분집합 $G = \left\{ \overline{x_k} \mid k \in I \right\}$ 가 $\mathfrak{I}(E)$ 의 개집합이 될 필요충분조건은 다음과 같다.

$$G \in \mathfrak{I}(E) \;\; \leftrightarrow \;\; \bigcup_{\overline{x} \in G} \overline{x} \in T_X \;\; (\text{즉}, \;\; \bigcup G \in T_X)$$

위상공간 $(X/E, \mathfrak{I}(E))$ 를 위상공간 (X, T_X) 의 동치관계 E 에 관한 상공간이라 한다.

앞 절의 논의에 따라 사상 $\phi : (X, T_X) \rightarrow (X/E, \mathfrak{I}(E))$ 는 상사상이 된다.

[정의] {동치관계에 관한 상위상과 상공간(Quotient space)}

위상공간 (X, T_X) 와 X 위에 동치관계 E 가 있을 때, 상집합 X/E 위의 상위상 $\mathfrak{I}(E)$ 를 다음과 같이 정의하고, $(X/E, \mathfrak{I}(E))$ 을 상공간이라 한다.

$$G \in \mathfrak{I}(E) \;\; \leftrightarrow \;\; \bigcup_{\overline{x} \in G} \overline{x} \in T_X$$

구체적인 동치관계를 이용하여 상공간을 구성하는 두 가지 사례를 살펴보자.

(I) X 의 부분집합 A 로부터 유도한 동치관계

위상공간 (X, T) 와 부분집합 A 에 관하여 X 의 동치관계 E_A 를 다음과 같이 정의하자.

$$E_A = \{ (x, x) \mid x \in X - A \} \cup \{ (a, b) \mid a, b \in A \}$$

이 동치관계 E_A 를 이용하여 상집합 X/E_A 를 구하면

$$X/E_A = \{ \{x\} \mid x \in X - A \} \cup \{A\}$$

이 상집합 X/E_A 를 간단히 X/A 라 표기한다. 즉, 상집합

$X/A = \{ \{x\} \mid x \in X - A \} \cup \{A\}$

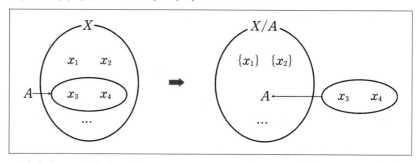

동치관계 E_A 에 관한 X/A 의 상위상을 $\mathfrak{I}_A$ 라 두면, 상공간 $(X/A, \mathfrak{I}_A)$ 을 구성할 수 있다.

X/A 의 한 부분집합 $G = \left\{\, \overline{x_k} \mid k \in I \,\right\}$ 에 대하여 $\bigcup G$ 는 A 를 포함하거나 A 와 서로소이다.

$G \in \mathfrak{I}_A$ 일 필요충분조건은 $\bigcup G \in T_X$ 이므로 $\bigcup G$ 는 A 를 포함하는 개집합이거나 A 와 서로소인 개집합이면 $G \in \mathfrak{I}_A$ 이다.

이때, 자연사상 $\phi : X \to X/A$, $\phi(x) = \begin{cases} \{x\} & , x \in X - A \\ A & , x \in A \end{cases}$ 는 상사상이 된다.

사상 $\phi : X \to X/A$ 의 정의역-공역을 축소한 사상

$\phi|_{X-A} : X-A \to (X/A) - \{A\}$,

$\phi|_{X-A}(x) = \{x\}$ 는 전단사 연속사상이며, A 가 폐집합(또는 개집합)이면 위상동형사상이 된다.

주의 A 가 폐집합도 개집합도 아니면 위상동형사상이 아닐 수 있다.

또한 $a \in A$ 이면 $\phi(a) = A$ 이므로 X 의 부분집합 A 는 X/A 의 한 점집합 $\{A\}$ 로 대응한다. 즉, A 가 개집합(또는 폐집합)일 때, X 를 두 부분집합 $X-A$ 와 A 로 쪼갠 후 $X-A$ 는 위상동형인 채로 둔 반면 A 는 한 점으로 압축하여 대응하는 사상이 바로 상사상 $\phi : X \to X/A$ 인 셈이다.

요약하면 A 가 개집합(또는 폐집합)일 때, 상공간 X/A 는 X 의 부분집합 A 를 한 점으로 축약한 위상공간이라 할 수 있다.

예 ① 위상공간 $X = \{a, b, c\}$, $T = \{X, \varnothing, \{a, b\}, \{c\}\}$ 와 부분집합 $A = \{a, b\}$ 에 대하여 상집합 $X/A = \{A, \{c\}\}$ 이며 상위상 $\mathfrak{I}_A = \{X/A, \varnothing, \{A\}, \{\{c\}\}\}$ 가 되어, $\{a, b\} \to A$ 와 같이 X 의 두 점 a, b 는 X/A 의 한 점 A 로 축약한 위상공간이 상공간 $(X/A, \mathfrak{I}_A)$ 이다.

② 보통위상공간 $(\mathbb{R}, U)$ 의 부분집합 $A = \{0, 1\}$ 에 대하여

상집합 $\mathbb{R}/A = \{\{c\} \mid c \neq 0, 1\} \cup \{A\}$ 이며, 구간의 동치류들의 집합표기 $\overline{(a, b)} = \{\, \overline{x} \mid x \in (a, b) \,\}$ 라 쓰기로 하면 상위상 $\mathfrak{I}_A$ 는 부분집합족 $\left\{\, \overline{(a, b)}, \overline{(-r, r)} \cup \overline{(1-s, 1+s)} \mid 0, 1 \not\in (a, b), r, s > 0 \,\right\}$ 로 생성된다.

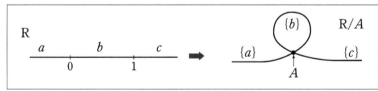

(2) X 위의 이항연산으로부터 유도한 동치관계

X 위의 이항연산 $\cdot : X \times X \to X$ 에 관하여 $(X, \cdot)$ 이 군(Group)이며, H 가 군 $(X, \cdot)$ 의 부분군이라 하자.

부분군 H 에 관하여 X 의 동치관계 $\equiv_H$ 를 다음과 같이 정의하자.

$\equiv_H = \{\, (x, y) \mid x \cdot y^{-1} \in H \,\}$ (이 동치관계를 '합동(modulo H)'이라 한다.)

이 동치관계 $\equiv_H$ 를 이용하여 상집합 $X/\!\equiv_H$ 를 구하면, 우잉여류

$Hx = \{hx \mid h \in H\}$ 에 대하여

$$X/\!\equiv_H \ = \{\, Hx \mid x \in X \,\}$$

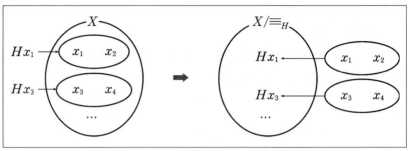

X 위의 이항연산 $\cdot$ 과 위상 T_A 이 모두 주어져 있다고 하면,
위상공간 (X, T_A) 위의 동치관계 $\equiv_H$ 에 관한 $X/\equiv_H$ 의 상위상을 $\mathfrak{I}_\equiv$ 라 두면,
상공간 $(X/\equiv_H, \mathfrak{I}_\equiv)$ 을 구성할 수 있다.
$X/\equiv_H$ 의 한 부분집합 $G = \{ Hx_k \mid k \in I \}$ 에 대하여
$G \in \mathfrak{I}_\equiv$ 일 필요충분조건은 $\bigcup G = \bigcup\limits_{k \in I} Hx_k \in T_X$ 이다.

3. 동치관계의 상공간과 상사상의 관계

사상 $f : X \to Y$ 로부터 집합 X 위의 동치관계를 구성해보자.
X 위의 관계 K_f 를 다음과 같이 정의하자.
$a, b \in X$ 에 대하여 $f(a) = f(b)$ 일 때 $a K_f b$ 또는 $(a, b) \in K_f$
즉, $K_f = \{ (a,b) \mid f(a) = f(b) \} \subset X \times X$

(1) 반사율

$f(a) = f(a)$ 이므로 $(a, a) \in K_f$

(2) 대칭율

$(a, b) \in K_f$ 이면 $f(a) = f(b)$ 이며 $f(b) = f(a)$ 이므로 $(b, a) \in K_f$

(3) 추이율

$(a, b), (b, c) \in K_f$ 이면 $f(a) = f(b) = f(c)$ 이므로 $(a, c) \in K_f$
따라서 K_f 는 X 위의 동치관계이며 원소 a 의 동치류는
$\bar{a} = \{ x \mid f(x) = f(a) \} = f^{-1}(f(a))$
이와 같이 사상 f 로부터 정의한 동치관계 K_f 를 'f 의 핵(kernel)'이라 하고
$K(f)$ 또는 $\ker(f)$ 로 표기하기도 한다. 즉,
$K(f) = \ker(f) = \{ (a,b) \in X \times X \mid f(a) = f(b) \}$
군론/환론 등의 대수학에서 정의하는 핵 $\ker(f)$ 는 '정규부분군/아이디얼'이
되지만 위상수학에서 정의하는 핵 $K(f)$ 는 '동치관계'임에 유의해야 한다.

전사사상에 의한 상위상과 동치관계에 관한 상위상을 비교해보자.
사상 $f : (X, T_X) \to (Y, T_Y)$ 가 상사상이라 하자. 즉 f 는 전사이고 T_Y 는
상위상이라 하자.

사상 f 의 핵 $K(f)$ 에 관한 상집합 $X/K(f)$ 와 동치관계 $K(f)$ 에 관한 상위상 $\mathfrak{I}(K(f))$ 를 구할 수 있으며 상공간 $(X/K(f), \mathfrak{I}(K(f)))$ 을 만들 수 있다. 이때 사상 $\phi : (X, T_X) \to (X/K(f), \mathfrak{I}(K(f)))$ 를 $\phi(x) = \overline{x}$ 라 정의하면 ϕ 는 상사상이 되며 처음 주어진 상사상 $f : (X, T_X) \to (Y, T_Y)$ 와 비교하자. 다음 명제는 대수학의 군과 환에 관한 제1동형정리와 유사한 위상수학의 정리라 할 수 있다. 대수학의 제1동형정리와 다른 점은 사상 f 가 주어질 때부터 전사사상인 것과 $K(f)$ 가 X 의 부분군/아이디얼(부분집합)이 아니라 $K(f)$ $\subset X \times X$ (동치관계)라는 것이다.

어떤 동치관계 E 에 관한 상공간 X/E 와 위상공간 Y 가 위상동형임을 증명해야 하는 문제가 있으면 사상 $f : X \to Y$ 를 잘 구성하여

첫째, $K(f) = E$

둘째, f 는 상사상 임을 증명해 주면 된다.

[정리] 사상 $f : (X, T_X) \to (Y, T_Y)$ 는 상사상이라 하자.
사상 f 의 핵 $K(f)$ 에 대하여 사상
$\psi : (X/K(f), \mathfrak{I}(K(f))) \to (Y, T_Y)$,
$\psi(\overline{x}) = f(x)$
는 위상동형사상(homeomorphism)이다. 간단히,
$$X/K(f) \cong Y = \mathrm{Im}(f)$$
즉, 동치관계와 전사사상에 관한 각각의 상공간은
위상동형(homeomorphic)이다.

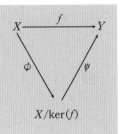

증명 첫째, 사상 ψ 가 잘 정의된 사상임을 보이자.

$\overline{x_1} = \overline{x_2}$ 라 하면 $(x_1, x_2) \in \ker(f)$ 이므로 $f(x_1) = f(x_2)$

따라서 $\psi(\overline{x_1}) = \psi(\overline{x_2})$

둘째, 사상 ψ 가 단사임을 보이자.

$\psi(\overline{x_1}) = \psi(\overline{x_2})$ 라 하면 $f(x_1) = f(x_2)$ 이므로 $(x_1, x_2) \in K(f)$

따라서 $\overline{x_1} = \overline{x_2}$

셋째, 사상 ψ 가 전사임을 보이자.

f 는 전사이므로 임의의 $y \in Y$ 에 대하여 $f(x) = y$ 인 $x \in X$ 가 있다.

따라서 $\psi(\overline{x}) = f(x) = y$

넷째, 사상 ψ 가 연속임을 보이자.

임의의 개집합 $H \in T_Y$ 에 대하여 $\psi^{-1}(H) = G$ 라 두면

$$\bigcup_{\overline{x} \in G} \overline{x} = \bigcup_{\overline{x} \in \psi^{-1}(H)} \overline{x} = f^{-1}(H)$$ 이며 f 는 연속이므로 $f^{-1}(H) \in T_X$

즉 $\bigcup_{\overline{x} \in G} \overline{x} \in T_X$

따라서 $\psi^{-1}(H) = G \in \mathfrak{I}(K(f))$ 이며 ψ 는 연속이다.

다섯째, 역함수 ψ^{-1} 가 연속임을 보이자.

임의의 개집합 $G \in \mathfrak{I}(K(f))$ 에 대하여 $\psi(G) = H$ 라 두면

$$f^{-1}(H) = f^{-1}(\psi(G)) = \{x \mid f(x) \in \psi(G)\} = \{x \mid \bar{x} \in G\} = \bigcup_{\bar{x} \in G} \bar{x}$$

G 는 개집합이므로 $\displaystyle\bigcup_{\bar{x} \in G} \bar{x} \in T_X$

$f^{-1}(H) \in T_X$ 이며 f 는 상사상이므로 $\psi(G) = H \in T_Y$

따라서 $(\psi^{-1})^{-1}(G) = \psi(G)$ 는 개집합이며 ψ^{-1} 는 연속사상이다.

그러므로 사상 ψ 는 위상동형사상이다.

4. 상공간의 성질

상사상이 될 조건과 관련하여 다음 정리가 성립한다.

> **[정리]** 사상 $f : X \to Y$ 가 전사(onto)이며 연속일 때
> (1) f 가 개사상이면 f 는 상사상
> (2) f 가 폐사상이면 f 는 상사상
> (3) $f \circ g = id_Y$ 인 연속함수 $g : Y \to X$ 가 있으면 f 는 상사상

증명 f 는 전사, 연속이므로 "$f^{-1}(G)$ 가 개집합이면 G 는 개집합이다."를 보이면 된다.

$G \subset Y$, $f^{-1}(G)$ 는 개집합이라 하자.

(1) f 가 개사상이면 $f(f^{-1}(G))$ 는 개집합이며 $f(f^{-1}(G)) = G$

(2) f 가 폐사상이면 $f(f^{-1}(G)^c)$ 는 폐집합이며 $f(f^{-1}(G)^c) = G^c$

(3) g 는 연속이므로 $g^{-1}(f^{-1}(G))$ 는 개집합이며 $f \circ g = d_Y$ 이므로

$g^{-1}(f^{-1}(G)) = G$

따라서 G 는 개집합이며 f 는 상사상이다.

예 보통위상공간$(\mathbb{R}, U)$ 의 두 부분공간 $X = [0, 2] \cup [3, 4) \cup [5, 6]$, $Y = [0, 2]$ 와 사상 $f : X \to Y$,

$$f(x) = \begin{cases} x & , x \in [0, 2] \\ x - 3 & , x \in [3, 4) \\ x - 4 & , x \in [5, 6] \end{cases}$$

에 대하여 $g : Y \to X$, $g(y) = y$ 라 하면 $f \circ g = d_Y$ 이고 g 는 연속이므로 f 는 상사상이다.

$f([3, 4)) = [0, 1)$ 이므로 f 는 폐사상이 아니며, $f([5, 6]) = [1, 2]$ 이므로 f 는 개사상이 아니다.

f 는 폐사상도 개사상도 아니지만 상사상이다.

다음 정리는 상공간에서 정의된 사상의 연속성을 판단할 수 있는 방법을 알려
준다.

[정리] 위상공간 X, Y, Z와 상사상 $\phi : X \to Y$
가 주어져 있다.
사상 $f : Y \to Z$가 연속사상일 필요충분조건은
합성 $f \circ \phi : X \to Z$가 연속사상인 것이다.

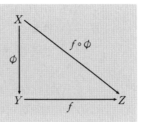

증명 ($\to$) ϕ와 f가 연속이면 합성함수 $f \circ \phi$는 연속이다.

($\leftarrow$) 임의의 개집합 $G \subset Z$에 대하여 $f^{-1}(G) \subset Y$이다.

$\phi^{-1}(f^{-1}(G)) = (f \circ \phi)^{-1}(G)$이며 $f \circ \phi$는 연속이므로

$\phi^{-1}(f^{-1}(G))$는 X의 개집합이다.

ϕ는 상사상이므로 $\phi^{-1}(f^{-1}(G))$가 개집합이면 $f^{-1}(G)$는 Y의 개집합이다.

따라서 f는 연속이다.

[정리] $\phi : A \to X$, $f : X \to Y$, $g : A \to Y$에 대하여
$f \circ \phi = g$이며 ϕ는 전사사상일 때,
다음 명제들이 성립한다.
(1) f가 전사 $\leftrightarrow$ g는 전사
(2) g가 단사 $\to$ f는 단사

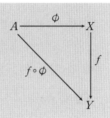

위의 두 성질을 정리하면 다음 정리를 얻는다.

[정리] $f : X \to Y$는 상사상이며, $h : Y \to Z$,
$g : X \to Z$에 대하여 $h \circ f = g$일 때,
다음 명제들이 성립한다.
(1) h는 상사상이면 g는 상사상이다.
(2) g는 상사상이면 h는 상사상이다.

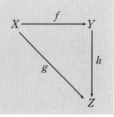

증명 (1) ① f, h는 전사이므로 g는 전사이다.

② f, h는 연속이므로 g는 연속이다.

③ $g^{-1}(B)$가 개집합이면 B는 개집합이다.

　　$g^{-1}(B)$가 개집합이면 $f^{-1}(h^{-1}(B))$는 개집합이며 f는 상사상이므로

　　$h^{-1}(B)$는 개집합이다.

　　$h^{-1}(B)$는 개집합이며 h는 상사상이므로 B는 Z의 개집합이다.

그러므로 g는 상사상이다.

(2) ① h 는 전사

　임의의 $z \in Z$에 대하여 g 는 전사이므로 $g(x) = z$ 인 원소 $x \in X$ 가

　있다. $h(f(x)) = z$ 이므로 h 는 전사이다.

② h 는 연속

　Z 의 임의의 개집합 G 에 대하여 g 는 연속이므로 $g^{-1}(G)$ 는 X 의 개

　집합이다.

　$g^{-1}(G) = f^{-1}(h^{-1}(G))$ 는 개집합이며 f 는 상사상이므로 $h^{-1}(G)$ 는

　Y 의 개집합이다.

　따라서 h 는 개집합이다.

③ $h^{-1}(B)$ 가 개집합이면 B 는 개집합이다.

　$h^{-1}(B)$ 가 Y 의 개집합이며 f 는 연속이므로 $f^{-1}(h^{-1}(B))$ 는 개집합

　이다.

　$f^{-1}(h^{-1}(B)) = g^{-1}(B)$ 는 개집합이며 g 는 상사상이므로 B 는 Z 의

　개집합이다.

　그러므로 h 는 상사상이다.

[정리] 위상공간 X, Y, Z 와 상사상 $\phi : X \to Y$ 가 주어져 있다.

사상 $f : Y \to Z$ 가 연속사상일 필요충분조건은 합성 $f \circ \phi : X \to Z$ 가 연속사상인 것

이다.

이 정리는 다음 정리와 그 내용이 같다.

[정리] 상사상 $\phi : X \to Y$ 와 연속사상 $g : X \to Z$ 에 대하여

「$\phi(x_1) = \phi(x_2)$ 이면 $g(x_1) = g(x_2)$」

일 때, $f \circ \phi = g$ 인 연속사상 $f : Y \to Z$ 가 존재한다.

조건 "$\phi(x_1) = \phi(x_2)$ 이면 $g(x_1) = g(x_2)$"는 f 가 잘 정의된 함수가 될 조건이다.

[정리] 위상공간 X 의 두 동치관계 R_1, R_2 에 관한 상위상공간을 각각 X/R_1, X/R_2 이

라 하자. $R_1 \subset R_2$ 이면 사상 $\phi : X/R_1 \to X/R_2$, $\phi([x]_1) = [x]_2$ 는 잘 정의된 상사상

이다.

(단, $[x]_1$ 과 $[x]_2$ 는 각각 동치관계 R_1 과 R_2 에 관한 동치류이다.)

증명 (1) ϕ 는 잘 정의된 사상이다.

　$[a]_1 = [b]_1$ 일 때, $(a, b) \in R_1$ 이며 $R_1 \subset R_2$ 이므로 $(a, b) \in R_2$ 이다.

　따라서 $[a]_2 = [b]_2$ 이며 $\phi([a]_1) = \phi([b]_1)$ 이므로 ϕ 는 잘 정의된 사상이다.

(2) 두 자연사상 $f : X \to X/R_1$, $g : X \to X/R_2$ 에 대하여 $\phi \circ f = g$ 이다.

　모든 $x \in X$ 에 대하여

　　$(\phi \circ f)(x) = \phi((f(x)) = \phi([x]_1) = [x]_2 = g(x)$

　따라서 $\phi \circ f = g$ 이다.

　그러므로 $\phi \circ f = g$ 이며 자연사상 f, g 는 상사상이므로 ϕ 는 상사상이다.

두 위상공간 (X, T_X) 와 (Y, T_Y) 가 있을 때,

X 와 Y 의 분리 합집합(disjoint union) $X \amalg Y$ 위의 위상을 다음과 같이 정의한 위상공간 $(X \amalg Y, \mathfrak{I})$ 을 구성할 수 있다.

$$\mathfrak{I} = \{ G \cup H \mid G \in T_X, \ H \in T_Y \}$$

[정의] {접착공간} X 의 한 부분공간 A 와 연속사상 $f : A \to Y$ 가 있을 때, 모든 $a \in A$ 에 관하여 $(a, f(a)) \in R$ 으로 정의한 $X \amalg Y$ 위의 동치관계 R_f 를 사용하여 상공간 $(X \amalg Y)/R_f$ 을 X 와 Y 의 f 에 의한 접착공간(adjunction space)이라 하고, $X \cup_f Y$ 또는 $X +_f Y$ 라 쓴다. 즉,

$$X \cup_f Y = (X \amalg Y)/R_f$$

이때, f 를 접착사상(attaching map)이라 한다.

예제 1 사상 $f : (X, T) \to Y$ 에 대하여 $\mathfrak{I}(f) = \{ G \subset Y \mid f^{-1}(G) \in T \}$ 는 Y 의 위상임을 보이시오.

증명 $\mathfrak{I}(f)$ 는 Y 의 부분집합족이다.

① $f^{-1}(Y) = X \in T$ 이며, $f^{-1}(\varnothing) = \varnothing \in T$ 이므로 $Y, \varnothing \in \mathfrak{I}(f)$

② $G_i \in \mathfrak{I}(f),\ i \in I$ 이라 하면, $f^{-1}(G_i) \in T$ 이며,

  T 가 위상이므로 $f^{-1}(\bigcup_{i \in I} G_i) = \bigcup_{i \in I} f^{-1}(G_i) \in T$ 이다.

  따라서 $\bigcup_{i \in I} G_i \in \mathfrak{I}(f)$ 이다.

③ $G_i \in \mathfrak{I}(f),\ i = 1, \cdots, n$ 이라 하면, $f^{-1}(G_i) \in T$ 이며,

  T 가 위상이므로 $f^{-1}(\bigcap_{i=1}^{n} G_i) = \bigcap_{i=1}^{n} f^{-1}(G_i) \in T$ 이다.

  따라서 $\bigcap_{i=1}^{n} G_i \in \mathfrak{I}(f)$

그러므로 (1), (2), (3)에 의하여, $\mathfrak{I}(f)$ 는 Y 의 위상이다.

예제 2 집합 $X = \{ a, b, c, d, e \}$ 위의 위상이 아래와 같이 주어져 있다.
$T = \{ X, \varnothing, \{a\}, \{a,b\}, \{a,d\}, \{d\}, \{a,b,d\}, \{c,d,e\}, \{a,c,d,e\} \}$
① 동치관계 R 에 의하여 정해진 동치류가 $A = \{ a, c, e \}$, $B = \{b\}$, $D = \{d\}$ 일 때, 상집합 $X/R = \{ A, B, D \}$ 의 상위상 $\mathfrak{I}(R)$ 을 구하시오.
② $f(x) = \bar{x}$ 로 정의된 함수 $f : (X, T) \to (X/R, \mathfrak{I}(R))$ 는 연속임을 보이시오.

풀이 ① X/R 의 모든 부분집합은
  $\{A\}, \{B\}, \{D\}, \{A,B\}, \{A,D\}, \{B,D\}, X/R, \varnothing$
  $\cup \{A\} = A \not\in T,\ \cup \{B\} = B \not\in T,\ \cup \{D\} = D \in T,$
  $\cup \{A,B\} = A \cup B \not\in T,\ \cup \{A,D\} = A \cup D \in T,$
  $\cup \{B,D\} = B \cup D \not\in T$
  따라서 X/R 의 상위상 $\mathfrak{I}(R) = \{ X/R, \varnothing, \{A, D\}, \{D\} \}$ 이다.

② $f^{-1}(X/R) = A \cup B \cup D = X \in T$, $f^{-1}(\varnothing) = \varnothing \in T$,

$f^{-1}(\{A, D\}) = A \cup D = \{a, c, d, e\} \in T$,

$f^{-1}(\{D\}) = D = \{d\} \in T$

따라서 f 는 연속사상이다.

예제 3 위상공간 X 와 전사사상 $f : X \to Y$ 가 다음과 같다.

$X = \{1, 2, 3, 4, 5\}$, $T_X = \{X, \varnothing, \{1, 2\}, \{2, 3, 4\}, \{2\}, \{1, 2, 3, 4\}\}$

$Y = \{A, B, C\}$,

$f : X \to Y$, $f(1) = A$, $f(2) = B$, $f(3) = B$, $f(4) = B$, $f(5) = C$

① 전사사상 f 에 관한 Y 의 상위상을 구성하시오.

② f 에 관한 동치관계 $\ker(f)$ 와 상집합 $X/\ker(f)$ 를 구하시오.

③ 동치관계 $\ker(f)$ 에 관한 상집합 $X/\ker(f)$ 의 상위상 $\Im(\ker(f))$ 를 구성하시오.

풀이 ① Y 의 모든 부분집합은

$\{A\}, \{B\}, \{C\}, \{A, B\}, \{A, C\}, \{B, C\}, Y, \varnothing$

$f^{-1}(\{A\}) = \{1\} \not\in T_X$, $f^{-1}(\{B\}) = \{2, 3, 4\} \in T_X$,

$f^{-1}(\{C\}) = \{5\} \not\in T_X$,

$f^{-1}(\{A, B\}) = \{1, 2, 3, 4\} \in T_X$, $f^{-1}(\{A, C\}) = \{1, 5\} \not\in T_X$,

$f^{-1}(\{B, C\}) = \{2, 3, 4, 5\} \not\in T_X$, $f^{-1}(Y) = X \in T_X$,

$f^{-1}(\varnothing) = \varnothing \in T_X$

따라서 f 에 관한 Y 의 상위상 $\Im(f) = \{Y, \varnothing, \{A, B\}, \{B\}\}$ 이다.

② $\ker(f) = \{(a, b) \mid f(a) = f(b)\}$

$= \{(1,1), (2,2), (3,3), (4,4), (2,3), (2,4), (3,2), (3,4), (4,2), (4,3), (5,5)\}$

동치류를 구하면 $\bar{1} = \{1\}$, $\bar{2} = \{2, 3, 4\}$, $\bar{5} = \{5\}$

따라서 상집합 $X/\ker(f) = \{\{1\}, \{2, 3, 4\}, \{5\}\}$

③ $X/\ker(f)$ 의 비자명 진부분집합은

$\{\bar{1}\}, \{\bar{2}\}, \{\bar{5}\}, \{\bar{1}, \bar{2}\}, \{\bar{1}, \bar{5}\}, \{\bar{2}, \bar{5}\}$.

$\cup \{\bar{1}\} = \bar{1} \not\in T_X$, $\cup \{\bar{2}\} = \bar{2} \in T_X$,

$\cup \{\bar{5}\} = \bar{5} \not\in T_X$, $\cup \{\bar{1}, \bar{2}\} = \bar{1} \cup \bar{2} \in T_X$,

$\cup \{\bar{1}, \bar{5}\} = \bar{1} \cup \bar{5} \not\in T_X$, $\cup \{\bar{2}, \bar{5}\} = \bar{2} \cup \bar{5} \not\in T_X$

따라서 상위상 $\Im(\ker(f)) = \{X/\ker(f), \varnothing, \{\bar{1}, \bar{2}\}, \{\bar{2}\}\}$

예제 4 전사(onto)사상 $f : X \to Y$ 가 다음 조건을 만족하면 상사상임을 보이시오.

$\forall B \subset Y$ 에 대하여 $f^{-1}(\overline{B}) = \overline{f^{-1}(B)}$

증명 임의의 폐집합 $F \subset Y$ 에 대하여 $F = \overline{F}$ 이므로

$f^{-1}(F) = f^{-1}(\overline{F})$

조건에 의하여 $f^{-1}(\overline{F}) = \overline{f^{-1}(F)}$ 이므로 $\overline{f^{-1}(F)} = f^{-1}(F)$

따라서 임의의 폐집합 F 에 대하여 $f^{-1}(F)$ 는 폐집합이며 f 는 연속사상이다.

이제 $f^{-1}(G)$ 는 개집합이라 하고 $F = G^c$ 라 두자.

$f^{-1}(G)^c = f^{-1}(G^c)$ 는 폐집합이므로 $\overline{f^{-1}(F)} = f^{-1}(F)$ 이다.

$f^{-1}(\overline{F}) = \overline{f^{-1}(F)}$ 이므로 $f^{-1}(\overline{F}) = f^{-1}(F)$

f 는 전사사상이므로 $\overline{F} = f(f^{-1}(\overline{F})) = f(f^{-1}(F)) = F$

따라서 F 는 폐집합이며 $F = G^c$ 이므로 G 는 개집합이다.

그러므로 f 는 상사상이다.

예제 5 두 위상공간 X , Y 와 각각의 부분공간 A , B 가 있다. 사상 $f : X \to Y$ 가 상사상이며 $A = f^{-1}(B)$ 일 때, 정의역–공역을 제한한 사상 $g = f|_A : A \to B$ 라 하자.
① g 는 전사이며 연속사상임을 보이시오.
② f 가 개사상이면 g 는 상사상임을 보이시오.
③ f 가 폐사상이면 g 는 상사상임을 보이시오.
④ A 가 X 의 개집합이면 g 는 상사상임을 보이시오.
⑤ B 가 Y 의 폐집합이면 g 는 상사상임을 보이시오.

증명 ① f 는 전사이므로 $g(A) = f(A) = f(f^{-1}(B)) = B$

따라서 g 는 전사이다.

B 의 임의의 개집합 V 는 적당한 Y 의 개집합 G 에 대하여 $V = B \cap G$ 이다.

$g^{-1}(V) = A \cap f^{-1}(B \cap G) = A \cap f^{-1}(B) \cap f^{-1}(G) = A \cap f^{-1}(G)$

f 는 연속이므로 $A \cap f^{-1}(G)$ 는 A 의 개집합이다.

따라서 g 는 연속사상이다.

② B 의 부분집합 V 에 대하여 $g^{-1}(V)$ 가 A 의 개집합이라 하자.

A 는 X 의 부분공간이므로 $g^{-1}(V) = A \cap G$ 인 X 의 개집합 G 가 있다.

g 는 전사이므로 $V = g(g^{-1}(V))$ 이다.

$V = g(g^{-1}(V)) = g(A \cap G) = f(A \cap G) = f(f^{-1}(B) \cap G)$
$\quad = \{f(x) \mid x \in f^{-1}(B) \cap G\} = \{f(x) \mid x \in f^{-1}(B) , x \in G\}$
$\quad = \{f(x) \mid f(x) \in B , x \in G\} = B \cap f(G)$

f 는 개사상이므로 $V = B \cap f(G)$ 는 B 의 개집합이다.

따라서 g 는 상사상이다.

③ B 의 부분집합 V 에 대하여 $g^{-1}(V)$ 가 A 의 개집합이라 하자.

A 의 폐부분집합 $A - g^{-1}(V) = A \cap F$ 인 X 의 폐집합 F 가 존재한다.

f 는 폐사상이므로 $f(F)$ 는 Y 의 폐집합이며 $B \cap f(F)$ 는 B 의 폐집합이다.

$g^{-1}(V) = f^{-1}(V) \cap A = f^{-1}(V) \cap f^{-1}(B) = f^{-1}(V)$ 이므로

$A - f^{-1}(V) = A \cap F$

$B - V = f(f^{-1}(B - V)) = f(A - f^{-1}(V)) = f(A \cap F)$
$\quad\quad = f(f^{-1}(B) \cap F) = B \cap f(F)$ 이므로

$B - V$ 는 B 의 폐집합이며 V 는 B 의 개집합이다.

따라서 g 는 상사상이다.

④ B 의 부분집합 V 에 대하여 $g^{-1}(V)$ 는 A 의 개집합이라 하자.

$g^{-1}(V) = f^{-1}(V) \cap A = f^{-1}(V) \cap f^{-1}(B) = f^{-1}(V)$ 이므로

$f^{-1}(V)$ 는 A 의 개집합이다.

A 는 X 의 개집합이므로 $f^{-1}(V)$ 는 X 의 개집합이다.

f 는 상사상이므로 V 는 Y 의 개집합이다.

$V = B \cap V$ 이므로 V 는 B 의 개집합이다.

따라서 g 는 상사상이다.

⑤ B 의 부분집합 V 에 대하여 $g^{-1}(V)$ 는 A 의 개집합이라 하자.

B 는 Y 의 폐집합이며 f 는 연속이므로 $A = f^{-1}(B)$ 는 X 의 폐집합이다.

$A - g^{-1}(V)$ 는 A 의 폐집합이며 A 는 X 의 폐집합이므로

$A - g^{-1}(V)$ 는 X 의 폐집합이며 $X - (A - g^{-1}(V))$ 는 X 의 개집합이다.

$A = f^{-1}(B)$ 이므로 $X - A = f^{-1}(Y - B)$ 이며, $g^{-1}(V) = f^{-1}(V)$

$$X - (A - g^{-1}(V)) = (X - A) \cup g^{-1}(V)$$
$$= f^{-1}(Y - B) \cup f^{-1}(V) = f^{-1}((Y - B) \cup V)$$

f 는 상사상이므로 $(Y - B) \cup V$ 는 Y 의 개집합이다.

$V = B \cap ((Y - B) \cup V)$ 이므로 V 는 B 의 개집합이다.

따라서 g 는 상사상이다.

예제 6 상사상 $f : (X, T_X) \to (Y, T_Y)$ 와 X , Y 와 각각의 부분공간 A , B 에 대하여 $A = f^{-1}(B)$ 이라 하자.

A 는 X 의 개집합이고, f 의 정의역–공역을 제한한 사상 $g = f|_A : A \to B$ 는 단사일 때, g 는 위상동형사상임을 보이시오.

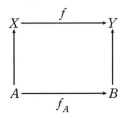

증명 f 는 전사이므로 $g(A) = f(A) = f(f^{-1}(B)) = B$

따라서 g 는 전사이다.

문제의 조건에서 g 는 단사이므로 g 는 전단사함수이다.

A 는 X 의 개집합이므로 g 는 상사상이다. (위의 **예제 4** 문항 적용)

A 의 임의의 개집합 G 에 대하여 $g(G) \subset B$, $g^{-1}(g(G)) = G$ 는 개집합이며

g 는 상사상이므로 $g(G)$ 는 B 의 개집합이다.

따라서 역함수 g^{-1} 는 연속이며 g 는 위상동형사상이다.

> 단사+상사상=위상동형사상

위의 예제에서 A 가 폐집합인 경우에 g 는 위상동형사상이 된다.

예제 7 보통위상공간 $\mathbb{R}$ 에 대하여 모든 전사–연속사상 $f : \mathbb{R} \to \mathbb{R}$ 는 상사상이다.

증명 $f^{-1}(F)$ 가 폐집합이면 F 는 폐집합임을 보이면 충분하다.

$y \in \overline{F}$ 라 하자.

$\lim\limits_{n \to \infty} y_n = y$, $y_n \in F$ 인 수렴하는 수열 y_n 이 존재한다.

y_n 이 수렴하는 수열이므로 유계수열이며 모든 $y_n \in [c, d]$ 인 유계구간 $[c, d]$ 가 있다.

f 는 전사이므로 $f(a) = c$, $f(b) = d$ 인 실수 a, b 가 존재한다.

f 는 연속이므로 중간값 정리에 의해 $[c,d] \subset f([a,b])$

$y_n \in [c,d]$ 이므로 $y_n = f(x_n)$, $x_n \in [a,b]$ 인 수열 x_n 이 있다.

수열 (x_n) 은 유계수열이므로 볼자노-바이어슈트라스 정리에 의하여 수렴하는 부분수열 (x_{n_k}) 가 존재한다.

부분수열 (x_{n_k}) 의 극한을 x 라 두면 f 의 연속성에 의하여

$\lim_{k \to \infty} f(x_{n_k}) = f(x)$

$f(x_{n_k}) = y_{n_k}$ 이므로 $\lim_{k \to \infty} y_{n_k} = f(x)$

또한 $\lim_{n \to \infty} y_n = y$ 이므로 $\lim_{k \to \infty} y_{n_k} = y$

따라서 $f(x) = y$

$y_n \in F$ 이므로 $x_{n_k} \in f^{-1}(y_{n_k}) \subset f^{-1}(F)$

$f^{-1}(F)$ 가 폐집합이므로 $x \in f^{-1}(F)$ 이며 $f(x) \in F$

따라서 $y \in F$

즉, $\overline{F} \subset F$ 이므로 $\overline{F} = F$ 이며 F 는 폐집합이다.

그러므로 $f : \mathbb{R} \to \mathbb{R}$ 는 상사상이다.

예제 8 $f : (X, T_X) \to (Y, \mathfrak{I})$ 는 상사상일 때, Y 의 부분집합 B 에 대하여 $f^{-1}(f(\overline{f^{-1}(B)}))$ 가 폐집합이면 $\overline{B} = f(\overline{f^{-1}(B)})$ 임을 보이시오.

증명 f 는 전사이며 f 는 연속이므로 $f(\overline{f^{-1}(B)}) \subset \overline{f(f^{-1}(B))} = \overline{B}$,

$B \subset f(\overline{f^{-1}(B)}) \subset \overline{B}$. ······ ㉠

$f^{-1}(f(\overline{f^{-1}(B)}))$ 가 폐집합이며 f 는 상사상이므로 $f(\overline{f^{-1}(B)})$ 는 Y 의 폐집합이다.

㉠의 식에 폐포를 적용하면 $\overline{B} \subset f(\overline{f^{-1}(B)}) \subset \overline{B}$

따라서 $\overline{B} = f(\overline{f^{-1}(B)})$ 이다.

예제 9 $f : (X, T_X) \to (Y, \mathfrak{I})$ 는 상사상일 때, Y 의 부분집합 B 에 대하여 $f^{-1}(f((\mathrm{int}(f^{-1}(B)))^c)^c)$ 가 X 의 개집합이면 $\mathrm{int}(B) = f((\mathrm{int}(f^{-1}(B)))^c)^c$ 임을 보이시오.

증명 f 는 전사이므로 $f(A^c) \supset (f(A))^c$, $(f(A^c))^c \subset f(A)$ 이다.

f 는 전사이며 f 는 연속이므로

$f((\mathrm{int}(f^{-1}(B)))^c) = f(\overline{f^{-1}(B)^c}) \subset \overline{f(f^{-1}(B^c))} \subset \overline{B^c} = (\mathrm{int}(B))^c$ 이며,

여집합을 적용하면 $\mathrm{int}(B) \subset f((\mathrm{int}(f^{-1}(B)))^c)^c$,

$\mathrm{int}(B) \subset f((\mathrm{int}(f^{-1}(B)))^c)^c \subset f(\mathrm{int}(f^{-1}(B))) \subset f(f^{-1}(B)) = B$,

$\mathrm{int}(B) \subset f((\mathrm{int}(f^{-1}(B)))^c)^c \subset B$ ······ ㉠

$f^{-1}(f((\mathrm{int}(f^{-1}(B)))^c)^c)$ 가 X 의 개집합이며 f 는 상사상이므로 $f((\mathrm{int}(f^{-1}(B)))^c)^c$ 는 Y 의 개집합이다.

㉠의 식에 내부를 적용하면 $\mathrm{int}(B) \subset f((\mathrm{int}(f^{-1}(B)))^c)^c \subset \mathrm{int}(B)$

따라서 $\mathrm{int}(B) = f((\mathrm{int}(f^{-1}(B)))^c)^c$ 이다.

예제 10 상사상 $f : (X, T_X) \to (Y, \mathfrak{J})$ 에 대하여 f 는 개사상 또는 폐사상이라 하자. Y 의 부분집합 B 에 대하여 $\overline{B} = f(\overline{f^{-1}(B)})$ 이며 $\mathrm{int}(B) = f((\mathrm{int}(f^{-1}(B)))^c)^c$ 임을 보이시오.

증명 f 는 상사상이므로

$$\mathrm{int}(B) \subset f((\mathrm{int}(f^{-1}(B)))^c)^c \subset f(\mathrm{int}(f^{-1}(B))) \subset B,$$
$$B \subset f((\overline{f^{-1}(B)})^c)^c \subset f(\overline{f^{-1}(B)}) \subset \overline{B}$$

f 가 개사상인 경우,

$f(\mathrm{int}(f^{-1}(B)))$ 는 개집합이며 $f((\overline{f^{-1}(B)})^c)^c$ 는 폐집합이므로

$$\mathrm{int}(B) = f((\mathrm{int}(f^{-1}(B)))^c)^c = f(\mathrm{int}(f^{-1}(B))),$$
$$f((\overline{f^{-1}(B)})^c)^c = f(\overline{f^{-1}(B)}) = \overline{B}$$

f 가 폐사상인 경우,

$f((\mathrm{int}(f^{-1}(B)))^c)^c$ 는 개집합이며 $f(\overline{f^{-1}(B)})$ 는 폐집합이므로

$$\mathrm{int}(B) = f((\mathrm{int}(f^{-1}(B)))^c)^c, \quad \overline{B} = f(\overline{f^{-1}(B)})$$

상사상 $f : (X, T_X) \to (Y, \mathfrak{J})$ 에 대하여 $f \circ g = id_Y$ 인 연속함수 g 가 존재하는 경우에도 $\overline{B} = f(\overline{f^{-1}(B)})$ 이며 $\mathrm{int}(B) = f((\mathrm{int}(f^{-1}(B)))^c)^c$ 이 성립함을 보일 수 있다.

Chapter **05**

연결성과 컴팩트

01 연결성(Connectedness)

1. 연결성(Connectedness)의 정의

[정의] {연결성(connectedness)} 위상공간 $(X, \mathfrak{I})$ 에 대하여
(1) $X = G \cup H$ (2) $G \cap H = \varnothing$
(3) $G \neq \varnothing \neq H$ (4) $G, H \in \mathfrak{I}$
을 만족하는 G, H 가 존재하지 않을 때, X 를 연결공간이라 한다.
또한 위상공간 $(X, \mathfrak{I})$ 의 부분집합 A 에 대하여
(1) $A \subset G \cup H$ (2) $A \cap G \cap H = \varnothing$
(3) $A \cap G \neq \varnothing \neq A \cap H$ (4) $G, H \in \mathfrak{I}$
을 만족하는 G, H 가 존재하지 않을 때, 부분집합 A 를 연결(connected)집합이라 한다.

> 연결집합은 상대위상에 관해 연결공간으로 정의하기도 한다.

위상공간 X (부분집합 A)가 연결이 아닐 때 비연결(disconnected)이라 한다.
위상공간 X 의 부분집합 A 가 연결집합이면 부분공간 A 로서도 연결공간 (connected space)이다.
위상공간 X 가 비연결공간이면 위의 조건 (1), (2), (3), (4)를 만족하는 개집합 G, H 가 있으며 조건 $G^c = H$, $G \neq \varnothing \neq G^c$, $G, G^c \in \mathfrak{I}$ 을 만족하므로 G 는 $X, \varnothing$ 이 아닌 개-폐집합이다.
역으로 $X, \varnothing$ 이 아닌 개-폐집합 G 가 있으면 $G^c = H$ 라 두면 X 는 비연결이 된다.
다음과 같은 연결성의 기본적인 동치명제들이 있다.

[정리] 다음 명제는 위상공간 X 가 연결공간인 것과 동치이다.
(1) X 의 개-폐집합은 $X, \varnothing$ 뿐이다.
(2) 경계 $b(A) = \varnothing$ 인 부분집합 A 는 $X, \varnothing$ 뿐이다.
(3) 모든 연속사상 $f : X \to \{0, 1\}$ (이산위상)는 상수함수이다.

증명 (2)를 증명하자.($\to$) (대우명제 증명) $\varnothing \neq A$, $b(A) = \varnothing$ 인 진부분집합 A 가 있다고 하자. $b(A) = \varnothing$ 이므로 $\text{int}(A) \cup \text{ext}(A) = X$
$\text{int}(A) \cap \text{ext}(A) \subset A \cap A^c = \varnothing$ 이므로 $\text{int}(A) \cap \text{ext}(A) = \varnothing$
또한 $\text{int}(A), \text{ext}(A)$ 는 개집합이다.
$\text{int}(A) \subset A \subset \overline{A} = \text{ext}(A)^c = \text{int}(A)$ 이므로 $\text{int}(A) = A$, $\text{ext}(A) = A^c$
A 는 공집합이 아닌 진부분집합이므로 $\text{int}(A) \neq \varnothing \neq \text{ext}(A)$
따라서 X 는 비연결이다.
($\leftarrow$) (대우명제 증명) X 는 비연결이라 하면 $X = A \cup A^c$, $A \neq \varnothing \neq A^c$ 인 개집합이며 폐집합인 A 가 존재한다.

A 는 개집합이며 폐집합이므로 $\text{int}(A) = A$, $\text{ext}(A) = A^c$

따라서 경계 $b(A) = \varnothing$ 이며 공집합이 아닌 진부분집합 A 가 존재한다.

(3) (귀류법) 연속사상 $f : X \to \{0,1\}$ 이 상수함수가 아니라 가정하자.

f 는 상수함수가 아니면 $f^{-1}(\{0\}) \neq \varnothing$, $f^{-1}(\{1\}) \neq \varnothing$

$\{0\}, \{1\}$ 는 개집합이며 f 는 연속이므로 $f^{-1}(\{0\}), f^{-1}(\{1\})$ 는 개집합이며 $f^{-1}(\{0\}) \cap f^{-1}(\{0\}) = \varnothing$, $f^{-1}(\{0\}) \cup f^{-1}(\{0\}) = X$

X 는 연결공간임에 모순이다.

따라서 연속사상 $f : X \to \{0,1\}$ 는 상수함수이다.

(연결 ← (3)) (대우 증명) X 가 비연결이라 하면 $X = G \cup H$, $\varnothing = G \cap H$, $G \neq \varnothing \neq H$ 인 개집합 G, H 가 존재한다.

함수 $f : X \to \{0,1\}$ 를 $f(x) = \begin{cases} 1 , & x \in G \\ 0 , & x \in H \end{cases}$ 이라 정의하면

$f^{-1}(\{0\}) = G$, $f^{-1}(\{1\}) = H$ 는 개집합이므로 f 는 연속함수이다.

그리고 $G \neq \varnothing \neq H$ 이므로 f 는 상수함수가 아니다.

그러므로 모든 연속함수 $f : X \to \{0,1\}$ 가 상수함수이면 X 는 연결이다.

[정리] (1) 보통위상공간 $\mathbb{R}$ 의 구간 $[0,1]$ 은 연결집합이다.

(2) $i, j \in I$ 에 대하여 $A_i \cap A_j \neq \varnothing$ 이며 A_i 가 연결이면 $\bigcup_{i \in I} A_i$ 는 연결이다.

증명 (1) (귀류법) $[0,1]$ 이 연결공간이 아니라고 가정하자.

즉, $[0,1] = O_1 \cup O_2$, $O_1 \cap O_2 = \varnothing$, $O_1 \neq \varnothing$, $O_2 \neq \varnothing$

인 두 개집합 O_1, O_2 가 존재한다고 하자. 이때 $0 \in O_1$ 라 하자.

$s = \sup \{ a \mid [0, a) \subset O_1 \}$ 라 두자.

$0 \in O_1$ 이며 O_1 이 열린집합이므로 $[0,1] \cap (-r, +r) \subset O_1$ 인 양수 r 이 존재한다.

$[0, r) \subset O_1$ 이므로 $0 < r \leq s$

$0 < a < s$ 이면 $[0, a) \subset O_1$ 이므로 $[0, s) \subset O_1$

만일 $s \in O_1$ 이면 $[0,1] \cap (s-r, s+r) \subset O_1$ 인 양수 r 이 존재하며

$[0, s+r) \subset O_1$ 이 되어 s 의 정의에 모순된다.

따라서 $s \in O_2$

O_2 는 열린집합이므로 $[0,1] \cap (s-r, s+r) \subset O_2$ 인 양수 r 이 존재한다.

이때 $[0,1] \cap (s-r, s) \subset O_2$ 이며, $[0, s) \subset O_1$ 이므로

$[0,1] \cap (s-r, s) \subset O_1 \cap O_2$. 이는 $O_1 \cap O_2 = \varnothing$ 임에 위배된다.

그러므로 $[0,1]$ 이 연결공간이다.

(2) (귀류법) $B = \bigcup_{i \in I} A_i$ 라 두자.

B 는 비연결집합이라 가정하고, 개집합 O_1, O_2 에 대하여

$B \subset O_1 \cup O_2$, $O_1 \cap O_2 \cap B = \varnothing$, $O_1 \cap B \neq \varnothing$, $O_2 \cap B \neq \varnothing$ 라 하자.

$O_1 \cap B \neq \varnothing$, $O_2 \cap B \neq \varnothing$ 이므로

$O_1 \cap A_i \neq \varnothing$, $O_2 \cap A_j \neq \varnothing$ 인 $i , j \in I$ 가 있다.

$B \subset O_1 \cup O_2$, $O_1 \cap O_2 \cap B = \varnothing$ 이므로

$O_1 \cap O_2 \cap A_i = O_1 \cap O_2 \cap A_j = \varnothing$, $A_i \subset O_1 \cup O_2$, $A_j \subset O_1 \cup O_2$ 이며,

A_i , A_j 는 연결집합이므로 $O_2 \cap A_i = \varnothing$, $O_1 \cap A_j = \varnothing$

$O_2 \cap (A_i \cap A_j) = \varnothing$, $O_1 \cap (A_i \cap A_j) = \varnothing$ 이므로

$(O_1 \cup O_2) \cap (A_i \cap A_j) = \varnothing$

$A_i \cap A_j \subset B \subset O_1 \cup O_2$ 이므로 $A_i \cap A_j = \varnothing$. 모순!

따라서 B 는 연결집합이다.

[정리] (1) A 는 연결집합이며 $A \subset B \subset \overline{A}$ 이면 B 는 연결집합이다.

(2) $A_k \cap A_{k+1} \neq \varnothing$ 이며 A_k 가 연결이면 $\displaystyle\bigcup_{k=1}^{\infty} A_k$ 는 연결이다.

> $B = \overline{A}$ 일 때도 연결집합이다.

증명 (1) 연결집합 A 와 $A \subset B \subset \overline{A}$ 이면 B 는 연결집합임을 보이자.

개집합 O_1 , O_2 에 대하여 $B \subset O_1 \cup O_2$, $O_1 \cap O_2 \cap B = \varnothing$ 라 하자.

$A \subset B$ 이며, A 는 연결집합이므로 $A \subset O_1$ 이거나 $A \subset O_2$

① $A \subset O_1$ 인 경우

$O_1 \cap O_2 \cap A \subset O_1 \cap O_2 \cap B = \varnothing$ 이므로 $O_2 \cap A = \varnothing$

$A \subset O_2{}^c$, $\overline{A} \subset O_2{}^c$, $B \subset O_2{}^c$ 이므로 $O_2 \cap B = \varnothing$

② $A \subset O_2$ 인 경우

$O_1 \cap O_2 \cap A \subset O_1 \cap O_2 \cap B = \varnothing$ 이므로 $O_1 \cap A = \varnothing$

$A \subset O_1{}^c$, $\overline{A} \subset O_1{}^c$, $B \subset O_1{}^c$ 이므로 $O_1 \cap B = \varnothing$

①, ②로부터 $O_1 \cap B = \varnothing$ 이거나 $O_2 \cap B = \varnothing$ 이다.

그러므로 B 는 연결집합이다.

(2) $B_n = \displaystyle\bigcup_{k=1}^{n} A_k$ 라 놓자.

$B_1 = A_1$ 은 연결집합이다.

B_n 이 연결집합이라 가정하면

$B_n \cap A_{n+1} \neq \varnothing$ 이며 A_{n+1} 도 연결이므로 B_{n+1} 도 연결이다.

따라서 수학적 귀납법에 의하여 모든 B_n 이 연결집합이다.

또한 모든 양의 정수 i , j 에 관해 $B_i \cap B_j \neq \varnothing$ 이다.

따라서 합집합 $\displaystyle\bigcup_{n=1}^{\infty} B_n = \bigcup_{k=1}^{\infty} A_k$ 는 연결집합이다.

2. 연결성분(connected component)

> **[정의] {연결성분}** 위상공간X의 부분집합 C에 대하여
> (1) C는 연결집합   (2) $C \subset A$, $C \neq A$이면 A는 비연결
> 일 때, C를 공간X의 연결성분(connected component)이라 한다.

연결성분의 정의는 연결집합들 중 극대(maximal)인 연결집합을 의미하며, 위상공간이 연결이면 연결성분은 전체집합 X 1개뿐이며 역으로 연결성분이 1개이면 연결성분은 X이므로 연결이다.

> **[정리]** 연결성분들은 위상공간을 분할한다.

> **증명** 위상공간X의 임의의 한 점을 x라 하고, $x \in A$인 모든 연결집합 A들의 족(family)을 $\{A_i \,|\, i \in I\}$라 놓고 합집합 $C(x) = \bigcup_{i \in I} A_i$라 두자.
>
> 적어도 $\{x\}$는 연결이므로 $\{x\} \subset C(x)$이다.
> $i, j \in I$에 대하여 $A_i \cap A_j \neq \varnothing$이므로 $C(x)$는 연결이다.
> $C(x) \subset B$인 연결집합B가 있으면 $x \in B$이므로 $C(x)$의 정의에 의하여 $B \subset C(x)$
> 따라서 $C(x)$는 연결성분이다.
> 만약 $C(x) \cap C(y) \neq \varnothing$이면 $C(x) \cup C(y)$는 연결집합이므로
> $C(x) \cup C(y) = C(x) = C(y)$이다.
> 따라서 $C(x) \neq C(y)$이면 $C(x) \cap C(y) = \varnothing$
> 그러므로 모든 $x \in X$에 관한 연결성분 $C(x)$들은 위상공간X를 분할한다.

> **[정리]** E가 Y의 연결성분이고 $f : (X, T) \to Y$는 연속이라 하면 $f^{-1}(E)$는 X의 적당한 연결성분들의 합집합이다.

> **증명** 각각의 점 $x \in f^{-1}(E)$에 대하여 $x \in A_x$인 X의 연결성분A_x가 존재한다.
> A_x는 연결집합이며 f는 연속이므로 $f(A_x)$는 연결집합이다.
> $x \in f^{-1}(E)$이며 $x \in A_x$이므로 $f(x) \in E \cap f(A_x)$
> $f(A_x)$는 연결이며 E도 연결이고 $E \cap f(A_x) \neq \varnothing$이므로
> $E \cup f(A_x)$는 연결집합이다.
> $E \subset E \cup f(A_x)$이며 E는 연결성분이므로
> $E = E \cup f(A_x)$이며 $f(A_x) \subset E$이며 $A_x \subset f^{-1}(E)$
> 따라서 $\bigcup_{x \in f^{-1}(E)} A_x = f^{-1}(E)$이며 $f^{-1}(E)$는 X의 연결성분의 합집합이다.

3. 호-연결 (경로-연결, path-connected) 공간

단위구간 $[0,1]$ 에서 정의된 위상공간 X 로의 연속함수 $c : [0,1] \to X$ 를 $c(0)$, $c(1)$ 를 잇는 호(경로, path)라 한다.

> **[정의] {호-연결}** 위상공간 X 의 부분집합 A 의 임의의 두 점 p, q 에 대하여
> $c(0) = p$, $c(1) = q$ 인 경로(path) $c(t)$ 가 존재할 때, 부분집합 A 를 호-연결 집합이라 하며,
> $A = X$ 일 때, 공간 X 를 호-연결 공간 (또는 경로-연결 공간)이라 한다.

극대 호연결집합을 호연결성분이라 한다.

> **[정의] {호연결성분}** 위상공간 X 의 부분집합 A 에 대하여 A 는 호-연결 집합이며,
> $A \subset B$, $A \neq B$ 이면 B 는 호-연결이 아닐 때, A 를 호-연결성분이라 정의한다.

연결성분과 같이 호-연결성분들은 X 를 분할한다.

> **[정리]** 위상공간 (X, T) 의 호연결성분들은 X 의 분할을 이룬다.

증명 두 점 p, $q \in X$ 에 대하여 p, q 를 잇는 호가 있을 때,
$p \approx q$ 라 관계 $\approx$ 를 정의하자.

(1) 반사율: 점 $p \in X$ 에 대하여 $c : [0,1] \to X$ 를 $c(t) = p$ 라 하면 c 는 연속이
  며 p 와 p 를 잇는 호이므로 $p \approx p$

(2) 대칭률: $p \approx q$ 라 하면 p, q 를 잇는 호 $c(t)$ 가 존재하므로 $c(1-t)$ 는 q, p
  를 잇는 호이다. 따라서 $q \approx p$

(3) 추이율: $p \approx q$, $q \approx r$ 이라 하면 p, q 를 잇는 호 $\alpha(t)$ 와 q, r 를 잇는 호
  $\beta(t)$ 가 존재하며 p, r 를 잇는 호 $c(t)$ 를 $c(t) = \begin{cases} \alpha(2t) & , 0 \leq t \leq 0.5 \\ \beta(2t-1) & , 0.5 \leq t \leq 1 \end{cases}$ 이
  라 구성할 수 있다.

따라서 $p \approx r$

(1), (2), (3)에 의하여 $\approx$ 는 동치관계이며 $\approx$ 의 동치류는 호연결성분이다.
그러므로 호연결성분들은 X 의 분할을 이룬다.

> **예제 1** 실수전체집합 $\mathbb{R}$ 위에 여유한위상 T_f 를 부여한 위상공간 $(\mathbb{R}, T_f)$ 는 호연결공
> 간임을 보이시오.

증명 $\mathbb{R}$ 의 임의의 두 점 a, b (단, $a < b$)에 대하여 a, b 를 잇는 호
$c : [0,1] \to \mathbb{R}$ 를 $c(t) = (1-t)a + tb$ 라 정의하면 $c(0) = a$, $c(1) = b$
$(\mathbb{R}, T_f)$ 의 임의의 개집합 G 에 대하여 $G = \varnothing$ 이면 $c^{-1}(\varnothing) = \varnothing$
$G = \mathbb{R} - F$ 인 유한집합 F 라 존재한다.
$c(t)$ 가 단사함수이므로 $c^{-1}(G) = [0,1] - c^{-1}(F)$
$c^{-1}(F)$ 는 유한집합이므로 $c^{-1}(G)$ 는 개집합이다.
따라서 $c(t)$ 는 연속인 호이다.
그러므로 $(\mathbb{R}, T_f)$ 는 호연결공간이다.

예제 2 보통거리공간 $\mathbb{R}^2$ 의 부분공간

$X = \{ (0, y) : |y| \leq 1 \} \cup \left\{ \left(x, \sin\frac{1}{x} \right) : 0 < x \leq 1 \right\}$

에 대하여 연결공간임으로 보이고, 호연결이 아님을 보이시오.

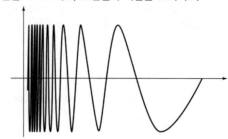

증명 $X_0 = \left\{ \left(x, \sin\frac{1}{x} \right) : 0 < x \leq 1 \right\}$ 라 두자.

X_0 의 임의의 두 점 $P_1 = \left(x_1, \sin\frac{1}{x_1} \right)$, $P_2 = \left(x_2, \sin\frac{1}{x_2} \right)$ 에 대하여

$c : [0,1] \to X_0$, $c(t) = \left((1-t)x_1 + tx_2, \sin\dfrac{1}{(1-t)x_1 + tx_2} \right)$ 라 두면

$c(0) = P_1$, $c(1) = P_2$

$(1-t)x_1 + tx_2$ 와 $\sin\dfrac{1}{(1-t)x_1 + tx_2}$ 이 연속이므로 $c(t)$ 는 연속이다.

임의 두 점을 잇는 호 $c(t)$ 가 있으므로 X_0 는 호연결이며 X_0 는 연결집합이다.

$\mathbb{R}^2$ 에서 $X_0 \subset X = \overline{X_0}$ 이므로 X 는 $\mathbb{R}^2$ 의 연결집합이다.

따라서 부분공간 X 는 연결공간이다.

X 가 호연결이 아님을 귀류법으로 보이자.

$c(0) = (0,0)$, $c(1) = (1, \sin(1))$ 인 호 $c : [0,1] \to X$ 가 있다고 가정하자.

$c(t)$ 와 $\pi_1(x,y) = x$ 는 연속이므로 $\pi_1 \circ c$ 는 연속이며, 중간값정리에 의하여

양의 정수 n 에 대하여 $(\pi_1 \circ c)(t_n) = \dfrac{1}{2n\pi}$, $t_n \in [0,1]$ 인 t_n 이 있다.

수열 t_n 는 유계수열이므로 B-W 정리에 의하여 수렴하는 부분수열 t_{n_k} 가 존재하며

극한을 t_0 라 두면 $(\pi_1 \circ c)(t_0) = \lim_{k \to \infty} (\pi_1 \circ c)(t_{n_k}) = \lim_{k \to \infty} \dfrac{1}{2n_k\pi} = 0$

$c(t_{n_k}) = \left(\dfrac{1}{2n_k\pi}, \sin(2n_k\pi) \right) = \left(\dfrac{1}{2n_k\pi}, 0 \right)$ 이므로 $\lim_{k \to \infty} c(t_{n_k}) = (0,0)$

집합 $G = X \cap \mathrm{B}\left((0,0) ; \dfrac{1}{2} \right)$ 라 두자.

G 는 점 $(0,0)$ 의 근방이므로 $c^{-1}(G)$ 는 t_0 의 근방이다.

따라서 $(t_0 - \delta, t_0 + \delta) \cap [0,1] \subset c^{-1}(G)$ 인 양의 실수 δ 가 있다.

t_{n_k} 는 t_0 로 수렴하므로 $K < k$ 이면

$t_{n_k} \in (t_0 - \delta, t_0 + \delta) \cap [0,1] \subset c^{-1}(G)$ 인 적당한 양의 정수 K 가 있다.

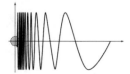

중간값 정리에 의하여 $(\pi_1 \circ c)(s_k) = \dfrac{2}{4n_k\pi + \pi}$, $t_{n_k} < s_k < t_{n_{k+1}}$ 인 s_k 가 있으며

$K < k$ 일 때 $s_k \in (t_0 - \delta , t_0 + \delta) \cap [0,1] \subset c^{-1}(G)$

$c(s_k) = (\dfrac{2}{4n_k\pi + \pi} , 1)$ 이므로 $\displaystyle\lim_{k\to\infty} c(s_k) = (0,1) \in G$. 모순!

따라서 X 는 호연결이 아니다.

4. 국소 연결 (local connectedness)과 국소 호-연결

[정의] {국소연결} 위상공간X 의 한 점p 에 대하여 다음 조건을 만족할 때, p 에서 국소연결이라 한다.
「p 의 임의의 근방N 에 대하여 $p \in G \subset N$ 인 연결개집합G 가 존재한다.」
위상공간X 의 모든 점p 에 대하여 p 에서 국소연결일 때, X 를 국소연결공간이라 한다.

위의 정의에서 연결을 호-연결로 대체하면 국소 호-연결성을 아래와 같이 정의할 수 있다.

[정의] {국소 호연결} p 의 임의의 근방N 에 대하여 $p \in G \subset N$ 인 호-연결개집합G 가 존재할 때, p 에서 국소 호-연결이라 하며, 모든 점에서 국소 호-연결일 때, 위상공간X 를 국소 호-연결공간이라 한다.

X 가 국소(호)연결이면 (호)연결 개집합들로 구성된 기저를 갖는다.

[정리] X 가 국소연결공간일 필요충분조건은 연결개집합들로 구성된 기저를 갖는 것이다.

증명 $(\to)$ $B = \{\, G_i \,|\, i \in I \,\}$ 가 X 의 기저라 하자.
X 는 국소연결공간이므로 각 점 $x \in G_i$ 에 대하여 $x \in V_{i,x} \subset G_i$ 인 연결개집합 $V_{i,x}$ 가 있다.
$C = \{\, V_{i,x} \,|\, i \in I,\, x \in G_i \,\}$ 라 두면 C 는 연결개집합으로 구성된 기저가 된다.
$(\leftarrow)$ X 의 임의의 점 $x \in N$ 인 근방N 에 대하여 $x \in G \subset N$ 인 기저의 연결개집합 G 가 있다.
따라서 X 는 국소연결공간이다.

연결공간이면 국소연결일까? 그렇지 않다. 다음 예를 보자.
$X = \{\, (0,y) : |y| \le 1 \,\} \cup \{\, (x,0) : 0 \le x \le 1 \,\}$
$$\cup \left\{\, \left(x , \sin\frac{1}{x} \right) : 0 < x \le 1 \,\right\}$$

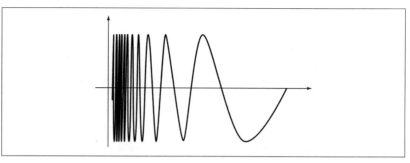

는 호연결공간이며 연결공간이다.

그러나 X의 점$(0,1)$에서 연결개근방을 갖지 않으므로 국소연결이 아니다.

따라서 국소연결이 아닌 연결공간이다.

5. 연결성의 성질

연결성과 연결성분에 관하여 다음의 정리들이 성립한다.

> **[정리]** 위상공간 X, Y가 주어져 있을 때,
>
> (1) $i,j \in I$에 대하여 $A_i \cap A_j \neq \varnothing$이며 A_i는 호연결집합이면 $\bigcup_{i \in I} A_i$는 호연결집합
> 이다.
> (2) 사상 $f : X \to Y$는 연속이고 X는 연결이면 $f(X)$는 연결집합이다.
> (3) 사상 $f : X \to Y$는 연속이고 X는 호연결이면 $f(X)$는 호연결집합이다.
> (4) A가 호-연결집합이면 A는 연결집합이다.

증명 (1) (귀류법) $B = \bigcup_{i \in I} A_i$라 두자.

임의의 두 점 $x, y \in B$에 대하여 $x \in A_i$, $y \in A_j$인 $i, j \in I$가 있다.

$A_i \cap A_j \neq \varnothing$이므로 점 $z \in A_i \cap A_j$가 존재한다.

A_i, A_j는 호연결집합이고 $x, z \in A_i$, $y, z \in A_j$이므로 x, z를 잇는 호 c_1이 A_i에 존재하고 z, y를 잇는 호 c_2이 A_j에 존재한다.

$c_1 \cup c_2$는 x, y를 잇는 호이므로 B는 호연결집합이다.

(2) 연결공간 X의 연속상 $f(X)$는 연결임을 보이자.

사상 $f : X \to f(X)$로 간주하며 $f(X)$를 위상공간으로 간주하자.

개집합 O_1, O_2에 대하여 $f(X) = O_1 \cup O_2$, $O_1 \cap O_2 = \varnothing$이라 하자.

$X \subset f^{-1}(O_1 \cup O_2) = f^{-1}(O_1) \cup f^{-1}(O_2)$,

$f^{-1}(O_1) \cap f^{-1}(O_2) = f^{-1}(O_1 \cap O_2) = f^{-1}(\varnothing) = \varnothing$,

f가 연속이므로 $f^{-1}(O_1)$, $f^{-1}(O_2)$는 개집합이다.

그런데 X는 연결공간이므로 $f^{-1}(O_1) = \varnothing$이거나 $f^{-1}(O_2) = \varnothing$

사상 $f : X \to f(X)$는 전사이므로 $O_1 = \varnothing$이거나 $O_2 = \varnothing$

따라서 $f(X)$는 연결집합이다.

(3) $f(X)$ 의 두 점 $f(p)$, $f(q)$ 에 대하여 $c(0)=p$, $c(1)=q$ 인 호
$c : [0,1] \to X$ 가 있다. 이때 $f \circ c : [0,1] \to f(X)$ 는 연속이며
$(f \circ c)(0) = p$, $(f \circ c)(1) = q$ 이므로 $f(p)$, $f(q)$ 를 잇는 호이다.
따라서 $f(X)$ 는 호연결공간이다.

(4) 위상공간 X 가 호-연결공간이면 한 점 p 와 임의의 점 x 에 대하여 호(경로)
$c_x : [0,1] \to X$, $c_x(0) = p$, $c_x(1) = x$ 가 있으며 $c_x([0,1])$ 는 X 의 연결
집합이다. $\bigcup_{x \in X} c_x([0,1])$ 는 연결집합이므로 X 는 연결공간이다.

연결성분에 관한 성질을 정리하면 다음과 같다.

[정리]
(1) 개집합이고 폐집합인 연결집합은 연결성분이다.
(2) 모든 연결성분(connected component)은 폐집합이다.
(3) 유한개의 연결성분을 가지면 연결성분은 개집합이고 폐집합이다.
(4) 집합 C 는 개집합이고 폐집합이며, C 의 진부분집합 중에는 개집합이고 폐집합인 부분
집합은 존재하지 않으면 C 는 연결성분이다.

증명 (1) 연결집합 C 가 개집합이고 폐집합이라 하자.
$C \subset A$, $C \neq A$ 일 때, C, C^c 는 개집합이며
$A \subset C \cup C^c$, $A \cap C \cap C^c = \varnothing$, $A \cap C \neq \varnothing$, $A \cap C^c \neq \varnothing$
따라서 A 는 비연결집합이다.
그러므로 C 는 연결성분이다.

(2) 집합 A 가 연결성분이라 하자.
A 는 연결집합이므로 폐포 $\overline{A}$ 도 연결집합이다.
$A \neq \overline{A}$ 이라 가정하면 A 는 연결성분이며 $A \subset \overline{A}$ 이므로 $\overline{A}$ 는 비연결. 모순
따라서 $A = \overline{A}$ 이며, 연결성분 A 는 폐집합이다.

(3) X 의 연결성분들을 $A_1, \cdots, A_n$ 이라 하자.
연결성분은 폐집합이므로 모든 A_k 는 폐집합이다.
또한 A_k 를 제외한 A_i 의 합집합도 폐집합이다.
연결성분들 $A_1, \cdots, A_n$ 는 X 를 분할하므로 A_k 를 제외한 A_i 의 합집합이
$X - A_k$ 이다.
따라서 $X - A_k$ 는 폐집합이며 A_k 는 개집합이다.
그러므로 각각의 연결성분 A_k 는 개집합이며 폐집합이다.

(4) C 가 비연결이라 가정하면 적당한 개집합 G, H 가 존재하여
$C \subset G \cup H$, $C \cap G \cap H = \varnothing$, $G \cap C \neq \varnothing$, $H \cap C \neq \varnothing$
$C = (G \cap C) \cup (H \cap C)$ 이므로 $G \cap C = C \cap (H \cap C)^c$
C 는 개집합이며 폐집합이므로 $G \cap C$ 는 개집합이며 폐집합이고 C 의 진
부분집합이다. 조건에 모순이다. 따라서 C 는 연결집합이다.
그러므로 (1)로부터 C 는 연결성분이다.

연결성분 C_i 는 개집합이며 폐집합인 진부분집합을 가지면 C_i 는 연결집합임에 모순되므로 C_i 는 개집합이며 폐집합인 진부분집합을 갖지 않는다.

위상공간 X 의 연결성분들이 유한개일 때, 각 연결성분은 최소의 개-폐집합들이다. 즉, 연결성분이 유한개인지 알고 있으면 최소의 개-폐집합을 찾으면 연결성분을 구할 수 있다.

그러나 X 의 연결성분이 무한개이면 연결성분이 개집합이 아닐 수 있으므로 주의해야 한다.

그리고 정리에 의하여 위상동형인 두 위상공간은 동시에 연결공간이며, 대응하는 부분집합도 동시에 연결집합이거나 비연결집합이다.

따라서 연결성분의 수(cardinality)는 같다. 따라서 연결성분의 개수는 위상적 불변량이며 두 위상공간이 위상동형인지 판단할 때 편리한 방법을 제공한다.

연결공간의 부분공간은 일반적으로 연결이 아닐 수 있다.
연결성의 적불변성을 살펴보자.

> **[정리]** (1) 모든 X_i 들이 연결공간일 필요충분조건은 적공간 $X = \prod_{i \in I} X_i$ 가 연결공간이다.
>
> (2) 모든 X_i 들이 호연결공간일 필요충분조건은 적공간 $X = \prod_{i \in I} X_i$ 가 호연결공간이다.
>
> (3) X, Y 가 국소연결공간이면 적공간 $X \times Y$ 도 국소연결이다(유한곱).

증명 (1), (3)을 증명하자.

(1) ($\rightarrow$) 연결공간들의 적공간이 연결공간임을 보이자.

임의의 점 $p \in X = \prod X_i$ 에 대하여 각 X_i 의 점 a_i 를 선택하여 $p = (a_i : i \in I)$ 라 하자.

$i = k$ 이면 $A_i = X_k$, $i \neq k$ 이면 $A_i = \{a_i\}$ 라 둔 집합 $S(p, k) = \prod A_i$ 라 두자.

$S(p, k)$ 는 연결공간 X_k 의 연속상이므로 $S(p, k)$ 는 연결집합이다.

$p \in S(p, i) \cap S(p, j)$ 이므로 $S(p, i) \cap S(p, j) \neq \varnothing$

합집합 $T(p) = \bigcup_{k \in I} S(p, k)$ 는 연결집합이다.

임의의 두 점 $p, q \in X$ 에 대하여 한 첨자 $i_1 \in I$ 을 택하여 $j \neq i_1$ 이면 $x(j) = p(j)$, $x(i_1) = q(i_1)$ 라 두면 $x \in T(p) \cap T(q)$ 이므로 $T(p) \cap T(q) \neq \varnothing$

따라서 정리에 의해 $\bigcup_{p \in X} T(p)$ 는 연결이며 $X = \bigcup_{p \in X} T(p)$ 이므로 X 는 연결공간이다.

($\leftarrow$) 사영사상 π_k 는 연속사상이며 적공간이 연결공간이면 $\pi_k(X) = X_k$ 도 연결공간이다.

(3) X, Y는 국소연결공간이므로 연결개집합으로 구성된 기저 B_1, B_2를 갖는다. 이때 적공간의 기저는 $B = \{\, G \times H \mid G \in B_1\,,\ H \in B_2 \,\}$ 이며 G, H가 연결개집합이므로 $G \times H$도 연결개집합이다.

따라서 적공간 $X \times Y$도 국소연결이다.

국소연결공간의 무한곱은 국소연결이 아닌 예가 있다.
그런데 국소연결이고 연결인 공간들의 적공간은 국소연결이다.

> **예제 1** 다음과 같이 주어진 위상공간 (X, T)는 호연결공간임을 보이시오.
> $$X = \{\, a, b, c \,\}\,,\quad T = \{\, X\,,\ \varnothing\,,\ \{a, b\}\,,\ \{b\}\,,\ \{b, c\} \,\}$$

증명 함수 $c_1 : [0, 1] \to X$, $c_2 : [0, 1] \to X$, $c_3 : [0, 1] \to X$를 각각

$$c_1(t) = \begin{cases} a\,,\ t = 0 \\ b\,,\ 0 < t \le 1 \end{cases},\quad c_2(t) = \begin{cases} c\,,\ t = 1 \\ b\,,\ 0 \le t < 1 \end{cases},\quad c_3(t) = \begin{cases} a\,,\ t = 0 \\ b\,,\ 0 < t < 1 \\ c\,,\ t = 1 \end{cases}$$

라 두면 $c_1(0) = a$, $c_1(1) = b$, $c_2(0) = b$, $c_2(1) = c$, $c_3(0) = a$, $c_3(1) = c$

$c_k^{-1}(X) = [0, 1]$, $c_k^{-1}(\varnothing) = \varnothing$

$c_1^{-1}(\{a, b\}) = [0, 1]$, $c_1^{-1}(\{b\}) = (0, 1]$, $c_1^{-1}(\{b, c\}) = (0, 1]$

$c_2^{-1}(\{a, b\}) = [0, 1)$, $c_2^{-1}(\{b\}) = [0, 1)$, $c_2^{-1}(\{b, c\}) = [0, 1]$

$c_3^{-1}(\{a, b\}) = [0, 1)$, $c_3^{-1}(\{b\}) = (0, 1)$, $c_3^{-1}(\{b, c\}) = (0, 1]$

이므로 $c_1(t)$, $c_2(t)$, $c_3(t)$는 모두 연속함수이다.

따라서 $c_1(t)$는 두 점 a, b를 잇는 호, $c_2(t)$는 두 점 b, c를 잇는 호, $c_3(t)$는 두 점 a, c를 잇는 호이다.

그러므로 (X, T)는 호연결공간이다.

> **예제 2** X, Y는 연결이며 $X - Y = A \cup B$, $\overline{A} \cap B = A \cap \overline{B} = \varnothing$ 이면 $Y \cup A$는 연결임을 보이시오.

증명 일반적으로 $Y \ne \varnothing$ 일 때만 증명하면 충분하다.

$Y \cup A \subset G \cup H$이며 $(Y \cup A) \cap G \cap H = \varnothing$ 인 개집합 G, H라 하자. …… ①

$Y \subset G \cup H$이며 $Y \cap G \cap H = \varnothing$ 이고 Y는 연결이므로 $Y \subset G$ 또는 $Y \subset H$ 이다.

$Y \subset G$라 하자.

$A \subset G \cup H$이며 $A \cap G \cap H = \varnothing$ 이므로 $A_1 = A \cap G$, $A_2 = A \cap H$이라 놓으면 $A = A_1 \cup A_2$이며 $A_1 \subset G$이며 $A_2 \subset H$이다.

$\overline{A} \cap B = A \cap \overline{B} = \varnothing$ 이므로 $\overline{A_2} \cap B = A_2 \cap \overline{B} = \varnothing$ 이다.

$$\overline{(Y \cup A_1 \cup B)} \cap A_2 = (\overline{Y \cup A_1} \cup \overline{B}) \cap A_2 = ((\overline{Y \cup A_1}) \cap A_2) \cup (\overline{B} \cap A_2)$$
$$= (\overline{Y \cup A_1}) \cap A_2\,,$$

$(Y \cup A_1 \cup B) \cap \overline{A_2} = ((Y \cup A_1) \cap \overline{A_2}) \cup (B \cap \overline{A_2}) = (Y \cup A_1) \cap \overline{A_2}$

만약 $p \in (\overline{Y \cup A_1}) \cap A_2$ 인 점 p가 있다고 가정하면

$p \in A_2 \subset H$이며 $p \in \overline{Y \cup A_1}$이므로 $(Y \cup A_1) \cap H \ne \varnothing$ 이다.

$Y \cup A_1 \subset G$이므로 $(Y \cup A_1) \cap H \cap G \neq \varnothing$. ①과 모순

따라서 $\overline{(Y \cup A_1)} \cap A_2 = \varnothing$ 이다.

만약 $p \in (Y \cup A_1) \cap \overline{A_2}$ 인 점 p 가 있다고 가정하면

$p \in Y \cup A_1 \subset G$이며 $p \in \overline{A_2}$ 이므로 $A_2 \cap G \neq \varnothing$ 이다.

$A_2 \subset H$이며 $(Y \cup A_2) \cap G \cap H \neq \varnothing$. ①과 모순

따라서 $(Y \cup A_1) \cap \overline{A_2} = \varnothing$ 이다.

따라서 $\overline{(Y \cup A_1 \cup B)} \cap A_2 = \varnothing$, $(Y \cup A_1 \cup B) \cap \overline{A_2} = \varnothing$ 이고

$X = Y \cup A_1 \cup A_2 \cup B$ 이다.

X 는 연결공간이며 $Y \cup A_1 \cup B = \varnothing$ 또는 $A_2 = \varnothing$ 이다.

$Y \neq \varnothing$ 이므로 $A_2 = \varnothing$ 이며 $A = A_1 \subset G$이다.

그러므로 $Y \cup A$ 는 연결이다.

예제 3 사상 $f : X \to Y$는 상사상이고 모든 $f^{-1}(y)$ 는 연결이며 Y 도 연결이면 X 는 연결임을 보이시오.

증명 X 가 비연결이라 가정하자.

$X = G \cup H$, $G \cap H = \varnothing$, $G \neq \varnothing \neq H$ 인 개집합 G, H 가 있다.

$A = \{ y \in Y \mid f^{-1}(y) \subset G \}$, $B = \{ y \in Y \mid f^{-1}(y) \subset H \}$ 이라 두자.

임의의 원소 $y \in Y$ 에 대하여 f 는 전사사상이므로 $f^{-1}(y)$ 는 공집합이 아니며, $f^{-1}(y)$ 는 연결집합이므로 $f^{-1}(y) \subset G$ 또는 $f^{-1}(y) \subset H$ 이다.

따라서 모든 원소 $y \in Y$ 에 대하여 $y \in A$ 또는 $y \in B$ 이므로 $Y = A \cup B$ 이다.

$G \cap H = \varnothing$ 이므로 $A \cap B = \varnothing$ 이다.

$f^{-1}(A) \subset G$이고 $f^{-1}(B) \subset H$이므로 $f^{-1}(A) = G$이고 $f^{-1}(B) = H$

f 는 상사상이므로 A, B 는 Y 의 개집합이다.

$G \neq \varnothing \neq H$ 이며 f 는 전사이므로 $A \neq \varnothing \neq B$ 이다.

따라서 Y 는 비연결이며 조건에 모순이다.

그러므로 X 는 연결이다.

예제 4 $\{ B(a, r) \mid \gcd(a, r) = 1 \}$ ($B(a, r) = \{ a + rk \in \mathbb{N} \mid k \in \mathbb{Z} \}$)로 생성한 위상 $\mathfrak{I}$ 의 위상공간 $(\mathbb{N}, \mathfrak{I})$ 는 연결공간 임을 보이시오.

증명 만약 위상공간$(\mathbb{N}, \mathfrak{I})$ 가 비-연결이라 가정하면

$G \cup H = \mathbb{N}$, $G \cap H = \varnothing$ 인 공집합이 아닌 개집합 G, H 가 있다.

$B(a, s) \subset G = H^c$, $B(b, r) \subset H = G^c$ 인 $B(a, s)$, $B(b, r)$ 이 존재한다.

$\overline{B(a, s)} \cap \overline{B(b, r)} \subset \overline{H^c} \cap \overline{G^c} = H^c \cap G^c = G \cap H = \varnothing$ …… ①

$\gcd(rs, n) = 1$ 인 임의의 기저 개집합 $B(rs, n)$ 일 때, $\gcd(r, n) = 1$, $\gcd(s, n) = 1$ 이므로 $1 = rx_1 + ny_1$, $1 = sx_2 + ny_2$ 인 x_k, y_k 가 있다.

b, a곱해 $b + r(s - bx_1) = rs + nby_1$, $a + s(r - ax_2) = rs + nay_2$ 이므로 $B(b, r) \cap B(rs, n) \neq \varnothing$ 이며 $B(a, s) \cap B(rs, n) \neq \varnothing$

따라서 $rs \in \overline{B(b, r)}$. $rs \in \overline{B(a, s)}$ 이며 $\overline{B(b, r)} \cap \overline{B(a, s)} = \varnothing$. 모순

그러므로 위상공간$(\mathbb{N}, \mathfrak{I})$ 는 연결공간이다.

02 컴팩트(Compactness)

1. 컴팩트의 정의

위상공간 X 의 부분집합족 $\{C_i \mid i \in J\}$ 이 $\bigcup_{i \in J} C_i = X$ 을 만족할 때 X의 덮개(cover, 피복)라 한다. 특히, C_i 가 개집합들이면 열린 덮개(개피복, open cover)라 하고, 폐집합이면 닫힌 덮개라 한다.

> **[정의] {컴팩트}** 위상공간 $(X, \mathfrak{I})$ 의 임의의 열린 덮개 (open cover) $\{G_i \mid i \in J\}$ 에 대하여, 유한개의 $i_1, \cdots, i_n \in J$ 가 존재하여 $\{G_k \mid k = i_1, \cdots, i_n\}$ 이 X의 열린 덮개가 될 때, 즉 $X = \bigcup_{i \in J} G_i$, $G_i \in \mathfrak{I}$ 이면 $X = \bigcup_{k=1}^{n} G_{i_k}$ 인 유한개의 $i_1, \cdots, i_n \in J$ 존재할 때,
> 위상공간 X를 컴팩트 공간(compact space)이라 한다.
> 위상공간 $(X, \mathfrak{I})$ 의 부분집합 A 에 대하여
> $A \subset \bigcup_{i \in J} G_i$, $G_i \in \mathfrak{I}$ 이면 $A \subset \bigcup_{k=1}^{n} G_{i_k}$ 인 유한개의 $i_1, \cdots, i_n \in J$ 존재
> 할 때, 부분집합 A 를 컴팩트 집합(compact set)이라 한다.

위상공간 X의 부분집합 A 가 부분공간으로 컴팩트 공간인 것은 부분집합 A 가 컴팩트 집합인 것과 동치이다.

> T_2 –공간일 때, 컴팩트를 정의하는 위상 교재도 있다.

> **[정리]** 보통위상공간 $\mathbb{R}$ 의 구간 $[0, 1]$ 은 컴팩트집합이다.

증명 (Ⅰ) $[0, 1]$ 의 임의의 열린 덮개를 $C = \{O_x \mid x \in I\}$ 라 하자.

유한개의 O_x 들로 덮을(cover) 수 있는 구간 $[0, a]$ 의 a 들의 집합을 A 라 두고 $\sup(A) = s$ 라 하자.

$0 \in O_{x_0}$ 인 $x_0 \in I$가 있으며, $0 \in [0, r) \subset O_{x_0}$ 인 $0 < r$ 이 있으므로 $s > 0$

$s \in O_{x_1}$ 인 $x_1 \in I$이 존재하며, $s \in (s - \delta, s + \delta) \cap [0, 1] \subset O_{x_1}$,

$0 < \delta < s$ 인 δ 가 있다. 이때 $s - \frac{1}{2}\delta < s$ 이므로 $s - \frac{1}{2}\delta \in A$

따라서 $[0, s]$ 는 유한개의 O_x 들로 덮을 수 있으며, $s \in A$

만약 $s \neq 1$ 이라 하면, $[0, s + \frac{1}{2}\delta] \cap [0, 1]$ 도 유한개의 O_x 들로 덮을 수 있으며, 이는 $\sup(A) = s$ 임에 위배된다.

따라서 $s = 1$ 이며, $s \in A$ 이므로 $[0, 1]$ 는 유한개의 O_x 들로 덮을 수 있다. 그러므로 구간 $[0, 1]$ 는 컴팩트공간이다.

컴팩트집합이 되는 몇 가지 사례를 더 살펴보자.

[정리]
(1) 공집합이 아닌 집합 X 위의 여유한위상공간 (X, T) 는 컴팩트공간이다.
(2) 위상공간 X 에서 점열 $\{x_n\}$ 이 점 p 로 수렴하면 집합 $\{x_n \mid n \in \mathbb{N}\} \cup \{p\}$ 는 컴팩트집합이다.

(1) X 의 임의의 열린 덮개를 $C = \{O_k \mid k \in A\}$ 라 하자.

　이때, C 의 원소 중에서 공집합이 아닌 한 개집합 O_0 를 하나 고르자.

　O_0 이 공집합이 아닌 개집합이므로 여유한 위상의 정의에 의하여 O_0^c 는 유한집합이다. $O_0^c = \{a_1, \cdots, a_k\}$ 라 두자.

　각 $a_i \in O_0^c$ 에 대하여 $a_i \in X = \bigcup_{k \in A} O_k$ 이므로 $a_i \in O_{n_i}$ $(i = 1, \cdots, k)$ 가 있다.

　이때, $C_1 = \{O_0, O_{n_1}, \cdots, O_{n_k}\}$ 라 두면 C_1 은 유한집합이며, $C_1 \subset C$ 이다.

　그리고 $O_{n_1} \cup \cdots \cup O_{n_k} \supset \{a_1\} \cup \cdots \cup \{a_k\}$ 이므로 $O_0 \cup O_{n_1} \cup \cdots \cup O_{n_k} = X$

　그러므로 (X, T) 는 컴팩트(compact) 공간이다.

(2) $\{x_n \mid n \in \mathbb{N}\} \cup \{p\}$ 임의의 열린 덮개를 $C = \{O_k \mid k \in A\}$ 라 하자.

　이때, C 의 원소 중에서 $p \in O_0$ 인 개집합 O_0 를 하나 고르자.

　x_n 는 점 p 로 수렴하므로 적당한 양의 정수 K 가 있어서

　$K < n$ 이면 $x_n \in O_0$ 이 성립한다.

　$x_1 \in O_1 \in C$, $\cdots$, $x_K \in O_K \in C$ 인 개집합 $O_1, \cdots, O_K$ 가 있다.

　$\{x_n \mid n \in \mathbb{N}\} \cup \{p\} \subset O_0 \cup O_1 \cup \cdots \cup O_K$

　따라서 집합 $\{x_n \mid n \in \mathbb{N}\} \cup \{p\}$ 는 컴팩트집합이다.

[정리] 컴팩트 위상공간 (X, T) 의 폐집합 K_i $(i \in I)$ 는 다음 성질을 만족한다.
'I 의 모든 유한첨자집합 J 에 관하여 $\bigcap_{i \in J} K_i \neq \varnothing$ '이면 $\bigcap_{i \in I} K_i \neq \varnothing$

대우명제 : $\bigcap_{i \in I} K_i = \varnothing$ 이면 'I 의 어떤 유한첨자집합 J 에 존재하여

$\bigcap_{i \in J} K_i = \varnothing$ '이다. 이 명제에서 여집합 $K_i^c = G_i$ 라 놓으면

$\bigcup_{i \in I} G_i = X$ 이면 "I 의 어떤 유한첨자집합 J 가 존재하여 $\bigcup_{i \in J} G_i = X$"

따라서 위 정리에 제시한 성질은 컴팩트의 정의와 동치명제이다.

따옴표 속의 성질을 '유한교차성'이라 부르기도 한다.

컴팩트와 관련된 함수에 관한 개념을 소개하자.

[정의] {완전사상} 사상 $f : (X, \Im_X) \to (Y, \Im_Y)$ 가 전사, 연속, 폐사상이며 모든 $y \in Y$ 에 관해 $f^{-1}(y)$ 가 컴팩트일 때, f 를 완전사상이라 한다.

완전사상(perfect map) 또는 완전함수라 부른다.

2. 가산 컴팩트, 점열 컴팩트와 국소 컴팩트

컴팩트성과 관련된 위상공간 X 에 관한 유사개념들을 소개하자.

> **[정의] {가산 컴팩트}** 위상공간 $(X, \mathfrak{I})$ 의 가산 열린 덮개 (open cover) $\{G_i \mid i \in J\}$ 에 대하여, 유한개의 $i_1, \cdots, i_n \in J$ 가 존재하여 $\{G_k \mid k = i_1, \cdots, i_n\}$ 이 X의 열린 덮개가 될 때, 위상공간 X를 가산 컴팩트(countably compact)라 한다.
>
> **{점열 컴팩트}** 위상공간 $(X, \mathfrak{I})$ 의 모든 점열은 수렴하는 부분점열을 가질 때, 위상공간 X를 점열 컴팩트(sequentially compact)라 한다.
>
> **{집적점 컴팩트}** 위상공간 $(X, \mathfrak{I})$ 의 모든 무한부분집합은 집적점을 가질 때, 위상공간 X를 집적점 컴팩트(limit point compact) 또는 B-W 컴팩트라 한다.

위상수학(샴)에서 다르게 정의한다.

위상공간에 관하여 국소적으로 컴팩트인 개념을 정의하자.

> **[정의] {국소 컴팩트}**
> 위상공간 $(X, \mathfrak{I})$ 의 모든 점이 컴팩트 근방(compact nbd)을 가질 때, 위상공간 X를 국소 컴팩트(locally compact)라 한다.

❶ **주의** 국소컴팩트는 위상수학교재에 따라 다르게 정의하기도 한다.

컴팩트개념과 위의 개념 사이의 관련성을 정리하면 다음과 같다.

> **[정리]**
> (1) 컴팩트이면 가산컴팩트이고 국소컴팩트이다.
> (2) 점열컴팩트 → 가산컴팩트 → 집적점 컴팩트
> (3) 거리공간일 때, 컴팩트 ↔ 가산컴팩트 ↔ 점열컴팩트 ↔ 집적점컴팩트

증명 (1) 정의에 의해 「컴팩트 → 가산컴팩트, 국소컴팩트」는 자명하다.

(2) 첫째, 「점열컴팩트 → 가산컴팩트」의 대우명제를 증명하자.

  X 에서 유한부분덮개를 갖지 않는 가산열린덮개 $\{G_i \mid i \in \mathbb{N}\}$ 이 있다 하자. 모든 $G_i \neq \varnothing$ 라 할 수 있다.

  조건 $a_1 \in G_1$, $a_n \in G_n - (G_1 \cup \cdots \cup G_{n-1})$ 을 만족하는 점열 a_n 이 있다.

  임의의 점 x 에 대하여 $x \in G_k$ 인 k 가 있으며, $k < n$ 이면 $a_n \not\in G_k$ 이다.

  점열 a_n 은 x 로 수렴하는 부분수열을 갖지 않는다.

  따라서 X 는 점열컴팩트가 아니다.

  둘째, 「가산컴팩트 → 집적점 컴팩트」를 귀류법으로 증명하자.

  C 를 위상공간 X 의 임의의 무한부분집합이라 하고 $C' = \varnothing$ 라 가정하자.

  $C \supset A$ 인 가산무한부분집합 A 가 존재하며 $C' \supset A'$ 이므로 $A' = \varnothing$ 이다.

  $\overline{A} = A \cup A' = A$ 이므로 A 는 폐집합이다.

  $A' = \varnothing$ 이므로 A 의 모든 점이 고립점이며 각 점 $a \in A$ 에 대하여 $a \in G_a$, $G_a \cap A = \{a\}$ 인 개집합 G_a 가 있다.

  $X = (X - A) \cup \left(\bigcup_{a \in A} G_a \right)$ 이며 X 는 컴팩트이므로

$X = (X - A) \cup G_{a_1} \cup \cdots \cup G_{a_n}$ 인 $a_1, \cdots, a_n$ 이 있다.

$A \subset G_{a_1} \cup \cdots \cup G_{a_n}$ 이므로

$A = A \cap (G_{a_1} \cup \cdots \cup G_{a_n}) = (A \cap G_{a_1}) \cup \cdots \cup (A \cap G_{a_n}) = \{a_1, \cdots, a_n\}$

A 가 가산무한집합임에 모순!

따라서 $C' \neq \varnothing$ 이며 X 는 집적점컴팩트이다.

(3) 정리 (2)에서 「점열컴팩트 → 가산컴팩트 → 집적점컴팩트」이다.

거리공간 X 에서 「집적점컴팩트 → 점열컴팩트」임을 보이자.

점열 $\{x_n\}$ 이 유한집합인 경우, $x_{n_1} = x_{n_2} = x_{n_3} = \cdots$ 인 부분점열 x_{n_k} 가 있으며 x_{n_k} 는 상수수열이므로 x_{n_1} 으로 수렴한다.

점열 $\{x_n\}$ 이 무한집합인 경우에 수렴하는 부분점열을 가짐을 보이면 된다.

X 는 집적점컴팩트이므로 $\{x_n\}' \neq \varnothing$ 이며 $p \in \{x_n\}'$ 인 점 p 가 존재한다.

X 는 거리공간이므로 점 p 의 가산축소국소기저 $\left\{ B\left(p ; \dfrac{1}{k}\right) \right\}$ 를 갖는다.

$B\left(p ; \dfrac{1}{k}\right) \cap \{x_n\} - \{p\} \neq \varnothing$ 이므로

부분점열 $x_{n_k} \in B\left(p ; \dfrac{1}{k}\right) \cap \{x_n\} - \{p\}$ 가 있다.

임의의 국소기저개집합 $B\left(p ; \dfrac{1}{K}\right)$ 에 대하여 $K < k$ 이면

$x_{n_k} \in B\left(p ; \dfrac{1}{k}\right) \subset B\left(p ; \dfrac{1}{K}\right)$ 이므로 부분점열 x_{n_k} 는 p 로 수렴한다.

따라서 X 는 점열컴팩트이다.

그래서 「점열컴팩트 ↔ 가산컴팩트 ↔ 집적점컴팩트」이다.

또한 정의로부터 「컴팩트 → 가산컴팩트」임은 자명하다.

이제 「점열컴팩트 → 컴팩트」임을 증명하면 충분하다.

X 의 개집합족 G_i $(i \in I)$ 에 대하여 $X \subset \bigcup_{i \in I} G_i$ 이라 하자.

첫째, 명제「양수 δ 가 존재하여 모든 $x \in X$ 에 대하여 $B(x ; \delta) \subset G_i$ 인 적당한 G_i 가 있다. …… ①」를 귀류법으로 증명하자.

명제 ①이 성립하지 않는다고 가정하면 각각의 양수 $\dfrac{1}{k}$ 에 대하여 적당한 x_k 가 존재하여 모든 G_i 에 관해 $B\left(x_k ; \dfrac{1}{k}\right) \not\subset G_i$ 이다. …… (※)

X 는 점열컴팩트이므로 점열 $\{x_k\}$ 는 수렴하는 부분점열 x_{n_k} 를 갖는다.

x_{n_k} 의 극한을 p 라 하면 $p \in X \subset \bigcup_{i \in I} G_i$ 이므로 $p \in G_{i_0}$ 인 적당한 개집합 G_{i_0} 가 있으며 p 의 국소기저개집합 $B\left(p ; \dfrac{1}{L}\right) \subset G_{i_0}$ 인 양의 정수 L 이 있다.

x_{n_k} 는 p 로 수렴하므로 $K \leq k$ 이면 $x_{n_k} \in B\left(p ; \dfrac{1}{2L}\right)$ 인 양의 정수 K 가 있다. 그리고 $M = \max(2L, K)$, $m = n_M$ 라 놓자.

$K \leq M$ 이므로 $x_m \in \mathrm{B}(p ; \frac{1}{2L})$

$y \in \mathrm{B}(x_m ; \frac{1}{m})$ 일 때 $2L \leq M \leq n_M = m$ 이므로

$$d(p, y) \leq d(p, x_m) + d(x_m, y) < \frac{1}{2L} + \frac{1}{m} \leq \frac{1}{2L} + \frac{1}{2L} = \frac{1}{L}$$

으로부터 $y \in \mathrm{B}(p ; \frac{1}{L})$

따라서 $\mathrm{B}(x_m ; \frac{1}{m}) \subset \mathrm{B}(p ; \frac{1}{L}) \subset G_{i_0}$ 이며, 가정 (※)에 모순이다.

그러므로 명제 ①이 성립한다.

둘째, 명제 「$X \subset \mathrm{B}(x_1 ; \delta) \cup \cdots \cup \mathrm{B}(x_n ; \delta)$ 인 적당한 $x_1, \cdots, x_n$ 이 있다. …… ②」를 귀류법으로 증명하자.

명제 ②가 성립하지 않는다고 가정하자.

한 점 x_1 을 택하면 $X \not\subset \mathrm{B}(x_1 ; \delta)$ 이므로 $x_2 \in X - \mathrm{B}(x_1 ; \delta)$ 인 x_2 가 있다. $X \not\subset \mathrm{B}(x_1 ; \delta) \cup \mathrm{B}(x_2 ; \delta)$ 이므로 $x_3 \in X - \mathrm{B}(x_1 ; \delta) - \mathrm{B}(x_2 ; \delta)$ 인 x_3 가 있다.

이와 같이 모든 자연수 n 에 대하여 $X \not\subset \mathrm{B}(x_1 ; \delta) \cup \cdots \cup \mathrm{B}(x_n ; \delta)$ 이므로 $x_{n+1} \in X - \mathrm{B}(x_1 ; \delta) - \cdots - \mathrm{B}(x_n ; \delta)$ 인 x_{n+1} 가 있다.

X 는 점열컴팩트이므로 점열 $\{x_k\}$ 는 수렴하는 부분점열 x_{n_k} 를 갖는다.

x_{n_k} 의 극한을 p 라 하면 $K \leq k$ 이면 $x_{n_k} \in \mathrm{B}(p ; \frac{\delta}{2})$ 인 양의 정수 K 가 있다.

$d(p, x_{n_K}) < \frac{\delta}{2}$ 이므로 $p \in \mathrm{B}(x_{n_K} ; \frac{\delta}{2})$ 이며 $\mathrm{B}(p ; \frac{\delta}{2}) \subset \mathrm{B}(x_{n_K} ; \delta)$

$x_{n_{K+1}} \in \mathrm{B}(p ; \frac{\delta}{2})$ 이므로 $x_{n_{K+1}} \in \mathrm{B}(x_{n_K} ; \delta)$. 모순!

그러므로 명제 ②가 성립한다.

명제 ①, ②로부터 $\mathrm{B}(x_1 ; \delta) \subset G_{i_1}$, $\cdots$, $\mathrm{B}(x_n ; \delta) \subset G_{i_n}$ 인 첨자 $i_1, \cdots, i_n \in I$이 있으므로 $X \subset G_{i_1} \cup \cdots \cup G_{i_n}$ 이다.

그러므로 X 는 컴팩트이다.

위의 정리로부터 다음 관계가 성립한다.

[따름정리] 컴팩트 → 가산컴팩트 → 집적점 컴팩트

이 성질로부터 컴팩트공간에서 무한부분집합 A 의 도집합 A' 는 항상 공집합이 아니다. 즉, $A' \neq \varnothing$

위 정리의 명제 (3)과 관련된 예제들을 살펴보자.

예제 1 X 는 T_1-공간일 때, X 가 집적점 컴팩트이면 X 는 가산컴팩트임을 보이시오.

증명 (대우명제)를 증명하자.

X 는 가산컴팩트가 아니면 X 는 유한개로 줄일 수 없는 가산개의 개집합 G_i 들이 존재

하여 $X = \bigcup_{i=1}^{\infty} G_i$ 이다.

$X \neq \bigcup_{i=1}^{n} G_i$ 이므로 $x_n \not\in \bigcup_{i=1}^{n} G_i$ 인 점열 x_n 이 있으며 $A = \{ x_n \mid n \in \mathbb{N} \}$ 놓자.

A 가 유한집합이면 $x = x_{n_k}$ 인 부분점열을 가지며 $x \in G_m$ 인 m 이 있다.

$m < n_k$ 일 때 $x = x_{n_k} \in \bigcup_{i=1}^{n_k} G_i$. 모순. 따라서 A 는 무한집합이다.

$a \in A'$ 이라 하면 $a \in \bigcup_{i=1}^{\infty} G_i$ 이므로 $a \in G_k$ 인 k 가 존재한다.

$k < n$ 이면 $x_n \not\in G_k$ 이며 X 는 T_1-공간이므로 a 가 아닌 $x_1, \cdots, x_k \not\in H$, $a \in H$
인 개집합 H 가 존재한다.

$a \in G_k \cap H$ 이며 $(G_k \cap H) \cap A - \{a\} = \varnothing$ 이므로 $a \in A'$ 임에 모순

따라서 $A' = \varnothing$ 이며 무한집합이므로 X 는 집적점컴팩트가 아니다.

예제 2 X 는 제1가산공간일 때, X 가 집적점컴팩트이면 X 는 점열컴팩트임을 보이시오.

증명 점열 $\{x_n\}$ 이 무한집합일 때 수렴하는 부분점열을 가짐을 보이면 된다.

X 에서 $\{x_n\}' \neq \varnothing$ 이므로 $p \in \{x_n\}'$ 인 점 p 가 존재한다.

X 는 제1가산공간이므로 점 p 의 가산축소국소기저 $\{G_k\}$ 를 갖는다.

$G_k \cap \{x_n\} - \{p\} \neq \varnothing$ 이므로 부분점열 $x_{n_k} \in G_k \cap \{x_n\} - \{p\}$ 가 있다.

$K < k$ 이면 $x_{n_k} \in G_k \subset G_K$ 이므로 부분점열 x_{n_k} 는 p 로 수렴한다.

따라서 X 는 점열컴팩트이다.

3. 한 점 컴팩트화

다음 조건을 만족하는 컴팩트 위상공간 Y 를 위상공간 X 의
컴팩트화(compactification)라 한다.

"단사 연속사상 $f : X \to Y$ 가 존재하여 위상동형 $f : X \cong f(X)$ 이며,
$Y = \overline{f(X)}$ (조밀성)"

컴팩트화의 특수한 사례로서 한 점 컴팩트화를 들 수 있다.

> **[정의] {한 점 컴팩트화}** 위상공간 $(X, \mathfrak{I})$ 에 대하여 $X^* = X \cup \{\infty\}$
> (단, $\infty \not\in X$) 위의 위상
>
> $$\mathfrak{I}^* = \mathfrak{I} \cup \{X^* - F \mid X \supset F : closed, \; compact\}$$
>
> 을 정의한 위상공간 $(X^*, \mathfrak{I}^*)$ 를 $(X, \mathfrak{I})$ 의 한 점 컴팩트화(Alexandroff one-point compactification)라 한다.

국소 컴팩트/ T_2 공간 조건을 주는 위상수학 교재도 있다.

∞ 는 단순히 한 점이며, 점 p 로 대신 사용해도 된다.

한 점 컴팩트화에 따르면 임의의 위상공간 $(X, \mathfrak{I})$ 는 컴팩트공간 $(X^*, \mathfrak{I}^*)$ 의
부분공간으로 매장(embedding)할 수 있다.

> **[정리]** 위상공간 $(X, \mathfrak{I})$ 의 한 점 컴팩트화를 $(X^*, \mathfrak{I}^*)$ 라 하자.
> (1) X^* 는 컴팩트공간이다.
> (2) X^* 의 부분공간 $X^* - \{\infty\}$ 와 X 는 위상동형 (실제로 동일한 위상이다.)
> (3) X 가 컴팩트공간이 아니면 $X^* = \overline{X}$

증명 (1) $X^* \subset \bigcup_{i \in I} G_i$ 인 개집합 G_i 들이 있다고 하자.

$\infty \in G_{k_0}$ 인 적당한 $k_0 \in I$ 가 있다.

위상 $\mathfrak{I}^*$ 의 정의에 의해 $\infty \in X^* - K \subset G_{k_0}$ 인 X 의 컴팩트집합 K 가 있다.

또한 $K \subset \bigcup_{i \in I} G_i$ 이며 K 는 컴팩트집합이며 $G_i - \{\infty\}$ 는 X 의 개집합이므로

$K \subset G_{k_1} \cup \cdots \cup G_{k_n}$ 인 유한개의 $k_1, \cdots, k_n$ 이 있다.

이때 $X^* \subset G_{k_0} \cup G_{k_1} \cup \cdots \cup G_{k_n}$

따라서 X^* 는 컴팩트공간이다.

(2) 위상공간 $(X^*, \mathfrak{I}^*)$ 의 부분집합 X 에 대한 상대위상을 $\mathfrak{I}_X$ 라 두면

위상 $\mathfrak{I}^*$ 에서 $\mathfrak{I}$ 는 X 의 위상이므로 $\mathfrak{I} \subset \mathfrak{I}_X$

$(X^* - F) \cap X = X - F$ 이며 F 는 X 의 폐집합이므로 $X - F \in \mathfrak{I}$

따라서 $\mathfrak{I} = \mathfrak{I}_X$ 이며 $(X, \mathfrak{I})$ 는 $(X^*, \mathfrak{I}^*)$ 의 부분공간이다.

(3) X 가 컴팩트공간이 아니면 $X^* - X = \{\infty\} \not\in \mathfrak{I}^*$

$\infty \in G \in \mathfrak{I}^*$ 이면 $G = X^* - F$ 인 컴팩트 F 가 있고 $G \cap X \neq \varnothing$

따라서 $\infty \in \overline{X}$ 이며 $\overline{X} = X^*$

4. 컴팩트의 성질

컴팩트에 관한 성질로서 다음이 성립한다.

> **[정리]**
> (1) 사상 $f : X \to Y$ 가 연속사상이고 X 가 컴팩트 공간이면, 상 $f(X)$ 도 컴팩트이다.
> (2) 컴팩트 위상공간 (X, T) 의 폐부분집합 A 는 컴팩트집합이다.
> (3) 위상공간 (X, T) 가 컴팩트이고 위상 $\Im \subset T$ 이면 $(X, \Im)$ 는 컴팩트이다.

증명 (1) $f(X)$ 의 임의의 열린 덮개 $\{O_a\}_{a \in A}$ 에 대하여 $f(X) \subset \bigcup_{a \in A} O_a$

이므로 $X \subset f^{-1}(\bigcup_{a \in A} O_a) = \bigcup_{a \in A} f^{-1}(O_a)$ 이며,

f 가 연속이므로 $f^{-1}(O_a)$ 는 개집합이다.

따라서 $\{f^{-1}(O_a)\}_{a \in A}$ 는 X 의 열린 덮개이다.

그런데 X 가 컴팩트공간이므로 유한 부분덮개 $\{f^{-1}(O_{a_k})\}_{k=1}^{n}$ 가 존재한다.

이때, $X \subset \bigcup_{k=1}^{n} f^{-1}(O_{a_k}) = f^{-1}(\bigcup_{k=1}^{n} O_{a_k})$ 이므로 $f(X) \subset \bigcup_{k=1}^{n} O_{a_k}$ 이다.

따라서 $\{O_{a_k}\}_{k=1}^{n}$ 는 $\{O_a\}_{a \in A}$ 의 유한 부분덮개이다.

그러므로 $f(X)$ 는 컴팩트집합이다.

(2) A 의 임의의 열린 덮개(open cover)를 $C = \{O_i \mid i \in J\}$ 라 하자.

O_i 중에서 $O_i \cap A = \varnothing$ 인 O_i 를 제거해도 A 의 열린 덮개가 되므로, C 의 모든 원 O_i 는 A 와 서로소가 아니라고 가정해도 증명의 일반성을 잃지 않는다.

이때 $C \cup \{X - A\}$ 는 전체 공간 X 의 열린 덮개가 된다.

X 가 컴팩트공간이므로 C 의 유한 부분덮개 S 가 존재한다.

$C_0 = S - \{X - A\}$ 라 두면, $C_0 \subset C$ 이다.

그리고 X 의 덮개인 C' 에서 $X - A$ 만 제거했으므로 C_0 는 A 의 덮개이다.

따라서 A 의 유한 부분덮개 C_0 가 존재한다.

그러므로 A 는 컴팩트집합이다.

(3) $\Im \subset T$ 이므로 항등사상 $id : (X, T) \to (X, \Im)$ 는 연속사상이다.

(X, T) 가 컴팩트공간이므로 공역 $id(X) = X$ 는 컴팩트공간이다.

따라서 $(X, \Im)$ 는 컴팩트이다.

위의 정리 (2)의 역 「컴팩트집합→폐집합」은 일반적으로 성립하지 않는다.
하우스도르프공간(T_2-공간)일 때, 컴팩트집합은 폐집합이 된다.
증명은 T_2-공리를 다룰 때 제시한다.

[Tychonoff 정리] X_i 들이 컴팩트 공간일 필요충분조건은 적공간 $X = \prod_{i \in I} X_i$ 가 컴팩트

이다.

($\leftarrow$) 방향 명제는 사영사상의 연속성에 의하여 증명된다.

티호노프 정리의 ($\rightarrow$) 증명은 「Zorn 보조정리」를 적용한다. 생략한다.

티호노프 정리를 2개 적공간으로 단순화하여 증명하자.

[정리] X, Y 가 컴팩트공간일 필요충분조건은 적공간 $X \times Y$ 가 컴팩트공간인 것이다.

증명 ($\rightarrow$) $X \times Y \subset \bigcup_{k \in I} G_k$ 라 하자. x 를 X 의 임의의 한 점이라 하자.

첫째, $\{x\} \times Y \subset H_x \times Y \subset \bigcup_{j \in J_x} G_j$ 인 유한 첨자집합 $J_x \subset I$ 와 개집합 H_x 가

있음을 보이자.

임의의 원소 $y \in Y$ 에 대하여 $(x, y) \in \bigcup_{k \in I} G_k$ 이며 $(x, y) \in G_k$ 인 첨자

$k \in I$ 있다. 이 첨자 k 를 $k(y)$ 라 쓰자.

그리고 $(x, y) \in U_y \times V_y \in G_{k(y)}$ 인 기저개집합 $U_y \times V_y$ 가 있다.

$Y \subset \bigcup_{y \in Y} V_y$ 이며 Y 는 컴팩트이므로 $Y \subset V_{y_1} \cup \cdots \cup V_{y_n}$ 인 유한 개의

점 y_j 들이 있다.

첨자집합 $J_x = \{ k(y_1), \cdots, k(y_n) \}$, 집합 $H_x = U_{y_1} \cap \cdots \cap U_{y_n}$ 라 놓으면

$x \in H_x$ 이며 H_x 는 개집합이다.

또한 $\{x\} \times Y \subset H_x \times Y \subset H_x \times (\bigcup_{k=1}^{n} V_{y_k}) \subset \bigcup_{k=1}^{n} (U_{y_k} \times V_{y_k}) \subset \bigcup_{j \in J} G_j$

둘째, $X \subset \bigcup_{x \in X} H_x$ 이며 X 는 컴팩트이므로 $X \subset H_{x_1} \cup \cdots \cup H_{x_m}$ 인 유한

개의 점 x_i 들이 있다.

이때, 첨자집합 $K = J_{x_1} \cup \cdots \cup J_{x_m}$ 이라 놓으면 각각의 J_{x_i} 들이 유한집합이므

로 K 도 유한집합이며 $K \subset I$ 이다.

따라서 $X \times Y \subset (H_{x_1} \cup \cdots \cup H_{x_m}) \times Y \subset \bigcup_{k \in K} G_k$ 이다.

그러므로 적위상공간 $X \times Y$ 는 컴팩트이다.

($\leftarrow$) $X \times Y$ 가 컴팩트공간이고, $X \times Y$ 에서 X, Y 로의 각각의 사영사상은 연속사상이다.

컴팩트공간의 연속사상의 상은 컴팩트이므로 X, Y 는 컴팩트공간이다.

> $H_x \times Y$ 를 관(튜브, tube)
> 라 부른다.

> 일반 거리공간에서 역명 제는 거짓이다.

[정리]
(1) 거리공간 (X, d) 의 부분집합 A 가 컴팩트이면 유계 폐집합이다.
(2) [Heine–Borel 정리] 보통거리공간 $\mathbb{R}^n$ 의 부분집합 A 가 컴팩트(compact) 이기 위한 필요충분조건은 유계(bounded)이고 폐집합(closed)인 것이다.

증명 (1) 한 점 $a \in A$ 을 택하면 $\displaystyle\bigcup_{n=1}^{\infty} B(a;n) = X \supset A$ 이며

A 는 컴팩트이므로 $\displaystyle\bigcup_{i=1}^{k} B(a;n_i) \supset A$ 인 유한개의 n_i 가 존재하며, n_i 들의

최대를 m 이라 두면 $B(a;m) \supset A$ 이므로 A 는 유계이다.

임의의 점 $x \in A^c$ 와 각 점 $a \in A$ 에 대하여 $r_a = \dfrac{1}{2} d(x,a)$ 라 두면

$A \subset \displaystyle\bigcup_{a \in A} B(a;r_a)$ 이며 A 는 컴팩트이므로

$A \subset B(a_1;r_{a_1}) \cup \cdots \cup B(a_n;r_{a_n})$ 인 유한개의 a_i 가 존재한다.

이때 $G = B(x;r_{a_1}) \cap \cdots \cap B(x;r_{a_n})$ 라 두면

$A \cap G \subset G \cap \left[B(a_1;r_{a_1}) \cup \cdots \cup B(a_n;r_{a_n}) \right] = \varnothing$ 이므로 $x \in G \subset A^c$ 이다.

따라서 임의의 점 $x \in A^c$ 는 내점이므로 A^c 는 개집합이다.

그러므로 A 는 유계이며 폐집합이다.

(2) ($\to$)증명은 (1)에 의해 성립한다.

($\leftarrow$) A 가 유계이므로 $A \subset [-r, r]^n$ 이 성립하는 양수 r 이 있다.

$\mathbb{R}$ 에서 폐구간 $[-r, r]$ 는 컴팩트이며 티호노프정리에 의하여 $[-r, r]^n$ 는 컴팩트집합이다. 부분공간으로 $[-r, r]^n$ 는 컴팩트공간이다.

A 는 컴팩트공간 $[-r, r]^n$ 의 폐부분집합이므로 A 는 컴팩트집합이다.

따라서 A 는 $\mathbb{R}^n$ 에서 컴팩트집합이다.

하이네-보렐 정리를 적용할 때 $\mathbb{R}^n$ 의 보통거리를 사용해야 함을 주의해야 한다. 아래 사례를 살펴보자.

실수집합 $\mathbb{R}$ 위에 거리 $d(x,y) = \dfrac{|x-y|}{1+|x-y|}$ 는 보통거리 $|x-y|$ 와 동치거리이다.

거리 $d(x,y) = \dfrac{|x-y|}{1+|x-y|}$ 에 관한 거리공간 $(\mathbb{R}, d)$ 으로부터 유도한 위상은 보통위상이다. $(\mathbb{R}, d)$ 는 위상공간의 관점에서 보통위상공간이다.

모든 실수에 관하여 $d(x,y) = \dfrac{|x-y|}{1+|x-y|} \leq 1$ 이므로 $\mathbb{R}$ 은 유계집합이며 폐집합이다.

그러나 보통위상공간 $\mathbb{R}$ 은 컴팩트공간이 아니다.

> **예제 1** 컴팩트개념에 관한 다음 명제에 대한 반례를 제시하여 거짓임을 보이시오.
> ① A 가 컴팩트집합이면 $\overline{A}$ 는 컴팩트집합이다.
> ② A, B 가 컴팩트집합이면 $A \cap B$ 는 컴팩트이다.

증명 (1) $\{ (-\infty, a) \mid a \in \mathbb{R} \}$ 로 생성한 위상 T 의 위상공간 $(\mathbb{R}, T)$의 부분집합 $A = \{ 0 \}$ 라 하자.

$A = \{ 0 \}$ 는 유한집합이므로 컴팩트집합이며 폐포 $\overline{A} = [0, \infty)$ 이다.

$\overline{A} = [0, \infty) \subset \bigcup_{n=1}^{\infty} (-\infty, n)$ 이며 유한 부분덮개를 갖지 않는다.

따라서 $\overline{A} = [0, \infty)$ 는 컴팩트집합이 아니다.

(2) $\{ \{n\}, \{a\} \cup K_n, \{b\} \cup K_n \mid n \in \mathbb{N} \}$ (단, $K_n = \{n, n+1, n+2, \cdots\}$)로 생성한 위상 T 를 자연수집합 $\mathbb{N}$ 과 두 문자의 합집합 $X = \{a, b\} \cup \mathbb{N}$ 위에 부여한 위상공간 (X, T) 와 두 부분집합 $A = \{a\} \cup \mathbb{N}$, $B = \{b\} \cup \mathbb{N}$ 라 하자.

$A = \{a\} \cup \mathbb{N} \subset \bigcup_{k \in I} G_k$ (단, G_k 는 개집합)이라 하면

$a \in G_{k_0}$ 인 k_0 가 있으며 $a \in \{a\} \cup K_n \subset G_{k_0}$ 인 자연수 n 이 있다.

또한 $1 \in G_{k_1}, \cdots, n-1 \in G_{k_{n-1}}$ 인 $k_1, \cdots, k_{n-1}$ 들이 있다.

이때 $A = \{a\} \cup \mathbb{N} \subset G_{k_0} \cup G_{k_1} \cup \cdots \cup G_{k_{n-1}}$ 이므로

$A = \{a\} \cup \mathbb{N}$ 는 컴팩트집합이다.

같은 방법으로 $B = \{b\} \cup \mathbb{N}$ 도 컴팩트집합이다.

그러나 $A \cap B = \mathbb{N} \subset \bigcup_{n=1}^{\infty} \{n\}$ 이며 유한 부분덮개를 갖지 않는다.

따라서 $A \cap B = \mathbb{N}$ 는 컴팩트집합이 아니다.

> **예제 2** E 는 컴팩트이고 F 는 폐집합이면 $E \cap F$ 는 컴팩트임을 보이시오.

증명 $E \cap F \subset \bigcup_{i \in I} G_i$ 인 개집합 G_i 들이 있다고 하자.

$E \subset (E \cap F) \cup F^c \subset \left(\bigcup_{i \in I} G_i \right) \cup F^c$ 이며 F^c 도 개집합이다.

E 는 컴팩트집합이므로

$E \subset \left(G_{k_1} \cup \cdots \cup G_{k_n} \right) \cup F^c$ 인 유한개의 $k_1, \cdots, k_n \in I$ 가 존재한다.

이때 $E \cap F \subset G_{k_1} \cup \cdots \cup G_{k_n}$

따라서 $E \cap F$ 는 컴팩트이다.

> **예제 3** $\{ B(a; p^n) \mid a \in \mathbb{Z}, n \geq 0 \}$ $(B(a; p^n) = \{ a + k p^n \mid k \in \mathbb{Z} \})$
> 로 생성한 위상공간 $(\mathbb{Z}, \mathfrak{I})$ 는 컴팩트가 아님을 보이시오. (단, $p \geq 2$)

증명 모든 양의 정수 n 에 관하여 정수 a_n 을 다음과 같이 정의하자.

$a_1 = 0$

$1 \leq n$ 일 때, 정수 $a_1, \cdots, a_n$ 이 정해져 있을 때,

$G_n = \bigcup_{k=1}^{n} B(a_k\,;p^k)$ 라 놓으면 $\mathbb{Z} \neq G_n$ 이므로 $\mathbb{Z} - G_n \neq \varnothing$ 이며

집합 $\mathbb{Z} - G_n$ 의 원소 중에서 절댓값이 최소인 정수 $x \in \mathbb{Z} - G_n$ 가 존재한다.

이 정수 x 를 a_{n+1} 이라 정하자.

이와 같이 개집합 $B(a_n\,;p^n)$ 을 정의하자.

$\mathbb{Z} = \bigcup_{k=1}^{\infty} B(a_k\,;p^k)$ 이며 모든 양의 정수 n 에 대하여 $\mathbb{Z} \neq G_n$ 이다.

따라서 $\mathbb{Z}$ 는 컴팩트가 아니다.

> f 는 완전사상(perfact map) 이다.

예제 4 $f : X \to Y$ 는 연속, 전사, 폐사상, 모든 $f^{-1}(p)$ 는 컴팩트일 때, Y 의 부분집합 K 가 컴팩트일 필요충분조건은 $f^{-1}(K)$ 는 X 의 컴팩트집합 임을 보이시오.

증명 ($\leftarrow$) f 는 전사이므로 $f(f^{-1}(K)) = K$ 이며 f 는 연속이므로 K 는 컴팩트 집합이다.

($\to$) $f^{-1}(K) \subset \bigcup_{i \in I} G_i$ 이라 하자.

모든 원소 $y \in K$ 에 대하여 $f^{-1}(y) \subset \bigcup_{i \in I} G_i$ 이며 $f^{-1}(y)$ 는 컴팩트이므로

$f^{-1}(y) \subset \bigcup_{j \in J(y)} G_j$ 인 유한첨자집합 $J(y) = \{j_1, \cdots, j_n\} \subset I$ 가 있다.

개집합 $V_y = \bigcup_{j \in J(y)} G_j$ 이라 놓자.

$f^{-1}(y) \subset V_y$ 이므로 $X - V_y \subset f^{-1}(\{y\}^c)$ 이며

$f(X - V_y) \subset f(f^{-1}(\{y\}^c)) = \{y\}^c$, $\{y\} \subset f(X - V_y)^c$ 이다.

f 는 폐사상이므로 $f(X - V_y)^c$ 는 개집합이며 $K \subset \bigcup_{y \in K} f(X - V_y)^c$

K 는 컴팩트이므로 $K \subset f(X - V_{y_1})^c \cup \cdots \cup f(X - V_{y_n})^c$ 인 유한개의 점 $y_1, \cdots, y_n \in K$ 있다.

그리고 $f^{-1}(K) \subset f^{-1}(f(X - V_{y_1})^c) \cup \cdots \cup f^{-1}(f(X - V_{y_n})^c)$

$f^{-1}(f(X - V_{y_k})^c) = f^{-1}(f(X - V_{y_k}))^c \subset (X - V_{y_k})^c = V_{y_k}$ 이므로

$f^{-1}(K) \subset V_{y_1} \cup \cdots \cup V_{y_n}$ 이며

$V_y = \bigcup_{j \in J(y)} G_j$ 이므로 $J = J(y_1) \cup \cdots \cup J(y_n)$ 두면 $f^{-1}(K) = \bigcup_{j \in J} G_j$

$J(y)$ 는 유한첨자집합이므로 J 도 유한첨자집합이다.

따라서 $f^{-1}(K)$ 는 X 의 컴팩트집합이다.

예제 5 A, B 가 컴팩트집합이며 G 는 개집합이고 $A \times B \subset G$ 이면 $A \times B \subset U \times V \subset G$ 인 개집합 U, V 가 있음을 보이시오.

증명 점 a 를 집합 A 의 임의의 한 점이라 하자.

첫째, 각 점 $b \in B$ 에 대하여

$(a, b) \in A \times B \subset G$ 이므로 $(a, b) \in H_b \times W_b \subset G$ 인 기저개집합

$H_b \times W_b$ 가 있다.

$\{a\} \times B \subset \bigcup_{b \in B} (H_b \times W_b)$ 이므로 $B \subset \bigcup_{b \in B} W_b$ 이다.

B 는 컴팩트이므로 $B \subset W_{b_1} \cup \cdots \cup W_{b_n}$ 인 B 의 유한개의 점 b_i 들이 있다.

이때, $V_a = W_{b_1} \cup \cdots \cup W_{b_n}$, $U_a = H_{b_1} \cap \cdots \cap H_{b_n}$ 라 놓으면 U_a, V_a 는 개집합이며,

$\{a\} \times B \subset U_a \times (W_{b_1} \cup \cdots \cup W_{b_n}) \subset \bigcup_{b \in B} (H_b \times W_b) \subset G$

둘째, $A \subset \bigcup_{a \in A} U_a$ 이며 A 는 컴팩트이므로 $A \subset U_{a_1} \cup \cdots \cup U_{a_m}$ 인 A 의 유한개의 점 a_i 들이 있다.

이때, $U = U_{a_1} \cup \cdots \cup U_{a_m}$, $V = V_{a_1} \cap \cdots \cap V_{a_m}$ 라 놓자.

각각 $B \subset V_{a_i}$ 이므로 $B \subset V$

그리고 $A \subset U$ 이므로 $A \times B \subset U \times V \subset \bigcup_{a \in A} (U_a \times V_a)$

모든 $a \in A$ 에 대하여 $\{a\} \times B \subset U_a \times V_a \subset G$ 이므로

$A \times B \subset \bigcup_{a \in A} (U_a \times V_a) \subset G$

따라서 $A \times B \subset U \times V \subset G$ 이다.

그러므로 $A \times B \subset U \times V \subset G$ 인 개집합 U, V 가 있다.

예제 6 위상공간 (X, T) 는 컴팩트공간이며 부분집합 K 도 컴팩트집합이다. 집합족 $T \cup \{K^c\}$ 로 생성한 위상 $\mathfrak{I}$ 일 때, 위상공간 $(X, \mathfrak{I})$ 는 컴팩트공간임을 보이시오.

증명 $X = \bigcup_{i \in I} G_i$ (단, $G_i \in \mathfrak{I}$)이라 하자.

집합족 $B = T \cup \{ K^c \cap V \mid V \in T \}$ 는 위상 $\mathfrak{I}$ 의 기저이며 G_i 를 기저개집합이라 하자.

첨자집합 $I_1 = \{ i \in I \mid G_i \subset K^c \}$ 이라 두고 $I_2 = I - I_1$ 이라 놓자.

$i \in I_2$ 일 때 $G_i \not\subset K^c$ 이므로 $G_i \in T$ 이다.

$i \in I_1$ 일 때 $G_i = K^c \cap V_i$, $V_i \in T$ 인 개집합 V_i 가 있다.

$i \in I_1$ 일 때 $G_i \subset V_i$ 이므로 $X = \left(\bigcup_{i \in I_1} V_i \right) \cup \left(\bigcup_{i \in I_2} G_i \right)$ 이다.

(X, T) 는 컴팩트공간이므로 $X = \left(\bigcup_{i \in J_1} V_i \right) \cup \left(\bigcup_{i \in J_2} G_i \right)$,

$J_1 \subset I_1$, $J_2 \subset I_2$ 인 유한 첨자집합 J_1, J_2 가 있다.

이때, $K^c = K^c \cap X$
$$= K^c \cap \left\{ \left(\bigcup_{i \in J_1} V_i \right) \cup \left(\bigcup_{i \in J_2} G_i \right) \right\} \subset \left(\bigcup_{i \in J_1} (K^c \cap V_i) \right) \cup \left(\bigcup_{i \in J_2} G_i \right)$$
$$= \bigcup_{i \in (J_1 \cup J_2)} G_i$$

$i \in I_2$ 일 때 $G_i \subset K^c$ 이므로 $K \subset \bigcup_{i \in I_1} G_i$ 이다.

K 는 컴팩트이므로 $K \subset \bigcup_{i \in J_3} G_i$, $J_3 \subset I_1$ 인 유한 첨자집합 J_3 가 있다.

$K^c \subset \bigcup_{i \in (J_1 \cup J_2)} G_i$ 이며 $K \subset \bigcup_{i \in J_3} G_i$ 이므로 $J = J_1 \cup J_2 \cup J_3$ 이라 두면 J 는 유한

집합이며 $X \subset \bigcup_{i \in J} G_i$ 이다.

따라서 위상공간 $(X, \mathfrak{I})$ 는 컴팩트공간이다.

예제 7 K 가 컴팩트공간일 때, 사영사상 $proj_1 : X \times K \to X$ 는 폐사상임을 보이시오.

증명 $X \times K$ 의 임의의 폐집합을 F 라 하고 $proj_1(F) = C$ 라 놓자.

$a \in X - C$ 라 하자.

$\{a\} \times K$ 와 F 는 서로소이며 $\{a\} \times K \subset (X \times K) - F$ 이다.

각각의 $k \in K$ 에 대하여 $(a, k) \in (X \times K) - F$ 이며 $(X \times K) - F$ 는 개집합이므로 $(a, k) \in U_k \times V_k \subset (X \times K) - F$ 인 기저개집합 $U_k \times V_k$ 가 있다.

$K \subset \bigcup_{k \in K} V_k$ 이며 K 는 컴팩트이므로 $K \subset V_{k_1} \cup \cdots \cup V_{k_n}$ 인 유한개 k_i 들이 있다.

이때, $H_a = U_{k_1} \cap \cdots \cap U_{k_n}$ 라 두면 H_a 는 개집합이고 $a \in H_a$ 이다.

$H_a \times V_{k_i} \subset U_{k_i} \times V_{k_i} \subset (X \times K) - F$ 이므로 $H_a \times K \subset (X \times K) - F$ 이며

$(H_a \times K) \cap F = \varnothing$

$proj_1(F) = C$ 이므로 $H_a \cap C = \varnothing$

$a \in H_a \subset X - C$ 이므로 점 a 는 $X - C$ 의 내점이다.

따라서 $X - C$ 는 개집합이며 C 는 폐집합이다.

그러므로 사영사상 $proj_1 : X \times K \to X$ 는 폐사상이다.

예제 8 위상동형 $X \cong Y$ 이면 각각의 한 점 컴팩트화 X^* , Y^* 는 위상동형 $X^* \cong Y^*$ 임을 보이시오.

증명 $X^* = X \cup \{p\}$, $Y^* = Y \cup \{q\}$ 라 놓고 (단, $p \not\in X$, $q \not\in Y$)

$f : X \to Y$ 가 위상동형사상이라 하자.

사상 $f^* : X^* \to Y^*$ 를 $f^*(x) = \begin{cases} f(x) & , x \in X \\ q & , x = p \end{cases}$ 이라 정의하면 f 가 일대일 대응이므로 f^* 도 일대일 대응이다.

첫째, f^* 가 연속임을 보이기 위하여 Y^* 의 임의의 개집합을 G 라 하자.

$q \not\in G$ 인 경우: $G \subset Y$ 이고 G 는 Y 의 개집합이며 f 는 연속이므로 $f^{-1}(G)$ 는 X 의 개집합이다.

X 의 개집합은 X^* 의 개집합이다.

$G \subset Y$ 이고 $q \not\in G$ 이므로 $(f^*)^{-1}(G) = f^{-1}(G)$

따라서 $(f^*)^{-1}(G)$ 는 X^* 의 개집합이다. ······ ①

$q \in G$ 인 경우: $G = Y^* - K$ 인 Y 의 컴팩트 폐집합 K 가 있다.

$K \subset Y$ 이고 $q \not\in K$ 이므로 $(f^*)^{-1}(K) = f^{-1}(K)$ 이며,

$(f^*)^{-1}(G) = (f^*)^{-1}(Y^* - K) = X^* - (f^*)^{-1}(K) = X^* - f^{-1}(K)$

f 는 연속이므로 $f^{-1}(K)$ 는 X 의 폐집합이다.

$f^{-1} : Y \to X$ 는 연속이므로 $f^{-1}(K)$ 는 X 의 컴팩트집합이다.

따라서 $(f^*)^{-1}(G)$ 는 X^* 의 개집합이다. ······ ②

①, ②로부터 f^* 는 연속이다.

둘째, f^* 는 개사상임을 보이기 위하여 X^* 의 임의의 개집합을 H 라 하자.

$p \not\in H$ 인 경우: H 는 X 의 개집합이며 역함수 f^{-1} 는 연속이므로 $f(H)$ 는 Y 의 개집합이다.

Y 의 개집합은 Y^* 의 개집합이므로 $f(H)$ 는 Y^* 의 개집합이다. ······ ③

$p \in H$ 인 경우: $H = X^* - K$ 인 X 의 컴팩트 폐집합 K 가 있다.

$K \subset X$ 이므로 $f^*(K) = f(K)$ 이며

$f^*(H) = f^*(X^* - K) = f^*(X^*) - f^*(K) = Y^* - f^*(K)$

$\qquad = Y^* - f(K)$

K 는 X 의 폐집합이며 역함수 f^{-1} 는 연속이므로 $f(K)$ 는 Y 의 폐집합이다.

f 는 연속이며 K 는 컴팩트이므로 $f(K)$ 는 Y 의 컴팩트이다.

따라서 $f^*(H)$ 는 Y^* 의 개집합이다. ······ ④

③, ④로부터 f^* 는 개사상이다.

그러므로 f^* 는 위상동형사상이다.

예제 9 사상 $f : X \to Y$ 의 그래프 $G(f)$ 가 적공간 $X \times Y$ 에서 컴팩트 폐집합이면 f 는 연속사상임을 보이시오.

증명 $G(f)$ 가 컴팩트이므로 $\pi_2(G(f)) = f(X)$ 는 컴팩트이다.

$f(X)$ 는 컴팩트이므로 사영사상 $\pi_1 : X \times f(X) \to X$ 는 폐사상이다.

Y 의 임의의 폐집합 B 에 대하여 $B_0 = B \cap f(X)$ 라 두면 B_0 는 $f(X)$ 의 폐집합이다.

$X \times B_0$ 는 적공간 $X \times f(X)$ 의 폐집합이다.

$G(f)$ 는 $X \times Y$ 의 폐집합이므로 $G(f)$ 는 $X \times f(X)$ 의 폐집합이다.

$X \times B_0$ 와 $G(f)$ 가 폐집합이므로 $(X \times B_0) \cap G(f)$ 는 $X \times f(X)$ 의 폐집합이다.

사영사상 $\pi_1 : X \times f(X) \to X$ 는 폐사상이므로 $\pi_1((X \times B_0) \cap G(f))$ 는 X 의 폐집합이다.

따라서 $\pi_1((X \times B_0) \cap G(f)) = f^{-1}(B_0) = f^{-1}(B)$ 는 X 의 폐집합이다.

그러므로 f 는 연속사상이다.

함수 f 의 그래프를 $G(f)$ 라 할 때, 위의 증명에서 다음 성질이 사용되었다.

$f(A) = \pi_2((A \times Y) \cap G(f))$, $f^{-1}(B) = \pi_1((X \times B) \cap G(f))$

예제 10 컴팩트 T_2-공간 (Z, T) 에서 한 점 $p \in Z$ 를 제거한 집합 $X = Z - \{p\}$ 의 상대위상이 T_X 이다. 위상공간 (X, T_X) 의 한 점 컴팩트화를 $(X \cup \{p\}, \mathfrak{I})$ 라 하면 $T = \mathfrak{I}$ 임을 보이시오.

증명 한 점 컴팩트화 위상

$\mathfrak{I} = T_X \cup \{ Z - K \mid K$ 는 X 의 컴팩트 폐집합 $\}$ 이다.

첫째, $T \subset \mathfrak{I}$ 임을 보이기 위하여 $G \in T$ 라 하자.

$p \notin G$ 인 경우: $G \subset X$ 이며 $G \cap X = G$

T_X 는 X 의 상대위상이므로 $G \cap X \in T_X$

따라서 $G \in T_X \subset \mathfrak{I}$ ...... ①

$p \in G$ 인 경우: $Z - G = K$ 라 놓으면 $K \subset X$ 이다.

G 는 Z 의 개집합이므로 K 는 Z 의 폐집합이다.

$K = K \cap X$ 이므로 K 는 X 의 폐집합이다.

Z 는 컴팩트공간이고 K 는 Z 의 폐집합이므로 K 는 Z 의 컴팩트집합이다.

$K \subset X \subset Z$ 이므로 K 는 X 의 컴팩트부분집합이다.

$G = Z - K$ 이며 K 는 X 의 컴팩트 폐집합이다.

따라서 $G \in \mathfrak{I}$ 이며, ①로부터 $T \subset \mathfrak{I}$ 이다.

둘째, $T \supset \mathfrak{I}$ 임을 보이기 위하여 $G \in \mathfrak{I}$ 라 하자.

$G \in T_X$ 인 경우: T_X 는 X 의 상대위상이므로 $G = X \cap H$ 인 Z 의 개집합 H 가 있다.

Z 는 T_2-공간이므로 한 점 집합 $\{p\}$ 는 폐집합이며 $X = Z - \{p\}$ 는 Z 의 개집합이다.

따라서 G 는 Z 의 개집합이며 $G \in T$ ...... ②

$G \notin T_X$ 인 경우: $G = Z - K$ 인 X 의 컴팩트 폐집합 K 가 있다.

K 가 부분공간 X 에서 컴팩트이므로 K 는 Z 에서 컴팩트집합이다.

Z 는 T_2-공간이므로 K 는 Z 의 폐집합이다.

따라서 $G = Z - K$ 는 Z 의 개집합이며 $G \in T$ ...... ③

②, ③으로부터 $T \supset \mathfrak{I}$ 이다.

그러므로 $T = \mathfrak{I}$ 이다.

분리공리와 가산공리

01 가산공리(Countability Axioms)

1. 가산공리계

위상공간의 가산성과 관련된 개념을 소개한다.

> **[정의] {제1가산공간}** 위상공간 $(X, \mathfrak{I})$ 의 각 점 $p \in X$ 에 대하여 가산(countable) 국소기저(local base) $L(p)$ 가 존재할 때, 위상공간 $(X, \mathfrak{I})$ 를 제 1 가산(first countable) 공간이라 한다.
>
> **{제2가산공간}** 가산(countable)개의 개집합을 원으로 하는 기저(base)가 존재하는 위상공간 $(X, \mathfrak{I})$ 을 제2가산(second countable) 공간이라 한다.
>
> **{분리가능공간}** 조밀(dense)한 가산(countable) 부분집합이 존재할 때, 위상공간 $(X, \mathfrak{I})$ 는 분리가능공간(separable space, 가분공간)이라 한다.
>
> **{린델레프 공간}** 위상공간 $(X, \mathfrak{I})$ 의 임의의 열린 덮개(open cover)에 대하여, 가산(countable) 부분 덮개(subcover)가 있을 때, 위상공간 X 를 린델레프 공간(Lindelöf space)이라 한다.

자연수집합의 여유한위상공간 $(\mathbb{N}, \mathfrak{I}_f)$, 실수집합의 여가산위상공간 $(\mathbb{R}, \mathfrak{I}_c)$, 실수집합의 이산위상공간 $(\mathbb{R}, \mathfrak{I}_d)$ 의 가산공리를 조사해보자.

첫째, 자연수집합의 유한부분집합들은 가산개이므로 여유한 위상의 개집합들이 가산개 있다. 따라서 $(\mathbb{N}, \mathfrak{I}_f)$ 는 제2가산공간이며, 제1가산, 분리가능, 린델레프공간이다. 즉, $(\mathbb{N}, \mathfrak{I}_f)$ 는 모든 가산공리를 만족한다.

둘째, $(\mathbb{R}, \mathfrak{I}_c)$ 의 임의의 점 x 에서 가산 국소기저 $L(x)$ 가 있다고 가정하면 $L(x) = \{ \mathbb{R} - C_k \mid k \in \mathbb{N} \}$ 인 가산집합 C_k 들이 있다.

$\bigcup_{k=1}^{\infty} C_k$ 도 가산집합이므로 $x \neq a \in \mathbb{R} - \bigcup_{k=1}^{\infty} C_k$ 인 a 가 있다.

이때, x 의 개집합 $\mathbb{R} - \{a\}$ 에 대하여 $x \in \mathbb{R} - C_k \subset \mathbb{R} - \{a\}$ 인 k 는 없다. $L(x)$ 가 국소기저임에 모순이다.

따라서 $(\mathbb{R}, \mathfrak{I}_c)$ 는 제1가산공간이 아니다.

제1가산공간이 아니므로 제2가산공간도 아니다.

$(\mathbb{N}, \mathfrak{I}_f)$
제1가산(O)
제2가산(O)
분리가능(O)
린델레프(O)

또한 모든 가산집합 A 는 폐집합이므로 $\overline{A} = A \neq \mathbb{R}$. 분리가능공간이 아니다.

$\{\, G_i \,|\, i \in I \,\}$ 를 $(\mathbb{R}, \mathfrak{I}_c)$ 의 임의의 열린 덮개라 하자.

$G_{i_0} \neq \varnothing$ 인 $i_0 \in I$ 를 하나 택하면 $G_{i_0} = \mathbb{R} - C_0$ 인 가산집합 C_0 가 있다.

$C_0 = \{\, x_k \,|\, k \in \mathbb{N} \,\}$ 라 두면 $x_k \in G_{i_k}$ 인 $i_k \in I$ 들이 있다.

이때, $\{\, G_{i_0}, G_{i_1}, \cdots , G_{i_k}, \cdots \}$ 는 $\mathbb{R}$ 의 가산 부분덮개이다.

따라서 $(\mathbb{R}, \mathfrak{I}_c)$ 는 린델레프공간이다.

셋째, $(\mathbb{R}, \mathfrak{I}_d)$ 는 가산국소기저 $L(x) = \{\, \{x\} \,\}$ 를 가지므로 제1가산공간이다.

그러나 제2가산, 분리가능, 린델레프 공간이 아니다.

전체집합이 가산집합인 위상공간은 항상 제1가산공간일까?

다음 예제는 그렇지 않다는 것을 보여준다.

예제1 자연수전체집합 $\mathbb{N}$ 위의 함수 $f : \mathbb{N} \to \mathbb{N}$ 에 대하여 $\mathbb{N}^2$ 의 부분집합

$U(f) = \{\, (x, y) \in \mathbb{N}^2 \,|\, f(x) \leq y \,\}$ 라 하고 $\mathbb{N}^2$ 의 위상 $\mathfrak{I}$ 를 다음과 같이 정의하자.

$$\mathfrak{I} = \{\, U(f) \,|\, 모든 \ f : \mathbb{N} \to \mathbb{N} \,\} \cup \{\varnothing\}$$

위상공간 $(\mathbb{N}^2, \mathfrak{I})$ 는 제1가산공간이 아님을 보이시오.

풀이 $\mathbb{N}^2$ 의 어떤 점 $A(p, q)$ 에서 가산국소기저를 갖는다고 가정하자.

그러면 점 $A(p, q)$ 에서 가산 축소국소기저 $\mathcal{L} = \{\, U(f_n) \,|\, n = 1, 2, \cdots \,\}$ 를 구성할 수 있다. 즉, $U(f_1) \supset U(f_2) \supset U(f_3) \supset \cdots$

$n \neq p$ 인 모든 자연수 n 에 대하여 $g(n) = f_n(n) + 1$ 라 하고, $g(p) = 1$ 라 함수 $g(x)$ 를 정하자.

$g(p) = 1 \leq q$ 이므로 $A(p, q) \in U(g)$

$\mathcal{L}$ 는 점 $A(p, q)$ 의 국소기저이므로 $U(f_m) \subset U(g)$ 인 $U(f_m) \in \mathcal{L}$ 이 있다.

$\mathcal{L}$ 는 축소국소기저이므로 $m \leq n$ 인 모든 자연수 n 에 대하여

$U(f_n) \subset U(f_m) \subset U(g)$

이때, $\max(m, p+1) \leq n$ 인 자연수 n 을 선택하자.

$U(f_n) \subset U(g)$ 이므로 모든 $x \in \mathbb{N}$ 에 대하여 $f_n(x) \geq g(x)$ 이다.

그러나 $x = n$ 인 경우, $f_n(n) \geq g(n) = f_n(n) + 1$ 이므로 모순!

따라서 $\mathfrak{I}$ 는 $\mathbb{N}^2$ 의 모든 점에서 가산국소기저를 갖지 않는다.

[정리] 제1가산, 제2가산, 분리가능, 린델레프는 위상적 성질이다.

증명 제1가산, 분리가능 두 가지만 증명하자.

(I) 제1가산은 위상적 성질이다.

사상 $f : (X, T_X) \to (Y, T_Y)$ 가 위상동형사상이며 (X, T_X) 는 제1가산공간이라 하자.

임의의 점 $y \in Y$ 에 대하여 $f(x) = y$ 인 x 가 존재하며 (X, T_X) 는 제1가산공간이므로 x 의 가산국소기저 $L_x = \{\, G_i \,|\, i \in \mathbb{N} \,\}$ 가 존재한다.

왼쪽 박스

$(\mathbb{R}, \mathfrak{I}_c)$
제1가산(X)
제2가산(X)
분리가능(X)
린델레프(O)

$(\mathbb{R}, \mathfrak{I}_d)$
제1가산(O)
제2가산(X)
분리가능(X)
린델레프(X)

$(\mathbb{N}^2, \mathfrak{I})$
제1가산(X)
제2가산(X)
분리가능(O)

이때 $L_y = \{ f(G_i) \mid i \in \mathbb{N} \}$ 라 두자.

f 는 개사상이므로 $f(G_i)$ 는 Y 의 개집합이며 $x \in G_i$ 이므로

$y = f(x) \in f(G_i)$

$y \in V$ 인 임의의 개집합 V 에 대하여 f 의 연속성에 의해 $f^{-1}(V)$ 는 x 의 개집합이며 L_x 는 국소기저이므로 $x \in G_i \subset f^{-1}(V)$ 인 $G_i \in L_x$ 가 존재한다.

$y = f(x) \in f(G_i) \subset V$ 이며 $f(G_i) \in L_y$ 이다.

따라서 L_y 는 y 의 가산국소기저이며 Y 는 제1가산공간이다.

그러므로 제1가산성은 위상적 성질이다.

(2) 분리가능은 위상적 성질이다.

사상 $f : (X, T_X) \to (Y, T_Y)$ 가 위상동형사상이며 (X, T_X) 는 분리가능 공간이라 하자.

$\overline{A} = X$ 인 가산부분집합 A 가 존재한다.

A 는 가산집합이므로 $f(A)$ 도 가산집합이다.

f 는 연속이므로 $\overline{f(A)} \supset f(\overline{A}) = f(X)$

f 는 전사이므로 $f(X) = Y$

따라서 $\overline{f(A)} = Y$ 이며 (Y, T_Y) 는 분리가능공간이다.

그러므로 분리가능성은 위상적 성질이다.

2. 가산공리와 관련된 정리

제1가산공간 위의 수렴성과 연속성은 해석학에서 다루는 방법과 같이 할 수 있다.

> **[정리]** 제1가산공간 $(X, \mathfrak{I})$ 에 관하여 다음 성질이 성립한다.
> (1) 각 점 마다 가산축소 국소기저가 존재한다.
> (2) $p \in \overline{A}$ 일 필요충분조건은 p 로 수렴하는 수열 $a_n \in A$ 이 존재하는 것이다.
> (3) 사상 $f : X \to Y$ 가 p 에서 연속일 필요충분조건은 p 로 수렴하는 모든 수열 x_n 에 대하여 $f(x_n)$ 이 $f(p)$ 로 수렴하는 것이다.

증명 (1) 임의의 점 x 의 가산 국소기저를 $L(x) = \{ G_k \mid k \in \mathbb{N} \}$ 라 두자.

$V_n = G_1 \cap \cdots \cap G_n$, $\mathcal{L} = \{ V_n \mid n \in \mathbb{N} \}$ 라 하자.

$V_n \supset V_{n+1}$ 이므로 V_n 은 축소 개집합열이다.

x 의 개집합 G 에 대하여 $x \in G_k \subset G$ 인 G_k 가 있으며 $x \in V_k \subset G_k \subset G$

따라서 $\mathcal{L}$ 는 x 의 가산축소 국소기저이다.

(2) ($\leftarrow$) 점열 $a_n \in A$ 이 p 로 수렴하면 $p \in \overline{A}$ 이다.

($\to$) p 의 가산 축소 국소기저를 $\mathcal{L} = \{ V_n \mid n \in \mathbb{N} \}$ 라 하자.

$p \in \overline{A}$ 이므로 $A \cap V_n \neq \varnothing$ 이며 $a_n \in A \cap V_n$ 인 점열 a_n 을 선택하자.

임의의 국소기저 개집합 V_n 에 대하여 $n < k$ 이면 $a_k \in V_k \subset V_n$

따라서 점열 $a_n \in A$ 은 p 로 수렴하는 점열이다.

가산 축소 국소기저를 도입하는 것이 핵심

(3) ($\rightarrow$) f 가 p 에서 연속이면 p 에서 점열연속이다.

($\leftarrow$) (대우증명) f 가 p 에서 불연속이라 하자.

p 의 가산 축소 국소기저를 $\mathcal{L} = \{ V_n \mid n \in \mathbb{N} \}$ 라 하자.

p 에서 불연속이므로 $f(\mathrm{p}) \in G$ 인 적당한 개집합 G 에 대하여 $f^{-1}(G)$ 는 p 의 근방이 아닌 G 가 있다.

모든 $V_n \not\subset f^{-1}(G)$ 이므로 $x_n \in V_n - f^{-1}(G)$ 인 점열 x_n 이 있다.

$x_n \in V_n$ 이며 $\mathcal{L}$ 는 p 의 축소 국소기저이므로 x_n 은 p 로 수렴한다.

$x_n \notin f^{-1}(G)$ 이며 $f(x_n) \notin G$ 이므로 $f(x_n)$ 이 $f(\mathrm{p})$ 로 수렴하지 않는다.

따라서 대우명제는 참이다.

가산성 사이에 관한 성질을 정리하면 다음과 같다.

> **[정리]** 위상공간 $(X, \mathfrak{J})$ 의 가산성에 관하여 다음 명제가 성립한다.
> (1) 제2가산공간은 제1가산공간이며 분리가능공간이며 린델레프 공간이다.
> (2) 거리공간은 제1가산공간이다.
> (3) 보통위상공간 $\mathbb{R}^n$ 은 제2가산공간이다.
> (4) 거리공간에서 제2가산공간, 분리가능공간, 린델레프 공간인 것은 모두 동치이다.

증명 (1) 첫째, 제2가산 $\rightarrow$ 제1가산 임을 보이자.

가산기저 B 에 대하여 각 점 x 의 국소기저를 $L(x) = \{ V \in B \mid x \in V \}$ 라 두면 $L(x)$ 는 가산국소기저이다. 따라서 제1가산이다.

둘째, 제2가산 $\rightarrow$ 분리가능 임을 보이자.

가산기저 $B = \{ G_k \mid k \in \mathbb{N} \}$ 의 각각의 기저개집합 G_k 에서 한 원소 x_k 를 택하여 $D = \{ x_k \mid k \in \mathbb{N} \}$ 라 두면 $\overline{D} = X$ 이다. 따라서 분리가능이다.

셋째, 제2가산 $\rightarrow$ 린델레프 임을 보이자.

가산기저 $B = \{ G_k \mid k \in \mathbb{N} \}$ 라 두고, X 의 열린덮개를 $\{ V_i \mid i \in I \}$ 라 하자. 각각의 V_i 는 적당한 기저개집합 G_k 들의 합집합으로 쓸 수 있다.

G_k 는 가산개 있으므로 각 G_k 를 포함하는 가산개의 V_i 를 선택하여 부분덮개를 얻는다. 따라서 린델레프이다.

(2) 임의의 점 x 에 대하여 $L(x) = \{ \mathrm{B}(x \,;\, r) \mid r > 0 , r \in \mathbb{Q} \}$ 라 두면

$L(x)$ 는 가산개의 원소를 갖는 집합이다.

$x \in G$ 인 개집합 G 에 대하여 $x \in \mathrm{B}(y \,;\, r) \subset G$ 인 점 y 와 양수 r 이 있다.

$d(x, y) < r$ 이므로 $r - d(x, y) > s > 0$ 인 유리수 s 가 있다.

이때 $\mathrm{B}(x \,;\, s) \subset \mathrm{B}(y \,;\, r) \subset G$

따라서 $L(x)$ 는 x 의 가산 국소기저이며 거리공간은 제1가산공간이다.

(3) $B = \{ \mathrm{B}(q \,;\, s) \mid q \in \mathbb{Q}^n , s > 0 , s \in \mathbb{Q} \}$ 라 두면 B 는 가산집합이다.

임의의 점 $p(x_1, \cdots, x_n)$ 의 열린 구 $\mathrm{B}(p \,;\, r)$ 에 대하여

$x_k - \dfrac{r}{3\sqrt{n}} < a_k < x_k + \dfrac{r}{3\sqrt{n}}$, $\dfrac{r}{3} < s < \dfrac{2r}{3}$ 인 유리수 a_k , s 가 있다.

점 $q(a_1, \cdots, a_n)$ 라 두면 $p \in \mathrm{B}(q\,;s) \subset \mathrm{B}(p\,;r)$

따라서 B 는 $\mathbb{R}^n$ 의 가산 기저이며 $\mathbb{R}^n$ 는 제2가산 공간이다.

(4) 정리 (1)에서 「제2가산 → 린델레프」이므로 거리공간 (X, d) 에서 「린델레프 → 분리가능」과 「분리가능 → 제2가산」임을 보이면 충분하다.

첫째, 거리공간 (X, d) 가 분리가능(가분)공간이면 제2가산공간임을 보이자.

X 가 분리가능공간이라 하면 $\overline{A} = X$ 인 가산집합 A 가 있다.

집합족 $B = \{\, \mathrm{B}(a\,;s) \mid a \in A,\ s \in \mathbb{Q},\ s > 0 \,\}$ 이라 놓자.

A 와 $\mathbb{Q}$ 는 가산집합이므로 집합족 B 는 가산집합이다.

X 의 임의의 원소 x 와 $x \in G$ 인 임의의 개집합 G 가 주어져 있다고 하자.

G 는 개집합이므로 $\mathrm{B}(x\,;r) \subset G$ 인 양의 실수 r 이 있다.

$\overline{A} = X$ 이므로 $A \cap \mathrm{B}(x\,;\frac{r}{2}) \neq \varnothing$ 이며 $a \in A \cap \mathrm{B}(x\,;\frac{r}{2})$ 인 a 가 있다.

$a \in A$ 이며 $a \in \mathrm{B}(x\,;\frac{r}{2})$

$d(a, x) < \frac{r}{2}$ 이므로 $2\,d(a, x) < r$ 이며 $d(a, x) < r - d(a, x)$

$d(a, x) < r - d(a, x)$ 이므로 $d(a, x) < s < r - d(a, x)$ 인 유리수 s 있다.

$d(a, x) < s$ 이므로 $x \in \mathrm{B}(a\,;s)$

$s < r - d(a, x)$ 이므로 모든 점 $p \in \mathrm{B}(a\,;s)$ 에 대하여

$\quad d(x, p) \le d(x, a) + d(a, p) < d(x, a) + s < r$ 이며 $p \in \mathrm{B}(x\,;r)$

즉, $\mathrm{B}(a\,;s) \subset \mathrm{B}(x\,;r)$

따라서 $x \in \mathrm{B}(a\,;s) \subset \mathrm{B}(x\,;r) \subset G$ 이므로 집합족 B 는 기저이다.

그러므로 집합족 B 는 가산기저이며 분리가능 거리공간 (X, d) 는 제2가산 공간이다.

둘째, 거리공간 (X, d) 에서 「린델레프 → 분리가능」임을 보이자.

거리공간 (X, d) 가 린델레프 공간이라 하자.

임의의 양의 정수 n 에 대하여 $\left\{ \mathrm{B}(x\,;\frac{1}{n}) \,\middle|\, x \in X \right\}$ 는 X 의 열린 덮개이므로 린델레프 공간 X 의 가산 부분덮개가 되는 $\left\{ \mathrm{B}(x_{n,k}\,;\frac{1}{n}) \,\middle|\, k \in \mathbb{N} \right\}$ 인 점열 $x_{n,1}, x_{n,2}, \cdots, x_{n,k}, \cdots$ 들이 존재한다.

집합 $A = \{\, x_{n,k} \mid n \in \mathbb{N},\ k \in \mathbb{N} \,\}$ 이라 놓으면 자연수집합 $\mathbb{N}$ 는 가산집합이므로 A 는 가산집합이다.

거리공간 X 의 공집합이 아닌 임의의 개집합 G 에 대하여 $\mathrm{B}(p\,;r) \subset G$ 인 점 $p \in X$ 와 양의 실수 r 이 있다.

아르키메데스 정리에 의하여 $\frac{1}{r} < n$ 인 양의 정수 n 이 있다.

$\left\{ \mathrm{B}(x_{n,k}\,;\frac{1}{n}) \,\middle|\, k \in \mathbb{N} \right\}$ 는 X 의 열린덮개이므로 $p \in \mathrm{B}(x_{n,k}\,;\frac{1}{n})$ 인 $x_{n,k}$ 가 있다.

가 있다.

$$d(x_{n,k}, p) < \frac{1}{n} < r \text{ 이므로 } x_{n,k} \in B(p; r) \subset G$$

따라서 $A \cap G \neq \varnothing$ 이며 $\overline{A} = X$

그러므로 린델레프 거리공간 X 는 분리가능공간이다.

[정리]의 (1)번 명제의 역 「제1가산+분리가능+린델레프 → 제2가산」은 참일까? 그렇지 않다. 다음 사례를 살펴보자.

실수집합 $\mathbb{R}$ 의 상한위상 $\mathfrak{I}_s$ 에 관한 상한위상공간 $(\mathbb{R}, \mathfrak{I}_s)$ 의 가산공리를 살펴보자.

첫째, $\overline{\mathbb{Q}} = \mathbb{R}$ 이므로 $(\mathbb{R}, \mathfrak{I}_d)$ 는 분리가능공간이다.

둘째, $L(x) = \{ (r, x] : r < x, r \in \mathbb{Q} \}$ 는 x 의 가산 국소기저이므로 $(\mathbb{R}, \mathfrak{I}_d)$ 는 제1가산공간이다.

셋째, $\mathbb{R}$ 의 기저개집합 $(a, b]$ 들로 재구성한 열린 덮개 $\{ (a_i, b_i] : i \in I \}$ 에 대하여 $G = \bigcup_{i \in I} (a_i, b_i)$ 라 두면 G 는 가산개를 (a_i, b_i) 를 선택하여 덮을 수 있다. 그리고 $\mathbb{R} - G$ 는 가산집합이다. $\mathbb{R} - G$ 을 덮는 $(a_i, b_i]$ 를 가산개 선택할 수 있다.

따라서 $\mathbb{R}$ 를 덮는 가산 부분덮개가 있으므로 $(\mathbb{R}, \mathfrak{I}_d)$ 는 린델레프 공간이다. 그러나, $(\mathbb{R}, \mathfrak{I}_d)$ 의 임의의 기저 B 에 대하여 각 점 x 마다 $G_x \in B$, $x \in G_x \subset (x-1, x]$ 인 G_x 가 존재하며, $x \neq y$ 이면 $G_x \neq G_y$ 이다.

따라서 기저 B 에는 각 실수 x 에 대응하는 비가산개의 개집합 G_x 가 속해 있어야 하므로 $(\mathbb{R}, \mathfrak{I}_d)$ 는 제2가산공간이 아니다.

$(\mathbb{R}, \mathfrak{I}_s)$
제1가산(O)
제2가산(X)
분리가능(O)
린델레프(O)

가산공간의 사상에 관한 성질을 정리하면 다음과 같다.

> **[정리]** 사상 $f : X \to Y$ 가 전사 연속사상일 때,
> (1) X 가 분리가능공간이면 Y 는 분리가능공간이다.
> (2) X 가 린델레프 공간이면 Y 는 린델레프 공간이다.
> (3) f 는 개사상이며 X 가 제2가산공간이면 Y 는 제2가산공간이다.

증명 (1) $\overline{D} = X$ 인 가산집합 D 가 있다.

D 는 가산집합이므로 $f(D)$ 도 가산집합이다.

f 는 연속이고 전사이므로 $\overline{f(D)} \supset f(\overline{D}) = f(X) = Y$

따라서 Y 는 분리가능공간이다.

(2) Y 의 열린 덮개 $\{ G_i \mid i \in I \}$ 에 대하여 f 는 연속사상이므로 $\{ f^{-1}(G_i) \mid i \in I \}$ 는 X 의 열린 덮개이다.

X 는 린델레프 공간이므로 가산 부분덮개 $\{ f^{-1}(G_i) \mid i \in J \}$ 가 있다.

$X = \bigcup \{ f^{-1}(G_i) \mid i \in J \}$ 이며 f 는 전사이므로

$$Y = f(X) = f(\bigcup \{ f^{-1}(G_i) \mid i \in J \}) = \bigcup \{ f(f^{-1}(G_i)) \mid i \in J \}$$
$$= \bigcup \{ G_i \mid i \in J \}$$

따라서 $\{ G_i \mid i \in J \}$ 는 Y 의 가산 부분덮개이며 Y 는 린델레프 공간이다.

(3) $B = \{ G_i \mid i \in \mathbb{N} \}$ 를 X 의 가산기저라 하고 $B_Y = \{ f(G_i) \mid i \in \mathbb{N} \}$ 라 두면 f 는 개사상이므로 $f(G_i)$ 는 Y 의 개집합이다.

Y 의 임의의 개집합 V 와 점 $y \in V$ 에 대하여 f 는 연속이므로 $f^{-1}(V)$ 는 X 의 개집합이며 한 점 $x \in f^{-1}(y)$ 에 대하여 $x \in f^{-1}(V)$ 이다.

$x \in G_i \subset f^{-1}(V)$ 인 기저개집합 G_i 가 있다.

f 는 전사이므로 $y = f(x) \in f(G_i) \subset f(f^{-1}(V)) = V$

따라서 B_Y 는 Y 의 가산기저이며 Y 는 제2가산공간이다.

가산공간의 유전성에 관한 성질을 정리하면 다음과 같다.

> **[정리]** 위상공간 X 의 부분공간 Y 가 있을 때,
> (1) 제1가산 공간 X 의 부분공간 Y 는 제1가산공간이다.
> (2) 제2가산 공간 X 의 부분공간 Y 는 제2가산공간이다.
> (3) 분리가능공간 X 의 개집합 Y 의 부분공간은 분리가능공간이다.
> (4) 린델레프 공간 X 의 폐집합 Y 의 부분공간은 린델레프 공간이다.

증명 (1) $y \in Y$ 일 때, X 에 관한 y 의 가산국소기저를 $L(y)$ 라 두자.

$L_Y(y) = \{ G \cap Y \mid G \in L(y) \}$ 라 두면 $L_Y(y)$ 는 부분공간 Y 에 관한 y 의 가산국소기저이다. 따라서 Y 는 제1가산공간이다.

(2) X 의 가산기저 B 에 대하여 $B_Y = \{ G \cap Y \mid G \in B \}$ 라 두면 B_Y 는 Y 의 가산기저이다. 따라서 Y 는 제2가산공간이다.

(3) X 의 가산 조밀집합을 D 라 하자.

Y 는 개집합이므로 $D \cap Y \neq \varnothing$. D 가 가산이므로 $D \cap Y$ 는 가산집합이다. 부분공간 Y 의 공집합이 아닌 임의의 개집합 $G \cap Y$ (단, G 는 X 의 개집합)에 대하여 $G \cap Y$ 는 X 에서 개집합이며 D 는 X 에 조밀하므로

$D \cap G \cap Y \neq \varnothing$

따라서 $D \cap Y$ 는 Y 의 조밀한 가산집합이며 Y 는 분리가능공간이다.

(4) 부분공간 Y 의 열린 덮개를 $\{ Y \cap G_i \mid i \in I \}$ (단, G_i 는 X 의 개집합)라 두면 $Y \subset \bigcup_{i \in I} G_i$

Y 는 폐집합이므로 $X - Y$ 는 X 의 개집합이며 $X \subset (X - Y) \cup \bigcup_{i \in I} G_i$

X 는 린델레프 공간이므로 가산 부분덮개 $\{ X - Y, G_i \mid i \in J \}$ 를 갖는다. 이때 $Y \subset \bigcup_{i \in J} G_i$ 이며 $\{ G_i \mid i \in J \}$ 는 가산집합이므로 부분공간 Y 는 가산 부분덮개를 갖는다.

따라서 부분공간 Y 는 린델레프 공간이다.

가산공간의 적불변성에 관한 성질을 정리하면 다음과 같다.

> **[정리]** 가산 개의 위상공간 X_k $(k \in \mathbb{N})$가 있다.
> (1) 모든 X_k 가 제1가산공간 $\leftrightarrow$ 적공간 ΠX_k 는 제1가산공간
> (2) 모든 X_k 가 제2가산공간 $\leftrightarrow$ 적공간 ΠX_k 는 제2가산공간
> (3) 모든 X_k 가 분리가능공간 $\leftrightarrow$ 적공간 ΠX_k 는 분리가능공간

증명 $\leftarrow$ 방향 명제는 사상과 부분공간에 관한 성질로부터 연역된다.

(1) ($\rightarrow$) 적공간 ΠX_k 의 점 $p = (x_1, x_2, \cdots)$ 에 대하여

각각의 $x_k \in X_k$ 의 가산 국소기저를 $L(x_k)$ 라 하자.

$\mathscr{L} = \{ G_1 \times \cdots \times G_n \times X_{n+1} \times X_{n+2} \times \cdots \mid G_k \in L(x_k) \}$ 라 두면 $L(x_k)$ 가 가산집합이므로 $\mathscr{L}$ 도 가산집합이다.

점 p 의 임의의 기저개집합 $V_1 \times \cdots \times V_n \times X_{n+1} \times X_{n+2} \times \cdots$ 에 대하여 $x_k \in G_k \subset V_k$ 인 개집합 $G_k \in L(x_k)$ 들이 있으며

$$p \in G_1 \times \cdots \times G_n \times X_{n+1} \times X_{n+2} \times \cdots$$
$$\subset V_1 \times \cdots \times V_n \times X_{n+1} \times X_{n+2} \times \cdots$$

이므로 $\mathscr{L}$ 은 점 p 의 가산국소기저이다.

따라서 적공간은 제1가산공간이다.

(2) 각각의 X_k 의 가산 기저를 B_k 라 하자.

$\mathscr{L} = \{ G_1 \times \cdots \times G_n \times X_{n+1} \times X_{n+2} \times \cdots \mid G_k \in B_k \}$ 라 두면 $\mathscr{L}$ 은 가산집합이다.

점 $p = (x_1, x_2, \cdots)$ 의 임의 기저개집합 $V_1 \times \cdots \times V_n \times X_{n+1} \times X_{n+2} \times \cdots$ 에 대하여 $x_k \in G_k \subset V_k$ 인 개집합 $G_k \in B_k$ 들이 있으며

$$p \in G_1 \times \cdots \times G_n \times X_{n+1} \times X_{n+2} \times \cdots$$
$$\subset V_1 \times \cdots \times V_n \times X_{n+1} \times X_{n+2} \times \cdots$$

이므로 $\mathscr{L}$ 은 적공간의 가산기저이다.

따라서 적공간은 제2가산공간이다.

(3) $\overline{D_k} = X_k$ 인 가산집합 D_k 들이 있다.

적공간 ΠX_k 의 한 점 $p = (a_1, a_2, \cdots, a_n, \cdots)$ 를 택하여

$$E = \bigcup_{n=1}^{\infty} (D_1 \times \cdots \times D_n \times \{a_{n+1}\} \times \{a_{n+2}\} \times \cdots)$$ 라 두자.

D_k 들이 가산집합이므로 E 도 가산집합이다.

적공간의 임의 기저개집합 $G = V_1 \times \cdots \times V_n \times X_{n+1} \times X_{n+2} \times \cdots$ 에 대하여

$(D_1 \times \cdots \times D_n \times \{a_{n+1}\} \times \cdots) \cap (V_1 \times \cdots \times V_n \times X_{n+1} \times \cdots)$
$= (D_1 \cap V_1) \times \cdots \times (D_n \cap V_n) \times (\{a_{n+1}\} \cap X_{n+1}) \times \cdots \neq \varnothing$

이므로 $E \cap G \neq \varnothing$

따라서 $\overline{E} = \Pi X_k$ 이며 적공간은 분리가능공간이다.

상한위상공간 $(\mathbb{R}, \mathfrak{I}_s)$ 은 린델레프 공간이며 적공간 $(\mathbb{R}, \mathfrak{I}_s) \times (\mathbb{R}, \mathfrak{I}_s)$ 는 린델레프 공간이 아니다.

ΠD_k 는 비가산집합이다. E 를 두는 방법이 핵심

예제1 하한위상공간(R, T_L)는 린델레프 공간임을 보이시오.

증명 $\mathrm{R} = \bigcup_{i \in I} G_i$, $G_i \in T_L$라 하자.

모든 $G_i = [a_i, b_i)$라 하고, 끝점a_i를 제외한 개구간을 $O_i = (a_i, b_i)$ 두자.

$\mathrm{B} = \bigcup_{i \in I} O_i$, $\mathrm{A} = \mathrm{R} - \mathrm{B}$라 두면 $\mathrm{B} \subset \mathrm{R}$이며 보통위상공간$(\mathrm{R}, U)$는 제2가산공간

이고 부분공간B도 제2가산공간이므로 B는 린델레프 공간이다.

따라서 가산개의 개구간의 합으로 B를 나타낼 수 있다. 즉, 가산첨자집합$J \subset I$에 대

하여 $\mathrm{B} = \bigcup_{j \in J} O_j$라 나타낼 수 있다.

각 $a \in \mathrm{A}$에 대하여 $a \in \mathrm{R} = \bigcup_{i \in I} G_i$이므로 $a \in G_i = [a_i, b_i)$이며, 유리수

$r_a \in (a_i, b_i)$가 있다.

따라서 $\mathrm{A} = \mathrm{R} - \mathrm{B}$는 가산집합이다.

$\mathrm{A} = \mathrm{R} - \mathrm{B}$는 가산집합이므로 각 $b \in \mathrm{B}$에 대하여 $b \in \mathrm{R} = \bigcup_{i \in I} G_i$이므로 $b \in G_k$인

k가 존재한다. 이때 첨자k들의 집합을 K라 두면 K는 가산집합이다.

이때 $J \cup K$는 가산집합이며 $\mathrm{R} = \bigcup_{i \in J \cup K} G_i$이다.

따라서 (R, T_L)는 린델레프 공간이다.

02 분리공리(Separation Axioms)

1. T_0, T_1 – 공간

> **[정의]** {T_0–공간} 위상공간 X의 임의의 서로 다른 두 점 $p, q \in X$에 대하여 개근방 U가
> 존재하여 $q \not\in U, p \in U$ 또는 $q \in U, p \not\in U$일 때, T_0–공간이라 한다.
> {T_1–공간} 위상공간X의 임의의 서로 다른 두 점 $p, q \in X$에 대하여 p의 개근방U_p와
> q의 개근방U_q가 존재하여 $q \not\in U_p, p \not\in U_q$일 때, T_1–공간이라 한다.

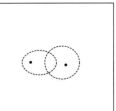

T_1–공간에 관한 몇 가지 동치 조건들을 살펴보자.

> **[정리]** (T_1–공간의 동치 명제)
> (1) 위상공간X가 T_1–공간일 필요충분조건은 모든 한 점 집합(singleton)이 폐집합
> (closed set)인 것이다.
> (2) 위상공간X가 T_1–공간일 필요충분조건은 X의 임의의 점x에 대하여 x의 모든 근방
> 들의 교집합이 $\{x\}$인 것이다.
> (3) 위상공간$(X, \mathfrak{I})$가 T_1–공간일 필요충분조건은 X의 여유한위상 $T \subset \mathfrak{I}$인 것이다.

증명 (1) (→) 임의의 원소 $a \in X$를 고정하고 a가 아닌 임의의 원소 x에 대하여 $x \in O_x$, $a \notin O_x$가 성립하는 개집합 O_x가 존재한다.

그러면 $\{a\}^c = \bigcup_{a \neq x} O_x$ 이므로 $\{a\}^c$가 개집합이고 따라서 $\{a\}$는 폐집합이다.

(←) 위상공간 X의 임의의 서로 다른 두 점 p, q에 대하여

$p \in \{q\}^c$, $q \notin \{q\}^c$, $q \in \{p\}^c$, $p \notin \{p\}^c$이며, $\{p\}^c, \{q\}^c$는 개집합이다.

따라서 X는 T_1-공간이다.

(2) (→) $x \neq y$인 모든 y에 대하여 $x \in G_y$, $y \notin G_y$인 개집합 G_y가 있으며

$\bigcap_y G_y = \{x\}$. x의 모든 근방 N_i에 대하여 $x \in \bigcap_i N_i \subset \bigcap_y G_y$

따라서 x의 모든 근방의 교집합은 $\{x\}$이다.

(←) $x \neq y$이면 x의 모든 개근방의 교집합은 $\{x\}$이므로

$y \notin G_y$인 x의 개집합 G_y가 있다.

또한 y의 모든 개근방의 교집합도 $\{y\}$이므로

$x \notin G_x$인 y의 개집합 G_x가 있다.

따라서 T_1-공간이다.

(3) 여유한위상 T는 집합족 $\{X - \{x\} \mid x \in X\}$로 생성된다.

(1)로부터 $T \subset \mathfrak{I} \leftrightarrow T_1$-공간

유한집합이 T_1-공간일 조건을 알아보자.

[정리] 유한개의 원소를 갖는 위상공간 X가 T_1-공간이면 X는 이산위상공간이다.

증명 앞의 정리에서 모든 단집합이 폐집합임을 알았으므로 이를 이용하여 보이자.

임의의 원소 a에 대하여 $\{a\} = \bigcap_{a \neq x} \{x\}^c$

이므로 $\{a\}$는 유한개의 개집합 $\{x\}^c$의 교집합이므로 개집합이다.

따라서 X의 모든 단집합은 개집합이며 이들을 합집합하여 얻는 모든 X의 부분집합들도 개집합이다. 그러므로 X는 이산위상공간이다.

수열의 수렴성과 T_1-공리의 관련성을 알아보자.

[정리] 위상공간 X에서 수렴하는 수열의 극한이 유일하면 X는 T_1-공간이다.

증명 위상공간 X의 임의의 한 점을 p라 하고, $q \in \overline{\{p\}}$라 하자.

$q \in G$인 임의의 개집합 G에 대하여 $G \cap \{p\} \neq \varnothing$가 성립하므로 $p \in G$이다.

수열 $x_n = p$라 두면 $1 \leq n$이면 $x_n \in G$이므로 x_n은 q로 수렴한다.

또한 $p \in G$인 임의의 개집합 G에 대하여 $1 \leq n$이면 $x_n \in G$이므로

x_n 은 p 로 수렴한다.

따라서 x_n 은 수렴하며 p 와 q 는 극한이다.

수렴하는 수열의 극한은 유일하므로 $p = q$ 이다.

$q \in \overline{\{p\}}$ 이면 $p = q$ 이므로 $\{p\} = \overline{\{p\}}$ 이며 $\{p\}$ 는 폐집합이다.

그러므로 위상공간 X는 T_1 -공간이다.

[정리] X 는 T_1 -공간이며 $A \subset X$ 일 때, 도집합 A' 는 폐집합이다.

증명 $p \in \overline{A'}$ 라 하자.

$p \in G$인 임의의 개집합 G에 대하여 $G \cap A' \neq \varnothing$

$x \in G \cap A'$ 인 x 가 존재한다.

$p = x$ 일 때, $x \in A'$ 이므로 $p \in A'$ 이며 $(G - \{p\}) \cap A \neq \varnothing$

$p \neq x$ 일 때, T_1 -공간이므로 $\{p\}$ 는 폐집합이며 $G - \{p\}$ 는 개집합이다.

$x \in G - \{p\}$, $x \in A'$ 이므로

$(G - \{p\}) \cap A - \{x\} \neq \varnothing$ 이며 $(G - \{p\}) \cap A \neq \varnothing$

따라서 $p \in G$인 임의의 개집합 G에 대하여 $(G - \{p\}) \cap A \neq \varnothing$ 이므로

$p \in A'$

그러므로 $\overline{A'} = A'$ 이며, 도집합 A' 는 X 의 폐집합이다.

2. 하우스도르프(Hausdorff, T_2) 공간

[정의] {T_2-공간} 위상공간 X의 임의의 서로 다른 두 점 $p, q \in X$에 대하여 p의 개근방 U_p 와 q의 개근방 U_q 중에 $U_p \cap U_q = \varnothing$인 것이 존재하면 위상공간 X를 하우스도르프 공간, 또는 T_2-공간이라 한다.

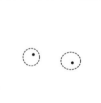

하우스도르프 공간의 동치 조건을 살펴보자.

[정리] {하우스도르프(Hausdorff) 공간의 동치명제}
다음 4가지 명제는 모두 위상공간 X가 T_2-공간일 필요충분조건이다.
(1) 적공간 $X \times X$의 대각선 집합 $D = \{(x, x) \mid x \in X\}$는 폐집합이다.
(2) $p \neq q$ 이면 $p \in V \subset \overline{V} \subset \{q\}^c$ 인 개집합 V 가 있다.
(3) 모든 점 x에 대하여 x의 모든 폐근방들의 교집합이 $\{x\}$인 것이다.
(4) T_2-공리에서 두 점 p, q 대신 서로소인 두 컴팩트 부분집합 P, Q일 때, $P \subset G$, $Q \subset H$, $G \cap H = \varnothing$ 인 개집합 G, H는 존재한다.

증명 (1) ($\rightarrow$) $(x, y) \in D^c$ 이면 $x \neq y$ 이며, $x \in O_1$, $y \in O_2$,
$O_1 \cap O_2 = \varnothing$ 인 개집합 O_1, O_2가 존재하며, $(x, y) \in O_1 \times O_2 \subset D^c$

따라서 D^c 는 개집합이며, D는 폐집합이다.

($\leftarrow$) $x \neq y$ 라 하면 $(x, y) \in D^c$ 이며, D는 폐집합이므로

$(x,y) \in O_1 \times O_2 \subset D^c$ 인 개집합 O_1, O_2 가 존재한다.

이때 $x \in O_1$, $y \in O_2, O_1 \cap O_2 = \varnothing$

따라서 X는 하우스도르프 공간이다.

(2) ($\rightarrow$) $p \neq q$ 이면 $p \in G$, $q \in H$, $G \cap H = \varnothing$ 인 개집합 G, H가 존재하므로 $p \in G \subset H^c \subset \{q\}^c$ 이다. $G \subset \overline{G} \subset \overline{H^c} = H^c$ 이므로 $p \in G \subset \overline{G} \subset \{q\}^c$ 이다.

($\leftarrow$) $p \neq q$ 일 때, $p \in V \subset \overline{V} \subset \{q\}^c$ 인 개집합 V가 있으며 $G = V$, $H = X - \overline{V}$ 라 놓으면 G, H는 개집합이고 $p \in G$, $q \in H$, $G \cap H = \varnothing$

따라서 X는 하우스도르프 공간이다.

(3) ($\rightarrow$) $x \neq y$ 모든 y 마다 $x \in G_y$, $y \in H_y$, $G_y \cap H_y = \varnothing$ 인 개집합 G_y, H_y 가 있다. $x \in G_y \subset H_y^c$ 이며 H_y^c 는 폐집합으로 H_y^c 는 폐근방이다.

$\bigcap\limits_{\forall y \neq x} H_y = \{x\}$ 이므로 $\{x\}$ 는 모든 폐근방들의 교집합이다.

($\leftarrow$) $x \neq y$ 이면 x의 모든 폐근방의 교집합은 $\{x\}$ 이므로 $y \notin F_x$ 인 x의 폐근방 F_x 가 있으며 $x \in G_x \subset F_x$ 인 개집합 G_x 가 있다. 이때 $x \in G_x$, $y \in F_x{}^c$ 이며 $G_x \cap F_x = \varnothing$ 이다.

따라서 X는 하우스도르프 공간이다.

(4) ($\leftarrow$) $P = \{p\}$, $Q = \{q\}$ 라 두면 자명하다.

($\rightarrow$) T_2-공간 X에서 서로소인 두 컴팩트 부분집합 P, Q에 대하여 $P \subset G$, $Q \subset H$, $G \cap H = \varnothing$ 인 개집합 G, H가 존재함을 증명하자.

임의의 두 점 $p \in P$, $q \in Q$ 에 대하여 P, Q가 서로소이므로 $p \neq q$

X는 T_2-공간이므로 $p \in U_{p,q}$, $q \in V_{p,q}$, $U_{p,q} \cap V_{p,q} = \varnothing$ 인 개집합 $U_{p,q}$, $V_{p,q}$ 가 있다.

점 $p \in P$ 에 대하여 $Q \subset \bigcup\limits_{q \in Q} V_{p,q}$ 이며 Q는 컴팩트이므로

$Q \subset \bigcup\limits_{k=1}^{n} V_{p,q_k}$ 인 유한개의 점 q_k 들이 있다.

$U_p = \bigcap\limits_{k=1}^{n} U_{p,q_k}$, $V_p = \bigcup\limits_{k=1}^{n} V_{p,q_k}$ 라 놓자.

그러면 $p \in U_p$, $Q \subset V_p$, $U_p \cap V_p = \varnothing$ 이며 U_p, V_p 는 개집합이다.

$P \subset \bigcup\limits_{p \in P} U_p$ 이며 P도 컴팩트이므로 $P \subset \bigcup\limits_{i=1}^{m} U_{p_i}$ 인 유한개의 점 p_i 들이 있다. 이때, $G = \bigcup\limits_{i=1}^{m} U_{p_i}$, $H = \bigcap\limits_{i=1}^{m} V_{p_i}$ 라 놓자.

따라서 $P \subset G$, $Q \subset H$, $G \cap H = \varnothing$ 이며 G, H는 개집합이다.

[정리] {하우스도르프 공간의 성질}

(1) T_2-공간 X의 컴팩트 부분집합은 폐집합이다.

(2) T_2-공간에서 수렴하는 수열은 유일한 극한을 갖는다.

(3) 제1가산공간이며 수렴하는 수열은 유일한 극한을 가지면 T_2-공간이다.

증명 (1) 하우스도르프 공간 (X, T)의 부분집합 A가 컴팩트라 하자.

점 p를 $p \in X - A$인 임의의 한 점이라 하자.

각각의 점 $a \in A$에 대하여 $a \neq p$이므로 $a \in U_a$, $p \in V_a$, $U_a \cap V_a = \varnothing$

인 개집합 U_a, V_a가 존재한다.

이때, 집합족 $\{U_a\}_{a \in A}$는 A의 열린 덮개(open cover)이므로

A의 컴팩트성에 의하여 A의 유한 부분덮개 $\{U_{a_1}, \cdots, U_{a_n}\}$가 존재한다.

그리고 $O = \bigcap_{k=1}^{n} V_{a_k}$라 두면, $p \in O$, $O \cap A = \varnothing$이며 O는 개집합이다.

즉, $p \in O \subset X - A$

따라서 p는 $X - A$의 내점이며, $X - A$는 개집합이다.

그러므로 A는 폐집합이다.

(2) 수열 $\{a_n\}$이 서로 다른 두 점 p, q로 수렴한다고 하면,

하우스도르프 공간의 정의에 의하여 $p \in U$, $q \in V$, $U \cap V = \varnothing$이 성립하는 개집합 U, V가 존재한다.

수렴의 정의에 의하여 적당한 양의 정수 N이 존재하여

$N \leq n$이면 $a_n \in U$이며 $a_n \in V$이다.

따라서 $a_n \in U \cap V$. 그러나 이는 $U \cap V = \varnothing$에 위배된다.

그러므로 수열 $\{a_n\}$은 하나의 극한으로 수렴한다.

(3) p, q를 X의 임의의 서로 다른 두 점이라 하자.

X는 제1가산공간이므로 p, q의 가산 축소 국소기저

$L(p) = \{G_k \mid k \in \mathbb{N}\}$, $L(q) = \{H_k \mid k \in \mathbb{N}\}$가 있다.

모든 양의 정수 k에 대하여 $G_k \cap H_k \neq \varnothing$이라 가정하면

점열 $x_k \in G_k \cap H_k$가 존재한다.

$x_k \in G_k$이므로 점열 x_k는 p로 수렴한다.

$x_k \in H_k$이므로 점열 x_k는 q로 수렴한다.

명제의 조건에 모순이다.

따라서 적당한 k가 존재하여 $G_k \cap H_k = \varnothing$이다.

그러므로 X는 T_2-공간이다.

하우스도르프 공간과 연속사상은 다음과 같은 성질들이 성립한다.

> **[정리]** 임의의 공간 X에서 하우스도르프 공간 Y로의 두 연속함수 $f, g : X \to Y$에 대하여 다음의 명제가 성립한다.
> (1) X의 조밀한 부분집합에서 두 함수 f, g가 일치하면 X에서 일치한다.
> (2) 집합 $\{ x \mid f(x) = g(x) \}$은 X의 폐집합이다.
> (3) X가 컴팩트 공간이면 f는 폐사상이다.
> (4) X가 컴팩트 공간이고 f가 전단사이면 X와 Y는 위상동형이다.

증명 (1) (귀류법) $f(x) \neq g(x)$ 인 x가 존재한다고 가정하자.

X가 하우스도르프 공간이므로 $f(x) \in O_1$, $g(x) \in O_2$, $O_1 \cap O_2 = \varnothing$ 인 개집합 O_1, O_2가 있다.

f와 g는 연속이므로 $f^{-1}(O_1)$, $g^{-1}(O_2)$는 개집합이다.

그리고 $x \in f^{-1}(O_1) \cap g^{-1}(O_2)$

또한 A는 X에 조밀하므로 $x \in \overline{A}$ 이며 $A \cap (f^{-1}(O_1) \cap g^{-1}(O_2)) \neq \varnothing$

즉, $a \in A \cap (f^{-1}(O_1) \cap g^{-1}(O_2))$ 인 a가 있다.

이때, $a \in A$이므로 $f(a) = g(a)$

$a \in f^{-1}(O_1)$ 이므로 $f(a) \in O_1$ 이며,

$a \in g^{-1}(O_2)$ 이므로 $g(a) \in O_2$ 이다.

$f(a) = g(a) \in O_1 \cap O_2$ 이므로 $O_1 \cap O_2 = \varnothing$ 에 모순이다.

그러므로 모든 $x \in X$에 대하여 $f(x) = g(x)$ 이며, $f = g$ 이다.

(2) $A^c = \{ x \mid f(x) \neq g(x) \}$는 개집합임을 보이자.

임의의 점 $x \in A^c$에 대하여 $f(x) \neq g(x)$ 이며 Y는 T_2-공간이므로

$f(x) \in G$, $g(x) \in H$, $G \cap H = \varnothing$ 인 개집합 G, H가 있다.

f, g는 연속이므로 $f^{-1}(G)$, $g^{-1}(H)$는 개집합이다.

또한 교집합 $f^{-1}(G) \cap g^{-1}(H)$도 개집합이다.

점 $a \in f^{-1}(G) \cap g^{-1}(H)$ 이라 하면 $f(a) \in G$, $g(a) \in H$이며

$G \cap H = \varnothing$ 이므로 $f(a) \neq g(a)$ 이며 $a \in A^c$ 이다.

$f^{-1}(G) \cap g^{-1}(H) \subset A^c$ 이므로 x는 A^c의 내점이다.

따라서 A^c는 모든 점이 내점이므로 A^c는 개집합이다.

그러므로 $\{ x \mid f(x) = g(x) \}$은 X의 폐집합이다.

(3)+(4) 임의의 폐집합 $F \subset X$에 대하여 X는 컴팩트이므로 F는 컴팩트다.

연속사상 f에 의한 상 $f(F)$는 Y의 컴팩트집합이다.

하우스도르프공간 Y의 컴팩트부분집합 $f(F)$는 폐집합이다.

따라서 f는 폐사상이며 f는 전단사 사상이므로 역함수 f^{-1}는 연속사상이다.

그러므로 f는 위상동형사상이다.

[정리] 전사 연속사상 $f : X \to Y$ 에 대하여 X 가 컴팩트 T_2-공간일 때, 다음 명제가 성립한다.

(1) Y 가 T_2-공간일 필요충분조건은 f 가 폐사상이다.

(2) Y 가 T_2-공간이면 $K(f)$ 는 폐집합이다.

(3) f 는 개사상이고 $K(f)$ 는 폐집합이면 Y 가 T_2-공간이다.

증명 (1) ($\to$) 폐집합 $F \subset X$ 에 대하여 X 가 컴팩트이므로 F 는 컴팩트이다. f 는 연속이므로 $f(F)$ 는 컴팩트집합이다.

Y 가 T_2-공간이므로 컴팩트집합 $f(F)$ 는 폐집합이다.

따라서 f 는 폐사상이다.

($\leftarrow$) f 는 전사이므로 모든 $y \in Y$ 에 대하여 $f(x) = y$ 인 x 가 있다.

$\{x\}$ 는 T_2-공간 X 에서 폐집합이다.

f 는 폐사상이므로 $f(\{x\}) = \{y\}$ 는 폐집합이다.

f 는 연속이므로 $f^{-1}(\{y\})$ 는 폐집합이다.

X 가 컴팩트이므로 $f^{-1}(\{y\})$ 는 컴팩트이다.

Y 에서 임의의 서로 다른 두 점을 p, q 라 하자.

f 는 전사이므로 $f^{-1}(p) \cap f^{-1}(q) = \varnothing$, $f^{-1}(p) \neq \varnothing$, $f^{-1}(q) \neq \varnothing$

X 는 T_2-공간이며 $f^{-1}(p)$, $f^{-1}(q)$ 는 각각 컴팩트이므로

$f^{-1}(p) \subset U$, $f^{-1}(q) \subset V$, $U \cap V = \varnothing$ 인 개집합 U, V 가 있다.

여기서 $G = Y - f(X - U)$, $H = Y - f(X - V)$ 라 놓으면

$X - U$, $X - V$ 는 폐집합이며 f 는 폐사상이므로 G, H 는 개집합이다.

$f^{-1}(p) \subset U$ 이므로 $p \in Y - f(X - f^{-1}(p)) \subset Y - f(X - U) = G$

$f^{-1}(q) \subset V$ 이므로 $q \in Y - f(X - f^{-1}(q)) \subset Y - f(X - V) = H$

$G \cap H = Y - f(X - (U \cap V)) = Y - f(X) = Y - Y = \varnothing$

따라서 Y 는 T_2-공간이다.

(2) $F : X \times X \to Y \times Y$, $F(x_1, x_2) = (f(x_1), f(x_2))$ 는 연속이다.

Y 가 T_2-공간이므로 대각선집합 D 는 폐집합이다.

$F^{-1}(D) = K(f)$ 는 폐집합이다.

(3) $y_1 \neq y_2$ 이라 하자.

f 는 전사이므로 $y_i = f(x_i)$ 인 x_i 가 있다.

$y_1 \neq y_2$ 이므로 $x_1 \neq x_2$ 이다.

$x_1 \neq x_2$ 이며 $f(x_1) \neq f(x_2)$ 이므로 $(x_1, x_2) \in K(f)^c$

$K(f)$ 도 폐집합이므로 $(x_1, x_2) \in V_1 \times V_2 \subset K(f)^c$ 인 기저개집합 $V_1 \times V_2$ 가 있다.

$(x_1, x_2) \in V_1 \times V_2$ 이므로 각각 $x_i \in V_i$ 이며 $y_i = f(x_i) \in f(V_i)$

$V_1 \times V_2 \subset K(f)^c$ 이므로 $f(V_1) \cap f(V_2) = \varnothing$

f 는 개사상이므로 $f(V_1)$, $f(V_2)$ 는 개집합이다.

따라서 Y 는 T_2-공간이다.

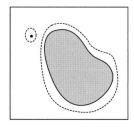

3. 정칙(Regular)공간과 T_3-공간

[정의] {정칙, T_3-공간} 위상공간 X의 임의의 한 점 $p \in X$와 $p \not\in A$인 폐집합 $A \subset X$에 대하여 p의 적당한 개근방 U_p와 A의 적당한 개근방 U_A가 존재하여 $U_p \cap U_A = \varnothing$이 성립하는 위상공간을 정칙공간(regular space)이라 한다.
T_1-공리(또는 T_2-공리)를 만족하는 정칙공간(regular space)을 T_3-공간이라 한다.

책에 따라 T_1-공리를 만족하는 경우에도 정칙공간(regular space)이라 부르기도 한다.
정칙공간이 T_1-공리를 만족하면 한 점 집합이 폐집합이 되므로 위 정의에서 A를 한 점 집합으로 두면 T_3-공간은 하우스도르프 공간임을 알 수 있다.

[정리] 위상공간 X에 대하여
(1) X가 정칙공간일 필요충분조건은 각 점 $x \in G$인 개집합 G에 대하여 $x \in V \subset \overline{V} \subset G$인 개집합 V가 존재한다.
(2) X가 정칙공간일 필요충분조건은 각 점 $x \not\in F$인 폐집합 F에 대하여 $\overline{V} \cap F = \varnothing$, $x \in V$인 개집합 V가 존재한다.

[정리] 컴팩트(compact) 하우스도르프 공간은 정칙 공간이다.

증명 위상공간 X는 컴팩트 하우스도르프 공간이라 하자.
X의 임의의 한 점을 p, 임의의 폐집합을 A, 그리고 $p \not\in A$라 하자.
각각의 $q \in A$에 대하여 $p \neq q$이며, X가 하우스도르프공간이므로
적당한 개집합 U_q, V_q가 존재하여, $p \in U_q$, $q \in V_q$, $U_q \cap V_q = \varnothing$이다.
개집합 $V = \bigcup_{q \in A} V_q$라 두면, $A \subset V$이며 $\{X-A\} \cup \{V_q : q \in A\}$는 X의 열린 덮개다.
X가 컴팩트공간이므로 이 중 유한 부분덮개가 존재한다.
즉, $(X-A) \cup V_{q_1} \cup \cdots \cup V_{q_n} = X$가 성립하는 적당한 $q_k \in A$가 존재한다.
이때, $U = \bigcap_{k=1}^{n} U_{q_k}$라 두면, U는 개집합이며 $p \in U$, $U \cap V = \varnothing$이다.
따라서 $A \subset V$, $p \in U$, $U \bigcap V = \varnothing$
그러므로 X는 정칙공간이다.
위의 증명과정을 발전시켜 "컴팩트 하우스도르프 공간은 정규공간"임을 증명할 수 있다.

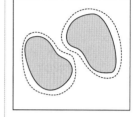

4. 정규(Normal)공간과 T_4 – 공간

> **[정의] {정규, T_4–공간}** 위상공간 X의 $A \cap B = \varnothing$ 인 임의의 두 폐집합 A, $B \subset X$에 대하여, A의 적당한 개근방 U_A와 B의 적당한 개근방 U_B가 존재하여 $U_A \cap U_B = \varnothing$ 이 성립하는 위상공간을 정규공간(normal space)이라 한다.
> T_1–공리(또는 T_2–공리)를 만족하는 정규공간(normal space)을 T_4–공간이라 한다.

책에 따라 T_4–공간을 정규공간(normal space)이라 부르기도 한다.

정칙공간이 T_1–공리를 만족하면 한 점 집합이 폐집합이 되므로 위 정의에서 A를 한 점 집합으로 두면 T_4–공간은 T_3–공간임을 알 수 있다.

정규공간의 동치조건을 살펴보자.

> **[정리]** 위상공간 X에 대하여
> (1) X가 정규공간일 필요충분조건은 임의 폐집합 $A \subset G$인 개집합 G에 대하여 $A \subset V \subset \overline{V} \subset G$인 개집합 V가 존재한다.
> (2) X가 정규공간일 필요충분조건은 $A \cap B = \varnothing$인 폐집합 A, B에 대하여 $\overline{U} \cap \overline{V} = \varnothing$, $A \subset U$, $B \subset V$인 개집합 U, V가 존재한다.

증명 (1) ($\rightarrow$) 폐집합 $A \subset G$인 개집합 G일 때, $A \cap G^c = \varnothing$

X는 정규공간이므로 $A \subset V$, $G^c \subset U$, $V \cap U = \varnothing$ 인 개집합 V, U가 있다. $V \subset U^c$ 이며 U^c 는 폐집합이므로 $V \subset \overline{V} \subset \overline{U^c} = U^c$

따라서 $A \subset V \subset \overline{V} \subset \overline{U^c} = U^c \subset G$이다.

($\leftarrow$) 서로소인 임의의 두 폐집합을 A, B 라 하면 $A \subset B^c$, B^c 는 개집합이므로 $A \subset V \subset \overline{V} \subset B^c$ 인 개집합 V가 존재한다.

$G = \overline{V}^c$ 라 놓으면 G는 개집합이며 $A \subset V \subset G^c \subset B^c$ 이므로 $A \subset V$, $B \subset G$, $V \cap G = \varnothing$

따라서 X는 정규공간이다.

(2) ($\leftarrow$) $\overline{U} \cap \overline{V} = \varnothing$ 이면 $U \cap V = \varnothing$

따라서 X는 정규공간이다.

($\rightarrow$) 서로소인 임의의 두 폐집합을 A, B 라 하자.

$A \subset G$, $B \subset H$, $G \cap H = \varnothing$ 인 개집합 G, H가 존재한다.

위의 (1)로부터 $A \subset U \subset \overline{U} \subset G$, $B \subset V \subset \overline{V} \subset H$인 개집합 U, V가 존재한다.

$G \cap H = \varnothing$ 이므로 $\overline{U} \cap \overline{V} = \varnothing$

따라서 개집합 U, V에 관하여 $\overline{U} \cap \overline{V} = \varnothing$, $A \subset U$, $B \subset V$이다.

정규공간(normal space)의 중요한 동치 명제 두 가지를 소개하자.

> **[정리] {정규공간의 동치 명제}**
> (1) 우리손 보조정리(Urysohn lemma)
> 정규공간(normal space)X 의 $A \cap B = \varnothing$ 인 두 폐집합 A, B 에 대하여
> (단, $A \neq \varnothing \neq B$) $f(A) = \{0\}$, $f(B) = \{1\}$ 인 연속함수 $f : X \to [0,1]$ 가 존재한다.
> (2) 티이체 확장정리(Tietze extension theorem)
> 정규공간(normal space)X 의 임의의 폐집합 A (단, $A \neq \varnothing$)와 연속함수 $f : A \to \mathbb{R}$
> 에 대하여 $\forall a \in A$, $F(a) = f(a)$ 가 성립하는 연속함수 $F : X \to \mathbb{R}$ 가 존재한다.

> $\mathbb{R}$ 는 보통위상공간이며 $[0,1]$ 는 부분공간이다.

정규공간에 관한 우리손 보조정리와 티이체 확장정리는 모두 정규공간과 동치명제이다.

우리손 보조정리로부터 다음과 같은 개념을 도입할 수 있다.

> **[정의] {완전 정칙공간(complete regular space)}**
> 위상공간X 의 임의의 폐집합 A 와 $p \notin A$ 인 임의의 점 p 에 대하여
> $f(p) = 0$, $f(A) = \{1\}$ 인 연속함수 $f : X \to [0,1]$ 가 존재한다.

> $\mathbb{R}$ 는 보통위상공간이며 $[0,1]$ 는 부분공간이다.

완전 정칙공간은 정칙공간이다. 그러나 정칙공간은 완전 정칙공간이 아닐 수 있다. 완전정칙공간을 $T_{3\frac{1}{2}}$ -공간이라 부르기도 한다.

분리공리들은 위상적 성질이다.

> **[정리]** T_0, T_1, T_2, T_3, T_4, 정칙, 완전정칙, 정규는 위상적 성질이다.

증명 완전정칙 공리만 증명하자.

$\phi : X \to Y$ 가 위상동형사상이며 X 는 완전정칙공간이라 하자.

ϕ 가 위상동형사상이므로 역함수ϕ^{-1} 도 위상동형사상이다.

폐집합 $A \subset Y$ 와 임의의 한 점 $y \notin A$ 일 때,

$\phi^{-1}(A)$ 는 X 의 폐집합이며, $\phi^{-1}(y) \notin \phi^{-1}(A)$

X 는 완전정칙공간이므로 $f(\phi^{-1}(y)) = 0$, $f(\phi^{-1}(A)) = \{1\}$ 이 성립하는 연속함수 $f : X \to [0,1]$ 가 존재한다.

사상 $g = f \circ \phi^{-1}$ 라 정의하면 $g : Y \to [0,1]$ 이다.

f 와 역함수ϕ^{-1} 는 연속이므로 g 는 연속함수이며,

$g(y) = 0$, $g(A) = \{1\}$ 이다.

따라서 Y 는 정규공간이다.

그러므로 완전정칙 공리는 위상적 성질이다.

또한 정규공간에 관하여 다음과 같은 성질이 성립한다.

[정리] {정규공간에 관한 성질}

(1) 모든 거리공간은 정규공간이다. (T_4 −공간이다.)

(2) 컴팩트 하우스도르프 공간은 정규공간이다. (T_4 −공간이다.)

(3) 린델레프 정칙공간은 정규공간이다.

(4) 제2가산 정칙공간은 정규공간이다.

증명 (1) $A \cap B = \varnothing$ 인 A, B 가 거리공간 X 의 폐집합이라 하면

$a \in A$ 일때 $r_a = \dfrac{1}{2} d(a, B)$, $b \in B$ 일때 $r_b = \dfrac{1}{2} d(b, A)$ 두고,

$O_A = \bigcup\limits_{a \in A} \mathrm{B}(a, r_a)$, $O_B = \bigcup\limits_{b \in B} \mathrm{B}(b, r_b)$ 라 하면 $A \subset O_A$, $B \subset O_B$

$c \in O_A \cap O_B$ 이라 가정하면 $c \in B(a, r_a)$, $c \in B(b, r_b)$ 인 a, b 가 있다.

$d(a, b) \leq d(a, c) + d(c, b) < r_a + r_b \leq \dfrac{1}{2} d(a, b) + \dfrac{1}{2} d(a, b) = d(a, b)$.

모순. 즉, $O_A \cap O_B = \varnothing$

따라서 X 는 정규공간이다.

(2) 앞에서 컴팩트 하우스도르프 공간 X 은 정칙공간임을 증명하였다.

폐집합 $A, B \subset X$, $A \cap B = \varnothing$ 라 하자.

각 점 $a \in A$ 와 폐집합 B 에 대하여 $a \in G_a$, $B \subset H_a$ 인 서로소인 개집합 G_a, H_a 가 존재한다. 이때, $A \subset \bigcup\limits_{a \in A} G_a$

X 가 컴팩트이므로 폐부분집합 A 는 컴팩트집합이다.

따라서 유한개의 $a_1, \cdots, a_n \in A$ 이 존재하며

$G_1 = G_{a_1}, \cdots, G_n = G_{a_n}$, $H_1 = H_{a_1}, \cdots, H_n = H_{a_n}$ 라 쓰기로 하고

$O_A = \bigcup\limits_{k=1}^{n} G_k$, $O_B = \bigcap\limits_{k=1}^{n} H_k$ 라 두면 $A \subset O_A$, $B \subset O_B$, $G_k \cap H_k = \varnothing$

$O_A \cap O_B = \bigcup\limits_{k=1}^{n} (G_k \cap O_B) \subset \bigcup\limits_{k=1}^{n} (G_k \cap H_k) = \bigcup\limits_{k=1}^{n} \varnothing = \varnothing$

따라서 위상공간 (X, T_X) 는 정규공간이다.

(3) 폐집합 $A, B \subset X$, $A \cap B = \varnothing$ 이라 하자.

X 가 정칙공간이므로 각 점 $a \in A$ 와 폐집합 B 에 대하여 $a \in G_a$, $B \subset H_a$ 인 서로소인 개집합 G_a, H_a 가 있으며

X 가 린델레프공간이므로 $A \subset \bigcup\limits_{n=1}^{\infty} G_n$, $B \subset \bigcap\limits_{n=1}^{\infty} H_n$, $G_n \cap H_n = \varnothing$ 인 가산개의 개집합 G_n, H_n 이 존재한다.

같은 방법으로 각 점 $b \in B$ 와 폐집합 A 에 대하여 $b \in V_b$, $A \subset U_b$ 인 서로소인 개집합 U_b, V_b 가 존재하며 $A \subset \bigcap\limits_{n=1}^{\infty} U_n$, $B \subset \bigcup\limits_{n=1}^{\infty} V_n$, $U_n \cap V_n = \varnothing$ 인 개집합 U_n, V_n 이 있다.

$$O_A = \bigcup_{n=1}^{\infty} (G_n \cap U_1 \cap \cdots \cap U_n) \ , \ O_B = \bigcup_{n=1}^{\infty} (V_n \cap H_1 \cap \cdots \cap H_n) \ \text{라 두면}$$

$$O_A = \bigcup_{n=1}^{\infty} (G_n \cap U_1 \cap \cdots \cap U_n) \supset \bigcup_{n=1}^{\infty} (G_n \cap A) = \left(\bigcup_{n=1}^{\infty} G_n\right) \cap A = A \ ,$$

$$O_B = \bigcup_{n=1}^{\infty} (V_n \cap H_1 \cap \cdots \cap H_n) \supset \bigcup_{n=1}^{\infty} (V_n \cap B) = \left(\bigcup_{n=1}^{\infty} V_n\right) \cap B = B \ \text{이며}$$

$$O_A \cap O_B = \left\{ \bigcup_{k=1}^{\infty} (G_k \cap U_1 \cap \cdots \cap U_k) \right\} \cap \left\{ \bigcup_{l=1}^{\infty} (V_l \cap H_1 \cap \cdots \cap H_l) \right\}$$

$$= \bigcup_{k=1}^{\infty} \bigcup_{l=1}^{\infty} \left\{ (G_k \cap U_1 \cap \cdots \cap U_k) \cap (V_l \cap H_1 \cap \cdots \cap H_l) \right\}$$

$$= \bigcup_{k=1}^{\infty} \bigcup_{l=1}^{\infty} \varnothing = \varnothing$$

따라서 위상공간 (X, T_X) 는 정규공간이다.

(4) X 를 제2가산 정칙공간이라 하고 A, B 를 서로소인 두 폐집합이라 하자. X 의 가산기저를 $\{ O_i \,|\, i \in \mathbb{N} \}$ 라 놓자.

임의의 점 $a \in A$ 에 대하여 $a \not\in B$ 이며 X 는 정칙공간이므로
$a \in W_a \subset \overline{W_a} \subset B^c$ 인 개집합 W_a 가 있다.

그리고 $a \in O_{i_a} \subset W_a$ 인 기저개집합 O_{i_a} 가 있다.

이때, $\overline{O_{i_a}} \subset \overline{W_a} \subset B^c$ 이며 $\overline{O_{i_a}} \cap B = \varnothing$ 이다.

집합족 $\{ O_{i_a} \,|\, a \in A \}$ 는 기저개집합들로 구성된 A 의 열린덮개이며 기저는 가산개의 개집합을 가지므로 $\{ O_{i_a} \,|\, a \in A \}$ 는 가산집합이다.

$\{ O_{i_a} \,|\, a \in A \} = \{ U_k \,|\, k \in \mathbb{N} \}$ 라 놓을 수 있으며

위의 조건들로부터 $A \subset \bigcup_{k=1}^{\infty} U_k$, $\overline{U_k} \cap B = \varnothing$

임의의 점 $b \in B$ 에 대하여 위의 과정에서 A, B 와 a, b 의 역할을 바꾸어 적용하면 $B \subset \bigcup_{k=1}^{\infty} V_k$, $\overline{V_k} \cap A = \varnothing$ 인 기저개집합 V_k 가 있다.

$G_n = U_n - \bigcup_{k=1}^{n} \overline{V_k}$, $G = \bigcup_{n=1}^{\infty} G_n$, $H_n = V_n - \bigcup_{k=1}^{n} \overline{U_k}$, $H = \bigcup_{n=1}^{\infty} H_n$ 라 놓으면 G_n, G, H_n, H 는 모두 개집합이다.

$A \subset \bigcup_{k=1}^{\infty} U_k$, $\overline{V_k} \cap A = \varnothing$ 이므로 $A \subset G$

$B \subset \bigcup_{k=1}^{\infty} V_k$, $\overline{U_k} \cap B = \varnothing$ 이므로 $B \subset H$

만약 $x \in G \cap H$ 라 하면 $x \in G_n$, $x \in H_m$ 인 양의 정수 n, m 이 있다.

$n \le m$ 이면 $x \in G_n \subset U_n \subset \bigcup_{k=1}^{m} \overline{U_k}$ 이므로 $x \not\in H_m$. 모순!

$n > m$ 이면 $x \in H_m \subset V_m \subset \bigcup_{k=1}^{n} \overline{V_k}$ 이므로 $x \not\in G_n$. 모순!

따라서 $G \cap H = \varnothing$

그러므로 X 는 정규공간이다.

정규성과 가산성을 결합할 때, 다음 정리를 얻는다.

[정리] 분리가능 정규공간 $(X, \mathfrak{I})$ 의 모든 비가산 부분집합은 집적점을 갖는다.

증명 (귀류법) 집적점을 갖지 않는 비가산 부분집합 L 이 있다고 가정하자.
L 의 모든 점은 고립점이므로 L 의 상대위상은 이산위상이다.
X 는 분리가능공간이므로 $\overline{D} = X$ 인 가산부분집합 D 가 있다.
L 의 임의의 부분집합 A 에 대하여, L 이 이산공간이므로 A, $L - A$ 은 X 의 서로소인 두 폐집합이다.
X 는 정규공간이므로 $A \subset G_A$, $L - A \subset H_A$, $G_A \cap H_A = \varnothing$ 인 개집합 G_A, H_A 가 있다.

이때, 사상 $f : 2^L \to 2^D$ 를 $f(A) = \begin{cases} D & , A = L \\ \varnothing & , A = \varnothing \\ G_A \cap D & , \text{그 외} \end{cases}$ 라 정의하자.

L 의 부분집합 A, B 에 대하여 $A \neq B$ 라 하자.
$A \neq B$ 이므로 $a \in A - B$ 또는 $a \in B - A$ 인 a 가 있다.
$a \in A - B$ 이라 할 수 있으며 $a \in V_a \subset B^c$ 인 개집합 V_a 가 있다.
$a \in A \subset G_A$ 이며 $a \in A - B \subset L - B \subset H_B$ 이므로
$a \in G_A \cap H_B \cap V_a$
D 는 X 에 조밀한 집합이므로 $D \cap G_A \cap H_B \cap V_a \neq \varnothing$
점 $p \in D \cap G_A \cap H_B \cap V_a$ 이라 두면 $p \in D \cap G_A$, $p \not\in D \cap G_B$ 이다.
따라서 $D \cap G_A \neq D \cap G_B$ 이며 $f(A) \neq f(B)$ 이므로 f 는 단사사상이다.
$f : 2^L \to 2^D$ 가 단사이므로 $|L| \leq |D|$
그러나 L 은 비가산집합, D 는 가산집합임에 모순
그러므로 모든 비가산 부분집합은 집적점을 갖는다.

5. 분리공리의 성질

분리공리들의 사상에 관한 성질들을 정리하면 다음과 같다.

> **[정리]** 위상공간 X, Y 사이에 사상 $f : X \to Y$ 가 주어져 있을 때,
> (1) f 가 단사, 연속이고 Y 가 T_1 -공간이면 X 는 T_1 -공간이다.
> (2) f 가 단사, 연속이고 Y 가 T_2 -공간이면 X 는 T_2 -공간이다.
> (3) f 전사, 폐사상이며 모든 $f^{-1}(y)$ 는 컴팩트일 때, X 가 T_2 -공간이면 Y 는 T_2 -공간이다.
> (4) f 가 전사, 연속, 폐사상이며, X 는 정규공간이면 Y 는 정규공간이다.

(3)에서 연속조건이 필요 없다.

증명 (1) X 에서 임의의 서로 다른 두 점을 p, q 라 하자.

f 는 단사이므로 $f(p) \neq f(q)$

Y 는 T_1 -공간이므로 $f(p) \in U$, $f(q) \in V$, $f(q) \notin U$, $f(p) \notin V$ 인 개집합 U, V 가 있다.

f 는 연속이므로 $f^{-1}(U)$, $f^{-1}(V)$ 는 개집합이다.

$p \in f^{-1}(U)$, $q \in f^{-1}(V)$ 이며 f 는 단사이므로 $p \notin f^{-1}(V)$, $q \notin f^{-1}(U)$

따라서 X 는 T_1 -공간이다.

(2) f 는 단사이므로 $x_1 \neq x_2$ 이면 $f(x_1) \neq f(x_2)$

Y 는 하우스도르프 공간이므로 $O_1 \cap O_2 = \varnothing$, $f(x_1) \in O_1$, $f(x_2) \in O_2$ 인 개집합 O_1, O_2 가 있다.

이때 $x_1 \in f^{-1}(O_1)$, $x_2 \in f^{-1}(O_2)$, $f-1(O_1) \cap f^{-1}(O_2) = \varnothing$

따라서 X 는 하우스도르프 공간이다.

(3) Y 에서 임의의 서로 다른 두 점을 p, q 라 하자.

$p \neq q$ 이며 f 는 전사이므로

$f^{-1}(p) \cap f^{-1}(q) = \varnothing$, $f^{-1}(p) \neq \varnothing$, $f^{-1}(q) \neq \varnothing$

X 는 T_2 -공간이며 $f^{-1}(p)$, $f^{-1}(q)$ 는 각각 컴팩트이므로

$f^{-1}(p) \subset U$, $f^{-1}(q) \subset V$, $U \cap V = \varnothing$ 인 개집합 U, V 가 있다.

여기서 $G = Y - f(X - U)$, $H = Y - f(X - V)$ 라 놓으면

$X - U$, $X - V$ 는 폐집합이며 f 는 폐사상이므로 G, H 는 개집합이다.

$f^{-1}(p) \subset U$ 이므로 $p \in Y - f(X - f^{-1}(p)) \subset Y - f(X - U) = G$

$f^{-1}(q) \subset V$ 이므로 $q \in Y - f(X - f^{-1}(q)) \subset Y - f(X - V) = H$

$G \cap H = Y - f(X - (U \cap V)) = Y - f(X) = Y - Y = \varnothing$

따라서 Y 는 T_2 -공간이다.

(4) 폐집합 A, $B \subset Y$, $A \cap B = \varnothing$ 이라 하자.

f 는 연속이므로 폐집합 $f^{-1}(A)$, $f^{-1}(B) \subset X$ 이며,

$f^{-1}(A) \cap f^{-1}(B) = \varnothing$

X 는 정규공간이므로 $f^{-1}(A) \subset U_A$, $f^{-1}(B) \subset U_B$, $U_A \bigcap U_B = \varnothing$ 인 개집합 U_A, U_B 있다.

이때 $O_A = Y - f(X - U_A)$, $O_B = Y - f(X - U_B)$ 라 두자.

f 는 폐사상이므로 $f(X-U_A)$, $f(X-U_B)$ 는 폐집합이며 O_A, O_B 는 개집합이다.

$$O_A \cap O_B = f(U_A^c)^c \cap f(U_B^c)^c = \{f(U_A^c) \cup f(U_B^c)\}^c = \{f(U_A^c \cup U_B^c)\}^c$$
$$= \{f((U_A \cap U_B)^c)\}^c = \{f(\varnothing^c)\}^c = \{f(X)\}^c = Y^c = \varnothing$$

$f^{-1}(A) \subset U_A$, $f^{-1}(B) \subset U_B$ 이므로

$f(f^{-1}(A^c)) \supset f(U_A^c)$, $f(f^{-1}(B^c)) \supset f(U_B^c)$

f 는 전사사상이므로 $A^c = f(f^{-1}(A^c))$, $B^c = f(f^{-1}(B^c))$

따라서 $A^c \supset f(U_A^c)$, $B^c \supset f(U_B^c)$ 이며

$A \subset f(U_A^c)^c = O_A$, $B \subset f(U_B^c)^c = O_B$

그러므로 Y 는 정규공간이다.

정의에 따라 분리공리들 사이에 일련의 관련성이 성립한다.

> **[정리]** (1) 거리위상공간 $\rightarrow$ T_4 $\rightarrow$ T_3 $\rightarrow$ T_2 $\rightarrow$ T_1 $\rightarrow$ T_0
> (2) 정규공간 중에 정칙공간이 아닌 것이 있다.

분리공리의 유전성에 관하여 다음 정리가 성립한다.

> **[정리]** {유전성}
> (1) T_1 –공간, T_2 –공간, T_3 –공간, 정칙공간, 완전정칙공간의 부분공간은 각각 T_1 –공간, T_2 –공간, T_3 –공간, 정칙공간, 완전정칙공간이다.
> (2) 정규공간(T_4 –공간)의 폐부분공간은 정규공간(T_4 –공간)이다.

증명 (1)의 명제 중에서 정칙공간의 유전성을 증명하자.

정칙공간 X 의 공집합이 아닌 부분집합 Y 를 부분공간으로 보자.

Y 의 폐부분집합 $A = Y \cap F$ 와 점 $p \notin A$ 라 하자. (단, F 는 X 의 폐집합)

$p \in Y$ 이므로 $p \notin F$

X 는 정칙공간이므로 $p \in G_p$, $F \subset G_F$, $G_p \cap G_F = \varnothing$ 인 개집합 G_p, G_F 가 있다. $H_p = Y \cap G_p$, $H_A = Y \cap G_A$ 라 두자.

H_A, H_p 는 Y 의 개집합이며 $H_A \cap H_p = \varnothing$, $A \subset H_A$, $p \subset H_p$ 이다.

따라서 Y 는 정칙공간이다.

(2) 정규공간 X 의 공집합이 아닌 폐부분집합 Y 를 부분공간으로 보자.

Y 의 두 폐부분집합 A, B 가 $A \cap B = \varnothing$ 이라 하자.

Y 는 X 의 폐부분집합이며 A, B 는 Y 의 폐부분집합이므로 A, B 는 X 의 폐부분집합이다.

X 는 정규공간이므로 $G_A \cap G_B = \varnothing$, $A \subset G_A$, $B \subset G_B$ 인 개집합 G_A, G_B 가 있다. $H_A = Y \cap G_A$, $H_B = Y \cap G_B$ 라 두자.

H_A, H_B 는 Y 의 개집합이며 $H_A \cap H_B = \varnothing$, $A \subset H_A$, $B \subset H_B$ 이다.

따라서 Y 는 정규공간이다.

적공간의 분리공리에 관한 성질을 정리하면 다음과 같다.

> **[정리] {적불변성}**
> T_1-공간, T_2-공간, T_3-공간, 정칙공간, 완전정칙공간들의 적공간은 각각 T_1-공간, T_2-공간, T_3-공간, 정칙공간, 완전정칙공간이다.

증명 T_2-공간에 관한 명제를 증명하자.

X_k 들이 T_2-공간이라 하고 적공간 ΠX_k 의 서로 다른 두 점을 p, q 라 두자.

$p \neq q$ 이므로 적당한 사영사상 $\pi_k : \Pi X_k \to X_k$ 에 대하여 $\pi_k(p) \neq \pi_k(q)$ 인 π_k 가 있다.

$\pi_k(p) \neq \pi_k(q)$ 이며 X_k 는 T_2-공간이므로 $\pi_k(p) \in G_k$, $\pi_k(q) \in H_k$, $G_k \cap H_k = \varnothing$ 인 개집합 G_k, H_k 가 있다.

이때 $p \in \pi_k^{-1}(G_k)$, $q \in \pi_k^{-1}(H_k)$, $\pi_k^{-1}(G_k) \cap \pi_k^{-1}(H_k) = \varnothing$

따라서 적공간 ΠX_k 는 T_2-공간이다.

두 정규공간의 적공간은 정규공간이 아닌 예가 있다.

적불변성에 관한 아래의 두 예제를 통해 증명한다.

> **예제 1** 실수전체집합 $\mathbb{R}$ 의 $\{\,[a,b)\,|\,a < b\,\}$ 로 생성하는 하한위상 T_L 에 관한 위상공간 $(\mathbb{R}, T_L)$ 는 정규공간임을 보이시오.

증명 두 폐집합 A, $B \subset \mathbb{R}$, $A \cap B = \varnothing$ 라 하자.

각각의 $a \in A$ 에 대하여 $a \in B^c$ 이며 B^c 는 개집합이므로 $a \in [a, r_a) \subset B^c$ 인 r_a 가 있다.

각각의 $b \in B$ 에 대하여 $b \in A^c$ 이며 A^c 는 개집합이므로 $b \in [b, s_b) \subset A^c$ 인 s_b 가 있다.

$G_A = \bigcup_{a \in A} [a, r_a)$, $G_B = \bigcup_{b \in B} [b, s_b)$ 라 두면 $A \subset G_A$, $B \subset G_B$ 이며 G_A, G_B 는 개집합이다.

$x \in G_A \cap G_B$ 인 원소 x 가 있다고 가정하면 $x \in [a, r_a)$, $x \in [b, s_b)$ 인 적당한 a, b 가 있다.

$a \leq b$ 인 경우 $a \leq b \leq x$ 이므로 $b \in [a, r_a) \subset B^c$. 모순

$a > b$ 인 경우 $b < a \leq x$ 이므로 $a \in [b, s_b) \subset A^c$. 모순

따라서 $G_A \cap G_B = \varnothing$ 이며 $(\mathbb{R}, T_L)$ 는 정규공간이다.

예제 2 실수전체집합 $\mathbb{R}$ 의 하한위상 T_L 에 관한 적위상공간 $(\mathbb{R}^2, \mathfrak{J})$ 에 대하여 다음 명제를 증명하시오.
(단, 적위상 $\mathfrak{J}$ 는 기저 $\{ [a,b) \times [c,d) \mid a < b,\ c < d \}$ 로 생성한다.)
① 부분집합 $L = \{ (x,y) \mid x+y = 0 \}$ 의 상대위상이 이산위상이다.
② 부분집합 $D = \mathbb{Q} \times \mathbb{Q}$ (유리수좌표 집합)는 $(\mathbb{R}^2, \mathfrak{J})$ 에 조밀한 집합이다.
③ $(\mathbb{R}^2, \mathfrak{J})$ 는 정규공간이 아니다.

증명 ① 적공간 $(\mathbb{R}^2, \mathfrak{J})$ 의 개집합 $G = [x, x+1) \times [-x, -x+1)$ 에 대하여
$L \cap G = \{ (x, -x) \}$ 이므로 한 점 집합 $\{ (x, -x) \}$ 는 L 의 개집합이다.
따라서 L 의 상대위상은 이산위상이다.

② 하한위상공간 $(\mathbb{R}, T_L)$ 에서 $a < b$ 일 때 $[a,b) \cap \mathbb{Q} \neq \varnothing$ 이므로 $\overline{\mathbb{Q}} = \mathbb{R}$
$\overline{D} = \overline{\mathbb{Q}} \times \overline{\mathbb{Q}} = \mathbb{R}^2$ 이므로 D 는 $(\mathbb{R}^2, \mathfrak{J})$ 에 조밀한 집합이다.

③ $(\mathbb{R}^2, \mathfrak{J})$ 가 정규공간이라 가정하자.
L 의 임의의 부분집합 A 에 대하여, L 이 이산공간이므로
A, $L-A$ 은 $\mathbb{R}^2$ 의 폐집합이다.
가정에 의해 $A \subset G_A$, $L-A \subset H_A$, $G_A \cap H_A = \varnothing$ 인 개집합 G_A, H_A 가 있다.
이때, 사상 $f : 2^L \to 2^D$ 를 $f(A) = \begin{cases} D & ,\ A = L \\ \varnothing & ,\ A = \varnothing \\ G_A \cap D & ,\ \text{그 외} \end{cases}$ 라 정의하자.
L 의 부분집합 A, B 에 대하여 $A \neq B$ 라 하자.
$A \neq B$ 이므로 $a \in A-B$ 또는 $a \in B-A$ 인 a 가 있다.
$a \in A-B$ 라 할 수 있으며 $a \in V_a \subset B^c$ 인 개집합 V_a 가 있다.
$a \in A \subset G_A$ 이며 $a \in A-B \subset L-B \subset H_B$ 이므로
$a \in G_A \cap H_B \cap V_a$
D 는 $\mathbb{R}^2$ 에 조밀한 집합이므로 $D \cap G_A \cap H_B \cap V_a \neq \varnothing$
점 $p \in D \cap G_A \cap H_B \cap V_a$ 이라 두면 $p \in D \cap G_A$, $p \notin D \cap G_B$ 이다.
따라서 $D \cap G_A \neq D \cap G_B$ 이며 $f(A) \neq f(B)$ 이므로 f 는 단사사상이다.
$f : 2^L \to 2^D$ 가 단사이므로 $|L| \leq |D|$. L 은 비가산집합, D 는 가산집합임에 모순
그러므로 $(\mathbb{R}^2, \mathfrak{J})$ 는 정규공간이 아니다.

예제 3 자연수집합의 위상공간 $(\mathbb{N}, T)$ 의 위상이 다음과 같다.
두 자연수 n, m 에 대하여 기저-개집합 $\mathrm{B}(n,m) = \{ n+mk \mid k = 0, 1, 2, \cdots \}$ 라 할 때,
집합족 $\{ \mathrm{B}(n,m) \mid n < m,\ \gcd(n,m) = 1 \}$ 로 생성한 위상 T
① 위상공간 $(\mathbb{N}, T)$ 가 T_2-공간임을 보이시오.
② 위상공간 $(\mathbb{N}, T)$ 가 정칙공간이 아님을 보이시오.

증명 ① 서로 다른 두 자연수 a, b 에 대하여 $m = ab+1$ 이라 두자.
$a < m,\ b < m$ 이며 $\gcd(a,m) = 1,\ \gcd(b,m) = 1$
$a \in \mathrm{B}(a,m),\ b \in \mathrm{B}(b,m)$ 이며 $\mathrm{B}(a,m) \cap \mathrm{B}(b,m) = \varnothing$
따라서 위상공간 $(\mathbb{N}, T)$ 는 T_2-공간(하우스도르프 공간)이다.

② $A = \mathbb{N} - B(1,2)$ 라 두면 A 는 모든 짝수들로 이루어진 폐집합이며 $1 \not\in A$ 이다.

$A \subset G$, $1 \in H$ 인 개집합 G, H 가 있다고 하자.

$1 \in B(1,r) \subset H$ 인 개집합 $B(1,r)$ 이 존재한다.

r 이 홀수인 경우: $r+1 \in B(1,r) \cap A$ 이므로 $G \cap H \neq \varnothing$

r 이 짝수인 경우: $r \in A \subset G$ 이므로 $r \in B(r,s) \subset G$ 인 개집합 $B(r,s)$ 가 존재한다.

이때 s, r 은 서로소이므로 $sx - ry = 1$ 인 양의 정수 x, y 가 존재한다.

$sx + r = r(y+1) + 1$ 이며 $sx + r \in B(r,s)$,

$r(y+1) + 1 \in B(1,r)$ 이므로 $B(r,s) \cap B(1,r) \neq \varnothing$

따라서 $G \cap H \neq \varnothing$

그러므로 $(\mathbb{N}, T)$ 는 정칙공간이 아니다.

예제 4 정칙공간 $(X, \Im)$ 의 컴팩트집합 A 의 폐포 $\overline{A}$ 도 컴팩트임을 보이시오.

증명 $\overline{A} \subset \bigcup_{i \in I} G_i$ (단, $G_i \in \Im$)이라 하자.

각각의 점 $a \in A$ 에 대하여 $a \in \overline{A} \subset \bigcup_{i \in I} G_i$ 이므로 $a \in G_{i(a)}$ 인 개집합 $G_{i(a)}$ 가 있다.

X 는 정칙공간이므로 $a \in V_a \subset \overline{V_a} \subset G_{i(a)}$ 인 개집합 V_a 가 있다.

이때, $A \subset \bigcup_{a \in A} V_a$ 이며 A 는 컴팩트이므로 $A \subset V_{a_1} \cup V_{a_2} \cup \cdots \cup V_{a_n}$ 인

$a_1, a_2, \cdots, a_n$ 이 있다.

$\overline{A} \subset \overline{V_{a_1} \cup V_{a_2} \cup \cdots \cup V_{a_n}} = \overline{V_{a_1}} \cup \overline{V_{a_2}} \cup \cdots \cup \overline{V_{a_n}} \subset G_{i(a_1)} \cup G_{i(a_2)} \cup \cdots \cup G_{i(a_n)}$

그러므로 컴팩트집합 A 의 폐포 $\overline{A}$ 는 컴팩트집합이다.

예제 5 하우스도르프 공간 X 의 컴팩트집합 A 의 도집합 A' 는 컴팩트임을 보이시오.

증명 T_2-공간에서 컴팩트집합은 폐집합이며, 폐포 $\overline{A} = A$

T_2-공간이므로 T_1-공간이며, T_1-공간이므로 도집합 A' 은 폐집합이다.

이때, $A' \subset \overline{A} = A$ 이므로 A' 는 컴팩트집합 A 의 폐부분집합이다.

따라서 컴팩트집합 A 의 폐부분집합은 컴팩트이므로 A' 는 컴팩트이다.

예제 6 $\{ B(a\,;r) \mid a\,, r \in \mathbb{Z}\,, r > 0 \}$ $(B(a\,;r) = \{ a + kr \mid k \in \mathbb{Z} \})$ 로 생성한 위상 $\Im$ 의 위상공간 $(\mathbb{Z}, \Im)$ 는 T_4 (정규) 공간임을 보이시오.

증명 임의의 서로소인 두 폐집합을 $A = \{ a_i \mid i \in \mathbb{N} \}$,

$B = \{ b_i \mid i \in \mathbb{N} \}$ 이라 두자.

각각의 $a_i \in A$ 에 대하여 $a_i \in B(a_i\,;r_i) \subset B^c$ 인 양의 정수 r_i 가 있다.

각각의 $b_i \in B$ 에 대하여 $b_i \in B(b_i\,;s_i) \subset A^c$ 인 양의 정수 s_i 가 있다.

이때, $n_i = r_i s_1 \cdots s_i$, $m_i = s_i r_1 \cdots r_i$ 이라 하고

두 개집합 $G = \bigcup_{i \in \mathbb{N}} B(a_i\,;n_i)$, $H = \bigcup_{i \in \mathbb{N}} B(b_i\,;m_i)$ 이라 놓으면

$A \subset G$, $B \subset H$ 이다.

모든 원소 $a_i \in A$ 와 모든 원소 $b_j \in B$ 에 대하여 $a_i \notin B(b_j ; s_j)$,

$b_j \notin B(a_i ; r_i)$ 이므로 $r_i \nmid a_i - b_j$ 이며 $s_j \nmid a_i - b_j$ 이다.

$B(a_i ; n_i) \cap B(b_j ; m_j) = \varnothing$ 일 필요충분조건은 $\gcd(n_i , m_j) \nmid a_i - b_j$

$i \le j$ 일 때, $r_i \mid m_j$ 이며 $r_i \mid n_i$ 이므로 $r_i \mid \gcd(n_i , m_j)$ 이다.

$r_i \nmid a_i - b_j$ 이므로 $\gcd(n_i , m_j) \nmid a_i - b_j$ 이며

$B(a_i ; n_i) \cap B(b_j ; m_j) = \varnothing$ 이다.

$i > j$ 일 때, $s_j \mid n_i$ 이며 $s_j \mid m_j$ 이므로 $r_j \mid \gcd(n_i , m_j)$ 이다.

$s_j \nmid a_i - b_j$ 이므로 $\gcd(n_i , m_j) \nmid a_i - b_j$ 이며

$B(a_i ; n_i) \cap B(b_j ; m_j) = \varnothing$ 이다.

따라서 모든 i , j 에 대하여 $B(a_i ; n_i) \cap B(b_j ; m_j) = \varnothing$ 이다.

그러므로 $G \cap H = \varnothing$ 이며 $(\mathbb{Z} , \mathfrak{I})$ 는 T_4 (정규)공간이다.

예제 7 정규공간 X 의 세 폐집합 F_1 , F_2 , F_3 에 대하여 $F_1 \cap F_2 \cap F_3 = \varnothing$ 일 때, $F_1 \subset V_1$, $F_2 \subset V_2$, $F_3 \subset V_3$, $\overline{V_1} \cap \overline{V_2} \cap \overline{V_3} = \varnothing$ 인 개집합 V_1 , V_2 , V_3 가 존재함을 보이시오.

증명 $F_1 \cap (F_2 \cap F_3) = \varnothing$ 이므로 $F_1 \subset V_1$, $F_2 \cap F_3 \subset W_1$,

$\overline{V_1} \cap \overline{W_1} = \varnothing$ 인 개집합 V_1 , W_1 이 있다.

$F_2 \cap F_3 \subset W_1$ 이므로 $(F_2 - W_1) \cap (F_3 - W_1) = \varnothing$ 이며

$F_2 - W_1$, $F_3 - W_1$ 는 폐집합이다.

$F_2 - W_1 \subset W_2$, $F_3 - W_1 \subset W_3$, $\overline{W_2} \cap \overline{W_3} = \varnothing$ 인 개집합 W_2 , W_3 가 있다.

이때, $V_2 = W_1 \cup W_2$, $V_3 = W_1 \cup W_3$ 라 놓으면 $F_2 \subset V_2$, $F_3 \subset V_3$ 이다.

$$
\begin{aligned}
\overline{V_1} \cap \overline{V_2} \cap \overline{V_3} &= \overline{V_1} \cap (\overline{W_1 \cup W_2}) \cap (\overline{W_1 \cup W_3}) \\
&= \overline{V_1} \cap (\overline{W_1} \cup \overline{W_2}) \cap (\overline{W_1} \cup \overline{W_3}) \\
&= \overline{V_1} \cap \{ \overline{W_1} \cup (\overline{W_2} \cap \overline{W_3}) \} \\
&= \overline{V_1} \cap \{ \overline{W_1} \cup \varnothing \} = \overline{V_1} \cap \overline{W_1} = \varnothing
\end{aligned}
$$

따라서 $F_1 \subset V_1$, $F_2 \subset V_2$, $F_3 \subset V_3$, $\overline{V_1} \cap \overline{V_2} \cap \overline{V_3} = \varnothing$ 인 개집합 V_1 , V_2 , V_3 가 존재한다.

예제 8 $(X , \mathfrak{I})$ 의 공집합이 아닌 두 집합 A , B 에 관하여 $X = A \cup B$ 이며 두 부분공간 A , B 가 T_4-공간일 때, A , B 가 폐집합이면 X 는 T_4-공간임을 보이시오.

> A, B가 개집합이면 반례가 있다.

증명 T_2-공간임을 쉽게 보일 수 있으므로 정규공간을 보이면 충분하다.

X 의 두 폐집합 F_1 , F_2 가 서로소(mutually disjoint)라 하자.

$A \cap F_1$ 와 $A \cap F_2$ 는 A 의 서로소인 두 폐집합이며 $B \cap F_1$ 와 $B \cap F_2$ 는 B 의 서로소인 두 폐집합이다.

부분공간 A, B 는 T_4-공간이므로

$A \cap F_1 \subset A \cap G_1$, $A \cap F_2 \subset A \cap G_2$ 이며 $A \cap G_1 \cap G_2 = \varnothing$ 인 개집합 G_1, G_2 가 있다.

$B \cap F_1 \subset B \cap H_1$, $B \cap F_2 \subset B \cap H_2$ 이며 $B \cap H_1 \cap H_2 = \varnothing$ 인 개집합 H_1, H_2 가 있다.

이때, $V_1 = (G_1 \cup A^c) \cap (H_1 \cup B^c)$, $V_2 = (G_2 \cup A^c) \cap (H_2 \cup B^c)$ 이라 놓자.

A, B 가 폐집합이며 G_1, G_2, H_1, H_2 는 개집합이므로 V_1, V_2 는 개집합이다.

$F_1 = (F_1 - A) \cup (A \cap F_1) \subset A^c \cup G_1$, $F_1 = (F_1 - B) \cup (B \cap F_1) \subset B^c \cup H_1$ 이므로 $F_1 \subset V_1$

$F_2 = (F_2 - A) \cup (A \cap F_2) \subset A^c \cup G_2$, $F_2 = (F_2 - B) \cup (B \cap F_2) \subset B^c \cup H_2$ 이므로 $F_2 \subset V_2$

$$V_1 \cap V_2 = \{(G_1 \cup A^c) \cap (H_1 \cup B^c)\} \cap \{(G_2 \cup A^c) \cap (H_2 \cup B^c)\}$$
$$= (G_1 \cup A^c) \cap (G_2 \cup A^c) \cap (H_1 \cup B^c) \cap (H_2 \cup B^c)$$
$$= \{(G_1 \cap G_2) \cup A^c\} \cap \{(H_1 \cap H_2) \cup B^c\}$$

$A \cap G_1 \cap G_2 = \varnothing$, $B \cap H_1 \cap H_2 = \varnothing$ 으로부터

$G_1 \cap G_2 \subset A^c$, $H_1 \cap H_2 \subset B^c$

$V_1 \cap V_2 = A^c \cap B^c = (A \cup B)^c = X^c = \varnothing$

그러므로 X 는 T_4-공간이다.

예제 9 무한 T_2-공간 X 는 서로소인 무한개의 개집합을 가짐을 보이시오.

증명 ① $X' = \varnothing$ 인 경우

모든 원소 x 는 X 의 고립점이므로 $G \cap X = \{x\}$ 인 개집합 G 가 있다. 즉, $G = \{x\}$ 는 개집합이다. 따라서 모든 한 원소 집합 $\{x\}$ 들은 서로소인 개집합들이 된다.

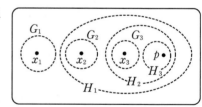

② $X' \neq \varnothing$ 인 경우

$p \in X'$ 인 점 p 가 존재한다.

X 는 무한집합이므로 $x_1 \neq p$ 인 점 x_1 이 있다.

T_2-공간 X 에서 $x_1 \neq p$ 이므로 $x_1 \in V_1$, $p \in U_1$, $V_1 \cap U_1 = \varnothing$ 인 개집합 V_1, U_1 이 있다.

개집합 $G_1 = V_1$, $H_1 = U_1$ 라 놓자.

$p \in H_1$ 이며 $p \in X'$ 이므로 $H_1 \cap X - \{p\} \neq \varnothing$ 이며 $x_2 \in H_1 \cap X - \{p\}$ 인 점 x_2 가 있다.

$x_2 \neq p$ 이므로 $x_2 \in V_2$, $p \in U_2$, $V_2 \cap U_2 = \varnothing$ 인 개집합 V_2, U_2 가 있다.

개집합 $G_2 = V_2 \cap H_1$, $H_2 = U_2 \cap H_1$ 라 놓자.

$p \in H_2$ 이며 $p \in X'$ 이므로 $H_2 \cap X - \{p\} \neq \varnothing$ 이며 $x_3 \in H_2 \cap X - \{p\}$ 인 점 x_3 가 있다.

$x_3 \neq p$ 이므로 $x_3 \in V_3$, $p \in U_3$, $V_3 \cap U_3 = \varnothing$ 인 개집합 V_3 , U_3 가 있다.

개집합 $G_3 = V_3 \cap H_2$, $H_3 = U_3 \cap H_2$ 라 놓자.

위의 과정을 무한히 반복하면 모든 자연수 n 에 관하여 x_n , G_n , H_n 을 구성할 수 있다.

이때, $x_n \in G_n$, $p \in H_n$ 이며 $G_n \cap H_n = \varnothing$, $G_{n+1} \subset H_n$, $H_{n+1} \subset H_n$

따라서 G_n 들은 서로소인 무한개의 개집합들이 된다.

예제 10 X 는 하우스도르프 공간이며 $A \subset X$ 일 때, 연속사상 $r : X \to A$ 가 존재하여 제한사상 $r|_A = id_A$ 이 성립하면 A 는 폐집합임을 보이시오.

증명 $x \in X - A$ 라 하자.

$r(x) = a$ 라 두면 $a \in A$ 이므로 $x \neq a$

X 는 하우스도르프 공간이므로 $x \in G$, $a \in H$, $G \cap H = \varnothing$ 인 개집합 G , H 가 있다.

$r : X \to A$ 는 연속이며 $A \cap H$ 는 A 의 개집합이므로 $r^{-1}(A \cap H)$ 는 X 의 개집합이다.

$V = r^{-1}(A \cap H) \cap G$ 라 두자. 이때 V 는 개집합이다.

$r(x) = a \in A \cap H$ 이므로 $x \in r^{-1}(A \cap H)$

$x \in G$ 이므로 $x \in V = r^{-1}(A \cap H) \cap G$

만약 $V \cap A \neq \varnothing$ 라 가정하면 적당한 $y \in V \cap A$ 이며 $y \in r^{-1}(A \cap H)$, $y \in G$, $y \in A$

$y \in r^{-1}(A \cap H)$ 이므로 $r(y) \in A \cap H$

$y \in A$ 이며 $r|_A = id_A$ 이므로 $r(y) = y$, $y \in A \cap H$, $y \in H$

$y \in G$ 이므로 $y \in G \cap H$. 그러나 $G \cap H = \varnothing$ 이므로 모순

따라서 $V \cap A = \varnothing$ 이며 $x \in V \subset X - A$ 인 V 는 개집합

따라서 모든 $x \in X - A$ 에 대하여 x 는 $X - A$ 의 내점이며 $X - A$ 는 개집합이다.

그러므로 A 는 X 의 폐집합이다.

(다른풀이) $X \times X$ 는 X 의 적위상공간이라 놓자.

$r(x)$ 는 연속이므로 사상 $f : X \to X \times X$, $f(x) = (x , r(x))$ 는 연속이다.

X 는 T_2-공간이므로 대각선집합 $D = \{ (x , x) \mid x \in X \}$ 는 적공간 $X \times X$ 의 폐집합이다.

문제 조건에 따라 $x \in A$ 이면 $r(x) = x$ 이며,

$x \in X - A$ 이면 $r(x) \in A$ 이며 $r(x) \neq x$ 이다.

즉, $f^{-1}(D) = \{ x \mid f(x) \in D \} = \{ x \mid x = r(x) \} = A$

따라서 A 는 폐집합이다.

예제 11 X , Y 는 T_2-공간이고 두 사상 $f : X \to Y$, $g : Y \to X$ 는 연속사상이며 $g \circ f = id_X$ 이다. $f(X)$ 는 Y 의 폐집합임을 보이시오.

증명 $A = f(X)$ 라 두면 $r = f \circ g : Y \to A$ 는 연속이며

모든 $a \in A$ 에 대하여 $a = f(x)$ 인 x 가 있으며

$r(a) = (f \circ g)(a) = f(g(f(x))) = f(x) = a$ 이므로 $r|_A = id_A$ 이다.

따라서 A 는 Y 의 폐집합이다. 즉, $f(X)$ 는 Y 의 폐집합이다.

예제 12 (X, T_X) 는 컴팩트공간, (Y, T_Y) 는 하우스도르프이면 전단사 연속사상 $f : (X, T_X) \to (Y, T_Y)$ 는 위상동형사상임을 보이시오.

증명 임의의 폐부분집합 $F \subset X$에 대하여 X는 컴팩트공간이므로 F는 컴팩트이며 전사 연속사상 f 에 의한 상 $f(F)$ 는 컴팩트부분집합이다.
하우스도르프 공간 Y의 컴팩트부분집합 $f(F)$ 는 폐집합이다.
따라서 f 는 폐사상이며 f 는 전단사 사상이므로 f^{-1} 는 연속사상이다.
그러므로 f 는 위상동형사상이다.

예제 13 (X, T) 에서 $\text{int}(A) = \varnothing$ 이며 $\overline{A} = X$일 때, 집합족 $T \cup \{X - A\}$ 로 생성한 위상 T_X 라 하자. (Y, T_Y) 는 T_2-공간이고 사상 $f : (X, T_X) \to (Y, T_Y)$ 는 연속이며 $f|_A$ 가 상수이면 f 는 상수함수임을 보이시오.

증명 위상 T_X 에 대하여 $B = T \cup \{G - A \mid G \in T\}$ 는 기저이다.
$f|_A = c$ (상수)이라 놓자.
f 가 상수함수가 아니라고 가정하자.
그러면 $f(a) \neq c$ 인 원소 a 가 있다.
(Y, T_Y) 는 T_2-공간이므로 $f(a) \in G$, $c \in H$, $G \cap H = \varnothing$ 인 개집합 G, H 가 있다.
$a \in f^{-1}(G)$ 이며 f 는 연속이므로 $a \in U - A \subset f^{-1}(G)$ 인 개집합 $U \in T$가 있다.
(X, T) 에서 $\overline{A} = X$ 이므로 $U \cap A \neq \varnothing$ 이며 원소 $b \in U \cap A$ 가 적어도 하나 존재한다.
$f|_A = c$ 이므로 $f(b) = c$ 이며 $c \in H$ 이므로 $b \in f^{-1}(H)$ 이다.
f 는 연속이므로 $b \in V \subset f^{-1}(H)$ 인 개집합 $V \in T$ 가 있다.
$b \in U \cap V$ 이며 (X, T) 에서 $\text{int}(A) = \varnothing$ 이므로 $U \cap V - A \neq \varnothing$ 이다.
$U \cap V - A \subset f^{-1}(G)$ 이며 $U \cap V - A \subset f^{-1}(H)$ 이므로
$f^{-1}(G) \cap f^{-1}(H) \neq \varnothing$
그런데 $f^{-1}(G) \cap f^{-1}(H) = f^{-1}(G \cap H) = f^{-1}(\varnothing) = \varnothing$ 이므로 모순
그러므로 $f|_A$ 가 상수이면 f 는 상수함수이다.

예제 14 $f : X \to Y$는 연속사상이며 X는 T_2-공간, $\overline{D} = X$ 이며, $f|_D : D \to f(D)$ 는 단사 개사상이면 $f(X - D) \subset f(X) - f(D)$ 즉, $f(X - D) \cap f(D) = \varnothing$ 임을 보이시오.

증명 임의의 점 $d \in D$, $a \in X - D$ 라 하자.
X는 T_2-공간이므로 $d \in G, a \in H, G \cap H = \varnothing$ 인 개집합 G, H 가 있다.
$G \cap D$와 $H \cap D$ 는 D 의 개집합이며 $f|_D : D \to f(D)$ 는 개사상이므로
$f(G \cap D)$, $f(H \cap D)$ 는 $f(D)$ 의 개집합이다.
$f(G \cap D) = f(D) \cap U$, $f(H \cap D) = f(D) \cap V$ 인 개집합 U, V 가 있다.
$f|_D$ 는 단사이므로
$V \cap f(D) \cap U = f(H \cap D) \cap f(G \cap D) = f(D \cap G \cap H) = f(\varnothing) = \varnothing$
$V \cap f(D) \subset U^c$ 이며 U^c 는 폐집합이므로 $\overline{V \cap f(D)} \subset U^c$ 이고

$\overline{V \cap f(D)} \cap U = \varnothing$

$f(G \cap D) = f(D) \cap U \subset U$ 이고 $f(H \cap D) = f(D) \cap V$ 이므로

$\overline{f(H \cap D)} \cap f(G \cap D) = \varnothing$

f 는 연속이므로 $f(\overline{H \cap D}) \subset \overline{f(H \cap D)}$ 이며

$f(\overline{H \cap D}) \cap f(G \cap D) = \varnothing$

$\overline{D} = X$ 이며 H 는 개집합이므로 $\overline{H \cap D} = \overline{H}$ 이며

$f(\overline{H}) \cap f(G \cap D) = \varnothing$

$d \in G$, $d \in D$ 이므로 $f(d) \in f(G \cap D)$

$a \in H \subset \overline{H}$ 이므로 $f(a) \in f(\overline{H})$

따라서 $f(d) \neq f(a)$ 이며 $f(X-D) \cap f(D) = \varnothing$ 이다.

예제 15 컴팩트 하우스도르프 공간 X 의 폐부분집합 A_n 이 $\text{int}(A_n) = \varnothing$ 이면

$\text{int}(\bigcup_{n=1}^{\infty} A_n) = \varnothing$ 임을 보이시오.

증명 컴팩트 하우스도르프 공간 X 는 T_4-공간이다. 공집합이 아닌 임의의 개집합을 G 라 놓자.

$\text{int}(A_1) = \varnothing$ 이므로 $G \not\subset A_1$ 이며 $x_1 \in G - A_1$ 인 x_1 이 있고 $G - A_1$ 는 개집합이다.

X 는 T_4-공간이므로 $x_1 \in V_1 \subset \overline{V_1} \subset G - A_1$ 인 개집합 V_1 이 있다.

$V_0 = G$ 라 놓고 $1 \leq k$ 일 때,

$x_k \in V_k \subset \overline{V_k} \subset V_{k-1} - A_k$ 인 점 x_k 와 개집합 V_k 가 있다고 가정하자.

$\text{int}(A_{k+1}) = \varnothing$ 이므로 $V_k \not\subset A_{k+1}$ 이며 $x_{k+1} \in V_k - A_{k+1}$ 인 x_{k+1} 이 있으며 $V_k - A_{k+1}$ 는 개집합이다.

X 는 T_4-공간이므로 $x_{k+1} \in V_{k+1} \subset \overline{V_{k+1}} \subset V_k - A_{k+1}$ 인 개집합 V_{k+1} 이 있다.

X 는 컴팩트이므로 폐집합 $\overline{V_k}$ 는 컴팩트집합이다.

$\varnothing \neq \overline{V_{k+1}} \subset \overline{V_k}$ 이므로 $\bigcap_{k=1}^{\infty} \overline{V_k}$ 는 공집합이 아니다.

점 $p \in \bigcap_{k=1}^{\infty} \overline{V_k}$ 이라 놓으면 $p \in V_{k-1}$ 이므로 $p \in G$, $p \not\in A_k$ 이다.

따라서 $G \not\subset \bigcup_{n=1}^{\infty} A_n$ 이므로 $\text{int}(\bigcup_{n=1}^{\infty} A_n) = \varnothing$ 이다.

예제 16 컴팩트 하우스도르프 공간 X 의 폐부분집합 A_n 이 $\text{int}(A_n) = \varnothing$ 이면

$\bigcup_{n=1}^{\infty} A_n \neq X$ 임을 보이시오.

증명 위상공간 X 는 컴팩트 T_4-공간이다. 공집합이 아닌 임의의 개집합을 X 라 놓자.

$\text{int}(A_1) = \varnothing$ 이므로 $X \not\subset A_1$ 이며 $x_1 \in X - A_1$ 인 x_1 이 있고

$X - A_1$ 는 개집합이다.

X 는 T_4-공간이므로 $x_1 \in V_1 \subset \overline{V_1} \subset X - A_1$ 인 개집합 V_1 이 있다.

$V_0 = X$ 이라 놓고 $1 \le k$ 일 때,

$x_k \in V_k \subset \overline{V_k} \subset V_{k-1} - A_k$ 인 점 x_k 와 개집합 V_k 가 있다고 가정하자.

$\operatorname{int}(A_{k+1}) = \varnothing$ 이므로 $V_k \not\subset A_{k+1}$ 이며 $x_{k+1} \in V_k - A_{k+1}$ 인 x_{k+1} 이 있으며 $V_k - A_{k+1}$ 는 개집합이다.

X 는 T_4-공간이므로 $x_{k+1} \in V_{k+1} \subset \overline{V_{k+1}} \subset V_k - A_{k+1}$ 인 개집합 V_{k+1} 이 있다.

X 는 컴팩트이므로 폐집합 $\overline{V_k}$ 는 컴팩트집합이다.

$\varnothing \ne \overline{V_{k+1}} \subset \overline{V_k}$ 이므로 $\displaystyle\bigcap_{k=1}^{\infty} \overline{V_k}$ 는 공집합이 아니다.

점 $p \in \displaystyle\bigcap_{k=1}^{\infty} \overline{V_k}$ 이라 놓으면 모든 k 에 대하여 $p \in V_{k-1}$ 이므로 $p \not\in A_k$ 이다.

따라서 $\displaystyle\bigcup_{n=1}^{\infty} A_n \ne X$ 이다.

Chapter 07 완비거리공간과 거리화

01 거리동형과 완비거리공간

1. 거리공간의 부분집합

거리공간 (X, d) 의 두 부분집합 A, B 에 대하여

$\text{dist}(A, B)$ 또는 $d(A, B) = \inf\{\, d(a,b) \mid a \in A,\, b \in B \,\}$,

$\text{diam}(A)$ 또는 $d(A) = \sup\{\, d(a,b) \mid a,\, b \in A \,\}$

> **[정리]** 거리공간 (X, d) 의 두 부분집합 A, B 에 대하여
> (1) $\overline{A} = \{\, x \in X \mid d(x, A) = 0 \,\}$
> (2) $d(\overline{A}) = d(A)$
> (3) $d(A \cup B) \leq d(A) + d(B) + d(A, B)$

증명 (1) ($\supset$) $d(x, A) = 0$ 이면 양수 ϵ 에 대해 $d(x, a) < \epsilon$ 인 $a \in A$ 가 있다.

$a \in B(x, \epsilon) \cap A$ 이므로 $B(x, \epsilon) \cap A \neq \varnothing$ $\quad \therefore\ x \in \overline{A}$

($\subset$) $x \in \overline{A}$ 이면 $B(x, \epsilon) \cap A \neq \varnothing$. $y \in B(x, \epsilon) \cap A$ 이면, $d(x, y) < \epsilon$

$d(x, A) \leq d(x, y)$ 이므로 $d(x, A) < \epsilon$ $\quad \therefore\ d(x, A) = 0$

(2) $A \subset \overline{A}$ 이므로 $\text{diam}(A) \leq \text{diam}(\overline{A})$

임의의 양의 실수 ϵ 과 $p, q \in \overline{A}$ 에 대하여

$B(p, \frac{\epsilon}{2}) \cap A \neq \varnothing$, $B(q, \frac{\epsilon}{2}) \cap A \neq \varnothing$ 이므로 $a \in B(p, \frac{\epsilon}{2}) \cap A$,

$b \in B(q, \frac{\epsilon}{2}) \cap A$ 인 a, b 가 존재한다.

$d(p, q) \leq d(p, a) + d(a, b) + d(b, q) < d(a, b) + \frac{\epsilon}{2} + \frac{\epsilon}{2} \leq \text{diam}(A) + \epsilon$

이므로 $\text{diam}(\overline{A}) \leq \text{diam}(A) + \epsilon$

따라서 $\text{diam}(\overline{A}) \leq \text{diam}(A)$

그러므로 $\text{diam}(A) = \text{diam}(\overline{A})$

(3) $p, q \in A \cup B$ 이라 하자.

$p, q \in A$ 인 경우 $d(p, q) \leq \text{diam}(A) + \text{diam}(B) + \text{dist}(A, B)$

$p, q \in B$ 인 경우 $d(p, q) \leq \text{diam}(A) + \text{diam}(B) + \text{dist}(A, B)$

$p \in A,\, q \in B$ 인 경우 ($q \in A,\, p \in B$ 인 경우)

$a \in A,\, b \in B$ 에 대하여

$d(p, q) \leq d(p, a) + d(a, b) + d(b, q) \leq \text{diam}(A) + \text{diam}(B) + d(a, b)$

이므로 $d(p, q) \leq \text{diam}(A) + \text{diam}(B) + \text{dist}(A, B)$

따라서 $d(p, q) \leq \text{diam}(A) + \text{diam}(B) + \text{dist}(A, B)$

그러므로 $\mathrm{diam}(A \cup B) = \sup\{d(p,q) \mid p,q \in A \cup B\}$
$$\leq \mathrm{diam}(A) + \mathrm{diam}(B) + \mathrm{dist}(A,B)$$

2. 거리동형

두 거리 공간사이에 거리를 보존하는 전단사사상을 거리동형사상이라 한다.

[정의] {거리동형사상 = 등거리사상 = 등장사상}
거리 공간 (X, d_x), (Y, d_y) 사이의 전단사사상 $f : X \to Y$에 대하여
$$d_x(p,q) = d_y(f(p), f(q))$$
일 때, f를 거리동형사상(isometry)이라 하고, X, Y를 거리동형이라 한다.

유클리드공간 사이의 거리동형사상은 합동변환과 같다.
거리동형사상 f가 있으면 X와 Y의 열린 구 사이에
$$f(\mathrm{B}(x\,;r)) = \mathrm{B}(f(x)\,;r)$$
이 성립하므로 위상동형사상이 된다.

[정리] 두 거리공간이 거리동형이면 위상동형이다.

그러나 일반적으로 역은 성립하지 않는다.
두 점 $p_1(x_1,y_1)$, $p_2(x_2,y_2) \in \mathbb{R}^2$에 대하여 세 거리 함수가 다음과 같다.
$$d_A(p_1,p_2) = \sqrt{(x_1-x_2)^2 + (y_1-y_2)^2}$$
$$d_B(p_1,p_2) = |x_1-x_2| + |y_1-y_2|$$
$$d_C(p_1,p_2) = \max\{|x_1-x_2|, |y_1-y_2|\}$$
세 거리는 동치거리이므로 거리위상은 같다. 즉, $\mathfrak{I}(d_A) = \mathfrak{I}(d_B) = \mathfrak{I}(d_C)$
사상 $f : (\mathbb{R}^2, d_B) \to (\mathbb{R}^2, d_C)$, $f(x,y) = (x+y, x-y)$라 정의하면
f는 전단사사상임을 쉽게 보일 수 있다.
$$d_C(f(p_1), f(p_2)) = \max\{|x_1+y_1-x_2-y_2|, |x_1-y_1-x_2+y_2|\}$$
$$= \max\{|(x_1-x_2)+(y_1-y_2)|, |(x_1-x_2)-(y_1-y_2)|\}$$
$$= |x_1-x_2| + |y_1-y_2| = d_B(p_1,p_2)$$
따라서 $(\mathbb{R}^2, d_B)$와 $(\mathbb{R}^2, d_C)$는 거리동형이며 f는 거리동형사상이다.
거리동형사상 $f : (\mathbb{R}^2, d_B) \to (\mathbb{R}^2, d_A)$가 있다고 가정하자.
$S_A(p\,;r) = \{q \in \mathbb{R}^2 \mid d_A(p,q) = r\}$, $S_B(p\,;r) = \{q \in \mathbb{R}^2 \mid d_B(p,q) = r\}$
라 쓰기로 하자. 두 점 $p_0(0,0)$, $p_1(1,1)$에 대하여
$$f(S_B(p_0\,;1) \cap S_B(p_1\,;1)) = f(S_B(p_0\,;1)) \cap f(S_B(p_1\,;1))$$
$$= S_A(f(p_0)\,;1) \cap S_A(f(p_1)\,;1)$$
$S_B(p_0\,;1) \cap S_B(p_1\,;1) = \{(x,y) \mid x+y=1, x, y \geq 0\}$는 무한집합
$f(p_0) \neq f(p_1)$이므로 $S_A(f(p_0)\,;1) \cap S_A(f(p_1)\,;1)$는 유한집합이다. 모순!
따라서 $(\mathbb{R}^2, d_A)$와 $(\mathbb{R}^2, d_B)$는 거리동형이 아니다.

3. 코시(Cauchy)열과 완비거리공간

> **[정의] {코시열}** 거리공간 (X, d)에 대하여
> 점열 $\{ p_i \in X \mid i = 1, 2, \cdots \}$이 다음 조건
> $$\forall \epsilon > 0 \ \exists K \in \mathbb{N} \ \text{s.t.} \ n, m > K \Rightarrow d(p_n, p_m) < \epsilon$$
> 을 만족할 때, $\{ p_i \}_{i=1}^{\infty}$을 Cauchy열(Cauchy sequence)이라고 한다.

거리공간에서 점열이 수렴하는 것과 Cauchy열인 것 사이에 다음과 같은 관계가 있다.

> **[정리]** 거리공간 (X, d)에 대하여
> (1) 점열 $\{ p_i \}_{i=1}^{\infty}$이 X에서 수렴하는 점열이면 코시열이다.
> (2) $\{ p_i \}_{i=1}^{\infty}$가 코시열이면 X에서 유계집합이다.

Cauchy열이 항상 수렴하는 점열이 아닌 경우가 있다.

> **[정의] {완비거리공간}** 거리공간 (X, d)에서 모든 Cauchy열이 수렴할 때, (X, d)를 완비 거리공간(complete metric space)이라 한다.

완비거리공간의 예를 들면 다음과 같다.
(1) 복소공간 $(\mathbb{C}, |z - w|)$
(2) 실공간 $(\mathbb{R}^n, \|p - q\|)$
(3) 폐구간 $([0, 1], |x - y|)$
(4) 정수공간 $(\mathbb{Z}, |n - m|)$

완비거리공간과 완비가 아닌 거리공간이 위상동형인 사례가 있다.
거리공간 $(\mathbb{R}, |x - y|)$는 완비거리공간이다.
거리공간 $((0, 1), |x - y|)$는 완비가 아닌 거리공간이다.
두 거리공간 $(\mathbb{R}, |x - y|)$와 $((0, 1), |x - y|)$는 위상동형이다.
그러므로 거리공간의 완비성은 위상적 불변성이 아니다.

02 거리화에 관한 정리

> **[정의] {거리화 가능}** 위상공간 $(X, \mathfrak{I})$ 에 대하여 X 의 적당한 거리 d 로 유도한 거리위상 $\mathfrak{I}(d)$ 와 주어진 위상 $\mathfrak{I}$ 가 같은 위상인 거리 d 가 있을 때, 위상공간 $(X, \mathfrak{I})$ 를 거리화 가능 공간이라 한다.

거리화 가능성에 관하여 다음 명제가 성립한다.

> **[정리] {우리손(Urysohn) 거리화 정리}**
> 위상공간 X 가 제2가산이고 T_3-공간이면 X 는 거리화 가능 공간이다.

이 정리에서 제2가산이면 린델레프 공간이 되고, 린델레프와 정칙공간이면 정규공간이 되므로 위상공간 X 는 T_4-공간이 된다.

거리화 가능 공간은 거리위상공간이 되므로 T_4-공간이 되고 T_3-공간이다.

정리는 「제2가산 위상공간일 때, T_3-공간 $\leftrightarrow$ 거리화 가능 공간」임을 의미한다.

예제 1 $d(A, B) = \text{rank}(A - B)$ 는 거리함수임을 보이시오.

증명 ① $d(x, x) = \text{rank}(0) = 0$ 이며 $d(x, y) \geq 0$

또한 $d(x, y) = \text{rank}(x - y) = 0$ 이라 하면

$x - y = 0$ (영행렬)이므로 $x = y$

따라서 $d(x, y) = 0$ 이면 $x = y$

② $\text{rank}(A) = \text{rank}(-A)$ 이므로 $d(x, y) = d(y, x)$ 성립

③ 삼각부등식

행렬 A, B 에 대하여 $\text{rank}(A + B) \leq \text{rank}(A) + \text{rank}(B)$

$d(x, y) + d(y, z) = \text{rank}(x - y) + \text{rank}(y - z)$

$\geq \text{rank}(x - y + y - z) = \text{rank}(x - z) = d(x, z)$

따라서 거리함수이다.

예제 2 d 는 $\mathbb{R}^n$ 에서 정의된 거리임을 보이시오.

$$d(p, q) = \begin{cases} \|p\| + \|q\|, & \text{if } \|p\| \neq \|q\| \\ \|p - q\|, & \text{if } \|p\| = \|q\| \end{cases}$$

증명 ① $d(p, p) = 0$

② $d(p, q) = 0$ 이라 하자.

$\|p\| + \|q\| = 0$ 인 경우 $p = q = 0$ 는 $\|p\| \neq \|q\|$ 에 모순

$\|p - q\| = 0$ 인 경우 $p = q$

따라서 $d(p, q) = 0$ 이면 $p = q$

③ $d(p, q) = \begin{cases} \|p\| + \|q\|, & \text{if } \|p\| \neq \|q\| \\ \|p - q\|, & \text{if } \|p\| = \|q\| \end{cases} = \begin{cases} \|q\| + \|p\|, & \text{if } \|p\| \neq \|q\| \\ \|q - p\|, & \text{if } \|p\| = \|q\| \end{cases} = d(q, p)$

④ 삼각부등식

(1) $\|p\| \neq \|q\|$, $\|r\| \neq \|q\|$, $\|p\| \neq \|r\|$ 인 경우

$d(p, q) + d(q, r) = (\|p\| + \|q\|) + (\|q\| + \|r\|) \geq \|p\| + \|r\| = d(p, r)$

(2) $\|p\| = \|r\| \neq \|q\|$ 인 경우

$$d(p,q) + d(q,r) = (\|p\| + \|q\|) + (\|q\| + \|r\|) \geq \|p\| + \|r\| \geq \|p-r\|$$
$$= d(p,r)$$

(3) $\|p\| \neq \|q\| = \|r\|$ 인 경우

$$d(p,q) + d(q,r) = (\|p\| + \|q\|) + (\|q-r\|) \geq \|p\| + \|r\| = d(p,r)$$

(4) $\|p\| = \|q\| \neq \|r\|$ 인 경우

$$d(p,q) + d(q,r) = (\|p-q\|) + (\|q\| + \|r\|) \geq \|p\| + \|r\| = d(p,r)$$

(5) $\|p\| = \|q\| = \|r\|$ 인 경우

$$d(p,q) + d(q,r) = \|p-q\| + \|q-r\| \geq \|p-r\| = d(p,r)$$

따라서 $d(p,q)$ 는 거리함수이다.

$r > \|p\|$ 이면

$$\mathrm{B}(p\,;r) = \{\,\mathbf{x} \mid d(p,\mathrm{x}) < r\,\}$$
$$= \{\,\mathbf{x} \mid \|p-\mathrm{x}\| < r\,,\, \|\mathrm{x}\| = \|p\|\,\} \bigcup \{\,\mathbf{x} \mid \|p\| + \|\mathrm{x}\| < r\,,\, \|p\| \neq \|\mathrm{x}\|\,\}$$
$$= \{\,\mathbf{x} \mid \|p-\mathrm{x}\| < r\,,\, \|\mathrm{x}\| = \|p\|\,\} \bigcup \{\,\mathbf{x} \mid \|\mathrm{x}\| < r - \|p\|\,,\, \|\mathrm{x}\| \neq \|p\|\,\}$$

$r \leq \|p\|$ 이면 $\mathrm{B}(p\,;r) = \{\,\mathbf{x} \mid d(p,\mathrm{x}) < r\,\}$
$$= \{\,\mathbf{x} \mid \|p-\mathrm{x}\| < r\,,\, \|\mathrm{x}\| = \|p\|\,\}$$

> **예제 3** 완비거리공간 X 가 가산개의 폐부분집합 A_n 의 합집합이면 적어도 하나의 A_n 은 공집합이 아닌 개집합을 포함함을 보이시오. (즉, $\mathrm{int}(A_n) \neq \varnothing$)

증명 폐집합 A_n 에 대하여 $X = \bigcup\limits_{n=1}^{\infty} A_n$, $\mathrm{int}(A_n) = \varnothing$ 라 하자.

$\mathrm{int}(A_1) = \varnothing$ 이므로 $B(x_1\,;r_1) \cap A_1 = \varnothing$ 인 x_1 과 양수 r_1 이 존재한다.

$\mathrm{int}(A_2) = \varnothing$ 이므로 $B(x_2\,;r_2) \subset B(x_1\,;\dfrac{r_1}{2})$ 이며 $B(x_2\,;r_2) \cap A_2 = \varnothing$ 인 x_2 과 양수 r_2 가 있다.

$n \geq 3$ 일 때 같은 방법을 계속 적용하면

$\mathrm{int}(A_n) = \varnothing$ 이므로 $B(x_n\,;r_n) \subset B(x_{n-1}\,;\dfrac{r_{n-1}}{2})$ 이며

$B(x_n\,;r_n) \cap A_n = \varnothing$ 인 x_n 과 양수 r_n 이 있다.

$B(x_n\,;r_n) \subset B(x_{n-1}\,;\dfrac{r_{n-1}}{2})$ 이므로 $r_n \leq \dfrac{r_{n-1}}{2}$,

$\overline{B(x_n\,;r_n)} \subset B(x_{n-1}\,;r_{n-1})$, $\overline{B(x_n\,;\dfrac{r_n}{2})} \cap A_n = \varnothing$

X 는 완비공간이므로 폐집합의 축소열 $\overline{B(x_n\,;r_n)} \subset \overline{B(x_{n-1}\,;r_{n-1})}$ 은 교집합

$\bigcap\limits_{n=1}^{\infty} \overline{B(x_n\,;r_n)} \neq \varnothing$ 이다.

이때 한 점 $p \in \bigcap\limits_{n=1}^{\infty} \overline{B(x_n\,;r_n)}$ 라 하면 $p \notin \bigcup\limits_{n=1}^{\infty} A_n$ 이다. 모순!

따라서 폐집합 A_n 에 대하여 $X = \bigcup\limits_{n=1}^{\infty} A_n$ 이면 적어도 하나의 A_n 은 공집합이 아닌 개집합을 포함한다. 즉, $\mathrm{int}(A_n) \neq \varnothing$

예제 4 보통위상공간 $\mathbb{R}$ 의 개집합 G_n 이 $\mathbb{Q} \subset G_n$ 이면 $\bigcap\limits_{n=1}^{\infty} G_n \neq \mathbb{Q}$ 임을 보이시오.

증명 $\bigcap\limits_{n=1}^{\infty} G_n = \mathbb{Q}$ 이라 가정하자. 그리고 모든 유리수들을 수열 r_n 이라 두자.

$H_n = G_n - \{r_1, \cdots, r_n\}$ 이라 놓으면 H_n 은 개집합이며

$\bigcap\limits_{n=1}^{\infty} H_n = \bigcap\limits_{n=1}^{\infty} G_n - \{r_k \mid k \in \mathbb{N}\} = \mathbb{Q} - \mathbb{Q} = \varnothing$ 이다.

$\mathbb{Q} \subset G_n$ 이므로 $\overline{H_n} \supset \overline{\mathbb{Q} - \{r_1, \cdots, r_n\}} = \mathbb{R}$ 이며 $\overline{H_n} = \mathbb{R}$ 이다.

폐집합 H_n^c 은 $\mathrm{int}(H_n^c) = \mathbb{R} - \overline{H_n} = \varnothing$ 이며 $\bigcup\limits_{n=1}^{\infty} H_n^c = \mathbb{R}$ 이다.

폐집합 $A_n = H_n^c$ 이라 놓으면 $\mathrm{int}(A_n) = \varnothing$ 이며 $\bigcup\limits_{n=1}^{\infty} A_n = \mathbb{R}$ 이고

$\mathrm{int}(\bigcup\limits_{n=1}^{\infty} A_n) = \mathbb{R}$ 이다.

보통위상공간 $\mathbb{R}$ 은 보통거리에 관하여 완비거리공간이므로 $\mathrm{int}(A_n) = \varnothing$ 인 폐집합

A_n 에 관하여 $\mathrm{int}(\bigcup\limits_{n=1}^{\infty} A_n) = \varnothing$ 이 되어야 한다. 모순!

그러므로 $\bigcap\limits_{n=1}^{\infty} G_n \neq \mathbb{Q}$ 이다.

Memo

윤양동
임용수학

Mathematics

미분기하학

Chapter 1. 곡선의 기하학

Chapter 2. 곡면의 기하학

Chapter 3. 선적분과 면적분

Chapter

01

곡선의 기하학

01 평면과 공간의 이해

1. 유클리드 공간(Euclidean Space)

n 차원 유클리드 공간을 $\mathbb{E}^n$ 으로 나타내고, 원소를 점(point), 부분집합을 도형(figure)이라 한다.

$\mathbb{E}^n$ 에 좌표계(coordinates system)를 도입하여 $\mathbb{E}^n$ 의 모든 점에 실수의 n –순서쌍인 좌표(coordinates)를 일대일로 대응할 때, n 차원 데카르트 공간이라 하고 $\mathbb{R}^n$ 으로 나타낸다. 구체적으로 $\mathbb{R}^n$ 은 실수 집합의 카르테시안 곱(Cartesian product)으로 정의한다.

$\mathbb{R}^n$ 의 두 점 $P = (p_1, p_2, \cdots, p_n)$, $Q = (q_1, q_2, \cdots, q_n)$ 에 대하여 두 점의 거리(metric)를 $d(P, Q) = \sqrt{(p_1 - q_1)^2 + \cdots + (p_n - q_n)^2}$ 으로 정의하며, 이 거리 d 에 관하여 $\mathbb{R}^n$ 은 거리공간을 구성한다.

또한 유클리드 공간은 점(point)들의 집합으로 이해할 때, 두 점 사이에 벡터(vector)를 대응하여 점은 조작대상으로 삼고, 벡터는 조작수단으로 이용할 수 있다.

유클리드 공간 $\mathbb{R}^n$ 와 벡터공간 V 에 관하여 임의의 벡터 $v \in V$ 와 임의의 점 $P \in \mathbb{R}^n$ 사이에 덧셈 $P + v \in \mathbb{R}^n$ 를 다음 조건을 만족하도록 정의한다.

① $P, Q \in \mathbb{R}^n$ 에 대하여 $P + v = Q$ 인 벡터 $v \in V$ 가 단 1개 있다.

② $P \in \mathbb{E}^n$ 와 $v, w \in V$ 에 대하여 $(P + v) + w = P + (v + w)$

위의 ① 조건을 만족하는 단 하나의 벡터 v 를 $\overrightarrow{PQ}$ 라 표기하며, $P + \overrightarrow{PQ} = Q$ 이며 점의 좌표를 이용하여 $\overrightarrow{PQ} = Q - P$

위의 ② 조건은 $P + v = Q$, $Q + w = R$ 라 두면 $\overrightarrow{PQ} + \overrightarrow{QR} = \overrightarrow{PR}$

$\mathbb{R}^n$ 의 원점 O 와 k 번째 좌표만 1인 점 $(0, \cdots, 1, \cdots, 0)$ 을 E_k 라 표시할 때, 벡터 $\overrightarrow{e_k} = \overrightarrow{OE_k}$ 라 정의하면 위의 조건을 만족하는 벡터공간 V 는 $\overrightarrow{e_1}, \cdots, \overrightarrow{e_n}$ 으로 생성된다.

따라서 벡터공간 V 는 $\mathbb{R}^n$ 의 자명한 덧셈과 scalar곱에 의한 벡터공간과 동형(isomorphic)이다.

두 점 $P = (p_1, \cdots, p_n)$, $Q = (q_1, \cdots, q_n)$, $k \in \mathbb{R}$ 에 대하여

$$P + Q = (p_1 + q_1, p_2 + q_2, \cdots, p_n + q_n), \quad kP = (kp_1, kp_2, \cdots, kp_n)$$

2. 내적(inner product)과 외적(outer product)

공간 $\mathbb{R}^n$ 의 두 점 $P = (p_1, \cdots, p_n)$, $Q = (q_1, \cdots, q_n)$ 의 내적과 두 벡터 $v = a_1 \overrightarrow{e_1} + \cdots + a_n \overrightarrow{e_n}$, $w = b_1 \overrightarrow{e_1} + \cdots + b_n \overrightarrow{e_n}$ 의 내적(inner product, dot product)을

$$P \cdot Q = p_1 q_1 + p_2 q_2 + \cdots + p_n q_n, \quad v \cdot w = a_1 b_1 + a_2 b_2 + \cdots + a_n b_n$$

으로 정의하면 $\mathbb{R}^n$ 은 내적 벡터공간이 되고,

내적 $v \cdot w$ 을 $\langle v, w \rangle$ 으로 표기하기도 한다.

이 내적으로부터 노름(Norm)과 각(Angle)을 정의한다.

벡터 $v = a_1 \overrightarrow{e_1} + \cdots + a_n \overrightarrow{e_n}$ 의 노름 $\|v\| = \sqrt{v \cdot v}$

두 벡터 v, w 의 각(angle) θ 는 $\cos\theta = \dfrac{v \cdot w}{\|v\|\|w\|}$, $v \cdot w = \|v\|\|w\|\cos\theta$

특히, $v \cdot w = 0$ 일 때 v, w 는 직교한다고 하고 $v \perp w$ 로 표기한다.

또한 노름으로부터 P, Q 사이의 거리(metric)를 $d(P, Q) = \|P - Q\|$ 으로 나타낼 수 있다.

위와 같이 정의한 내적은 $u, v, w \in V$, $k \in \mathbb{R}$ 에 대하여 다음과 같은 성질이 성립한다.

① $v \cdot v \geq 0$

② $v \cdot v = 0$ 일 필요충분조건은 $v = \overrightarrow{0}$

③ $(av_1 + bv_2) \cdot w = a(v_1 \cdot w) + b(v_2 \cdot w)$

④ $v \cdot w = w \cdot v$

Cauchy-Schwarz 부등식 $|v \cdot w| \leq \|v\|\|w\|$ 과

삼각부등식 $\|v + w\| \leq \|v\| + \|w\|$ 이 성립한다.

3차원 유클리드 공간 $\mathbb{R}^3$ 은 외적(outer product, cross product) 또는 벡터적(vector product)을 정의할 수 있다.

$v = (a_1, a_2, a_3)$, $w = (b_1, b_2, b_3)$ 의 외적은 다음과 같이 정의한다.

$$v \times w = (a_2 b_3 - a_3 b_2, \ a_3 b_1 - a_1 b_3, \ a_1 b_2 - a_2 b_1)$$
$$= \left(\begin{vmatrix} a_2 & a_3 \\ b_2 & b_3 \end{vmatrix}, \ -\begin{vmatrix} a_1 & a_3 \\ b_1 & b_3 \end{vmatrix}, \ \begin{vmatrix} a_1 & a_2 \\ b_1 & b_2 \end{vmatrix} \right)$$

두 벡터의 내적은 scalar(실수)이고, 두 벡터의 외적은 벡터이다.

내적과 외적에 관하여 다음의 성질이 성립한다.

① $v \times w = -w \times v$, $v \times v = 0$

② $v \times w = 0$ 일 필요충분조건은 $v \parallel w$

③ $v \cdot (v \times w) = w \cdot (v \times w) = 0$

④ $\|v \times w\|^2 = \|v\|^2 \|w\|^2 - (v \cdot w)^2 = \|v\|^2 \|w\|^2 \sin^2\theta$

⑤ $u \cdot (v \times w) = (u \times v) \cdot w$

⑥ $u \times (v \times w) = (u \cdot w)v - (u \cdot v)w$

③의 성질은 $v \times w \perp v$, $v \times w \perp w$임을 의미하며,

④로부터 두 공간벡터 v, w가 인접한 변을 이루는 평행사변형의 면적이 $\|v \times w\|$임을 알 수 있다.

세 점 A, B, C가 이루는 삼각형의 면적은 $\frac{1}{2}\|\overrightarrow{AB} \times \overrightarrow{AC}\|$이다.

벡터 $u = (a_1, a_2, a_3)$, $v = (b_1, b_2, b_3)$, $w = (c_1, c_2, c_3)$의 삼중적을 다음과 같이 정의한다.

$$[u, v, w] = u \cdot (v \times w) = (u \times v) \cdot w = \begin{vmatrix} u \\ v \\ w \end{vmatrix} = \begin{vmatrix} a_1 & a_2 & a_3 \\ b_1 & b_2 & b_3 \\ c_1 & c_2 & c_3 \end{vmatrix}$$

특히, 삼중적의 절댓값은 공간벡터 u, v, w의 변으로 이루는 평행육면체의 부피이며, 네 점 A, B, C, D가 이루는 사면체의 체적은 구할 수 있다.

사면체의 체적 $= \frac{1}{6}|\overrightarrow{AB} \cdot \overrightarrow{AC} \times \overrightarrow{AD}|$

또한 내적과 외적을 이용하면 두 도형사이의 최단거리를 구할 수 있다.

한 점 A와 직선 $\ell : X = P + tv$의 최단거리

$$d(A, \ell) = \frac{\|v \times (A - P)\|}{\|v\|}$$

한 점 A와 평면 $\pi : n \cdot X + d = 0$의 최단거리

$$d(A, \pi) = \frac{|n \cdot A + d|}{\|n\|}$$

두 직선 $\ell_1 : X = P + tv$, $\ell_2 : X = Q + sw$의 최단거리

$$d(\ell_1, \ell_2) = \frac{|v \times w \cdot (P - Q)|}{\|v \times w\|}$$

3. 합동변환과 닮음변환

평면 $\mathbb{R}^2$와 공간 $\mathbb{R}^3$의 도형들은 평행이동, 회전이동, 대칭이동 등 합동변환할 수 있으며, 합동변환한 후 두 점 사이의 거리는 변환 전과 같다.

정확히 말하면 유클리드 거리를 보존하는 변환을 합동변환이라 하며, 합동변환과 확대-축소의 합성을 닮음변환이라 한다.

평면 $\mathbb{R}^2$의 합동변환-닮음변환식은 다음과 같다.

$$\begin{pmatrix} x' \\ y' \end{pmatrix} = \rho \begin{pmatrix} \cos\theta & \mp \sin\theta \\ \sin\theta & \pm \cos\theta \end{pmatrix} \begin{pmatrix} x \\ y \end{pmatrix} + \begin{pmatrix} a \\ b \end{pmatrix}$$ (단, 부호는 복호동순, $\rho > 0$)

$\begin{pmatrix} a \\ b \end{pmatrix}$는 평행이동이며, ρ는 닮음변환의 닮음비이며, 특히 $\rho = 1$이면 합동변환이다.

$A = \begin{pmatrix} \cos\theta & \mp \sin\theta \\ \sin\theta & \pm \cos\theta \end{pmatrix}$는 $AA^t = I$ (단위행렬)를 만족하며 $\det(A) = \pm 1$

$\begin{pmatrix} \cos\theta & -\sin\theta \\ \sin\theta & +\cos\theta \end{pmatrix}$ 는 회전변환이며, $\begin{pmatrix} \cos\theta & +\sin\theta \\ \sin\theta & -\cos\theta \end{pmatrix}$ 는 직선 $y = x\tan\dfrac{\theta}{2}$ 에 관한 선대칭변환이다.

공간 $\mathbb{R}^3$ 의 합동변환–닮음변환식은 다음과 같다.

$$\begin{pmatrix} x' \\ y' \\ z' \end{pmatrix} = \rho A \begin{pmatrix} x \\ y \\ z \end{pmatrix} + \begin{pmatrix} a \\ b \\ c \end{pmatrix} \quad (\text{단}, \ AA^t = I, \ \rho > 0)$$

$\begin{pmatrix} a \\ b \\ c \end{pmatrix}$ 는 평행이동이며, ρ 는 닮음비이며 $\rho = 1$ 이면 합동변환이다.

$AA^t = I$ 일 때, 행렬 A 를 직교행렬이라 하며, $\det(A) = +1$ 이면 A 는 회전변환이며, $\det(A) = -1$ 이면 A 는 회전변환과 면대칭변환의 합성이다.

일반적인 3×3 행렬 A 와 벡터 $v \in \mathbb{R}^3$ 에 대하여 다음 관계식이 성립한다.

① $(Av) \cdot w = v \cdot (A^t w)$
② $(Au) \cdot (Av) \times (Aw) = \det(A)(u \cdot v \times w)$
③ $(Av) \times (Aw) = \det(A) A^{-T}(v \times w)$

직교행렬 A (즉, $A^t A = I$)에 대하여 벡터 v, w 를 사상한 Av, Aw 는 다음과 같은 성질을 갖는다.

① $(Av) \cdot (Aw) = v \cdot w$
② $(Av) \times (Aw) = \det(A) A(v \times w)$
②를 증명: $Au \cdot Av \times Aw = \det(A)(u \cdot v \times w) = \det(A)(Au \cdot A(v \times w))$
$$= Au \cdot \{\det(A) A(v \times w)\}$$
모든 u 에 대하여 등식이 성립하므로 $Av \times Aw = \det(A) A(v \times w)$

02 곡선의 표현과 프레네 틀(Frenet frame)

1. 공간 곡선(Curve)의 표현

[정의] {곡선의 식} 공간에 놓인 곡선 $c : I \to \mathrm{E}^3$ 의 방정식은 다음과 같이 매개변수로 나타낼 수 있다.
$$c(t) = (x(t), y(t), z(t)), \ a \le t \le b$$
위의 $x(t), y(t), z(t)$ 는 매개변수 t 에 관하여 미분 가능한 함수이다.

곡선의 방정식을 미분하면 곡선의 접 벡터(tangent vector)를 얻는다.
$$c'(t) = (x'(t), y'(t), z'(t))$$
곡선의 식을 1계 미분하여 얻는 공간 벡터 $c'(t)$ 는 곡선의 각 점 $c(t)$ 에서 곡선의 순간적인 진행 방향을 가리키는 방향 벡터가 되며, 곡선의 속도 벡터(velocity vector)라 하고 기호로 $\vec{v}(t)$ 라 쓰기도 한다.
그리고 속도의 크기 $v \equiv \|\vec{v}\| = \|c'\|$ 를 속력(speed)이라 한다.

만약 모든 t 에서 $\|c'(t)\| = 0$ 이면 $c(t)$ 는 한 점이 된다.

이를 퇴화(degenerate)라 한다.

매개변수 t 의 값에 따라 좌표공간의 점들의 좌표를 얻어 공간에 실제로 곡선을 그리기 위해서 조건 $\|c'(t)\| \neq 0$ 이 필요하며, 이러한 조건을 만족하는 곡선을 정칙 곡선(regular curve)이라 한다. 그리고 앞으로 다루게 될 곡선은 모두 정칙 곡선이다.

곡선 $c(t)$ 의 길이는 다음의 적분으로 정의된다.

$$\text{곡선의 길이} = \int_a^b \|c'(t)\| \, dt$$

특히, 곡선위의 한 점 $c(t_0)$ 를 시점으로 $c(t)$ 까지 곡선의 길이를 기호로 s 로 나타내면

[정의] {호의 길이} $\quad s = \displaystyle\int_{t_0}^t \|c'(t)\| \, dt$

이며, $\dfrac{ds}{dt} = \|c'(t)\|$ 이므로 $ds = \|c'(t)\| \, dt$ 이며 ds 를 선소(line element)라 한다.

특히, $\|c'(t)\| \equiv 1$ 이면 적분식으로부터 $s = t - t_0$ 이므로 곡선을 따라 $c(t_0)$ 에서 $c(t)$ 까지 곡선의 길이가 $t - t_0$ 가 된다. 즉, 매개변수의 차이가 곡선의 길이와 같다. 이때 t 를 곡선의 길이를 나타내는 변수로 보아도 되며 매개변수가 곡선(또는 호)의 길이이다.

이때 조건 $\|c'(t)\| \equiv 1$ 인 곡선을 '단위속력 곡선(unit speed curve)' 또는 '호의 길이로 매개화된 곡선(curve parametrized by arc length)'이라 한다.

[정리] 모든 정칙곡선은 호의 길이 s 로 재매개화 할 수 있다.
즉, 모든 정칙곡선은 재매개화하여 단위속력곡선이 되도록 할 수 있다.

> 역함수는 간단히 표현되지 않을 수 있다.

증명 곡선 $c(t)$ 가 정칙일 때, s 의 적분값 함수 $f(t) = \displaystyle\int_{t_0}^t \|c'(t)\| \, dt$ 의 역함수를 $t = g(s)$ 라 하자.

곡선의 식에 대입하여 매개변수를 변환한 곡선식을 $C(s) = c(g(s))$ 라 두면

$$C'(s) = c'(g(s))g'(s) = c'(g(s))\frac{1}{f'(g(s))} = \frac{c'(g(s))}{\|c'(g(s))\|}$$

곡선 $C(s)$ 는 곡선 $c(t)$ 와 진행방향이 같고 매개변수가 s 가 되어 단위속력 곡선이 된다.

즉, 매끄러운 곡선이 주어지면, 곡선의 매개변수 방정식을 항상 호의 길이 s 를 매개변수로 놓은 식으로 선택할 수 있다.

[정리] 정칙곡선 $c(t)$ 위의 점에서 정의된 임의의 함수 $V(t)$ 에 대하여 호의 길이 함수 $f(t) = \displaystyle\int_{t_0}^{t} \| c'(t) \| \, dt$ 의 역함수 $t = g(s)$ 를 대입하여 함수 $V(g(s))$ 를 얻었을 때, $\dfrac{d}{ds} V(g(s)) = \dfrac{1}{\| c'(t) \|} \dfrac{d}{dt} V(t)$ 이다.

증명 $g'(s) = \dfrac{1}{f'(g(s))} = \dfrac{1}{\| c'(g(s)) \|} = \dfrac{1}{\| c'(t) \|}$ 이므로

$\dfrac{d}{ds} V(g(s)) = V_t(g(s)) \, g'(s) = \dfrac{1}{\| c'(t) \|} \dfrac{d}{dt} V(t)$ 이다.

위의 정리에 의하여 곡선의 함수에 대한 미분은 $\dfrac{d}{ds} = \dfrac{1}{\| c'(t) \|} \dfrac{d}{dt}$ 이다.

곡선 $c(t)$ 의 매개변수 t 가 호의 길이가 아닐지라도 호의 길이 s 로 미분할 수 있다. 즉, $\dfrac{dc(t)}{ds} = \dfrac{dt}{ds} \dfrac{dc(t)}{dt} = g'(s) \, c'(t) = \dfrac{1}{\| c'(t) \|} c'(t) = \dfrac{c'(t)}{\| c'(t) \|}$

곡선 $c(t)$ 의 매개변수 t 가 호의 길이가 아닐 때, 이 방법을 이용하면 호의 길이 s 와 t 사이의 함수식을 구할 필요 없이 곡선 $c(t)$ 와 관련된 모든 식을 s 로 미분할 수 있다.

평면에 놓인 곡선을 식으로 나타내는 방법은 원의 방정식 $x^2 + y^2 - 1 = 0$ 와 같이 음함수

$f(x, y) = 0$

을 이용하는 것과 매개변수를 이용한 식이 있다.

$c(t) = (x(t), y(t)) \quad (a \le t \le b)$

예 ① 쌍곡선의 방정식 $x^2 - y^2 - 1 = 0$ 의 경우 매개변수를 이용하여
$c(t) = (\cosh t, \sinh t)$ 또는 $c(t) = (\sec t, \tan t)$ 로 쓸 수 있다.

② 타원의 방정식 $\dfrac{x^2}{a^2} + \dfrac{y^2}{b^2} - 1 = 0$ 의 경우 매개변수를 이용하여

$c(t) = (a \cos t, b \sin t)$ 로 쓸 수 있다. 그런데 이때 t 는 동경각이 아니다.

예를 들어 타원 $\dfrac{x^2}{12} + \dfrac{y^2}{4} = 1$ 을 매개변수식 $c(t) = (2\sqrt{3} \cos t, 2 \sin t)$

으로 나타낼 때, $t = \dfrac{\pi}{4}$ (45°)를 대입하면 $c(\dfrac{\pi}{4}) = (\sqrt{6}, \sqrt{2})$ 이며,

점 $(\sqrt{6}, \sqrt{2})$ 는 45° 동경각의 동경선 $y = x$ 위에 있지 않다. 오히려 $t = \dfrac{\pi}{3}$ 을 대입

한 점 $c(\dfrac{\pi}{3}) = (\sqrt{3}, \sqrt{3})$ 이 45°동경선 $y = x$ 위에 있다.

> 매개변수의 특별한 의미는 없어진다.

일반적으로 곡선으로 둘러싸인 내부 영역의 면적은 다음 적분으로 구할 수 있다.

매개 변수식 $c(t) = (x(t), y(t))$, $a \leq t \leq b$ 로 곡선이 주어지면 그 내부 영역의 면적은 다음과 같이 구할 수 있다.

$$\text{내부 면적} = \int_c x\, dy = \int_a^b x(t)\, y'(t)\, dt = \int_a^b -y(t)\, x'(t)\, dt$$
$$= \frac{1}{2} \int_a^b x\, y' - y\, x'\, dt$$

극좌표 방정식 $r = f(\theta)$ 또는 $r = r(\theta)$ 로 주어진 곡선도
$$c(\theta) = (f(\theta)\cos\theta, f(\theta)\sin\theta) \quad \text{또는} \quad c(\theta) = (r(\theta)\cos\theta, r(\theta)\sin\theta)$$
와 같이 매개변수 방정식으로 나타낼 수 있다.

곡선이 극좌표 방정식으로 주어질 때, 부채꼴 영역의 면적은 다음과 같다.
$$\text{부채꼴 면적} = \frac{1}{2} \int_{\theta_1}^{\theta_2} r(\theta)^2\, d\theta$$

평면곡선의 길이는 일반적인 공간곡선의 길이를 구하는 방법과 동일하며, 극좌표 방정식으로 주어진 곡선 $r = r(\theta)$ 의 경우에는
$c(\theta) = (r(\theta)\cos\theta, r(\theta)\sin\theta)$ 를 이용하면 되는데
$$c'(\theta) = (r'\cos\theta - r\sin\theta, r'\sin\theta + r\cos\theta)$$
이므로 $\|c'\| = \sqrt{(r')^2 + r^2}$ 이며, 곡선의 길이 s 는
$$s = \int_{\theta_1}^{\theta_2} \sqrt{(r')^2 + r^2}\, d\theta$$

2. 공간 곡선의 Frenet 틀(frame)

곡선으로부터 정규직교기저를 도입하자.

> **[정의] {프레네 틀}** 정칙곡선 $c : I \to \mathbb{R}^3$, $\|c''(t)\| \neq 0$ 이라 하자.
>
> 단위접벡터(unit tangent vector) $T(t) \equiv \dfrac{c'(t)}{\|c'(t)\|}$
>
> 단위법선 벡터(unit normal vector) $N(t) \equiv \dfrac{T'(t)}{\|T'(t)\|}$
>
> 단위종법선 벡터(unit binormal vector) $B(t) \equiv T(t) \times N(t)$
>
> 곡선위의 점 $c(t)$ 에서 $\{T(t), N(t), B(t)\}$ 은 공간의 정규직교 기저 (orthonormal basis)를 이룬다.
>
> 이 기저를 프레네 틀(Frenet frame)이라 한다.

❶ **주의** $\|c''(t)\| = 0$ 이면 N 과 B 는 정의되지 않는다.

프레네 틀 $\{T, N, B\}$ 는 정규직교 벡터들이므로 다음의 관계식이 성립한다.
단위속력 곡선이 아닌 일반적인 정칙곡선일 때는 프레네 틀(Frenet frame)을
다음과 같이 구할 수 있다.

> **[공식] {프레네 틀}**
>
> (1) $T(t) = \dfrac{c'(t)}{\|c'(t)\|}$, $\;B(t) = \dfrac{c'(t) \times c''(t)}{\|c'(t) \times c''(t)\|}$, $\;N(t) = B(t) \times T(t)$
>
> (2) $T = N \times B$, $\;N = B \times T$, $\;B = T \times N$

특히, 프레네 틀(Frenet frame)의 법선 벡터 N 은 c' 과 $c' \times c''$ 과 수직이므로
곡률벡터 $\vec{k}$ 와 같은 방향이다. 그러나 N 이 단위벡터임에 비해 $\vec{k}$ 는 크기가 곡
률 k 와 같다.

따라서 곡률벡터 $\vec{k} = kN$ 임을 알 수 있다.

> **[정의] {특수한 평면}** 정칙곡선 $c : I \to \mathbb{R}^3$, $\|c''(t)\| \neq 0$ 이라 하자.
> T, N 을 포함하는 평면은 앞에서 정의한 접촉 평면(osculating plane)이다.
> T, B 를 포함하는 평면을 전직 평면(rectifying plane)이라 하고,
> N, B 를 포함하는 평면을 법평면(normal plane)이라 한다.

공간곡선과 달리 평면곡선의 프레네 틀(Frenet frame)은 다음과 같이 정의한다.

> **[정의] {프레네 틀}** 정칙곡선 $c : I \to \mathbb{R}^2$ 라 하자.
> 단위접벡터 $T(t) \equiv \dfrac{c'(t)}{\|c'(t)\|}$
> 단위법선벡터 N 는 $T = (a, b)$ 일 때 $N = (-b, a)$ 로 정의한다.

03 프레네-세레(Frenet-Serret) 정리와 곡률과 열률(torsion)

1. 곡선의 곡률(curvature)과 곡률벡터

정칙 곡선 $c(t)$ 의 식이 2계 미분가능하다고 하자.
곡선 $c(t)$ 의 2계 도함수
$$c''(t) = (x''(t), y''(t), z''(t))$$
은 곡선을 시간 t 에 따른 이동경로로 보는 물리적 관점에서 보면 가속도에 해
당 하므로 곡선의 가속도벡터라 하고 $\vec{a}(t)$ 로 쓰기도 한다.
물리적 관점에서 질량이 $m = 1$ 인 물체가 가속도 $\vec{a}$ 로 움직일 때 작용하는
힘(force) $\vec{F}$ 는 $\vec{F} = m\vec{a} = \vec{a}$ 와 같으며, 곡선 $c(t)$ 를 따라 움직인다면 $\vec{F} = c''$
이다.
이 힘의 크기(power) $\|\vec{F}\| = \|c''\|$ 는 곡선이 굽은 정도에 따라 물체가 받는 원
심력의 크기이며, 곡선의 굽은 정도를 가늠할 좋은 방법을 제공한다고 할 수
있다.
곡선의 굽은 정도를 단위속력 곡선이 아닌 경우로 일반화해 보자.

공간 곡선 $c : I \to \mathrm{E}^3$, $c(t)$ 가 정칙 곡선이라 하자.

곡선 $c(t)$ 의 호의 길이변수를 s 라 할 때, 곡선 $c(t)$ 의 단위접벡터 $\dfrac{c'(t)}{\|c'(t)\|}$ 을 s 로 미분한 벡터를 곡선 $c(t)$ 의 곡률벡터(curvature vector)라 정의하고 $\vec{k}(t)$ 라 표기한다. 그리고 곡률벡터의 크기를 곡선 $c(t)$ 의 곡률(curvature)이라 하고, 기호로 k 라 표기한다. 즉,

---

[정의]

{곡률(curvature)} $k(t) \equiv \left\| \dfrac{d}{ds} \dfrac{d}{ds} c(t) \right\| \equiv \left\| \dfrac{dT}{ds} \right\|$

{곡률벡터} $\vec{k}(t) = kN \equiv \dfrac{d}{ds}\left(\dfrac{c'(t)}{\|c'(t)\|} \right) = \dfrac{1}{\|c'(t)\|} \dfrac{d}{dt}\left(\dfrac{c'(t)}{\|c'(t)\|} \right)$

특히, 정칙 곡선 $c(t)$ 가 단위속력(unit speed)일 때, 곡률 $k(t) \equiv \|c''(t)\|$

위의 정의는 단위속력 조건 $\|c'(t)\| \equiv 1$ 이 성립할 때 $\vec{k}(t) = c''(t)$, $k(t) = \|c''(t)\|$ 이므로 단위속력일 때의 정의와 일치하며, 그 정의의 일반화라 할 수 있다.

곡선 $c(t)$ 위의 한 점에서 접벡터 $c'(t)$, 가속도벡터 $c''(t)$, 곡률벡터 $\vec{k}(t)$ 등을 구하면, 이들은 모두 한 평면에 놓인 벡터들로 나타난다. 이 평면은 접촉평면(osculating plane)이다.

즉, 곡선위의 한 점 $c(t)$ 를 지나고 벡터 $c'(t) \times c''(t)$ 에 수직인 평면이 점 $c(t)$ 에서 곡선의 접촉 평면(osculating plane)이다.

그리고 곡선의 곡률 $k \neq 0$ 일 때, 접촉평면에 놓여있고 곡선에 가장 가깝게 접하게 그린 원을 접촉원(또는 곡률원)이라 한다. 이 원을 결정하기 위해서는 그 원의 중심을 찾으면 되는데 이 원의 중심을 곡률 중심(center of curvature)이라 하고, 이 원의 반지름을 곡률 반경(radius of curvature)이라 한다. 그러나 대개 아래의 식으로 곡률중심과 곡률반경의 정의로 삼는다.

곡선의 곡률중심과 곡률반경을 구하기 위한 방법은 다음 공식으로 정리 할 수 있다.

[정의] {곡률반지름, 곡률중심}

곡률 반지름 $= \dfrac{1}{k(t)}$, 곡률 중심 $= c(t) + \dfrac{1}{k(t)} N(t)$

위 식에서 $N(t) = \dfrac{1}{k(t)} \vec{k}(t)$ 이며, 다음 절에서 정의하게 될 법선벡터(normal vector)이다.

곡률반지름의 의미를 식으로 살펴보자.

공간곡선 $c(t)$ 위의 세 점을 $A = c(t+h)$, $P = c(t)$, $B = c(t-h)$ 라 두고 $\triangle APB$ 의 외접원의 중심을 C 라 놓자.

삼각형 $\triangle APB$ 의 세 변의 길이를 a, b, c, 면적을 S 라 할 때,

외접원의 반지름 $R = \dfrac{abc}{4S}$ 이므로

$$R = \frac{|A-B| \times |A-P| \times |B-P|}{2|(A-P) \times (B-P)|} = \frac{|A-B| \times |A-P| \times |B-P|}{2|(A-P) \times (A+B-2P)|}$$

$$\lim_{h \to 0} \frac{A-B}{h} = \lim_{h \to 0} \frac{c(t+h) - c(t-h)}{h} = 2c'(t)$$

$$\lim_{h \to 0} \frac{A-P}{h} = \lim_{h \to 0} \frac{c(t+h) - c(t)}{h} = c'(t)$$

$$\lim_{h \to 0} \frac{B-P}{h} = \lim_{h \to 0} \frac{c(t-h) - c(t)}{h} = -c'(t)$$

$$\lim_{h \to 0} \frac{A+B-2P}{h^2} = \lim_{h \to 0} \frac{c(t+h) + c(t-h) - 2c(t)}{h^2} = c''(t)$$

이므로 외접원의 반지름의 극한 $\lim\limits_{h \to 0} R$ 을 구하면

$$\lim_{h \to 0} R = \lim_{h \to 0} \frac{|A-B| \times |A-P| \times |B-P|}{2|(A-P) \times (A+B-2P)|} = \frac{\|c'\|^3}{\|c' \times c''\|}$$

이 극한을 곡률반지름(radius of curvature)이라 하며

그 역수를 곡률 k 라 하며, 곡률 $k = \dfrac{\|c' \times c''\|}{\|c'\|^3}$ 이다.

따라서 곡률반지름은 외접원의 반지름의 극한이며 그 역수는 곡률이다.

2. 프레네-세레 정리(Frenet-Serret formula)와 열률(Torsion)

프레네 틀(Frenet frame)$\{T, N, B\}$를 호의 길이변수s로 미분한 세 벡터
$\dfrac{dT}{ds}, \dfrac{dN}{ds}, \dfrac{dB}{ds}$ 는 기저(basis)인 $\{T, N, B\}$의 일차결합으로 나타낼 수 있다.
그 일차결합 식을 구하면, 계수의 배열이 다음과 같이 특별한 형식을 보여주는
데, 이 식을 프레네 공식(Frenet formula)이라 한다.

[프레네-세레 정리] 정칙곡선 $c : I \to \mathbb{R}^3$, $\|c''(t)\| \neq 0$ 이라 하자.

$$\begin{cases} \dfrac{d}{ds} T = \quad\quad kN \\[2mm] \dfrac{d}{ds} N = -kT + \tau B \\[2mm] \dfrac{d}{ds} B = \quad -\tau N \end{cases}$$

증명 단위속력 곡선의 프레네 틀(Frenet frame)은

$$T = c', \quad N \equiv \frac{c''}{\|c''\|}, B = T \times N$$

그리고 곡률$k = \|c''\|$이므로 $T' = c'' = kN$이다.
B를 미분하면 $B' = T' \times N + T \times N' = T \times N'$이므로 $B' \perp T$이며,
$B \cdot B = 1$의 양변을 미분하면 $B \cdot B' = 0$이므로 $B' \perp B$이다.
따라서 B', N은 평행하며, $B' = -\tau N$이 성립하는 함수τ가 존재한다.
(이 식은 열률 τ의 정의이다.)

또한 $N = B \times T$ 이므로 양변을 미분하면 $N' = B' \times T + B \times T'$ 이며, $T' = kN$ 과 $B' = -\tau N$ 을 대입하면

$N' = B \times T' + B' \times T = B \times kN - \tau N \times T = -kT + \tau B$

따라서 $T' = kN$, $N' = -kT + \tau B$, $B' = -\tau N$ 이 성립한다.

이 공식에서 k 는 곡선의 곡률이며, τ 는 $B' = -\tau N$ 이 성립하도록 정의한 함수로서 τ 를 곡선의 열률(torsion, 비틀림률, 비꼬임률)이라 한다.

> **[정의] {열률(torsion)}**
>
> 식 $\dfrac{d}{ds}B' = -\tau N$ 을 만족하는 함수 τ 를 곡선의 열률(torsion)이라 정의한다.
> 정의식의 양변에 N 을 내적하면, τ 의 계산식을 얻는다.
> $$\tau = -\left(\frac{d}{ds}B\right) \cdot N$$

미분기하학 교재 중에는 열률(torsion)의 정의를 $B' = \tau N$ 으로 두어 위의 정의 및 공식과 반대부호로 둔 책이 있다. 열률(torsion)의 부호는 곡선이 나선(helix)꼴의 감는 방향이 오른 나선인지 왼 나선인지를 가리는 역할을 하는데 대부분의 교재는 오른 나선의 열률이 양의 값을 갖도록 위와 같이 정의한다.

일반적인 곡선 $c(t)$ 의 경우, 미분할 변수를 곡선 길이 s 대신 원래의 매개변수 t 로 미분할 때 $\dfrac{d}{ds} = \dfrac{1}{\|c'\|}\dfrac{d}{dt}$ 임을 이용하여, 프레네 공식을 고쳐 쓰면 다음과 같다.

$$\begin{cases} T' = & vkN \\ N' = -vkT & + v\tau B \quad (\text{단, } v = \|c'\|) \\ B' = & -v\tau N \end{cases}$$

단위속력 곡선의 경우 $v = \|c'\| = 1$ 이며 매개변수 t 가 호의 길이이므로 처음 식과 일치한다.

단위속력곡선 $c(t)$ 가 해석적 함수식의 곡선이라 하고 테일러 전개하자.

$c' = T$, $c'' = T' = kN$, $c''' = k'N + kN' = -k^2 T + k'N + k\tau B$

이므로 $c'(0) = T(0)$, $c''(0) = k(0)N(0)$,

$c'''(0) = -k(0)^2 T(0) + k'(0)N(0) + k(0)\tau(0)B(0)$

$T(0) = T_0$, $N(0) = N_0$, $B(0) = B_0$, $k(0) = k_0$, $\tau(0) = \tau_0$ 라 표기하면

따라서 $c(t) = c(0) + tc'(0) + \dfrac{t^2}{2}c''(0) + \dfrac{t^3}{6}c'''(0) + \cdots$ 에 대입하면

$c(t) = c(0) + tT_0 + \dfrac{t^2}{2}k_0 N_0 + \dfrac{t^3}{6}\left\{-k_0^2 T_0 + k'_0 N_0 + k_0 \tau_0 B_0\right\} + \cdots$

이며 우변을 벡터 T_0, N_0, B_0 와 스칼라들의 일차결합으로 정리하면

$$c(0) + (t - \frac{k_0^2}{6}t^3 + \cdots)T_0 + (\frac{k_0}{2}t^2 + \frac{k'_0}{6}t^3 + \cdots)N_0 + (\frac{k_0 \tau_0}{6}t^3 + \cdots)B_0$$

각각의 스칼라 식을 첫 번째 항을 제외한 나머지 항을 제거하면

$$c(t) \approx c(0) + t\,T_0 + \frac{k_0}{2}t^2 N_0 + \frac{k_0 \tau_0}{6}t^3 B_0$$

위의 곡선 $c(t)$ 의 테일러 전개식을 살펴보면 한 점 $c(0)$ 의 T_0 , N_0 , B_0 를 알고, 곡률 k 와 열률 τ 를 알면 곡선을 온전히 알 수 있다.

다음 정리에 따라 곡선의 기하학적 형태는 곡률과 열률에 의하여 결정된다.

> **[곡선의 합동 정리]**
> 두 단위속력 곡선의 곡률과 열률의 크기가 같으면, 두 곡선은 합동이다.
> 두 곡선이 단위속력이 아닌 때는 속력과 곡률, 열률의 크기가 같으면, 두 곡선은 합동이다.

위의 정리에 의하면, 곡률과 열률의 크기가 같은 두 곡선은 적절한 합동변환—평행이동, 회전, 대칭—에 의하여 포개진다는 뜻이다. 따라서 곡선의 공간상의 위치나 놓인 자세가 아닌 순수한 기하학적 형태는 곡률과 열률에 의해 결정된다는 것을 알 수 있다.

3. 평면곡선의 Frenet-Serret 정리와 회전수 정리

좌표평면에 놓인 곡선 $c(t) = (x(t), y(t))$ 는 좌표평면을 XY-평면으로 두는 공간곡선 $C(t) = (x(t), y(t), 0)$ 으로 볼 수 있다. 그리고 이 공간곡선의 곡률을 구하면,

$$C'(t) = (x'(t), y'(t), 0), \ C''(t) = (x''(t), y''(t), 0)$$
$$C'(t) \times C''(t) = (0, 0, x'(t)y''(t) - x''(t)y'(t))$$
$$곡률 \ k = \frac{\|C'(t) \times C''(t)\|}{\|C'(t)\|^3} = \frac{|x'(t)y''(t) - x''(t)y'(t)|}{\sqrt{x'(t)^2 + y'(t)^2}^3}$$

평면에서 곡선이 휘는 방향에 따라 부호를 다르게 하기 위해 다음과 같이 절 댓값을 붙이지 않고 정의하기도 한다. 이때의 곡률 기호는 위의 k 와 구별해서 κ 라 두기로 하자.

부호붙은 이 곡률 κ 를 부호곡률(signed curvature)이라 부르기도 한다.

> **[정의] {부호곡률(signed curvature)}**
> $$\kappa = \frac{x'(t)y''(t) - x''(t)y'(t)}{\sqrt{x'(t)^2 + y'(t)^2}^3}$$

특히, 함수 $y = f(x)$ 의 그래프의 곡률은 곡선 $c(x) = (x, f(x))$ 의 곡률과 같으므로 $\kappa(x) = \dfrac{f''(x)}{\sqrt{1 + f'(x)^2}^3}$

극방정식 $r = r(\theta)$ 으로 주어진 곡선의 곡률을 구해보자.

$x(\theta) = r(\theta)\cos\theta, \ y(\theta) = r(\theta)\sin\theta$

와 같이 직교좌표로 매개변수화 된다. 이를 미분하면

$$x'(\theta) = r'(\theta)\cos\theta - r(\theta)\sin\theta, \ y'(\theta) = r'(\theta)\sin\theta + r(\theta)\cos\theta$$
$$x'' = r''\cos\theta - 2r'\sin\theta - r\cos\theta, \ y'' = r''\sin\theta + 2r'\cos\theta - r\sin\theta$$

따라서 부호곡률 $\kappa = \dfrac{r^2 + 2(r')^2 - r\,r''}{\sqrt{r^2 + (r')^2}^{\,3}}$

$\mathbb{R}^2$ 의 곡선식이 음함수 $F(x, y) = c$ 일 때, 음함수정리로부터 $y = f(x)$ 라 놓고, $f' = -\dfrac{F_x}{F_y}$ 라 대입하면 부호곡률 $\kappa(F)$ 는 다음과 같다.

정칙곡선 $F(x, y) = c$ 의 향(orientation)을 $U = \dfrac{\nabla F}{\|\nabla F\|}$ 라 정하자.

$$k(F) = U^T \mathrm{adj}\,(\nabla U)^t \, U = \dfrac{(\nabla F)^T \,\mathrm{adj}\,(\mathrm{H}F)(\nabla F)}{\|\nabla F\|^3}$$

평면곡선은 열률이 0인 공간곡선으로 이해하면 다음과 같은 Frenet-Serret 공식이 성립한다.

> **[Frenet-Serret 공식]** $\begin{cases} \dfrac{d}{ds} T = \kappa\, N \\[2mm] \dfrac{d}{ds} N = -\kappa\, T \end{cases}$ (단, κ 는 부호곡률)

> ❗**주의** 여기서 N 의 정의는 $T = (a, b)$ 이면 $N = (-b, a)$ 이다.

3차원일때와 다르게 N 을 정의한다.

극방정식 $r = r(\theta)$ 로 주어진 곡선 $c(\theta) = (\,r(\theta)\cos\theta,\, r(\theta)\sin\theta\,)$
(단, $r(\theta) > 0$)의 부호곡률을 호의 길이 매개변수 s 로 선적분해보자.

$$\begin{aligned}
\int_c \kappa\, ds &= \int_0^{2\pi} \dfrac{r^2 + 2r'^2 - rr''}{r^2 + r'^2}\, d\theta \\
&= \int_0^{2\pi} \left(1 - \dfrac{rr'' - r'^2}{r^2 + r'^2}\right) d\theta \\
&= 2\pi - \int_0^{2\pi} \dfrac{rr'' - r'^2}{r^2 + r'^2}\, d\theta \\
&= 2\pi - \int_0^{2\pi} \dfrac{d}{d\theta} \arctan\!\left(\dfrac{r'}{r}\right) d\theta \\
&= 2\pi - \left[\,\arctan\!\left(\dfrac{r'}{r}\right)\,\right]_0^{2\pi} = 2\pi
\end{aligned}$$

극방정식 $r = r(\theta)$ (단, $r(\theta) > 0$)로 주어진 곡선은 평면에서 단일폐곡선을 그린다.
평면의 폐곡선이 여러 겹의 단일폐곡선들로 이루어진 경우 회전수 개념을 도입하여 위의 결과를 일반화 할 수 있다.
아래와 같이 폐곡선의 회전수(winding number)를 개념화 하자.
회전방향이 반시계 방향일 때 양(+)의 부호, 시계 방향 일때 음(−)의 부호를 부여한다. 폐곡선 c 의 회전수 $w(c)$ 의 기하학적 의미를 알기 위하여 몇 가지 곡선의 회전수를 제시한다.

회전수 $w(\mathrm{c})=0$ 회전수 $w(\mathrm{c})=2$ 회전수 $w(\mathrm{c})=-1$

(1)

(2)

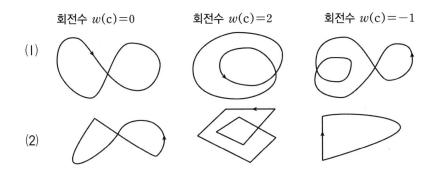

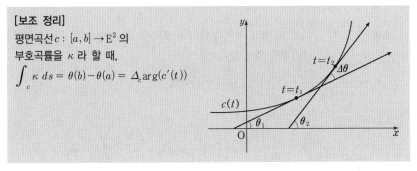

[회전수 정리]

(1) 회전수 $w(c)$ 인 정칙폐곡선 $c:[a,b]\to\mathbb{R}^2$ 의 부호곡률 κ 에 관하여

$$\int_c \kappa\, ds = 2\pi\, w(c)$$

(2) 회전수 $w(c)$ 인 폐곡선 $c:[a,b]\to\mathbb{R}^2$ 가 구분적으로(piecewise) 정칙인 곡선 c_i 들의 합집합이면 부호곡률 κ 에 관하여

$$\int_c \kappa\, ds + \sum_p \varepsilon_p = 2\pi\, w(c)$$

(단, 정칙곡선 c_i 들의 끝점들을 꼭짓점이라 할 때, ε_p 는 꼭짓점 p 의 외각)

폐곡선이 선분들의 합집합인 경우 $\kappa = 0$ 이므로 회전수 정리 (2)는 외각의 합이 $2\pi w$ 임을 뜻한다. 구체적으로, 다각형들은 회전수가 1이므로 다각형의 외각의 합은 2π 이다. 거꾸로 말해 다각형의 외각의 합이 $360°$라는 사실을 곡선 또는 선분의 합집합으로 주어진 폐곡선으로 일반화한 것이 회전수 정리인 셈이다. 이러한 회전수 정리는 곡선조각들에서 성립하는 다음 정리를 합하여 증명할 수 있다.

엄밀하게는 위의 관계식을 만족하는 정수 $w(c)$ 를 폐곡선 c 의 회전수라 정의한다. 부호곡률의 선적분은 국소적으로 접선각의 편차이다.

[보조 정리]

평면곡선 $c:[a,b]\to \mathrm{E}^2$ 의
부호곡률을 κ 라 할 때,

$$\int_c \kappa\, ds = \theta(b)-\theta(a) = \Delta_c \arg(c'(t))$$

증명 곡선의 식을 $c(t)=(x(t),y(t))$ 라 두면, 곡률의 식은 다음과 같다.

$$\kappa(t) = \frac{x'(t)\,y''(t) - x''(t)\,y'(t)}{\sqrt{x'(t)^2 + y'(t)^2}^{\,3}}$$

구간 $[t_1, t_2] \subset [a, b]$ 일 때,

$$\int_{t_1}^{t_2} \kappa(t)\, ds = \int_{t_1}^{t_2} \frac{x'\, y'' - x''\, y'}{\sqrt{(x')^2 + (y')^2}^{\,3}} \sqrt{(x')^2 + (y')^2}\, dt$$

$$= \int_{t_1}^{t_2} \frac{x'\, y'' - x''\, y'}{(x')^2 + (y')^2}\, dt$$

이며, 구간 $[t_1, t_2]$ 에서 $x'(t) \neq 0$ 이면

$$\int_{t_1}^{t_2} \kappa(t)\, ds = \int_{t_1}^{t_2} \frac{d}{dt}\left\{ \arctan\left(\frac{y'}{x'}\right)\right\} dt = \left[\arctan\left(\frac{y'}{x'}\right)\right]_{t_1}^{t_2}$$

구간 $[t_1, t_2]$ 에서 $y'(t) \neq 0$ 이면

$$\int_{t_1}^{t_2} \kappa(t)\, ds = \int_{t_1}^{t_2} \frac{d}{dt}\left\{ -\arctan\left(\frac{x'}{y'}\right)\right\} dt = \left[-\arctan\left(\frac{x'}{y'}\right)\right]_{t_1}^{t_2}$$

구간 $[t_1, t_2]$ 가 충분히 작을 때, $\left[\arctan\left(\dfrac{y'}{x'}\right)\right]_{t_1}^{t_2}$ 또는 $\left[-\arctan\left(\dfrac{x'}{y'}\right)\right]_{t_1}^{t_2}$ 는 곡선 의 양 끝점에서 그은 접벡터 $c'(t_2)$ 와 $c'(t_1)$ 이 이루는 사이 각은 $\Delta\theta = \theta_2 - \theta_1$ 이다.

따라서 구간 $[t_1, t_2]$ 가 충분히 작으면 $\displaystyle\int_{t_1}^{t_2} \kappa(t)\, ds = \Delta\theta$ 이다.

그러므로 곡선 c 의 전체 구간에서 적분하면 접벡터 $c'(t)$ 의 동경각 차이 $\Delta\theta$ 의 총합과 같다. 이때 $\Delta\theta$ 의 총합을 $\Delta_c \arg(c'(t))$ 라 쓴다.

즉, $\displaystyle\int_c \kappa\, ds = \Delta_c \arg(c'(t))$ 이다.

[곡률로 유도한 곡선의 방정식]

호의 길이에 따라 부호곡률 $\kappa(s)$ 가 주어질 때, 곡선 $c(s) = (x(s), y(s))$ 의 식

$$x(s) = \int_0^s \cos\left(\int_0^s \kappa\, ds\right) ds, \quad y(s) = \int_0^s \sin\left(\int_0^s \kappa\, ds\right) ds$$

증명 호의 길이로 매개화 평면곡선의 부호곡률 $\kappa(s)$ 을 갖는 곡선의 방정식 $c(s) = (x(s), y(s))$ 을 찾아보자.

$\kappa = \dfrac{x'\, y'' - x''\, y'}{\sqrt{(x')^2 + (y')^2}^{\,3}}$ 이며 $\|c'(s)\| = 1$ 이므로

$$\sqrt{(x')^2 + (y')^2}^{\,3} = (x')^2 + (y')^2$$

$$\kappa = \frac{x'\, y'' - x''\, y'}{(x')^2 + (y')^2} = \frac{d}{ds}\left\{ \arctan\left(\frac{y'}{x'}\right)\right\}, \quad \arctan\left(\frac{y'}{x'}\right) = \int_0^s \kappa\, ds,$$

$$\frac{y'}{x'} = \tan\left(\int_0^s \kappa\, ds\right)$$

위의 식에서 $\theta(s) = \displaystyle\int_0^s \kappa\, ds$ 라 두면 $\dfrac{y'}{x'} = \dfrac{\sin\theta}{\cos\theta}$, $\dfrac{y'}{\sin\theta} = \dfrac{x'}{\cos\theta}$

$$\frac{y'}{\sin\theta} = \frac{x'}{\cos\theta} = f \text{ 라 두면 } x' = f\cos(\theta(s)) \ , \ y' = f\sin(\theta(s))$$

$1 = (x')^2 + (y')^2 = f^2\left\{\cos^2(\theta) + \sin^2(\theta)\right\} = f^2 \text{ 이므로 } f = \pm 1$

부호를 무시하고 $f = 1$ 라 두면 $x' = \cos(\theta(s)) \ , \ y' = \sin(\theta(s))$

연속사상 $c : [0,1] \to E^2$ 가 $c(0) = c(1)$ 일 때 폐곡선이라 하고, 폐곡선 c 가 단사(injective)일 때, 단일 폐곡선 또는 Jordan 곡선이라 한다.

[Jordan의 곡선 정리]
평면의 단일 폐곡선 C 는 평면을 두 영역으로 나눈다.

평면에 단일폐곡선 C 가 놓여 있다. C 에 있지 않는 두 점 A, B 를 연결한 선분이 C 에 횡단적일 때, 두 점 A, B 가 C 에 의해 분할된 같은 영역에 있기 위한 필요충분조건은 선분 AB 와 C 가 만나는 점의 수가 짝수인 것이다.

4. 곡률과 열률의 계산공식

곡률과 곡률벡터의 계산 공식은 다음과 같다.

[공식] {임의곡선의 곡률과 열률의 계산공식}

(1) $k(t) = \dfrac{\| c'(t) \times c''(t) \|}{\| c'(t) \|^3}$

(2) $\tau(t) = \dfrac{c'(t) \times c''(t) \cdot c'''(t)}{\| c'(t) \times c''(t) \|^2}$

증명 (1) 곡률벡터의 정의로부터 $\vec{k} = \dfrac{1}{\|c'(t)\|} \dfrac{d}{dt}\left(\dfrac{c'(t)}{\|c'(t)\|}\right)$ 이며, 미분을 먼저 계산하자.

분수식의 미분공식을 적용하면 $\dfrac{d}{dt}\left(\dfrac{c'}{\|c'\|}\right) = \dfrac{\|c'\| c'' - (\|c'\|)' c'}{\|c'\|^2}$ 이며,

$\|c'\|^2 = c' \cdot c'$ 의 양변을 미분하여

$2\|c'\|(\|c'\|)' = c'' \cdot c' + c' \cdot c'' = 2c' \cdot c''$ 으로부터 $(\|c'\|)' = \dfrac{c' \cdot c''}{\|c'\|}$ 임을 알 수 있으며, 위의 식에 대입하고 외적의 성질을 이용하면,

$$\frac{\|c'\| c'' - (\|c'\|)' c'}{\|c'\|^2} = \frac{\|c'\|^2 c'' - (c' \cdot c'') c'}{\|c'\|^3} = \frac{(c' \times c'') \times c'}{\|c'\|^3}$$

따라서 $\vec{k} = \dfrac{(c'(t) \times c''(t)) \times c'(t)}{\|c'(t)\|^4}$ 이다.

또한 곡률 $k = \|\vec{k}\| = \dfrac{\|(c' \times c'') \times c'\|}{\|c'\|^4} = \dfrac{\|c' \times c''\| \cdot \|c'\|}{\|c'\|^4} = \dfrac{\|c' \times c''\|}{\|c'\|^3}$

(다른 방법) $v = \|c'\|$ 라 두고 프레네-세레 공식을 적용하면

$c' = vT, \ c'' = v'T + v^2 kN, \ c' \times c'' = v^3 k T \times N = v^3 k B$

$\|c' \times c''\| = v^3 k = \|c'\|^3 k$ 이므로 곡률 $k = \dfrac{\|c' \times c''\|}{\|c'\|^3}$

(2) $c' = v\,T$, $\quad c'' = v'\,T + v^2 k\,N$, $\quad c' \times c'' = v^3 k\,T \times N = v^3 k\,B$,

$\quad c''' = v''\,T + 3v'\,v^2 k\,N + v^2 k'\,N + v^3 k(-kT + \tau B)$

$c' \times c'' \cdot c''' = v^6 k^2 \tau = \|c' \times c''\|^2 \tau$ 이므로 열률 $\tau = \dfrac{c' \times c'' \cdot c'''}{\|c' \times c''\|^2}$

위의 곡률벡터의 공식에서 곡률벡터 $\vec{k} \perp c'$ 이며 $\vec{k} \perp c' \times c''$ 임을 알 수 있다.
특히, 단위속력 곡선인 경우 $\vec{k}(t) = c''(t)$ 이므로 $c'' \perp c'$ 이다.
그러나 단위속력이 아닌 일반적인 곡선일 때, 두 벡터 c'', c' 는 수직이 아니다.

5. 곡률(Curvature)과 열률(Torsion)의 기하학적 의미

곡선 $c(t)$ 가 있을 때, 곡선 위의 점에서 곡률이 k 라는 것은 그 점에서 곡선에 최대한 가깝게 접하는 원을 그릴 때, 그 원의 반지름의 역수가 k 임을 뜻한다. 그리고 $k \equiv 0$ 이면 곡선을 직선이 된다. 곡률이 커지면 그만큼 직선으로부터 많이 이탈하게 된다.
한편 열률은 앞 절에서 살펴본 바와 같이 평면에서 이탈하는 정도를 알 수 있게 하며 나선처럼 꼬이는 정도를 측정한다.

곡률과 열률이 곡선의 기하학적 형태를 결정하는 몇 가지 정리를 제시하면 다음과 같다.

> **[정리]** 공간 $\mathbb{R}^3$ 에 놓인 곡선 $c(t)$ 가 정칙곡선일 때, 다음 명제가 성립한다.
> (1) $c(t)$ 는 직선 $\leftrightarrow$ 곡률 $k = 0$
> (2) $c(t)$ 는 한 평면위의 곡선 $\leftrightarrow$ 열률 $\tau = 0$
> (3) $c(t)$ 는 원(circle) $\leftrightarrow$ 곡률 k 는 상수 $\neq 0$, 열률 $\tau = 0$
> (4) $c(t)$ 가 원형 나선(circular helix) $\leftrightarrow$ 곡률 k 와 열률 τ 는 모두 상수
> (5) $c(t)$ 가 주면 나선(cylindrical helix) $\leftrightarrow$ 곡률과 열률의 비 k/τ 또는 τ/k 는 상수

증명 (1) 단위속력곡선 $c(t)$ 의 곡률 $k = \|c''(t)\| = 0$ 이므로 $c''(t) = 0$
$c(t)$ 는 1차식으로 나타난다. 따라서 $c(t)$ 는 직선이다.

(2) $B' = -\tau N = 0$ 이므로 B 는 일정한 단위벡터이며, $B \cdot c(t)$ 를 미분하면
$B \cdot T = 0$ 이므로 $B \cdot c(t) = d$ (단, d 는 상수)
$\therefore$ 곡선 $c(t)$ 는 평면 $B \cdot X = d$ 에 놓여있다.

(3) $\tau = 0$ 이므로 명제(2)의 증명에 의해 곡선은 한 평면에 놓여있다.

$\quad p(t) = c(t) + \dfrac{1}{k}N(t)$ 라 두면, $p'(t) = c'(t) + \dfrac{1}{k}N'(t) = T - T = 0$

이므로 $p(t)$ 는 일정한 점 P 가 되며 $P = c(t) + \dfrac{1}{k}N(t)$ 로부터

$\|c(t) - P\| = \dfrac{1}{k}$ 이므로 곡선은 P 가 중심인 원의 일부이다.

위의 정리 (5)에서 소개한 주면 나선은 다음과 같이 정의한다.

[정의] {주면나선}

주면나선(cylindrical helix)이란 단위접선벡터 T 가 일정한 (축 axis) 벡터 $\vec{v}$ 와 일정한 각 θ 을 이루는 곡선을 말한다. 즉, $T \cdot \vec{v} = \cos\theta$ (상수)

이때 일정한 각 θ 는 $\dfrac{\vec{v}}{\|v\|} = \cos\theta\, T + \sin\theta\, B$ 이며 $\dfrac{k}{\tau} = \tan(\theta)$

또한 축을 이루는 벡터가 $\vec{v}$ 인 주면나선 $c(t)$ 의 주면(cylinder)의 매개변수 방정식은 $X(r, t) = c(t) + r\vec{v}$ 로 나타낼 수 있다.

[정리]

(1) 정칙곡선 $c(t)$ 가 정칙곡선이면 즉, $T \cdot \vec{v} = \cos\theta$ (상수)이면 비율 $k : \tau$ 는 일정하다.

(2) 정칙곡선 $c(t)$ 의 곡률 $k > 0$ 일 때,

$\dfrac{\tau}{k}$ 가 상수이면 $\vec{v} = \dfrac{\tau}{\sqrt{k^2 + \tau^2}}\, T + \dfrac{k}{\sqrt{k^2 + \tau^2}}\, B$ 는 일정한 단위벡터이다.

이때, $T \cdot \vec{v} = \cos\theta$ 인 상수 θ 가 있다.

(3) 곡선 $c(t)$ 에 대하여 적당한 상수 a, b 에 대하여 벡터 $aT + bB$ 가 일정한 벡터일 때, $c(t)$ 는 주면나선이다. (단, $a \neq 0$)

증명 (1) $T \cdot \vec{v} = \cos\theta$ 을 미분하면 프레네-세레 정리에 의하여

$kN \cdot \vec{v} = 0$ 이다. $k = 0$ 인 경우 비율 $k : \tau = 0 : 1$ 는 일정하다.

$k > 0$ 인 경우 $N \cdot \vec{v} = 0$ 이며 또 미분하고 프레네-세레 정리를 적용하면

$-kT \cdot \vec{v} + \tau B \cdot \vec{v} = 0$ 이므로 비율 $k : \tau = B \cdot \vec{v} : T \cdot \vec{v}$ 이다.

$N \cdot \vec{v} = 0$ 이므로 $\vec{v}$ 는 T, B 로 생성된 평면의 벡터이고 $T \cdot \vec{v} = \cos\theta$ 이

므로 $B \cdot \vec{v} = \pm \sin\theta$ 이다. θ 가 상수이므로 $B \cdot \vec{v}$ 는 상수이다.

따라서 비율 $k : \tau = B \cdot \vec{v} : T \cdot \vec{v}$ 는 일정하다.

(2) $\dfrac{\tau}{k}$ 가 상수이므로 $\dfrac{\tau}{\sqrt{k^2 + \tau^2}}$, $\dfrac{k}{\sqrt{k^2 + \tau^2}}$ 도 상수

$\dfrac{d}{dt}\vec{v} = \dfrac{\tau k}{\sqrt{k^2 + \tau^2}} N + \dfrac{-k\tau}{\sqrt{k^2 + \tau^2}} N = 0$ 이므로 $\vec{v}$ 는 일정 단위벡터

$T \cdot \vec{v} = \dfrac{\tau}{\sqrt{k^2 + \tau^2}}$ 는 상수이며 절댓값이 1이하이므로 $\cos\theta$ 로 쓸 수 있다.

(3) 프레네공식을 적용하면 $ak - b\tau = 0$, $k/\tau = b/a$ 상수

(2)로부터 $\dfrac{\tau}{\sqrt{k^2 + \tau^2}} = \cos\theta$, $\dfrac{k}{\sqrt{k^2 + \tau^2}} = \sin\theta$, $\vec{v} = \cos\theta\, T + \sin\theta\, B$

주면나선 $c(t)$ 가 $T \cdot \vec{v} = \cos\theta$ 일 때, 축을 이루는 벡터 $\vec{v}$ 방향으로 곡선 $c(t)$ 를 평행이동한 곡선들의 합집합은 주면이 되므로 주면의 방정식은

$X(r, t) = c(t) + r\vec{v}$ 라 쓸 수 있다.

그리고 주면 $X(r,t) = c(t) + r\vec{v}$ 와 축을 이루는 벡터 $\vec{v}$ 에 수직인 평면 $\vec{v} \cdot X = 0$ 이 만나는 곡선은 $c_0(t) = c(t) - (c(t) \cdot \vec{v})\vec{v}$ 이다.

이 곡선이 원이면 주면 $X(r,t) = c(t) + r\vec{v}$ 는 원주면이 된다.

[정리]
(1) 원주나선(circular helix)의 곡률(curvature)과 열률(torsion)은 상수이다.
(2) 정칙곡선의 곡률과 열률이 상수이면 원주나선이다. (단, 곡률 > 0)

증명 (1) 직선인 원주나선의 곡률과 열률은 상수이다. (단, 직선의 열률은 0 으로 보자.) 직선이 아닌 원주나선 $c(t)$ 의 곡률과 열률을 조사하자.

원주나선은 평행이동과 회전이동하여 z-축이 중심축인 원기둥 $x^2 + y^2 = r^2$ 위 놓이도록 변환할 수 있으며 곡률과 열률은 같다. (단, $r > 0$)

이때, 원주나선 $c(t)$ 의 식을 다음과 같이 둘 수 있다.

$$c(t) = (r\cos(at), r\sin(at), h(t))$$

나선의 정의에 따라 $T \cdot \vec{e_3} = \dfrac{c'(t)}{\|c'(t)\|} \cdot (0,0,1) = \cos(\theta)$ 는 상수이다.

계산한 식 $\dfrac{h'}{\sqrt{a^2 r^2 + (h')^2}} = \cos(\theta)$ (상수)를 풀면

$h'(t) = ar\cot(\theta)$, 적당한 b 가 있어서 $h(t) = ar\cot(\theta)\,t + b$ 이므로

$c(t) = (r\cos(at), r\sin(at), ar\cot(\theta)\,t + b)$

$c' = (-ar\sin(at), ar\cos(at), ar\cot(\theta))$,

$c' \times c'' = (a^3 r^2 \cot(\theta)\sin(at), -a^3 r^2 \cot(\theta)\cos(at), a^3 r^2)$,

$c'' = (a^3 r\sin(at), -a^3 r\cos(at), 0)$

따라서 곡률과 열률을 구하면 $k = \dfrac{|a|^3 r^2 (\cot^2(\theta) + 1)^{1/2}}{|a|^3 r^3 (1 + \cot^2(\theta))^{3/2}} = \dfrac{\sin^2(\theta)}{r}$,

$\tau = \dfrac{a^6 r^3 \cot(\theta)}{a^6 r^4 (\cot^2(\theta) + 1)} = \dfrac{\sin(\theta)\cos(\theta)}{r}$ 이므로 곡률과 열률은 상수이다.

(2) $\alpha(t)$ 를 k, τ 가 상수인 단위속력곡선이라 놓으면 $\alpha(t)$ 는 주면나선이며, $T \cdot \vec{v} = \cos\theta$ 인 일정한 각 θ 와 일정한 벡터 $\vec{v} = \cos\theta\,T + \sin\theta\,B$ 가 있다.

주면의 바닥면에 놓인 곡선 $\beta(t) = \alpha(t) - (\alpha(t) \cdot \vec{v})\vec{v}$ 를 미분하면

$\beta' = \alpha' - (\alpha' \cdot \vec{v})\vec{v} = T - \cos\theta\,\vec{v} = \sin\theta\,(\sin\theta\,T - \cos\theta\,B)$,

$\beta'' = \alpha'' = kN$, $\beta''' = \alpha''' = kN' = -k^2 T + \tau B$,

$\beta' \times \beta'' = k\sin\theta\,(\cos\theta\,T + \sin\theta\,B) = k\sin\theta\,\vec{v}$, $\beta' \times \beta'' \cdot \beta'' = 0$

따라서 $\beta(t)$ 의 곡률 $k_\beta = \dfrac{k}{\sin^2\theta} = \dfrac{k^2 + \tau^2}{k} = k \cdot \left(1 + \dfrac{\tau^2}{k^2}\right)$ 이므로 k_β 는 양의 상수이며 열률 $\tau_\beta = 0$ 이므로 $\beta(t)$ 는 원이며, 주면은 원주면이다. 그러므로 $\alpha(t)$ 는 원주면위의 원주나선이다.

(I)의 증명으로부터 $(k^2+\tau^2)\,r = k$, $\tau = k\cot(\theta)$ 이며, 다음 결과를 얻는다.

원주나선이 놓인 원기둥면의 반지름 $r = \dfrac{k}{k^2+\tau^2}$

원주나선이 한 바퀴 감을 때 진행하는 거리 $\ell = \dfrac{2\pi\,\tau}{k^2+\tau^2}$

6. 신개선(involute)과 축폐선(evolute)

> **[정의] {축폐선(evolute)과 신개선(involute)}**
>
> 좌표평면 $\mathbb{R}^2$ 에서 곡률 $\kappa \neq 0$ 인 곡선 $c(t)$ 의 곡률중심의 자취를 $c(t)$ 의 축폐선(evolute)이라 한다.
>
> $$\text{곡선} c(t) \text{ 의 축폐선 } \gamma(t) = c(t) + \frac{1}{k(t)}\,N_c(t)$$
>
> 좌표평면 $\mathbb{R}^2$ 에서 곡선 $c(t)$ 의 접선에 수직인 곡선을 신개선(involute)이라 한다.
>
> $$\text{곡선} \gamma(t) \text{ 의 신개선 } c(t) = \gamma(t) - \left(\int_{t_0}^{t}\|\gamma'\|\,dt\right)T_\gamma(t)$$

아래 그림에서 점 A 는 곡선 $c(t)$ 의 점 P 의 곡률중심이며
선분 AP 의 길이는 곡률반지름이다.
곡선 $c(t)$ 의 곡률중심 A 들의 자취인 $\gamma(t)$ 는 $c(t)$ 의 축폐선이다.
이때 $c(t)$ 를 $\gamma(t)$ 의 신개선이라 한다.

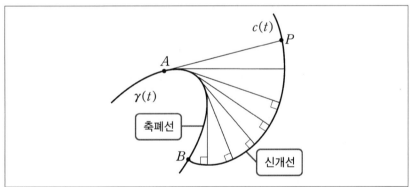

주어진 곡선의 축폐선은 유일하게 결정되는 반면 신개선 $c(t)$ 는 곡선 $\gamma(t)$ 위의 점 B 의 위치를 달리하면 $c(t)$ 와 다른 신개선을 구할 수 있으므로 신개선은 무수히 많이 존재한다. 신개선의 정의 식에서 적분 $\displaystyle\int_{t_0}^{t}\|\gamma'\|\,dt$ 의 시점 t_0 의 값을 바꾸면 신개선의 식이 여러 가지 있게 되는 것과 같다.

[정리]

평면곡선 $C(t)$ 의 곡률중심의 자취 $\Gamma(t)$ 가 정칙곡선일 때, $C(t)$ 곡선 $\Gamma(t)$ 와 단위접선 벡터 $T_{\Gamma}(t)$ 로부터 구하는 관계식 $C(t) = \Gamma(t) - s\, T_{\Gamma}(t)$ 이다.

증명 단위속력 평면곡선 $C(t)$ 의 축폐선 $\Gamma(t)$ 로부터 $C(t)$ 를 유도하는 관계식을 찾아보자. (단, 그림과 같이 $C(t)$ 의 곡률 $k_c(t)$ 는 감소함수이라 가정한다.) $C(t)$ 의 프레네틀을 T_c , N_c , k_c 이라 쓰고, $\Gamma(t)$ 의 프레네틀을 T_{Γ} , N_{Γ} , k_{Γ} 이라 쓰자.

평면곡선 $C(t)$ 의 곡률중심은 $\Gamma(t) = C(t) + \dfrac{1}{k_c(t)} N_c(t)$

양변을 미분하고 평면곡선 $C(t)$ 의 프레네 공식을 적용하면

$$\Gamma'(t) = C'(t) + \frac{1}{k_c(t)} \|C'\|(-k_c\, T_c(t)) - \frac{k_c{}'}{k_c^2} N_c(t) = -\frac{k_c{}'}{k_c^2} N_c(t)$$

$\Gamma'(t)$ 와 $N_c(t)$ 는 평행하며, $\Gamma(t)$ 의 단위접벡터 $T_{\Gamma} = N_c$ 이다.

$$\int_{t_0}^{t} \|\Gamma'(t)\| dt = \int_{t_0}^{t} \frac{-k_c{}'}{k_c^2} dt = \frac{1}{k_c(t)} - \frac{1}{k_c(t_0)}$$

$\Gamma(t)$ 의 호의 길이 변수 $s = \displaystyle\int_{t_0}^{t} \|\Gamma'(t)\| dt + \dfrac{1}{k_c(t_0)}$ 라 두면 $s = \dfrac{1}{k_c(t)}$

$\Gamma(t) = C(t) + \dfrac{1}{k_c(t)} N_c(t)$ 이므로

$$C(t) = \Gamma(t) - \frac{1}{k_c(t)} N_c(t) = \Gamma(t) - s\, T_{\Gamma}(t)$$

따라서 $\Gamma(t)$ 의 신개선 $C(t)$ 을 유도하는 식은 $C(t) = \Gamma(t) - s\, T_{\Gamma}(t)$ 이다.

예제1 나선(helix) $\gamma(t) = \left(a \cos \dfrac{t}{c} , a \sin \dfrac{t}{c} , \dfrac{bt}{c} \right)$ 의 곡률과 열률을 구하시오.
(단, $a \neq 0$, $c > 0$)

풀이 $\gamma'(t) = \left(-\dfrac{a}{c} \sin \dfrac{t}{c} , \dfrac{a}{c} \cos \dfrac{t}{c} , \dfrac{b}{c} \right)$

$\gamma''(t) = \left(-\dfrac{a}{c^2} \cos \dfrac{t}{c} , -\dfrac{a}{c^2} \sin \dfrac{t}{c} , 0 \right)$

$\gamma'''(t) = \left(\dfrac{a}{c^3} \sin \dfrac{t}{c} , -\dfrac{a}{c^3} \cos \dfrac{t}{c} , 0 \right)$

$\gamma' \times \gamma'' = \left(\dfrac{ab}{c^3} \sin \dfrac{t}{c} , -\dfrac{ab}{c^3} \cos \dfrac{t}{c} , \dfrac{a^2}{c^3} \right)$

$\|\gamma'(t)\| = \dfrac{\sqrt{a^2+b^2}}{c}$, $\|\gamma' \times \gamma''\| = \dfrac{|a|\sqrt{a^2+b^2}}{c^3}$, $\gamma' \times \gamma'' \cdot \gamma''' = \dfrac{a^2 b}{c^6}$ 이므로

곡률과 열률은

$k(t) = \dfrac{\|\gamma'(t) \times \gamma''(t)\|}{\|\gamma'(t)\|^3} = \dfrac{|a|}{a^2+b^2}$,

$$\tau(t) = \frac{\gamma'(t) \times \gamma''(t) \cdot \gamma'''(t)}{\|\gamma'(t) \times \gamma''(t)\|^2} = \frac{b}{a^2+b^2}$$

예제 2 사이클로이드 $\gamma(t) = (t-\sin t, 1-\cos t)$의 점 $\gamma(\pi)$ 를 지나는 신개선의 방정식 $c(t)$ 를 구하고, $c(t)$ 의 곡률중심의 자취가 $\gamma(t)$ 임을 보이시오.
(단, $\pi \le t < 2\pi$)

풀이 $\gamma' = (1-\cos t, \sin t)$, $\|\gamma'\| = 2\sin\dfrac{t}{2}$, $T_\gamma = (\sin\dfrac{t}{2}, \cos\dfrac{t}{2})$ 이며

$$s = \int_\pi^t \|\gamma'\| \, dt = \int_\pi^t 2\sin\frac{t}{2} \, dt = -4\cos\frac{t}{2},$$

$s \, T_\gamma = (-2\sin t, -2-2\cos t)$

따라서 신개선 $c(t) = \gamma(t) - s \, T_\gamma(t) = (t+\sin t, 3+\cos t)$ 이다.

$c' = (1+\cos t, -\sin t)$, $c'' = (-\sin t, -\cos t)$, $\|c'\| = -2\cos\dfrac{t}{2}$,

$T_c = (-\cos\dfrac{t}{2}, \sin\dfrac{t}{2})$, $N_c = (-\sin\dfrac{t}{2}, -\cos\dfrac{t}{2})$, $\kappa_c = \dfrac{1}{4\cos(t/2)}$

따라서 곡률중심의 자취 $= c(t) + \dfrac{1}{\kappa_c} N_c = (t-\sin t, 1-\cos t) = \gamma(t)$

예제 3 $\dfrac{x^2}{a^2} + \dfrac{y^2}{b^2} = 1$ ($a, b > 0$)위의 점 (x_1, y_1) 에서 접선 $\dfrac{x_1 x}{a^2} + \dfrac{y_1 y}{b^2} = 1$

과 중심$(0, 0)$ 의 거리를 h 라 할 때, 점(x_1, y_1) 의 곡률 $k = \dfrac{h^3}{a^2 b^2}$ 임을 보이시오.

풀이 $h = \dfrac{1}{\sqrt{\dfrac{x_1^2}{a^4} + \dfrac{y_1^2}{b^4}}} = \dfrac{a^2 b^2}{\sqrt{b^4 x_1^2 + a^4 y_1^2}} = \dfrac{ab}{\sqrt{\dfrac{b^2 x_1^2}{a^2} + \dfrac{a^2 y_1^2}{b^2}}}$

이므로 $\sqrt{\dfrac{b^2 x_1^2}{a^2} + \dfrac{a^2 y_1^2}{b^2}} = \dfrac{ab}{h}$

$\dfrac{x^2}{a^2} + \dfrac{y^2}{b^2} = 1$ 의 곡선방정식 $c(t) = (a\cos t, b\sin t)$,

$c(t_1) = (a\cos t_1, b\sin t_1) = (x_1, y_1)$,

$c'(t) = (-a\sin t, b\cos t)$, $c''(t) = (-a\cos t, -b\sin t)$

$\|c'(t_1)\| = \sqrt{a^2 \sin^2 t_1 + b^2 \cos^2 t_1} = \sqrt{\dfrac{b^2 x_1^2}{a^2} + \dfrac{a^2 y_1^2}{b^2}} = \dfrac{ab}{h}$,

$\det(c', c'') = ab$

$k = \dfrac{\det(c', c'')}{\|c'(t)\|^3} = \dfrac{ab}{a^3 b^3/h^3} = \dfrac{h^3}{a^2 b^2}$

예제 4 평면곡선의 식이 $F(x,y) = 0$일 때, 부호곡률을 구하시오.

풀이
$$\frac{dy}{dx} = -\frac{F_x}{F_y}, \quad \frac{d^2y}{dx^2} = -\frac{F_x^2 F_{yy} - 2F_x F_y F_{xy} + F_y^2 F_{xx}}{F_y^3}$$

부호곡률 $\kappa = \dfrac{x'y'' - x''y'}{\sqrt{(x')^2 + (y')^2}^{\,3}} = \dfrac{y''}{\sqrt{(y')^2 + 1}^{\,3}}$ 이므로 위 식을 대입하면

부호곡률 $\kappa = -\dfrac{F_x^2 F_{yy} - 2F_x F_y F_{xy} + F_y^2 F_{xx}}{\sqrt{F_x^2 + F_y^2}^{\,3}}$

예제 5 좌표평면 $\mathbb{R}^2$의 정칙곡선 $c(t)$의 곡률(curvature)이 일정한 양의 상수이면 곡선 $c(t)$는 원 또는 원호이다.

증명 $c' + \dfrac{1}{k}N' = T - T = 0$ 이므로 $c(t) + \dfrac{1}{k}N(t)$는 일정한 점 P 이다.

또한 $\|c(t) - P\| = \dfrac{1}{k}$ $\therefore$ 곡선 $c(t)$는 P가 중심인 원(원호)이다.

예제 6 주면나선의 정의를 이용하여 다음 물음에 답하시오.
(1) 곡선 $c(t) = (3t^2, 3t^3 - t, 3t^3 + t)$은 주면 $S: 3y^2 = x(x-1)^2$ 위의 주면나선임을 보이시오.
(2) 곡선 $c(t) = (t, \cosh(t), \sinh(t))$는 주면 $T: y = \cosh(x)$ 위의 주면나선임을 보이시오.

풀이 (1) $3(3t^3 - t)^2 = (3t^2)(3t^2 - 1)^2$ 이므로 곡선 $c(t)$는 곡면 S에 놓여 있다.
곡면 S는 z축에 평행한 주면이므로 주면의 축벡터 $v = (0, 0, 1)$ 이며
$$\frac{c'}{\|c'\|} \cdot v = \frac{1}{\sqrt{2}(9t^2 + 1)}(6t, 9t^2 - 1, 9t^2 + 1) \cdot (0, 0, 1) = \frac{1}{\sqrt{2}}$$ 이므로
주면나선이다.
(2) $\cosh(t) = \cosh(t)$ 이므로 곡선 $c(t)$는 곡면 S에 놓여 있다.
곡면 T는 z축에 평행한 주면이므로 주면의 축벡터 $v = (0, 0, 1)$ 이며
$$\frac{c'}{\|c'\|} \cdot v = \frac{1}{\sqrt{2}\cosh(t)}(1, \sinh(t), \cosh(t)) \cdot (0, 0, 1) = \frac{1}{\sqrt{2}}$$ 이므로
주면나선이다.

예제 7 곡선 $c(t)$에 대하여 $c' \times c'' \perp c^{(4)}$ 이며 $\|c' \times c''\| = \|c'\|$ 일 때, $c(t)$는 주면나선임을 보이시오.

증명 $(c' \times c'' \cdot c'')' = c' \times c'' \cdot c''' = 0$, $\dfrac{\tau}{k} = c' \times c'' \cdot c'' = $ 상수

$\tau/k = $ 상수이므로 주면나선이다.

예제 8 두 곡선 $c(t) = (t + \sqrt{3}\sin t, \ 2\cos t, \ \sqrt{3}\,t - \sin t)$, $\gamma(t) = (a\cos t, \ a\sin t, \ bt)$ 가 합동이 되도록 a, b 를 정하고, 두 곡선이 합동이 되도록 합동변환을 하나 구하시오.

풀이 $\gamma(t)$ 의 곡률과 열률은 각각 $k = \dfrac{|a|}{a^2 + b^2}$, $\tau = \dfrac{b}{a^2 + b^2}$ 이다.

$c'(t) = (1 + \sqrt{3}\cos t, -2\sin t, \sqrt{3} - \cos t)$, $\|c'(t)\| = 2\sqrt{2}$

$c''(t) = (-\sqrt{3}\sin t, -2\cos t, \sin t)$, $c'''(t) = (-\sqrt{3}\cos t, 2\sin t, \cos t)$

$c'(t) \times c''(t) = (-2 + 2\sqrt{3}\cos t, -4\sin t, -2\sqrt{3} - 2\cos t)$,

$\|c'(t) \times c''(t)\| = 4\sqrt{2}$, $\quad c'(t) \times c''(t) \cdot c'''(t) = -8$

따라서 $c(t)$ 의 곡률과 열률은 각각 $k = \dfrac{1}{4}$, $\tau = -\dfrac{1}{4}$ 이다.

두 곡선이 합동이 되기 위해서는 $a^2 + b^2 = (2\sqrt{2})^2 = 8$,

$\dfrac{|a|}{a^2 + b^2} = \dfrac{1}{4}$, $\dfrac{|b|}{a^2 + b^2} = \left| -\dfrac{1}{4} \right|$ 이며, 이를 풀면 $a = \pm 2$, $b = \pm 2$

특히, $a = 2$, $b = -2$ 일 때 $\gamma(t)$ 를 $c(t)$ 로 옮기는 회전변환행렬을 구하면 다음과 같다.

$$\begin{pmatrix} 0 & \sqrt{3}/2 & -1/2 \\ 1 & 0 & 0 \\ 0 & -1/2 & -\sqrt{3}/2 \end{pmatrix} \begin{pmatrix} 2\cos t \\ 2\sin t \\ -2t \end{pmatrix} = \begin{pmatrix} t + \sqrt{3}\sin t \\ 2\cos t \\ \sqrt{3}\,t - \sin t \end{pmatrix}$$

예제 9 정칙곡선 $c(t)$ 가 $c'' \times c' = c''$ 을 만족할 때, 곡률 k 와 비틀림율 τ 가 일정한 상수임을 보이고, $\tau = \dfrac{1}{v^2}$ (단, v 는 곡선의 속력)임을 증명하시오.

증명 조건으로부터 $c'' \cdot c' = 0$ 이며 $(\|c'\|^2)' = 0$ 이므로 정칙조건에 의해 $\|c'\|$ 는 0 아닌 일정 상수이며 $\|c' \times c''\| = \|c'\| \cdot \|c''\|$

또한 $c'' \cdot c''' = 0$, $(\|c''\|^2)' = 0$ 이므로 $\|c''\|$ 도 일정 상수

따라서 곡률 $k = \dfrac{\|c''\|}{\|c'\|^2}$ 는 일정상수

열률 $\tau = \dfrac{c' \times c'' \cdot c'''}{\|c' \times c''\|^2} = \dfrac{c''' \times c' \cdot c''}{\|c'\|^2 \cdot \|c''\|^2} = \dfrac{1}{\|c'\|^2}$

예제 10 중심 P, 반경 r 인 구면위의 단위속력곡선 $c(t)$ 가 상수곡률일 때, 열률이 0임을 보이시오.

풀이 $\|c - P\| = r$, $T \cdot (c - P) = 0$,

$kN \cdot (c - P) + T \cdot T = 0$, $N \cdot (c - P) = -\dfrac{1}{k}$ 이며

$(-kT + \tau B) \cdot (c - P) + N \cdot T = 0$, $\tau B \cdot (c - P) = kT \cdot (c - P) = 0$ 이므로 $\tau B \cdot (c - P) = 0$

$\tau \neq 0$ 이라 가정하면, $B \cdot (c - P) = 0$, $-\tau N \cdot (c - P) + B \cdot T = 0$,

$N \cdot (c - P) = 0$ 모순. 따라서 $\tau = 0$

예제 11 단위속력곡선 c 가 반지름 r 인 구면위에 있을 필요충분조건은
$$r^2 = \frac{1}{k^2} + \frac{(k')^2}{k^4 \tau^2} \text{ 임을 보이시오.}$$

증명 단위속력곡선 c 는 중심 P 인 구면위에 놓인 곡선이라 하자.
$P - c \perp T$ 이므로 $P - c = aN + bB$ 즉, $c + aN + bB = P$ (일정한 점)인 a, b 가 존재한다. 양변을 미분하면
$$T + a'N + a(-kT + \tau B) + b'B - b\tau N$$
$$= (1 - ak)T + (a' - b\tau)N + (a\tau + b')B = 0$$
$1 - ak = 0$, $a' - b\tau = 0$ 이므로 $a = \dfrac{1}{k}$, $b = \dfrac{a'}{\tau} = -\dfrac{k'}{k^2\tau}$

따라서 정리하면 $r^2 = \|P - c\|^2 = a^2 + b^2 = \dfrac{1}{k^2} + \dfrac{(k')^2}{k^4\tau^2}$ 이다.

(역으로) $P = c + \dfrac{1}{k}N - \dfrac{k'}{k^2\tau}B$ 라 하자.

$a = \dfrac{1}{k}$, $b = -\dfrac{k'}{k^2\tau}$ 라 두고, $P = c + aN + bB$ 를 미분하면
$$P' = T + a'N + a(-kT + \tau B) + b'B - b\tau N$$
$$= (1 - ak)T + (a' - b\tau)N + (a\tau + b')B$$
a, b 를 대입하면 $1 - ak = 0$, $a' - b\tau = 0$,
$$a\tau + b' = \frac{\tau}{k} - \left(\frac{k'}{k^2\tau}\right)' = \frac{-k^2\tau}{2k'}\left(\frac{1}{k^2} + \frac{(k')^2}{k^4\tau^2}\right)' = \frac{-k^2\tau}{2k'}(r^2)' = 0$$
따라서 $P' = 0$ 이며, P 는 일정한 점이다.

이때 $P - c = \dfrac{1}{k}N - \dfrac{k'}{k^2\tau}B$, $\|P - c\|^2 = \dfrac{1}{k^2} + \dfrac{(k')^2}{k^4\tau^2} = r^2$

그러므로 곡선 c 는 중심 P 이며 반지름 r 인 구면 위에 놓인 곡선이다.

예제 12 3차 직교행렬 A (즉, $A^t A = I$)에 대하여 정칙곡선 $\alpha(t)$ 를 변환한 곡선 $\beta(t) = mA\alpha(t) + v$ (단, m 은 양의 실수, v 는 상수벡터)의 곡률과 열률을 비교하는 관계식을 유도하시오.

증명 $\beta(t) = mA\alpha(t) + v$ 를 미분하면
$$\beta'(t) = mA\alpha'(t), \quad \beta''(t) = mA\alpha''(t), \quad \beta'''(t) = mA\alpha'''(t)$$
$$k_\beta = \frac{\|\beta' \times \beta''\|}{\|\beta'\|^3} = \frac{\|m^2 A\alpha' \times A\alpha''\|}{\|mA\alpha'\|^3} = \frac{m^2\|\alpha' \times \alpha''\|}{m^3\|\alpha'\|^3} = \frac{1}{m}k_\alpha$$
$$\tau_\beta = \frac{\beta' \cdot \beta'' \times \beta'''}{\|\beta' \times \beta''\|^2} = \frac{m^3 A\alpha' \cdot A\alpha'' \times A\alpha'''}{\|m^2 A\alpha' \times A\alpha''\|^2}$$
$$= \frac{m^3 \det(A)\,\alpha' \cdot \alpha'' \times \alpha'''}{m^4\|\alpha' \times \alpha''\|^2} = \frac{\det(A)}{m}\tau_\alpha$$
따라서 $\dfrac{1}{m}k_\alpha = k_\beta$ 이며 $\dfrac{\det(A)}{m}\tau_\alpha = \tau_\beta$

예제 13 정칙곡선 $\alpha(t)$ 와 $g' \neq 0$ 인 미분가능 함수 $g(t)$ 를 합성한 정칙곡선 $\beta(t) = \alpha(g(t))$ 의 프레네틀과 곡률과 열률을 비교하는 관계식을 유도하시오.

증명 곡선 $\alpha(t)$ 의 프레네틀과 곡률과 열률을 각각 T_α , N_α , B_α , k_α , τ_α 라 놓고 $\beta(t) = \alpha(g(t))$ 의 프레네틀과 곡률과 열률을 각각 T_β , N_β , B_β , k_β , τ_β 라 놓자.

$\beta(t) = \alpha(g(t))$ 을 미분하면

$\beta'(t) = g' \, \alpha'(g(t))$, $\beta''(t) = g'' \, \alpha'(g(t)) + (g')^2 \alpha''(g(t))$,

$\beta'''(t) = g''' \, \alpha'(g(t)) + 3g'g'' \, \alpha''(g(t)) + (g')^3 \alpha'''(g(t))$

$\beta' \times \beta'' = (g')^3 \, \alpha' \times \alpha''$ 이며 $\beta' \times \beta'' \cdot \beta''' = (g')^6 \, \alpha' \times \alpha'' \cdot \alpha'''$

도함수 g' 의 부호를 $sgn(g')$ 라 놓으면

$T_\beta = \dfrac{\beta'(t)}{\|\beta'(t)\|} = \dfrac{g' \, \alpha'(g(t))}{\|g' \, \alpha'(g(t))\|} = \dfrac{g'}{|g'|} \, \dfrac{\alpha'(g(t))}{\|\alpha'(g(t))\|} = sgn(g') \, T_\alpha(g(t))$

$B_\beta = \dfrac{\beta' \times \beta''}{\|\beta' \times \beta''\|} = \dfrac{(g')^3 \, \alpha' \times \alpha''}{\|(g')^3 \, \alpha' \times \alpha''\|} = \dfrac{g'}{|g'|} \, \dfrac{\alpha' \times \alpha''}{\|\alpha' \times \alpha''\|} = sgn(g') \, B_\alpha(g(t))$

$N_\beta = B_\beta \times T_\beta = (sgn(g'))^2 \, B_\alpha(g(t)) \times T_\alpha(g(t)) = N_\alpha(g(t))$

$k_\beta = \dfrac{\|\beta' \times \beta''\|}{\|\beta'\|^3} = \dfrac{\|(g')^3 \alpha' \times \alpha''\|}{\|g' \alpha'\|^3} = \dfrac{|g'|^3 \|\alpha' \times \alpha''\|}{|g'|^3 \|\alpha'\|^3} = \dfrac{\|\alpha' \times \alpha''\|}{\|\alpha'\|^3} = k_\alpha$

$\tau_\beta = \dfrac{\beta' \times \beta'' \cdot \beta'''}{\|\beta' \times \beta''\|^2} = \dfrac{(g')^6 \, \alpha' \times \alpha'' \cdot \alpha'''}{\|(g')^3 \, \alpha' \times \alpha''\|^2} = \dfrac{\alpha' \times \alpha'' \cdot \alpha'''}{\|\alpha' \times \alpha''\|^2} = \tau_\alpha$

따라서 프레네틀 $T_\beta = sgn(g') \, T_\alpha(g(t))$, $N_\beta = N_\alpha(g(t))$,

$B_\beta = sgn(g') \, B_\alpha(g(t))$ 이며, $k_\alpha(g(t)) = k_\beta(t)$, $\tau_\alpha(g(t)) = \tau_\beta(t)$

예제 14 호의 길이로 매개화된 정칙곡선 $c(s)$ 의 곡률과 비틀림률이 각각 $k(s)$, $\tau(s)$ 이다. 이때, $c(s)$ 의 접벡터 $T(s)$ 를 점들으로 생각한 곡선 $\beta(s) = T(s)$ 도 정칙곡선일 때, β'' 를 T, N, B 로써 나타내고, $\beta(s)$ 의 곡률(curvature)과 열률(torsion)을 $k(s), \tau(s)$ 로써 나타내시오.

증명 곡선의 식을 미분하면

$\beta' = k \, N$, $\beta'' = -k^2 T + k' N + k\tau B$,

$\beta''' = -3kk' T + (k'' - k^3 - k\tau^2) N + (2k'\tau + k\tau') B$

따라서 곡률 $= \dfrac{\sqrt{k^2 + \tau^2}}{k}$, 열률 $= \dfrac{k\tau' - k'\tau}{k(k^2 + \tau^2)}$

예제 15 호의 길이로 매개화된 곡선 $c(t)$ 에 대하여 $c(t) + f(t)N + g(t)B$ 가 일정한 점이 되는 함수 $f(t), g(t)$ 가 존재할 때, $\tau^2 = \dfrac{k''}{k} - \dfrac{k'\tau'}{k\tau} - 2\left(\dfrac{k'}{k}\right)^2$ 이 성립함을 보이시오.

증명 주어진 식을 미분하면

$T + f'N + f(-kT + \tau B) + g'B - g\tau N = 0$ 이므로

$1 - kf = 0$, $f' - g\tau = 0$, $f\tau + g' = 0$, 이때 $f = \dfrac{1}{k}$, $g = \dfrac{f'}{\tau}$ 를

$f\tau + g' = 0$ 에 대입하면 $\tau^2 = \dfrac{k''}{k} - \dfrac{k'\tau'}{k\tau} - 2\left(\dfrac{k'}{k}\right)^2$

곡면의 기하학

01 곡면(Surface)의 표현

1. 정칙 곡면(Regular surface)

> **[정의] {정칙곡면}**
> 좌표공간 $\mathbb{R}^3$ 의 부분집합 S 를 정칙 곡면(regular surface)이라 함은 각 점 $p \in S$ 에 대하여 다음과 같은 조각사상(patch map) $X : D \to \mathbb{R}^3$ (단, 개집합 $D \subset \mathbb{R}^2$)가 존재하는 것이다.
> (1) $p \in X(D) \subset S$ 이며 $X(u,v) = (x(u,v), y(u,v), z(u,v))$ 는 미분가능 사상이다.
> (2) X 는 일대일(단사) 사상이며, 역사상 $X^{-1} : X(D) \to D$ 는 연속이다.
> (3) 정칙조건 $\| X_u \times X_v \| \neq 0$ 이 성립한다.

조각사상은 곡면 S 의 정칙인 매개변수 사상(parametrization)이라 할 수 있다. 하나의 조각사상으로 나타낼 수 있는 정칙곡면을 단순 곡면(simple surface)이라 한다. (2)를 만족하는 조각사상을 고유(proper) 조각사상이라 한다.

위의 정칙조건 (3)은 조각사상 X 의 상 $X(D)$ 가 공간에서 한 점이나 곡선 또는 뾰족한 점을 갖는 것과 같은 퇴화된 그림을 그리지 않도록 해준다.

또한 앞으로 법곡률 등을 계산하려면 조각사상의 식 $x(u,v), y(u,v), z(u,v)$ 는 2계미분이 가능해야 한다. 따라서 앞으로 모든 조각사상의 식은 2계 미분가능 함수로 약속한다.

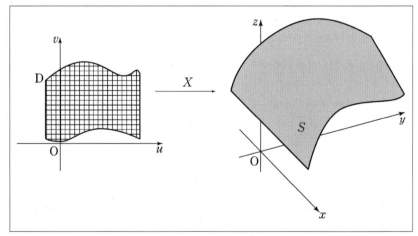

곡면 S 의 조각사상 $X(u,v) = (x(u,v), y(u,v), z(u,v))$, $(u,v) \in D$ 를 이용하여 곡면의 접벡터(tangent vector)와 법벡터(normal vector)를 구하면 다음과 같다.

곡면의 임의의 점 p 는 $p = X(u_0, v_0)$ 이 되는 적당한 두 매개변수

$u = u_0$, $v = v_0$ 에 의하여 나타난다. 이때, 점p 의 접벡터와 법벡터는 다음과 같이 $X(u,v)$ 의 미분과 외적으로 구해진다.

$X_u(u_0, v_0) = (x_u(u_0, v_0), y_u(u_0, v_0), z_u(u_0, v_0))$ u -방향 접벡터

$X_v(u_0, v_0) = (x_v(u_0, v_0), y_v(u_0, v_0), z_v(u_0, v_0))$ v -방향 접벡터

$X_u(u_0, v_0) \times X_v(u_0, v_0)$ 법벡터

특히, 곡면의 단위 법벡터(unit normal vector)는 $\dfrac{X_u \times X_v}{\|X_u \times X_v\|}$ 이며, 이 벡터를 U 또는 $\vec{n}$ 으로 표기한다.

$$U = \vec{n} \equiv \frac{X_u \times X_v}{\|X_u \times X_v\|}$$

점p 의 두 접벡터 $X_u(u_0, v_0)$, $X_v(u_0, v_0)$ 는 정칙조건에 의하여 서로 일차독립이며, 점p 의 접평면(tangent place)을 2차원 벡터공간으로 볼 때, 두 접벡터는 접평면의 기저(basis)를 이룬다.

정리하면, 곡면S 위의 점p 의 접평면을 $T_p S$ 로 표기하며, $\{X_u, X_v\}$ 는 $T_p S$ 의 기저이다.

따라서 곡면의 모든 접벡터는 $a X_u + b X_v$ 로 표현할 수 있다.

곡면을 식으로 표현할 때 조각사상을 이용하기도 하지만, 공간에 놓인 곡면을 표현하는 방법으로 다음과 같은 방정식을 이용하는 경우가 많다.

> **[정리]** 미분가능한 함수$F : \mathbb{R}^3 \to \mathbb{R}$ 와 실수c 에 대하여, $F(p) = c$ 인 모든 점 p 에서 $\nabla F(p) \neq 0$ 일 때, 집합 $S = \{(x, y, z) \mid F(x, y, z) = c\}$ 는 정칙 곡면(regular surface)이다.

위의 식 ∇F 는 그래디언트(기울기 벡터)라 하며, $\nabla F = \left(\dfrac{\partial F}{\partial x}, \dfrac{\partial F}{\partial y}, \dfrac{\partial F}{\partial z} \right)$ 라 정의한다.

음함수 $F(x, y, z) = c$ 로 정해지는 곡면S 의 경우, 그래디언트(gradient) ∇F 를 구하면 곡면의 법벡터를 알 수 있다. ∇F 가 곡면의 법벡터임을 설명하면 아래와 같다.

> **[정리]** 미분가능한 함수$F : \mathbb{R}^3 \to \mathbb{R}$ 와 실수c 에 대하여, 음함수 $F(x, y, z) = c$ 로 정해지는 곡면S 위의 그래디언트(gradient) ∇F 는 곡면의 법벡터이다.

증명 곡면S 의 한 점 p 를 지나 접벡터 v 방향으로 통과하는 곡면S 의 곡선의 매개변수 식이

$c(t) = (x(t), y(t), z(t))$ (단, $c(t_0) = p$, $c'(t_0) = v$)

이라 하면, 곡선이 곡면에 놓여 있으므로

$F(c(t)) = F(x(t), y(t), z(t)) = c$ 이다.

양변을 t 에 관하여 연쇄법칙을 써서 미분하면

$$\frac{\partial F}{\partial x}\frac{dx}{dt} + \frac{\partial F}{\partial y}\frac{dy}{dt} + \frac{\partial F}{\partial z}\frac{dz}{dt} = \left(\frac{\partial F}{\partial x}, \frac{\partial F}{\partial y}, \frac{\partial F}{\partial z}\right)\left(\frac{dx}{dt}, \frac{dy}{dt}, \frac{dz}{dt}\right) = 0$$

이며, 위 식은 간단히 $\nabla F(c(t)) \cdot c'(t) = 0$ 이 된다.

즉, $\nabla F(c(t)) \perp c'(t)$

매개변수에 $t = t_0$ 을 대입하면 $\nabla F(p) \perp v$ 이며, 벡터 v 는 곡면의 점 p 의 접벡터이다.

따라서 그래디언트(기울기 벡터) $\nabla F(p)$ 는 곡면에 접하는 임의의 접벡터에 수직이므로 곡면의 법벡터(normal vector)이다.

$\nabla F(p)$ 를 이용하면 곡면의 단위법벡터는 $U = \pm \dfrac{\nabla F}{\|\nabla F\|}$

그래디언트(기울기 벡터)의 기하학적 의미를 좀 더 살펴보자.

함수 $z = f(x, y)$ 의 그래프위의 점 $(a, b, f(a,b))$ 에 그은 접평면의 방정식을 구해보자.

$\nabla(z - f(x, y)) = (-f_x, -f_y, 1)$ 는 곡면 $z - f(x, y) = 0$ 의 법벡터이다.

$(-f_x, -f_y, 1)$ 는 접평면의 법벡터이기도 하며, 점 $(a, b, f(a,b))$ 의 접평면의 방정식은

$(-f_x(a,b), -f_y(a,b), 1) \cdot (x-a, y-b, z-f(a,b)) = 0$

$-f_x(a,b)(x-a) - f_y(a,b)(y-b) + z - f(a,b) = 0$

정리하면 $z = f_x(a,b)(x-a) + f_y(a,b)(y-b) + f(a,b)$,

$\qquad\qquad z = (f_x(a,b), f_y(a,b)) \cdot (x-a, y-b) + f(a,b)$,

$\qquad\qquad z = \nabla f(p) \cdot (\mathrm{x}-p) + f(p)$ (단, $p = (a,b)$, $\mathrm{x} = (x, y)$)

따라서 함수 $z = f(x, y)$ 의 그래프위의 점 $(p, f(p))$ 에 그은 접평면의 방정식은 $z = \nabla f(p) \cdot (\mathrm{x}-p) + f(p)$

2차원으로 낮춰 생각하면, 함수 $y = f(x)$ 의 그래프위의 점 $(a, f(a))$ 에 그은 접선의 방정식은 $y = f'(a)(x-a) + f(a)$

위 두 방정식을 비교하면 $\nabla f(a,b)$ 는 $f'(a)$ 와 같은 형식적 역할을 한다. 그래서 $\nabla f(a,b)$ 를 기울기 또는 기울기벡터라 부르기도 한다. 이것이 그래디언트(gradient)이다.

다만, 3변수 함수 $F(x, y, z)$ 의 그래디언트 ∇F 를 기울기로 이해하려면 한 차원 높여서 $t = F(x, y, z)$ 와 같은 4차원 시공간에서 그린 3차원 굽은 도형의 접공간을 상상해야 한다.

추측하면, $p = (a, b, c)$, $\mathrm{x} = (x, y, z)$ 일 때

접공간은 $t = \nabla F(p) \cdot (\mathrm{x}-p) + F(p)$ 와 같다.

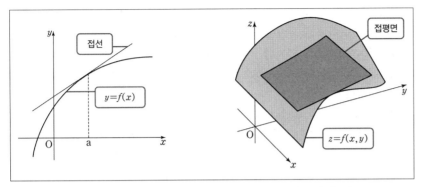

또한 함수 $z = f(x, y)$ 의 그래디언트 $\nabla f(a, b)$ 는 그래프위의 점 $(a, b, f(a,b))$ 에서 곡면에 그은 접선의 기울기를 구할 수도 있다. 곡면에 그은 접선을 XY평면에 정사영한 직선의 방향벡터를 $v = re_1 + se_2$ (단, $\|v\| = 1$) 라 하면 접선의 기울기는 내적 $\nabla f(a, b) \cdot (r, s)$ 와 같다.

이 기울기의 값은 함수 $z = f(x, y)$ 의 방향미분(directional derivative) $\nabla_v f(p)$ 값과 같다.

정칙곡면 S 가 있을 때, 곡면 위의 임의의 점에서 곡면에 수직인 단위법벡터 U 를 정하는 방법은 2가지가 있다. 그런데 단위법벡터를 정하는 방법 중 어느 한 쪽을 곡면전체에서 연속적으로 정의되도록 단위법벡터장 U 를 결정할 수 없는 뫼비우스띠(Möbius strip), 클라인 병(Klein bottle)과 같은 곡면이 있다. 이런 곡면을 향을 정할 수 없는(non-orientable) 곡면이라 하고, 그렇지 않고 곡면전체에서 연속적인 U 를 결정할 수 있는 곡면을 향을 정할 수 있는 곡면 (orientable surface)이라 한다.

그리고 향을 정할 수 있는 곡면일 때, 곡면전체에서 연속적인 단위법벡터장 U 를 정하는 방법은 두 가지이며, 둘 중 하나를 정한 것을 곡면의 향 (orientation)이라 하고, 향이 정해진 곡면을 유향 곡면(oriented surface)이라 한다.

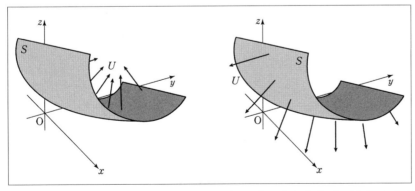

앞으로 다루게 될 법곡률, 주요곡률 등과 같은 미분기하학적 정보들은 곡면의 향(orientation)에 따라 다른 부호를 갖게 되므로 곡면이 유향 곡면일 때 일정한 하나의 부호로 값이 정해진다.

곡면 $S : F(x,y,z) = c$ 는 음함수(implicit function)로 정의되었다고 할 수 있다. 곡면을 나타내는 방법으로, 구면의 식을 $x^2 + y^2 + z^2 = 1$ 로 쓰는 것처럼, 음함수를 이용할 수 있지만, 여러 가지 미분기하적 계산을 위해서는 조각사상(patch map)을 이용하는 것이 편리 하며, 될 수 있으면 조각사상으로 바꾸는 것이 좋다.

곡면의 조각사상(patch map) $X(u,v)$ 가 정해지면, 별도로 향을 명시하지 않는 경우 위에서 정의한 단위법벡터장 U 로서 향을 정하는 것으로 약속한다. 그리고 주어진 곡면이 구면과 같이 폐곡면(closed surface)인 경우, 별도로 향을 명시하지 않으면 향은 곡면의 외부를 향하는 단위법벡터로서 향을 정하는 것으로 약속한다.

문제에서 곡면의 향을 명시한 경우, 계산을 위해 조각사상 식을 임의로 정하면 조각사상의 U 와 명시된 향이 반대 방향일 수 있다는 점에 주의해야 한다. 정칙 곡면 S 의 조각사상 $X(u,v)$, $(u,v) \in D$ 가 주어졌을 때, 곡면 S 의 표면적을 구해보자.

위의 그림에서 곡면위의 네 점 $X(u,v)$, $X(u+\Delta u, v)$, $X(u, v+\Delta v)$, $X(u+\Delta u, v+\Delta v)$ 으로 둘러싸인 작은 사각형 조각의 넓이를 구해서 합산하는 방법으로 표면적을 구할 수 있다.

작은 사각형 조각의 넓이의 근삿값으로서 세 점 $X(u,v)$, $X(u+\Delta u, v)$, $X(u, v+\Delta v)$ 으로 만들어진 평행사변형의 넓이를 생각할 수 있으며, 이 넓이는 두 변으로 만든 벡터의 벡터적을 이용하면 구할 수 있다.

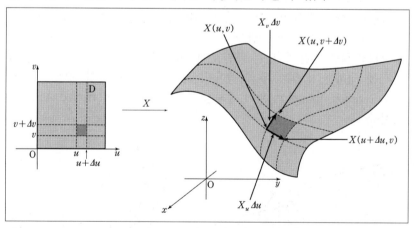

$$X(u+\Delta u, v) - X(u,v) = \frac{X(u+\Delta u, v) - X(u,v)}{\Delta u} \Delta u \fallingdotseq X_u \,\Delta u,$$

$$X(u, v+\Delta v) - X(u,v) = \frac{X(u, v+\Delta v) - X(u,v)}{\Delta v} \Delta v \fallingdotseq X_v \,\Delta v$$

이며, 여기서 X_u, X_v 는 벡터(vector), $\Delta u, \Delta v$ 는 실수(scalar)임에 주의해야 한다.

두 벡터 $X_u \, \Delta u$ 와 $X_v \, \Delta v$ 를 외적(vector product)한 크기
$\Delta S = \| X_u \times X_v \| \Delta u \, \Delta v$ 가 곡면위에 표시된 작은 조각을 평행사변형으로 근사시킨 면적이다.

이를 u, v 에 관해 합산한 후, 극한 $\Delta u, \Delta v \to 0$ 을 취하면 표면적은 중적분으로 나타난다.

[정의] {곡면의 표면적}

S 의 표면적 $= \displaystyle\int\int_D \| X_u(u,v) \times X_v(u,v) \| \, du \, dv$

이때, 무한소 $dS = \| X_u(u,v) \times X_v(u,v) \| \, du \, dv$ 를 곡면 S 의 면적소라 한다.

곡면의 방정식이 $z = f(x,y)$ 인 경우, 표면적 공식을 구해보자.
곡면의 조각사상을 $X(x,y) = (x, y, f(x,y))$ 라 두면,
$$X_x = (1, 0, f_x), \ X_y = (0, 1, f_y), \ X_x \times X_y = (-f_x, -f_x, 1)$$
따라서 $dS = \sqrt{(f_x)^2 + (f_y)^2 + 1} \, dx \, dy$ 이며,

표면적 공식은 $\displaystyle\int\int_D \sqrt{1 + (f_x)^2 + (f_y)^2} \, dx \, dy$

$y = f(x)$, $x_1 \leq x \leq x_2$ 의 그래프를 회전시킨 곡면(회전체)의 경우, 표면적 공식을 구해보자.

곡면의 조각사상을 $X(x, \theta) = (x, f(x)\cos\theta, f(x)\sin\theta)$ 라 두면,
$X_x = (1, f'\cos\theta, f'\sin\theta)$, $X_\theta = (0, -f\sin\theta, f\cos\theta)$,
$X_x \times X_\theta = (f f', -f\cos\theta, -f\sin\theta)$
따라서 면적소는 $dS = |f| \sqrt{(f')^2 + 1} \, dx \, d\theta$ 이며, 회전체의 표면적 공식은
$$\int_{\theta_1}^{\theta_2} \int_{x_1}^{x_2} |f(x)| \sqrt{1 + (f'(x))^2} \, dx \, d\theta = (\theta_2 - \theta_1) \int_{x_1}^{x_2} |f(x)| \sqrt{1 + (f'(x))^2} \, dx$$
그리고 360도 회전한 표면적은 위의 식에서 $\theta_2 - \theta_1 = 2\pi$ 라 두면 된다.

2. 곡면위의 미분(derivative)

공간 $\mathbb{R}^3$ 에 놓인 곡면 S 가 정의역인 함수 $f : S \to \mathbb{R}$ 를 식으로 표현하는 방법을 살펴보자.

함수 $f : S \to \mathbb{R}$ 는 곡면을 표현하는 방법에 따라 다음 두 가지 방법으로 식으로 쓸 수 있다.

(1) 곡면 S 를 $F(x, y, z) = 0$ 로 표현한 경우

식 $F(x, y, z) = 0$ 을 만족하는 점들이 곡면 S 이므로 함수 $f : S \to \mathbb{R}$ 는 식 $f(x, y, z)$ 으로 나타난다.

함수 $f(x, y, z)$ 는 공간 $\mathbb{R}^3$ 의 모든 점에서 함숫값을 갖지만 암묵적으로 곡면의 식 $F(x, y, z) = 0$ 을 만족하는 점에서 정의한 것으로 간주한다.

(예) ① 곡면 $x^2 + y^2 + z^2 - 6 = 0$ (단, $z \geq 0$) 위의 함수 $f(x,y,z) = 2xy - z^2$

ㄱ 점 $(1,1,2)$ 는 $x^2 + y^2 + z^2 - 6 = 0$ 을 만족하므로 곡면의 점이며
$f(1,1,2) = -2$

ㄴ 점 $(1,2,3)$ 는 $x^2 + y^2 + z^2 - 6 = 0$ 을 만족하지 않으므로 곡면의 점이 아니며
$f(1,2,3)$ 는 계산은 할 수 있으나 정의하지 않는다.

(2) 곡면 S를 $X(u,v) = (x(u,v), y(u,v), z(u,v))$ 로 표현한 경우

곡면 S의 모든 점은 적당한 u, v 에 관하여 $X(u,v)$ 로 나타낼 수 있다. 즉, 곡면 S의 모든 점과 (u,v) 는 X를 통해 대응한다. 함수 $f : S \to \mathbb{R}$ 는 식 $f(u,v)$ 으로 나타난다.

이때 (u,v) 는 곡면 S의 한 점을 지칭하는 것으로 간주하고 $f(u,v)$ 는 그 점의 함숫값이다.

(예) ② 곡면 $X(u,v) = (u\cos(v), u\sin(v), \sqrt{6-u^2})$ 위의 함수
$f(u,v) = u^2 \sin(2v) + u^2 - 6$

ㄱ 점 $(1,1,2)$ 는 $(1,1,2) = X(\sqrt{2}, \frac{\pi}{4})$ 이므로 곡면위의 점이며

$$f(\sqrt{2}, \frac{\pi}{4}) = -2$$

ㄴ 점 $(1,2,3)$ 는 $(1,2,3) = X(u,v)$ 을 만족하는 u, v 가 없으므로 곡면의 점이 아니다.

(예) ①과 **(예) ②**의 $x^2 + y^2 + z^2 - 6 = 0$ (단, $z \geq 0$)와
$X(u,v) = (u\cos(v), u\sin(v), \sqrt{6-u^2})$ 는 동일한 도형이며 함수
$f(x,y,z) = 2xy - z^2$ 와 함수 $f(u,v) = u^2 \sin(2v) + u^2 - 6$ 도 동일한 함수이다.
식은 달라도 하나의 함수이다. 그래서 $f(x,y,z) = f(u,v)$ 라 해도 되는 것이며,
함수식이 $f(u,v)$ 인 경우에도 점 $p = (x,y,z)$ 의 함숫값을 $f(p)$ 라 표기한다.

곡면 S에서 정의한 함수 $f : S \to \mathbb{R}$ 를 S위의 한 점 p 에서 미분하는 방법을 살펴보자.
곡면 S위의 점 x 가 점 p 에 접근할 때 $f(x), f(p)$ 의 관계를 조사해야 하는데, x 가 p 로 다가가는 여러 가지 경로에 따르는 복잡함을 피하려면 한 가지 경로를 지정할 필요가 있다.
곡면위에 p 를 지나는 곡선 $c(t)$ 를 도입하고 x 가 곡선을 따라 p 로 접근한다고 생각하자.
곡선 $c(t)$ 가 p 를 지나는 순간이 $c(t_1) = p$ 이고, 점 p 의 접벡터 $c'(t_1) = \vec{v}$ 라 하자.
$c(t) = $ x 라 생각하면
$$\lim_{t \to t_1} \frac{f(x) - f(p)}{t - t_1} = \lim_{t \to t_1} \frac{f(c(t)) - f(c(t_1))}{t - t_1} = \frac{d}{dt} f(c(t)) \Big|_{t = t_1}$$
이 미분을 점 p 에서 곡선 $c(t)$ 에 관한 $f(x)$ 의 미분이라 할 수 있다.

함수 $f(\mathrm{x})$ 를 식 $f(x,y,z)$ 으로 표현하고 곡선 $c(t) = (x(t),y(t),z(t))$ 라 두고, $f(\mathrm{x})$ 와 $c(t)$ 를 합성한 함수 $f(c(t)) = f(x(t),y(t),z(t))$ 를 연쇄법칙에 따라 미분하고 $t = t_1$ 을 대입하면

$$\frac{d}{dt}f(c(t)) = \nabla f(c(t)) \cdot c'(t), \quad \frac{d}{dt}f(c(t))\bigg|_{t=t_1} = \nabla f(p) \cdot c'(t_1)$$

곡면위에 p 를 지나는 다른 곡선 $\gamma(s)$ 가 $\gamma(0) = p$, $\gamma'(0) = c'(t_1) = \vec{v}$ 일 때, $\gamma(s)$ 에 관한 $f(\mathrm{x})$ 의 미분을 구하면

$$\frac{d}{ds}f(\gamma(s))\bigg|_{s=0} = \nabla f(p) \cdot \gamma'(0) = \nabla f(p) \cdot c'(t_1) = \frac{d}{dt}f(c(t))\bigg|_{t=t_1}$$

즉, $\gamma(0) = p$, $\gamma'(0) = \vec{v}$ 인 임의의 곡선 $\gamma(s)$ 를 택해도 곡선 $c(t)$ 에 관한 $f(\mathrm{x})$ 의 미분과 같은 미분값을 갖는다. 따라서 점 p 와 접벡터 $\vec{v}$ 만 같으면 어떤 곡선을 선택해도 미분값은 같다.

이렇게 정의한 $f(\mathrm{x})$ 의 미분을 방향미분(directional derivative)이라 하고 다음과 같이 표기한다.

> **[정의] {방향미분}** 점 p 와 접벡터 $\vec{v}$ 에 관한 $f(\mathrm{x})$ 의 방향미분
>
> $$\nabla_{\vec{v}}f(p) = \frac{d}{dt}f(c(t))\bigg|_{t=t_1}$$
>
> (단, 곡면위의 곡선 $c(t)$ 는 $c(t_1) = p$, $c'(t_1) = \vec{v}$)

> **[공식]** $p = X(u_1,v_1)$, $\vec{v} = aX_u + bX_v$ 일 때,
> $f(x,y,z)$ 의 방향미분 $\nabla_{\vec{v}}f(p) = \nabla f(p) \cdot \vec{v}$
> $f(u,v)$ 의 방향미분 $\nabla_{\vec{v}}f(p) = \nabla f(u_1,v_1) \cdot (a,b)$

증명 함수 $f(\mathrm{x})$ 의 표현방법에 따른 방향미분 $\nabla_{\vec{v}}f(p)$ 의 계산공식을 정리하자.

① 함수 $f(\mathrm{x})$ 를 식 $f(x,y,z)$ 로 표현하는 경우: $\nabla_{\vec{v}}f(p) = \nabla f(p) \cdot \vec{v}$

② 함수 $f(\mathrm{x})$ 를 식 $f(u,v)$ 로 표현하는 경우: $c(t_1) = p$, $c'(t_1) = \vec{v}$ 인 곡선 $c(t)$ 가 곡면 $X(u,v) = (x(u,v),y(u,v),z(u,v))$ 위에 있으면 곡선의 각각의 점 $c(t) = X(u,v)$ 이 성립하는 (u,v) 를 t 에 관한 관계식으로 항상 구할 수 있다.

그 식을 $(u(t),v(t))$ 라 하면, 모든 t 에 관하여 $c(t) = X(u(t),v(t))$ 곡선의 점 $c(t)$ 에서 함숫값은 식 $f(u,v)$ 에 $(u(t),v(t))$ 를 대입한 $f(u(t),v(t))$ 이며 미분하면

$$\frac{d}{dt}f(u(t),v(t)) = f_u(u(t),v(t))\,u'(t) + f_v(u(t),v(t))\,v'(t),$$

$$\nabla_{\vec{v}} f(p) = \frac{d}{dt} f(u(t), v(t)) \Big|_{t=t_1}$$

$$= (f_u(u(t_1), v(t_1)), f_v(u(t_1), v(t_1))) \cdot (u'(t_1), v'(t_1))$$

$c(t) = X(u(t), v(t))$ 에 $t = t_1$ 을 대입하면 $p = c(t_1) = X(u(t_1), v(t_1))$ 이며, $c(t) = X(u(t), v(t))$ 을 미분하고 $t = t_1$ 을 대입하면

$$\vec{v} = c'(t_1) = X_u(u(t_1), v(t_1)) u'(t_1) + X_v(u(t_1), v(t_1)) v'(t_1)$$

$u_1 = u(t_1)$, $v_1 = v(t_1)$, $a = u'(t_1)$, $b = v(t_1)$ 라 두면 $\nabla f = (f_u, f_v)$ 이며

$$p = X(u_1, v_1), \quad \vec{v} = a X_u(u_1, v_1) + b X_v(u_1, v_1),$$

$$\nabla_{\vec{v}} f(p) = \nabla f(u_1, v_1) \cdot (a, b)$$

좌표공간 $\mathbb{R}^n$ 의 공집합이 아닌 열린부분집합을 G 라 하자.

다변수 함수 $f: G \to \mathbb{R}$ (단, $G \subset \mathbb{R}^n$)에 대하여 G 의 한 점 x 에서 벡터 v - 방향 방향미분 $D_v f(x)$ 를 다음과 같이 정의한다. (단, $v \neq 0$)

[정의] {방향미분} 다변수함수 $f: G \to \mathbb{R}$ (단, $G \subset \mathbb{R}^n$)와 $x \in G$, $v \in \mathbb{R}^n$ 에 대하여

$$D_v f(x) = \lim_{t \to 0} \frac{f(x + tv) - f(x)}{t} = \frac{d}{dt} f(x + tv) \Big|_{t=0}$$

v 가 표준기저 방향일 때, 방향미분은 편미분과 같아진다.

i - 번째 기저벡터 $e_i = (0, \cdots, 0, 1, 0, \cdots, 0)$ 일 때 $\dfrac{\partial f}{\partial x_i} = D_{e_i} f(x)$

다변수 함수의 미분은 다음과 같이 정의한다.

[정의] {미분, 야코비행렬} $G \subset \mathbb{R}^n$ 일 때,

다변수함수 $f: G \to \mathbb{R}^m$, $f = (f_1, f_2, \cdots, f_m)$, $x \in G$ 에 대하여

$$\lim_{h \to 0} \frac{\| f(x+h) - f(x) - L(h) \|}{\| h \|} = 0$$

이 성립하는 선형사상 $L: \mathbb{R}^n \to \mathbb{R}^m$ 이 존재할 때, 함수 f 는 점 x 에서 미분가능이라 하며, 선형사상 L 을 함수 f 의 점 x 에서의 미분(differential)이라 하고, $L = Df(x)$ 라 표기한다. $Df(x)$ 의 행렬표현을 야코비 행렬이라 한다.

$$Df(x) = f'(x) = \left(\frac{\partial f_i}{\partial x_j} \right)_{i,j}$$

[정의] {일급함수} 다변수함수 $f : \mathbb{R}^n \to \mathbb{R}$ 의 모든 편도함수 $D_i f$ 들이 연속함수일 때, f 를 일급함수(C^1)라 한다.

[정리] 다변수함수 $f : \mathbb{R}^n \to \mathbb{R}$ 가 일급함수이면 f 는 미분가능함수이다.

[정리] 다변수함수 $f : \mathbb{R}^n \to \mathbb{R}$ 가 x 에서 미분가능일 때,

$$D_v f(\mathrm{x}) = \nabla f(\mathrm{x}) \cdot v$$

[정리] 2변수 함수 $f(x,y)$ 의 경우, 두 변수에 관한 1계 편도함수 f_x, f_y 가 모두 미분가능하며 편도함수가 연속이면, 다음 등식이 성립한다.

$$\frac{\partial^2 f}{\partial x \, \partial y} = \frac{\partial^2 f}{\partial y \, \partial x}$$

다변수함수의 합성함수 미분법은 다음과 같다.

[정리] 함수 $f : G \to \mathbb{R}^m$ 와 함수 $g : U \to \mathbb{R}^n$ (단, $G \subset \mathbb{R}^n$, $U \subset \mathbb{R}^k$)에 대하여 $g(U) \subset G$ 일 때, 합성함수 $f \circ g : U \to \mathbb{R}^m$ 의 미분은

$$D(f \circ g)(\mathrm{x}) = Df(g(\mathrm{x})) \cdot Dg(\mathrm{x})$$

이며, 이때 우변의 곱연산은 행렬곱이다.

[연쇄법칙] 특히, $m=1$, $k=1$ 인 경우

$$\frac{d\,(f \circ g)}{dt} = \frac{\partial f}{\partial x_1}\frac{dg_1}{dt} + \cdots + \frac{\partial f}{\partial x_n}\frac{dg_n}{dt} = \nabla f \cdot g'$$

$y = f(x_1, \cdots, x_n)$, $g(t) = (x_1(t), \cdots, x_n(t))$ 이면 다음과 같다.

$$\frac{dy}{dt} = \frac{\partial y}{\partial x_1}\frac{dx_1}{dt} + \cdots + \frac{\partial y}{\partial x_n}\frac{dx_n}{dt}$$

곡면 S 위의 함수 $f : S \to \mathbb{R}$ 의 방향미분 개념을 확장하자.

곡면 S 위의 세 함수 $f, g, h : S \to \mathbb{R}$ 를 한데 묶은 $W : S \to \mathbb{R}^3$,

$W(\mathrm{x}) = (f(\mathrm{x}), g(\mathrm{x}), h(\mathrm{x}))$ 의 미분을 세 함수 $f(\mathrm{x})$, $g(\mathrm{x})$, $h(\mathrm{x})$ 의 방향미분으로 정의하자.

$W(\mathrm{x}) = (f(\mathrm{x}), g(\mathrm{x}), h(\mathrm{x})) = f(\mathrm{x})e_1 + g(\mathrm{x})e_2 + h(\mathrm{x})e_3$ 는 곡면 S 로부터 벡터값을 대응하는 사상으로서 벡터함수(vector field, 벡터장)이며, 벡터함수를 방향미분과 같이 미분하는 것을 공변미분(Covariant derivative)이라 하며 다음과 같이 정의한다.

[정의] {공변미분} 점 p 와 접벡터 $\vec{v}$ 에 관한 $W(\mathrm{x})$ 의 공변미분

$$\nabla_{\vec{v}} W(p) = \frac{d}{dt} W(c(t)) \Big|_{t=t_1}$$

(단, 곡면 S 위의 곡선 $c(t)$ 는 $c(t_1) = p$, $c'(t_1) = \vec{v}$)

벡터함수 $W(\mathrm{x}) = (f(\mathrm{x}), g(\mathrm{x}), h(\mathrm{x}))$ 의 공변미분

$$\nabla_{\vec{v}} W(p) = (\nabla_{\vec{v}} f(p), \nabla_{\vec{v}} g(p), \nabla_{\vec{v}} h(p))$$

곡면 S의 표현방법에 따라 함수 $f(\mathrm{x})$ 를 $f(x,y,z)$ 또는 $f(u,v)$ 으로 표현하므로 벡터함수 $W(\mathrm{x})$ 도 $W(x,y,z)$ 또는 $W(u,v)$ 이며 그에 따라 공변미분 공식을 살펴보자.

(1) 곡면 $F(x,y,z)=0$ 위의 벡터함수 $W(\mathrm{x})$ 를 식 $W(x,y,z)$ 로 표현한 경우:

$$\nabla_{\vec{v}} W(p) = (\nabla f(p) \cdot \vec{v}, \ \nabla g(p) \cdot \vec{v}, \ \nabla h(p) \cdot \vec{v})$$

행렬로 표현하면 $\nabla_{\vec{v}} W(p) = \begin{pmatrix} f_x(p) & f_y(p) & f_z(p) \\ g_x(p) & g_y(p) & g_z(p) \\ h_x(p) & h_y(p) & h_z(p) \end{pmatrix} \begin{pmatrix} \vdots \\ \vec{v} \\ \vdots \end{pmatrix}$ 이므로

$\nabla W = \begin{pmatrix} f_x & f_y & f_z \\ g_x & g_y & g_z \\ h_x & h_y & h_z \end{pmatrix}$ 라 두면 $\nabla_{\vec{v}} W(p) = \nabla W(p)(\vec{v})$

(2) 곡면 $X(u,v)$ 위의 벡터함수 $W(\mathrm{x})$ 를 식 $W(u,v)$ 로 표현한 경우:

$p = X(u_1, v_1)$, $\vec{v} = aX_u + bX_v$ 일 때

$$\nabla_{\vec{v}} W(p) = (\nabla f(u_1, v_1) \cdot (a,b), \ \nabla g(u_1, v_1) \cdot (a,b), \ \nabla h(u_1, v_1) \cdot (a,b))$$

행렬로 표현하면 $\nabla_{\vec{v}} W(p) = \begin{pmatrix} f_u(p) & f_v(p) \\ g_u(p) & g_v(p) \\ h_u(p) & h_v(p) \end{pmatrix} \begin{pmatrix} a \\ b \end{pmatrix}$ 이므로

$\nabla W = \begin{pmatrix} f_u & f_v \\ g_u & g_v \\ h_u & h_v \end{pmatrix}$ 라 두면 $\nabla_{\vec{v}} W(p) = \nabla W(u_1, v_1)(a,b)$

특히, $a=1$, $b=0$ 이면 $\vec{v} = X_u$ 이며, $a=0$, $b=1$ 이면 $\vec{v} = X_v$ 이므로

$$\nabla_{X_u} W = \nabla W(X_u) = W_u = (f_u, g_u, h_u),$$
$$\nabla_{X_v} W = \nabla W(X_v) = W_v = (f_v, g_v, h_v)$$

미분 ∇W 는 (1)에서 3×3 행렬에서 되고 (2)에서 3×2 행렬이 될 수 있다.

> **[공식]** $W(x,y,z)$ 의 공변미분 $\nabla_{\vec{v}} W(p) = \nabla W(p)(\vec{v})$
>
> $W(u,v)$ 의 공변미분 $\nabla_{\vec{v}} W(p) = \nabla W(u_1, v_1)(a,b)$
>
> (단, $p = X(u_1, v_1)$, $\vec{v} = aX_u + bX_v$)
>
> 특히, $\nabla_{X_u} W = \nabla W(X_u) = W_u$, $\nabla_{X_v} W = \nabla W(X_v) = W_v$

곡면 S 위의 벡터함수 중에서 가장 빈번하게 쓰이는 것은 향을 이루는 단위 법선벡터 U 이다. 이 벡터함수 U 를 N 으로 쓰는 경우도 있다.

> U, N, n 등 여러 기호로 쓴다.

(1) 곡면의 식이 음함수 $F(x,y,z)=c$ 인 경우: $U(x,y,z) = \dfrac{\nabla F}{\|\nabla F\|}$

> 곡선의 N 과 혼동을 피하기 위해 U 씀

(2) 곡면의 식이 조각사상 $X(u,v)$ 인 경우: $U(u,v) = \dfrac{X_u \times X_v}{\|X_u \times X_v\|}$

단위법선벡터 U 를 곡면위의 곡선 또는 접벡터를 따라 미분할 때, 다음 성질이 성립한다.

> **[정리] {곡면의 단위법선벡터 U 에 대한 공변미분의 기본 성질}**
>
> **{공변미분의 정의에 따른 U 의 미분}** $\nabla_c U = \dfrac{d}{dt} U(c(t))$
>
> 곡면의 조각사상이 $X(u,v)$ 이며 단위법선벡터는 $U(u,v)$ 일 때,
>
> (1) 두 곡선 $\alpha(t)$, $\beta(t)$ 의 교점 p 에서 $\alpha' = \beta'$ 이면 $\nabla_{\alpha'} U(p) = \nabla_{\beta'} U(p)$
>
> (2) $\nabla_{X_u} U = U_u$, $\nabla_{X_v} U = U_v$
>
> (3) $\nabla_{a X_u + b X_v} U = a\nabla_{X_u} U + b\nabla_{X_v} U = a U_u + b U_v$
>
> (4) $\nabla_{X_u} U \cdot X_v = \nabla_{X_v} U \cdot X_u$ (X_u 와 X_v 를 교환함)
>
> (5) $\nabla_{X_u} U \cdot U = U_u \cdot U = 0$, $\nabla_{X_v} U \cdot U = U_v \cdot U = 0$

증명 (1) 점 $p = \alpha(t_1) = \beta(t_2)$ 이고 $\alpha'(t_1) = \beta'(t_2)$ 이면

$$\nabla_{\alpha'} U = U(\alpha)' = U'(\alpha) \cdot \alpha' = U'(p) \cdot \alpha' = U'(\beta) \cdot \beta' = \nabla_{\beta'} U$$

이므로 $(\nabla_{\alpha'} U)(p) = (\nabla_{\beta'} U)(p)$ 이다.

(2) $U(X(u,v)) = U(u,v)$ 이므로 $U(u,v)_u = U'(X) \cdot X_u = \nabla_{X_u} U$

$U(u,v)_v = U'(X) \cdot X_v = \nabla_{X_v} U$ 이다.

(3) $p = X(u,v)$, $c(t) = X(u+at, v+bt)$ 이면 $c'(0) = a X_u + b X_v$ 이며

$$\nabla_{c'(0)} U = U(u+at, v+bt)'_{t=0} = a U_u(p) + b U_v(p) = a\nabla_{X_u} U + b\nabla_{X_v} U$$

이므로 $\nabla_{a X_u + b X_v} U = a\nabla_{X_u} U + b\nabla_{X_v} U = a U_u + b U_v$ 이다.

(4) $\nabla_{X_u} U \cdot X_v = U_u \cdot X_v = -U \cdot X_{vu} = -U \cdot X_{uv} = U_v \cdot X_u = \nabla_{X_v} U \cdot X_u$

(5) $UU = 1$ 을 미분하면 $U_u \cdot U = 0$, $U_v \cdot U = 0$ 이다.

02 법곡률과 측지곡률

1. 곡면의 법곡률(normal curvature)

단위법벡터장 U 로서 향이 정해진 유향곡면 S 위의 임의의 점을 p 라 하고, $\vec{v}$ 를 점 p 의 접벡터라 하자. 그리고 점 p 를 지나 $\vec{v}$ 방향으로 진행하는 곡면 S 에 놓여 있는 한 곡선을 $c(t)$ 라 하자. 이때, $c(t_0) = p$, $c'(t_0) = \vec{v}$ 라 두자.

점 p 에서 $\vec{v}$ 방향 법곡률 k_n 은 다음과 같이 두 가지 방법으로 정의할 수 있으며, 두 가지 정의는 동등한 정의이다.

(1) 위의 곡선 $c(t)$ 의 곡률벡터를 kN 이라 하면, 법곡률

$k_n \equiv k(t_0)\ N(t_0) \cdot U(p)$ 로 정의한다.

위의 정의에서 k , T, N, B 는 곡선 $c(t)$ 의 곡률과 프레네 프레임(Frenet frame)이다.

특히, 두 단위벡터 $U(p)$ 와 $N(t_0)$ 가 이루는 각을 θ 라 하면 $N \cdot U = \cos\theta$ 이므로 $k_n \equiv k\cos\theta$

(2) $\vec{u}$ 를 $\vec{v}$ 의 단위벡터 즉, $\vec{u} = \dfrac{\vec{v}}{\|v\|}$ 라 하면, 법곡률 $k_n \equiv -\nabla_{\vec{u}} U \cdot \vec{u}$ 로 정의

한다. 정의에서 $\vec{u} = \dfrac{\vec{v}}{\|v\|}$ 를 대입하면, $k_n \equiv -\dfrac{\nabla_{\vec{v}} U \cdot \vec{v}}{\|v\|^2}$ 이다.

이때, $\nabla_{\vec{u}} U$ 는 U 의 $\vec{u}$ -방향 공변미분(covariant derivative)이다.

[정의] {법곡률}

(1) $k_n = kN \cdot U = k\cos\theta$ (2) $k_n = -\dfrac{\nabla_{\vec{v}} U \cdot \vec{v}}{\|v\|^2} = \dfrac{U \cdot c''}{\|c'\|^2}$

정의 (1)에서 유의할 점은 점 p 를 지나 $\vec{v}$ 방향으로 진행하는 곡선 $c(t)$ 를 어떻게 두든 항상 법곡률의 값은 일정하게 정의된다는 점이다.

[정리] 앞서 정의한 법곡률의 두 가지 정의 (1), (2)는 동치이다.

증명 곡면 위의 정칙곡선의 식을 $\|c'(t)\| = 1$ 이라 놓을 수 있다.

그러면, $kN = c''(t)$ 이다.

그리고 모든 t 에 관하여 $U(c(t)) \cdot c'(t) = 0$ 이므로 양변 미분하면,

$\nabla_{c'(t)} U \cdot c'(t) + U \cdot c''(t) = 0$ 이며, $-\nabla_{c'(t)} U \cdot c'(t) = U \cdot c''(t)$ 이다.

이 식을 달리 나타내면 $-\nabla_{\vec{u}} U \cdot \vec{u} = U \cdot kN = kN \cdot U$

따라서 정의 (1)과 정의 (2)는 동치이다.

법곡률의 정의에 따라 곡면의 조각사상으로부터 법곡률을 계산하는 방법을 알아보자.

> **[정의] {제1기본량, 제2기본량}** 곡면S의 조각사상을 $X(u,v)$이라 할 때,
> $E = X_u \cdot X_u$, $F = X_u \cdot X_v$, $G = X_v \cdot X_v$ 을 곡면S의 제1기본량,
> $l = U \cdot X_{uu}$, $m = U \cdot X_{uv}$, $n = U \cdot X_{vv}$ 을 제2기본량이라 한다.
>
> **[관련 등식]**
> $$-U_u \cdot X_u = U \cdot X_{uu}, \ -U_v \cdot X_v = U \cdot X_{vv},$$
> $$-U_v \cdot X_u = -U_u \cdot X_v = U \cdot X_{uv}$$

> **[공식]** 점 p에서 $\vec{v}$ 방향으로의 법곡률은 $\vec{v} = aX_u + bX_v$ 라 두면
> 법곡률 $k_n = \dfrac{l\,a^2 + 2m\,ab + n\,b^2}{E\,a^2 + 2F\,ab + G\,b^2}$ 또는 $k_n = \dfrac{l\,du^2 + 2m\,du\,dv + n\,dv^2}{E\,du^2 + 2F\,du\,dv + G\,dv^2}$

증명 (I) $k_n \equiv k\,N \cdot U = k\cos\theta$ 으로부터 유도하기

조각사상$X(u,v)$로 주어진 곡면위에 점p를 지나 $\vec{v}$ 방향으로 진행하는 곡선$c(t)$가 놓여 있다.

편의상 곡선의 식$c(t)$는 단위속력(unit speed)이도록 선택하면
$k N = c''(t)$

적당한 t_0에 대해 $c(t_0) = p$, $c'(t_0) = \vec{v}$이며, $c(t) = X(u(t), v(t))$로 쓸 수 있다.

식 $c(t) = X(u(t), v(t))$의 양변을 미분하면
$c'(t) = u'(t)X_u(u(t), v(t)) + v'(t)X_v(u(t), v(t))$

즉, $c'(t) = u'X_u + v'X_v$. 한 번 더 미분하면,
$$c''(t) = u''X_u + u'(u'X_{uu} + v'X_{uv}) + v''X_v + v'(u'X_{vu} + v'X_{vv}),$$

양변에 단위법벡터U를 내적하고 X_u, $X_v \perp U$임을 적용하면,
$$c''(t) \cdot U = (u')^2 X_{uu} \cdot U + u'v'X_{uv} \cdot U + v'u'X_{vu} \cdot U + (v')^2 X_{vv} \cdot U$$

제2기본량 l, m, n을 대입하면
$$c''(t) \cdot U = l(u')^2 + 2m\,u'v' + n(v')^2$$

$t = t_0$을 대입하고, $c'(t_0) = aX_u + bX_v$라 두면,
즉 $u'(t_0) = a$, $v'(t_0) = b$라 두면
$$k_n = k\,N \cdot U = c''(t_0) \cdot U = l\,a^2 + 2m\,ab + nb^2$$

따라서 $\vec{v} = c'(t_0) = aX_u + bX_v$가 단위벡터이면, 법곡률
$k_n = l\,a^2 + 2m\,ab + nb^2$ 이다.

그리고 일반적인 접벡터 $\vec{v} = aX_u + bX_v$인 경우는 단위화하여 위 식에 대입하면 되므로 $\dfrac{\vec{v}}{\|\vec{v}\|} = \dfrac{a}{\|\vec{v}\|}X_u + \dfrac{b}{\|\vec{v}\|}X_v$ 을 위의 식에 대입하자.

법곡률 $k_n = l\,\dfrac{a^2}{\|\vec{v}\|^2} + 2m\,\dfrac{ab}{\|\vec{v}\|^2} + n\,\dfrac{b^2}{\|\vec{v}\|^2} = \dfrac{l\,a^2 + 2m\,ab + n\,b^2}{\|\vec{v}\|^2}$ 이며,

제1기본량 E, F, G를 이용하면 분모를 계산하면

$$\|\vec{v}\|^2 = (a\,X_u + b\,X_v)\cdot(a\,X_u + b\,X_v) = Ea^2 + 2Fab + Gb^2$$

이므로, 법곡률 $k_n = \dfrac{l\,a^2 + 2m\,ab + n\,b^2}{Ea^2 + 2Fab + Gb^2}$ 이다.

(2) $k_n \equiv -\dfrac{\nabla_{\vec{v}} U \cdot \vec{v}}{\|\vec{v}\|^2}$ 으로부터 유도하기

U는 곡면 S의 법벡터(normal vector)이며, X_u, X_v는

접벡터(tangent vector)이므로 $U\cdot X_u = 0$, $U\cdot X_v = 0$ 이며, 식의 양변을

u, v에 관하여 각각 미분하면,

$$U_u \cdot X_u + U\cdot X_{uu} = 0 \;\to\; -U_u\cdot X_u = U\cdot X_{uu} = l$$
$$U_v \cdot X_u + U\cdot X_{uv} = 0 \;\to\; -U_v\cdot X_u = U\cdot X_{uv} = m$$
$$U_u \cdot X_v + U\cdot X_{vu} = 0 \;\to\; -U_u\cdot X_v = U\cdot X_{vu} = m$$
$$U_v \cdot X_v + U\cdot X_{vv} = 0 \;\to\; -U_v\cdot X_v = U\cdot X_{vv} = n$$

접벡터 $\vec{v}$ 를 $\vec{v} = a\,X_u + b\,X_v$ 라 하면

$$\nabla_{\vec{v}} U = \nabla U(a\,X_u + b\,X_v) = a\,U_u + b\,U_v$$

그리고 위의 식에서 l, m, n을 대입하면

$$\nabla_{\vec{v}} U \cdot \vec{v} = (a\,U_u + b\,U_v)\cdot(a\,X_u + b\,X_v) = -a^2 l - 2abm - b^2 n$$

이며, 제1기본량을 이용하면 $\|\vec{v}\|^2 = a^2 E + 2abF + b^2 G$ 이다.

따라서 점 p 에서 $\vec{v}$ 방향 법곡률 $k_n \equiv -\dfrac{\nabla_{\vec{v}} U \cdot \vec{v}}{\|\vec{v}\|^2} = \dfrac{l\,a^2 + 2m\,ab + n\,b^2}{Ea^2 + 2Fab + Gb^2}$

위의 법곡률의 공식에서 제1기본량 E, F, G 와 제2기본량 l, m, n 은 곡면으로 부터 정해지며, 접벡터의 성분 a, b 도 곡선의 식 $c(t)$ 와는 무관하다. 따라서 점 p 를 지나 접벡터 $\vec{v}$ 방향으로 진행하는 곡선을 다른 것으로 바꿔도 법곡률의 값은 불변이다. 이를 정리하면 다음과 같다.

> **[정리]** 유향 곡면 S 의 점 p 를 지나 접벡터 $\vec{v}$ 방향으로 진행하는 모든 곡선의 법곡률 k_n 은 같은 값을 갖는다.

이 정리를 통해 법곡률(normal curvature)의 기하학적인 의미를 설명하면 다음과 같다.

유향곡면 S 위의 점 p 에서 $\vec{v}$ -방향으로의 법곡률(normal curvature)
$k_n = k_n(\vec{v})$ 는 점 p 를 지나 접벡터 $\vec{v}$ 방향으로 진행하는 곡선을 다음과 같이 선택하여 계산해도 된다.

점p 를 지나고 접벡터$\vec{v}$ 와 법벡터$U(p)$ 에 평행한 평면을 π 라 두면, 이 평면π
와 곡면S 는 점p 를 지나는 어떤 곡선에서 교차한다. 이 곡선을 C 라 두고, 곡
선의 호의 길이s 로 매개화한 식을 $C(s)$ 라 하고, $C(0) = p$, $C'(0) = \dfrac{\vec{v}}{\|\vec{v}\|}$ 라
하자.

그러면 이 곡선C 의 법선벡터N 는 $U(p)$ 와 평행하며, 향에 따라 $N = \pm\, U(p)$
이도록 부호를 결정할 수 있다.

따라서 법곡률을 구하면 $k_n = k\,N \cdot U = \pm\,k$ 이다.

다시 말해, 법곡률k_n 은 점p 에서 곡면에 수직인 평면π 로 곡면을 절단한 단면
곡선C 의 곡률k 에 ±부호를 붙인 것으로서, 단면곡선C 의 굽은 방향N 과 곡
면의 향을 결정하는 법벡터U 가 같은 방향이면 $+$ 부호이고 곡선의 굽은 방향
N 과 U 가 반대 방향이면 $-$ 부호를 붙인 값이다.

미분기하학 교재에 따라서는 법곡률을 정의하기 위하여 모양(形) 연산자(Shape
operator, '형 작용소')를 다음과 같이 정의하기도 한다.

> **[정의] {모양연산자}** $S_p \equiv -\nabla U$
>
> 곡면S 위의 한 점p 에서 정의된 모양연산자 $S_p(\vec{v}) \equiv -\nabla_{\vec{v}} U\,(\vec{v}$ 는 점p 의 접벡터)이다.
>
> 즉, 단위법벡터장U 의 공변미분에 $-$ 부호를 붙인 것이 모양연산자 $S_p \equiv -\nabla U$ 이다.

모양연산자는 공변미분의 성질에 의하여 다음이 성립한다. (단, $T_p S$ 는 접평면
의 벡터공간)

① $S_p : T_p S \to T_p S$ $(\because\ U \cdot U = 1\ \to\ \nabla_v U \cdot U = 0\ \to\ \nabla_v U \perp U\ )$

② $S_p(a_1 v_1 + a_2 v_2) = a_1 S_p(v_1) + a_2 S_p(v_2)$ $(\because\ \nabla_{\vec{v}} U = \nabla U(p)\,\vec{v}$: 선형사상$)$

그리고 v 가 단위벡터일 때, 법곡률은 $k_n = k_p(v) \equiv S_p(v) \cdot v$ 으로 정의한다.
이 정의는 앞에서 정의한 (I)과 동일하다.

> 곡면$F(x,y,z) = 0$ 의 $U(x,y,z) = (f(\mathrm{x})\,,\,g(\mathrm{x})\,,\,h(\mathrm{x}))$ 일 때,
> $$\nabla U = \begin{pmatrix} f_x\ f_y\ f_z \\ g_x\ g_y\ g_z \\ h_x\ h_y\ h_z \end{pmatrix}$$
> 곡면$X(u,v)$ 의 $U(u,v) = (f(u,v)\,,\,g(u,v)\,,\,h(u,v))$ 일 때,
> $$\nabla U = \begin{pmatrix} f_u\ f_v \\ g_u\ g_v \\ h_u\ h_v \end{pmatrix}$$

[공식] {모양연산자} $[S_p]_{\{X_u,\, X_v\}} = \begin{pmatrix} E & F \\ F & G \end{pmatrix}^{-1} \begin{pmatrix} l & m \\ m & n \end{pmatrix}$

증명 유향곡면 S의 조각사상을 $X(u,v)$라 할 때, $U = \dfrac{X_u \times X_v}{\|X_u \times X_v\|}$를 공변미

분하고, 접벡터 $\vec{v}$를 두 접벡터 X_u, X_v를 접평면 $T_p S$의 기저

$B = \{X_u,\, X_v\}$로 택하여 성분으로 나타내면

S_p는 제1, 2 기본량의 행렬로 나타낼 수 있다.

$S_p(aX_u + bX_v) = cX_u + dX_v$라 하자.

즉, $-\nabla U(aX_u + bX_v) = cX_u + dX_v$,

$\quad -a\nabla U(X_u) - b\nabla U(X_v) = cX_u + dX_v$

$\nabla U(X_u) = U_u$, $\nabla U(X_v) = U_v$ 이므로 $-aU_u - bU_v = cX_u + dX_v$

양변에 X_u, X_v를 내적하면

$\qquad -aU_u \cdot X_u - bU_v \cdot X_u = cX_u \cdot X_u + dX_v \cdot X_u$,

$\qquad -aU_u \cdot X_v - bU_v \cdot X_v = cX_u \cdot X_v + dX_v \cdot X_v$

제1, 2기본량을 대입하면

$\qquad la + mb = Ec + Fd$, $ma + nb = Fc + Gd$

따라서 $S_p(aX_u + bX_v) = cX_u + dX_v$를 대응 $(a,b) \to (c,d)$ 하는 행렬로 식

을 정리하면 $\begin{pmatrix} l & m \\ m & n \end{pmatrix}\begin{pmatrix} a \\ b \end{pmatrix} = \begin{pmatrix} E & F \\ F & G \end{pmatrix}\begin{pmatrix} c \\ d \end{pmatrix}$, $\begin{pmatrix} E & F \\ F & G \end{pmatrix}^{-1}\begin{pmatrix} l & m \\ m & n \end{pmatrix}\begin{pmatrix} a \\ b \end{pmatrix} = \begin{pmatrix} c \\ d \end{pmatrix}$

따라서 $[S_p]_{\{X_u,\, X_v\}} = \begin{pmatrix} E & F \\ F & G \end{pmatrix}^{-1}\begin{pmatrix} l & m \\ m & n \end{pmatrix}$

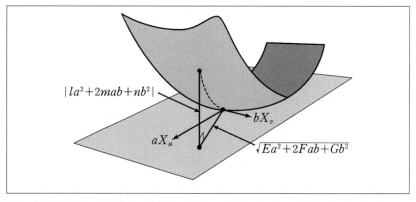

제1, 2기본량의 기하학적 의미를 위의 그림과 같이 도시할 수 있다.

[공식] $\mathbb{R}^3$의 정칙곡면 $F(x,y,z) = c$와 접벡터 v일 때,

법곡률 $\kappa_n = -\dfrac{v^t\, \mathrm{H}F\, v}{\|\nabla F\| \cdot \|v\|^2}$. (단, $\mathrm{H}F$는 F의 헤세행렬)

2. 측지곡률(Geodesic curvature)

유향 곡면 S 와 S 에 놓여 있는 곡선 $c(t)$ 가 있다.

U 는 곡면 S 의 단위 법벡터이고, T, N, B 는 $c(t)$ 의 Frenet틀, 곡선 $c(t)$ 의 곡률벡터 $\vec{k} = kN$ 이라 하자. 그러면, 세 벡터 $U, N, U \times T$ 는 모두 벡터 T 에 수직이다. 그리고 $U, U \times T$ 는 서로 수직이며, 각각 단위벡터이다.

따라서 그림과 같이 $U, U \times T$ 의 일차결합으로 곡률벡터 $\vec{k} = kN$ 을

$$k N = a U + b U \times T$$

위 식의 양변에 U 를 내적해서 U-성분 a 를 구해보면,

$kN \cdot U = a U \cdot U = a$ 이므로 법곡률과 같다. 즉, $a = k_n$ 이다.

> **[정의] {측지곡률(geodesic curvature)}**
> $kN = k_n U + b U \times T$ 에서 $U \times T$-성분 b 를 곡면 S 에 관한 곡선 $c(t)$ 의 측지곡률 (geodesic curvature)이라 정의하고, 기호로 k_g 라 표기한다. 즉,
> $$k N = k_n U + k_g U \times T \ \text{ 또는 } \ kN - k_n U \equiv k_g U \times T$$

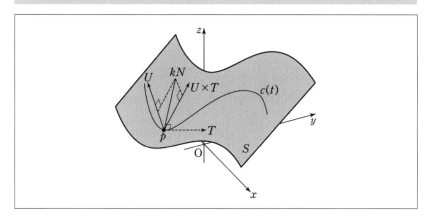

측지곡률 k_g 는 아래와 같이 구할 수 있다.

> **[공식] {측지곡률(geodesic curvature)}**
> $$k_g \equiv kN \cdot (U \times T) = kB \cdot U = k\cos\theta \ \ (\text{단, } \theta \text{ 는 } B \text{ 와 } U \text{ 의 사이각})$$

증명 $kN = k_n U + k_g U \times T, \quad kN - k_n U \equiv k_g U \times T$

위 식의 양변에 $U \times T$ 를 내적하면,

$$(kN - k_n U) \cdot (U \times T) = k_g (U \times T) \cdot (U \times T)$$

이며, $\|U \times T\| = \|U\|\|T\| = 1$ 이므로 양변을 정리하면,

$$k_g = (kN - k_n U) \cdot (U \times T) = kN \cdot (U \times T)$$
$$= k U \cdot (T \times N) = k U \cdot B$$

이때, 두 벡터 B 와 U 의 사이각을 θ 라 두면, $k_g = k\cos\theta$ 가 된다.

또한 측지곡률 k_g 와 법곡률 k_n , 그리고 곡선의 곡률 k 사이에 다음과 같은 성질이 성립한다.

[공식] $k^2 = k_n^2 + k_g^2$

위에서 정의한 측지곡률은 곡면에 놓인 곡선의 굽은 정도(k)에서 곡면의 굽은 정도(k_n)를 제거하고 남은 값으로, 곡면에서 느끼는 곡선의 굽은 정도를 재는 것으로 생각할 수 있다.

3. 측지곡선, 점근곡선, 주요곡선

[정의] {측지곡선} 정칙곡면 S 에 놓인 정칙곡선 $c(t)$ 의 가속도벡터 $c''(t)$ 가 곡면과 수직일 때 즉, 곡면 S 의 단위법벡터 U 에 대하여 $c'' \parallel U$ 일 때, $c(t)$ 를 곡면 S 의 측지곡선 (geodesic) 또는 측지선이라 한다.

$c'' \parallel U$ 이면 $c'' \perp c'$ 이며 $c' \cdot c'' = 0$, $\|c'(t)\| =$ 상수
$\|c'(t)\| =$ 상수이므로 $c'' \parallel N$. $c'' \parallel U$ 이므로 $B \perp U$. 따라서 측지곡률$=0$
역으로 측지곡률이 0이고 상수속력($\|c'(t)\| =$ 상수)일 때, $B \perp U$ 이며 $T \perp U$
이므로 $N \parallel U$
$\|c'(t)\| =$ 상수이면 $c''(t)$ 는 법선벡터 N 과 평행이므로 $c'' \parallel U$
따라서 곡선 $c(t)$ 가 측지곡선이 될 필요충분조건은 $c(t)$ 가 상수속력이며 측지 곡률$=0$인 것이다.
미분기하학 저자에 따라 이 성질을 측지선의 정의로 간주하기도 한다.

[정리] 곡면에 놓인 정칙곡선 $c(t)$ 가 측지곡선일 필요충분조건은 측지곡률 $k_g = 0$이며 곡 선의 식 $c(t)$는 상수속력($\|c'(t)\| =$ 상수)인 것이다.

측지곡선은 곡면에서 곡선을 따라 굽은 정도가 0인 곡선을 의미하며, 평면에서 직선이 갖는 의미와 유사하다고 할 수 있다. 곡면 위에서 국소적으로 최단거리를 따라 이동하는 곡선이 측지선이며, 측지선은 평면의 직선개념을 곡면의 기하로 확장시킨 개념이라 할 수 있다.
평면에서 임의의 점에서 임의의 방향으로 직선을 단 하나 그릴 수 있는 것과 같이 측지선도 그렇다.

[정리] 정칙곡면위의 임의의 점 P 의 임의의 단위접벡터 $\vec{v}$ 가 주어지면 점 P 에서 $\vec{v}$ 방향 으로 단위속력 측지선이 항상 존재하며 단 하나 존재한다.

측지선의 예를 들면, 평면에 놓인 직선, 구면에 놓인 대원(great circle), 곡면을 펼치면 평면으로 만들 수 있는 원뿔과 같은 선직면(ruled surface)의 경우 곡면을 펼쳐 직선이 되는 곡선 등이 있다.
모든 정칙곡선은 단위속력곡선으로 재매개화할 수 있으므로 측지곡률 $k_g = 0$ 인 모든 정칙곡선은 재매개화하면 측지곡선이 된다.

[정리] 주면(기둥면)위의 주면나선은 측지선이다.
(단, 주면나선 $c(t)$ 의 곡률 $k \neq 0$ 이라 하자.)

증명 주면나선 $c(t)$ 을 호의 길이로 매개화하기로 하고, 주면의 축방향 벡터를 $\vec{x}$ 라 두면 주면의 조각사상은 $X(t,r) = c(t) + r\vec{x}$ 이다.
주면나선 $c(t)$ 의 프레네틀을 T, N, B 라 두면, 정의에 의해
$$T \cdot \vec{x} = C \ (\text{상수})$$
미분한 후 프레네 공식을 적용하면 $kN \cdot \vec{x} = 0$, $N \cdot \vec{x} = 0$
주면의 법벡터 $\vec{n}$ 을 구하면 $X_t = c'(t) = T$, $X_r = \vec{x}$ 이므로
$$\vec{n} = \frac{T \times \vec{x}}{\|T \times \vec{x}\|}$$
종법선벡터 B 와 내적하면
$$B \cdot \vec{n} = \frac{B \cdot T \times \vec{x}}{\|T \times \vec{x}\|} = \frac{B \times T \cdot \vec{x}}{\|T \times \vec{x}\|} = \frac{N \cdot \vec{x}}{\|T \times \vec{x}\|} = 0$$
따라서 측지곡률 $k_g = kB \cdot \vec{n} = 0$
그러므로 주면나선 $c(t)$ 는 주면 $X(t,r) = c(t) + r\vec{x}$ 위의 측지선(geodesic)이다.

곡면 위의 특수한 곡선으로서 측지곡선 외에 주요곡선과 점근곡선이 있다.

[정의] {주요곡선, 점근곡선} 정칙곡면 S 에 놓인 정칙곡선 $c(t)$ 가 있다.
$c(t)$ 의 모든 점에서 법곡률 k_n 이 0일 때, $c(t)$ 를 곡면 S 의 점근곡선(asymptotic curve)이라 한다.
$c'(t)$ 이 주요벡터와 평행일 때, $c(t)$ 를 곡면 S 의 주요곡선(principal curve)이라 한다.
즉, $c(t)$ 의 모든 점에서 법곡률 k_n 이 주요곡률 k_1, k_2 중의 하나와 같을 때, 주요곡선이라 한다.

다음 절에서 주요곡선 개념에 나타난 주요곡률과 주요벡터의 개념을 살펴보자.

예제 1 원점이 중심이고 반경이 $\sqrt{2}$ 인 구면 위의 두 점 $(1,1,0)$, $(1,0,1)$ 에서 접하는 두 평면이 만나는 직선의 방정식을 구하시오.

풀이 구면의 방정식은 $x^2 + y^2 + z^2 = 2$ 이므로, 구면의 그래디언트는
$$\nabla(x^2 + y^2 + z^2) = (2x, 2y, 2z)$$
따라서 두 점 $(1,1,0), (1,0,1)$ 에서 법선벡터는 각각 $(2,2,0)$, $(2,0,2)$ 이고,
접평면 방정식은 각각 $2(x-1) + 2(y-1) = 0$,
$2(x-1) + 2(z-1) = 0$ 이다.
두 평면의 교직선의 방정식을 구하면, $x - 2 = -y = -z$ 이다.

예제 2 XY평면의 원 $x^2+(y-2)^2=1$ 을 X축 둘레로 회전하여 회전면을 만들었다. 이 회전면(원환면, 토러스, torus)의 표면적을 구하시오.

풀이 주어진 회전면은 원 $c(\theta) = (\cos\theta, 2+\sin\theta, 0)$ 을 X축 둘레로 회전하여 얻는 곡면이므로 곡면식은

$$X(t,\theta) = (\cos\theta, (2+\sin\theta)\cos t, (2+\sin\theta)\sin t)$$

(단, $0 \le t, \theta \le 2\pi$)

$x(\theta)=\cos\theta$, $y(\theta)=2+\sin\theta$ 라 두고 회전체의 표면적 공식을 이용하자.

$$\text{표면적} = 2\pi \int_0^{2\pi} y\sqrt{(x')^2+(y')^2}\, d\theta = 2\pi\int_0^{2\pi} 2+\sin\theta\, d\theta$$
$$= 2\pi \times 4\pi = 8\pi^2$$

따라서 회전면(토러스)의 표면적은 $8\pi^2$ 이다.

예제 3 곡면 $X(u,v)=(u-v, uv, u+v)$ 의 점 $p=(0,1,2)$ 와 접벡터 $\vec{v}=(3,1,1)$ 에 관한 다음 미분을 구하시오.
(1) 함수 $f(x,y,z)=xz+2y$ 의 방향미분과
   벡터함수 $W(x,y,z)=(x+z, y, y^2)$ 의 공변미분
(2) 함수 $f(u,v)=u^2+2uv-v^2$ 의 방향미분과
   벡터함수 $W(u,v)=(2u, uv, u^2v^2)$ 의 공변미분

풀이 (1) $\nabla f = (z, 2, x)$, $\nabla f(0,1,2) = (2,2,0)$,
$\nabla_{\vec{v}} f(0,1,2) = (2,2,0)\cdot(3,1,1) = 8$

$$\nabla W = \begin{pmatrix} 1 & 0 & 1 \\ 0 & 1 & 0 \\ 0 & 2y & 0 \end{pmatrix},\ \nabla W(0,1,2) = \begin{pmatrix} 1 & 0 & 1 \\ 0 & 1 & 0 \\ 0 & 2 & 0 \end{pmatrix},$$

$$\nabla_{\vec{v}} W(0,1,2) = \begin{pmatrix} 1 & 0 & 1 \\ 0 & 1 & 0 \\ 0 & 2 & 0 \end{pmatrix}\begin{pmatrix} 3 \\ 1 \\ 1 \end{pmatrix} = \begin{pmatrix} 4 \\ 1 \\ 2 \end{pmatrix}$$

따라서 방향미분 $\nabla_{\vec{v}} f(p) = 8$ 이며, 공변미분 $\nabla_{\vec{v}} W(p) = (4,1,2)$ 이다.

(2) $p=(0,1,2)=X(1,1)$ 이므로 $u_1=1$, $v_1=1$. 미분하면
$X_u = (1, v, 1)$, $X_v = (-1, u, 1)$,
$\vec{v}=(3,1,1) = 2(1,1,1) - (-1,1,1) = 2X_u(1,1) - X_v(1,1)$ 이므로
$a=2$, $b=-1$
$\nabla f = (2u+2v, 2u-2v)$, $\nabla f(1,1) = (4,0)$,
$\nabla_{\vec{v}} f(1,1) = (4,0)\cdot(2,-1) = 8$

$$\nabla W = \begin{pmatrix} 2 & 0 \\ v & u \\ 2uv^2 & 2u^2v \end{pmatrix},\ \nabla W(1,1) = \begin{pmatrix} 2 & 0 \\ 1 & 1 \\ 2 & 2 \end{pmatrix},$$

$$\nabla_{\vec{v}} W(1,1) = \begin{pmatrix} 2 & 0 \\ 1 & 1 \\ 2 & 2 \end{pmatrix}\begin{pmatrix} 2 \\ -1 \end{pmatrix} = \begin{pmatrix} 4 \\ 1 \\ 2 \end{pmatrix}$$

따라서 방향미분 $\nabla_{\vec{v}} f(p) = 8$ 이며, 공변미분 $\nabla_{\vec{v}} W(p) = (4,1,2)$ 이다.

예제 4 사이클로이드(cycloid) $x = t - \sin t$, $y = 1 - \cos t$ (단, $0 < t < 2\pi$)

을 X축으로 회전시켜 생긴 곡면의 조각사상을 구하고, $t = \dfrac{\pi}{2}$ 인 점을 회전시킨 곡선을

따라 법곡률을 구하시오.

풀이 회전 곡면의 조각사상을 다음과 같이 구할 수 있다.

$X(t,\theta) = (t - \sin t, (1 - \cos t)\cos\theta, (1 - \cos t)\sin\theta)$ (단, $0 \le \theta < 2\pi$)

$t = \dfrac{\pi}{2}$ 인 점을 회전시킨 곡선은 $c(\theta) = (\dfrac{\pi}{2} - 1, \cos\theta, \sin\theta) = X(\dfrac{\pi}{2}, \theta)$

$X_t = (1 - \cos t, \sin t \cos\theta, \sin t \sin\theta)$,

$X_\theta = (0, -(1 - \cos t)\sin\theta, (1 - \cos t)\cos\theta)$

$t = \dfrac{\pi}{2}$ 를 대입하면, $X_t = (1, \cos\theta, \sin\theta)$, $X_\theta = (0, -\sin\theta, \cos\theta)$ 이며,

$X_t \times X_\theta = (1, -\cos\theta, -\sin\theta)$, $U = \dfrac{1}{\sqrt{2}}(1, -\cos\theta, -\sin\theta)$ 이다.

$c'(\theta) = (0, -\sin\theta, \cos\theta)$ 이므로 $kN = c''(\theta) = (0, -\cos\theta, -\sin\theta)$

따라서 법곡률 $k_n = kN \cdot U = \dfrac{1}{\sqrt{2}}$ 이다.

예제 5 구면 $S = \{(x,y,z) : x^2 + y^2 + z^2 = 4\}$ 의 조각사상

$S(\theta,\phi) = (2\cos\theta\cos\phi, 2\sin\theta\cos\phi, 2\sin\phi)$, $0 \le \theta < 2\pi$, $-\dfrac{\pi}{2} \le \phi \le \dfrac{\pi}{2}$

와 구면 위의 곡선 $c(t) = S(t, \dfrac{\pi}{3}) = (\cos t, \sin t, \sqrt{3})$ 가 주어질 때,

곡선 c 의 측지곡률을 구하시오.

풀이 곡면의 식을 미분하여 단위법벡터장을 구하자.

$S_\theta = (-2\sin\theta\cos\phi, 2\cos\theta\cos\phi, 0)$, $S_\phi = (-2\cos\theta\sin\phi, -2\sin\theta\sin\phi, 2\cos\phi)$

$S_\theta \times S_\phi = (4\cos\theta\cos^2\phi, 4\sin\theta\cos^2\phi, 4\cos\phi\sin\phi)$, $\| S_\theta \times S_\phi \| = 4\cos\phi$

따라서 단위법벡터장 $U = (\cos\theta\cos\phi, \sin\theta\cos\phi, \sin\phi)$ 이며, 곡선의 식을 대입하면

$U(c(t)) = (\dfrac{1}{2}\cos t, \dfrac{1}{2}\sin t, \dfrac{\sqrt{3}}{2})$ 이다. 이제 곡선을 미분하여 곡률과 종법선벡터를

구하자.

$c'(t) = (-\sin t, \cos t, 0)$, $c''(t) = (-\cos t, -\sin t, 0)$, $c' \times c'' = (0, 0, 1)$

따라서 종법선벡터 $B = (0, 0, 1)$ 이며, 곡률 $k = 1$ 이다.

그러므로 측지곡률 $k_g = kB \cdot U = \dfrac{\sqrt{3}}{2}$ 이다.

예제 6 조각사상 $S(\theta,t) = (\cos\theta - t\sin\theta, \sin\theta + t\cos\theta, t)$ 로 주어진 곡면 위에 점(1,1,1)을 지나는 곡선 $c(\phi) = (\sqrt{2}\cos\phi, \sqrt{2}\sin\phi, 1)$ 의 측지곡률을 구하시오.

풀이 점(1,1,1)일 때, $S(0,1) = (1,1,1)$ 이며, $c(\pi/4) = (1,1,1)$ 이다.

$S_\theta = (-\sin\theta - t\cos\theta, \cos\theta - t\sin\theta, 0)$, $S_t = (-\sin\theta, \cos\theta, 1)$

$S_\theta \times S_t = (\cos\theta - t\sin\theta, \sin\theta + t\cos\theta, -t)$

$(S_\theta \times S_t)(0,1) = (1,1,-1)$

곡면 S 의 단위법벡터 U 를 구하면, 점(1,1,1)에서 $U = \dfrac{1}{\sqrt{3}}(1,1,-1)$

$c'(\phi) = (-\sqrt{2}\sin\phi, \sqrt{2}\cos\phi, 0)$, $c''(\phi) = (-\sqrt{2}\cos\phi, -\sqrt{2}\sin\phi, 0)$

$c'(\phi) \times c''(\phi) = (0,0,2)$ 이므로 곡률 $k = 1/\sqrt{2}$ 이며, $B = (0,0,1)$

따라서 측지곡률 k_g 를 구하면 $k_g = kB \cdot U = -\dfrac{1}{\sqrt{6}}$ 이다.

예제 7 구면 $x^2 + y^2 + z^2 = r^2$ 위의 곡선 $c(t)$ 의 법곡률(normal curvature)이 상수임을 증명하시오.

증명 구면 $x^2 + y^2 + z^2 = r^2$ 위의 곡선 $c(t)$ 를 호의 길이로 매개화하기로 하자. 구면의 단위법벡터장 U 를 구하면

$$U(x,y,z) = \frac{\nabla(x^2 + y^2 + z^2)}{\|\nabla(x^2 + y^2 + z^2)\|} = \frac{1}{r}(x,y,z)$$

곡선 $c(t)$ 의 각 점에서 구면의 단위법벡터는 $U(c(t)) = \dfrac{1}{r}c(t)$

단위속력곡선 $c(t)$ 의 곡률벡터는 $c''(t)$ 이므로 법곡률 $k_n = \dfrac{1}{r}c \cdot c''$

그런데 곡선 $c(t)$ 가 구면위에 놓여있으므로 $\dfrac{1}{r^2}c(t) \cdot c(t) = 1$ 이며,

미분하면 $c(t) \cdot c'(t) = 0$, $c' \cdot c' + c \cdot c'' = 0$, $c \cdot c'' = -\|c'\|^2$

곡선 $c(t)$ 가 단위속력이므로 $c \cdot c'' = -1$ 이다.

그러므로 법곡률 $k_n = -\dfrac{1}{r}$ 로서 일정한 상수이다.

예제 8 구면 $x^2 + y^2 + z^2 = r^2$ 위에 놓인 정칙곡선 $c(t)$ 의 종법선벡터 B 가 항상 구면에 평행일 때, $c(t)$ 가 구면의 대원(great circle)임을 보이시오.

증명 $c(t)$ 를 호의 길이로 재매개화 되었다고 놓으면 c'' 는 N 과 평행이다.

$T \perp U$ 이며 $B \perp U$ 이므로 N 과 U 는 평행이다.

따라서 c'' 과 U 는 평행이다.

구면의 단위법벡터는 $U = \dfrac{1}{r}(x,y,z)$ 이며, 곡선위에서 $U(c(t)) = \dfrac{1}{r}c(t)$

이므로 c 와 U 는 평행이다. 따라서 c 와 c'' 는 평행이다.

$n(t) = c(t) \times c'(t)$ 두면 $n' = c \times c'' = 0$ 이므로 n 은 일정 벡터이다.

모든 t 에 대하여 $n \cdot c(t) = (c \times c') \cdot c = 0$ 이다.

$c(t)$ 는 원점을 지나는 평면 $n \cdot X = 0$ 위에 놓여있다.

그러므로 $c(t)$ 는 원점통과 평면과 구면의 교집합인 대원 또는 대원의 일부이다.

예제 9 구면 위의 임의의 두 점 A, B 를 연결하는 측지곡선이 두 점 A, B 를 지나는 대원 (great circle)의 일부임을 설명하여라.

풀이 중심이 원점이고 반경이 r 인 구면 $x^2 + y^2 + z^2 = r^2$ 위의 곡선 $c(t)$ 가 측지선 (geodesic)이라 하자. 구면의 단위법벡터는 $U = \dfrac{1}{r}(x, y, z)$ 이며, 곡선 위에서

$U(c(t)) = \dfrac{1}{r} c(t)$ 이다.

측지선의 정의에 의하여 $c''(t)$ 와 $U(c(t))$ 는 평행하므로 $c''(t)$ 와 위치벡터 $c(t)$ 는 평행이다.

그리고 $\| c(t) \| = r$ 이므로 $c(t) \cdot c(t) = r^2$ 의 양변을 미분하면

$c(t) \cdot c'(t) = 0$ 이다.

미분 $\{ c(t) \times c'(t) \}' = c'(t) \times c'(t) + c(t) \times c''(t) = \vec{0}$ 이므로 $c(t) \times c'(t)$ 은 상수벡터이다.

이 상수벡터를 $n = c(t) \times c'(t)$ 이라 두고 양변에 $c(t)$ 를 내적하면

$\qquad n \cdot c(t) = \{ c(t) \times c'(t) \} \cdot c(t) = 0$

이므로 $c(t)$ 는 벡터 n 에 수직이고 원점을 지나는 평면 $n \cdot X = 0$ 위에 있다.

따라서 $c(t)$ 는 구면과 중심을 지나는 평면의 교점으로 이루어진 대원의 일부이다.

03 주요곡률과 가우스곡률, 평균곡률

1. 곡면의 주요곡률(principal curvatures)

> **[정의] {주요곡률}** 유향 곡면 S 의 한 점 p 를 고정하고, 접벡터 v 의 방향을 변화함에 따라
> 법곡률 $k_n(\vec{v})$ 의 최댓값, 최솟값
> $k_n(\vec{e_1}) = k_1$, $k_n(\vec{e_2}) = k_2$ 를 주요곡률(principal curvatures)이라 한다.
> 주요곡률 k_1, k_2 에 대응하는 단위 주요벡터 $\vec{e_1}$, $\vec{e_2}$ 를 주요벡터라 한다.

> **[공식]**
> $S\begin{pmatrix} a_1 \\ b_1 \end{pmatrix} = k_1 \begin{pmatrix} a_1 \\ b_1 \end{pmatrix}$, $S\begin{pmatrix} a_2 \\ b_2 \end{pmatrix} = k_2 \begin{pmatrix} a_2 \\ b_2 \end{pmatrix}$ (단, $S_p = \begin{pmatrix} E & F \\ F & G \end{pmatrix}^{-1} \begin{pmatrix} l & m \\ m & n \end{pmatrix}$)
> $S_p(\vec{e_1}) = k_1 \vec{e_1}$, $S_p(\vec{e_2}) = k_2 \vec{e_2}$
> 즉, $\nabla_{\vec{e_1}} U = -k_1 \vec{e_1}$, $\nabla_{\vec{e_2}} U = -k_2 \vec{e_2}$

증명 유향곡면 S 의 조각사상 $X(u,v)$ 로부터 주요곡률 k_1, k_2 를 구하는 방법을 알아보자.

접벡터 $v = aX_u + bX_v$ 에 대하여

$\mathrm{I}(a,b) = Ea^2 + 2Fab + Gb^2$, $\mathrm{II}(a,b) = la^2 + 2mab + nb^2$ 라 두면,

앞 절의 공식에 의하여 법곡률을 $k_n(v) = \dfrac{\mathrm{II}(a,b)}{\mathrm{I}(a,b)}$ 이다.

법곡률 $k_n(v)$ 의 최댓값, 최솟값은 (a,b) 의 변화에 관한 임계값이므로

$\dfrac{\partial}{\partial a}\left(\dfrac{\mathrm{II}(v)}{\mathrm{I}(v)} \right) = \dfrac{\mathrm{II}_a(a,b)\,\mathrm{I}(a,b) - \mathrm{II}(a,b)\,\mathrm{I}_a(a,b)}{\mathrm{I}(a,b)^2} = 0$,

$\qquad \mathrm{II}_a(a,b)\,\mathrm{I}(a,b) - \mathrm{II}(a,b)\,\mathrm{I}_a(a,b) = 0$,

$\dfrac{\partial}{\partial b}\left(\dfrac{\mathrm{II}(v)}{\mathrm{I}(v)} \right) = \dfrac{\mathrm{II}_b(a,b)\,\mathrm{I}(a,b) - \mathrm{II}(a,b)\,\mathrm{I}_b(a,b)}{\mathrm{I}(a,b)^2} = 0$,

$\qquad \mathrm{II}_b(a,b)\,\mathrm{I}(a,b) - \mathrm{II}(a,b)\,\mathrm{I}_b(a,b) = 0$

식을 정리하면,

$\qquad \mathrm{II}_a(a,b) = \dfrac{\mathrm{II}(a,b)}{\mathrm{I}(a,b)}\mathrm{I}_a(a,b) = k_n\,\mathrm{I}_a(a,b)$,

$\qquad \mathrm{II}_b(a,b) = \dfrac{\mathrm{II}(a,b)}{\mathrm{I}(a,b)}\mathrm{I}_b(a,b) = k_n\,\mathrm{I}_b(a,b)$

편미분 $\mathrm{I}_a(a,b) = 2Ea + 2Fb$, $\mathrm{I}_b(a,b) = 2Fa + 2Gb$,

$\mathrm{II}_a(a,b) = 2la + 2mb$, $\mathrm{II}_b(a,b) = 2ma + 2nb$ 를 대입하고 행렬로 정리하면

$\begin{pmatrix} 2la + 2mb \\ 2ma + 2nb \end{pmatrix} = k_n \begin{pmatrix} 2Ea + 2Fb \\ 2Fa + 2Gb \end{pmatrix}$, $\begin{pmatrix} la + mb \\ ma + nb \end{pmatrix} = k_n \begin{pmatrix} Ea + Fb \\ Fa + Gb \end{pmatrix}$

$\begin{pmatrix} l & m \\ m & n \end{pmatrix}\begin{pmatrix} a \\ b \end{pmatrix} = k_n \begin{pmatrix} E & F \\ F & G \end{pmatrix}\begin{pmatrix} a \\ b \end{pmatrix}$ 이고, 행렬을 이항하면

$\begin{pmatrix} E & F \\ F & G \end{pmatrix}^{-1}\begin{pmatrix} l & m \\ m & n \end{pmatrix}\begin{pmatrix} a \\ b \end{pmatrix} = k_n \begin{pmatrix} a \\ b \end{pmatrix}$

이때, 행렬 $S = \begin{pmatrix} E & F \\ F & G \end{pmatrix}^{-1} \begin{pmatrix} l & m \\ m & n \end{pmatrix}$ 는 모양연산자(shape operator)이며, 우변의 k_n 는 법곡률의 최댓값, 최솟값이므로 주요곡률이다.

따라서 법곡률 $k_n(v)$ 이 최대, 최소가 되는 주요벡터 $v_1 = a_1 X_u + b_1 X_v$, $v_2 = a_2 X_u + b_2 X_v$ 와 대응하는 주요곡률 k_1, k_2 는 행렬 S 의 고유치와 고유벡터로서 구할 수 있다.

특히, 주요곡률 k_1, k_2 는 행렬 S 의 고유치이므로 특성방정식 $\det(S - xI) = 0$ 의 근(root)이다.

또한 주요벡터 $v_1 = a_1 X_u + b_1 X_v$, $v_2 = a_2 X_u + b_2 X_v$ 를 단위화하면 단위 주요벡터 $\vec{e}_1$, $\vec{e}_2$ 를 얻는다. 주요벡터 $v_1 = a_1 X_u + b_1 X_v$, $v_2 = a_2 X_u + b_2 X_v$ 가 이루는 각을 조사하자.

[정리] {주요벡터의 수직성}

정칙곡면 S 위의 점 p 에서 주요곡률 $k_1 \neq k_2$ 이면 주요벡터 $\vec{v}_1, \vec{v}_2$ 는 수직이다.

증명 법곡률 $k_n = \dfrac{l x^2 + 2m \, xy + n y^2}{Ex^2 + 2F \, xy + Gy^2}$ 의 최댓값과 최솟값을 각각 k_1, k_2 라

두면 $k_2 \leq k_n \leq k_1$

x, y 에 관한 2차방정식 $(Ea^2 + 2Fab + Gb^2)k_n = l a^2 + 2m \, ab + n b^2$ 이 실근 x, y 를 갖는 k_n 의 범위가 $k_2 \leq k_n \leq k_1$ 이라는 의미이므로 이 2차방정식의 판별식 조건을 조사하면 된다.

따라서 판별식 $(k_n F - m)^2 - (k_n E - l)(k_n G - n) = 0$ 을 풀면

법곡률 $k_n = k_1$, k_2

이때 2차방정식 $(k_n E - l) x^2 + 2(k_n F - m) \, xy + (k_n G - n) \, y^2 = 0$ 는

완전제곱식이 된다.

$\left((k_n E - l) \, x + (k_n F - m) \, y \right)^2 = 0$, $\left((k_n F - m) \, x + (k_n G - n) \, y \right)^2 = 0$

$(k_n E - l) \, x + (k_n F - m) \, y = 0$, $(k_n F - m) \, x + (k_n G - n) \, y = 0$

각각의 $k_n = k_1$, k_2 (단, $k_1 \neq k_2$)에 대하여 해를 각각

$(x, y) = (a, b)$, (c, d) 라 두면

$(k_1 E - l) \, a + (k_1 F - m) \, b = 0$, $(k_2 F - m) \, c + (k_2 G - n) \, d = 0$

$a : b = -(k_1 F - m) : (k_1 E - l)$, $c : d = -(k_2 G - n) : (k_2 F - m)$

편의상 비례상수가 이미 a, b, c, d 에 곱해져 있다고 간주하고 생략하면

$ac = (k_1 F - m)(k_2 G - n)$, $ad = -(k_1 F - m)(k_2 F - m)$

$bc = -(k_1 E - l)(k_2 G - n)$, $bd = (k_1 E - l)(k_2 F - m)$

이때 주벡터 $v_1 = a X_u + b X_v$, $v_2 = c X_u + d X_v$ 이며 내적

$$v_1 \cdot v_2 = Eac + F(ad+bc) + Gbd$$
$$= k_1 k_2 (EG-F^2) F - (k_1+k_2)(EG-F^2) m$$
$$+ m(En+Gl-2Fm) - F(ln-m^2)$$
$$= (ln-m^2) F - (En+Gl-2Fm) m$$
$$+ m(En+Gl-2Fm) - F(ln-m^2) = 0$$

따라서 주벡터 $v_1 = a X_u + b X_v$, $v_2 = c X_u + d X_v$ 의 내적 $v_1 \cdot v_2 = 0$ 즉, 두 주요벡터는 수직이다.

(다른 방법 $-$ ①)

$$v_1 \cdot v_2 = (a_1 X_u + b_1 X_v)(a_2 X_u + b_2 X_v) = Ea_1 a_2 + F(a_1 b_2 + a_2 b_1) + Gb_1 b_2$$
$$= (a_1 \ b_1) \begin{pmatrix} E & F \\ F & G \end{pmatrix} \begin{pmatrix} a_2 \\ b_2 \end{pmatrix}$$

$$\begin{pmatrix} l & m \\ m & n \end{pmatrix} \begin{pmatrix} a_1 \\ b_1 \end{pmatrix} = k_1 \begin{pmatrix} E & F \\ F & G \end{pmatrix} \begin{pmatrix} a_1 \\ b_1 \end{pmatrix}, \quad \begin{pmatrix} l & m \\ m & n \end{pmatrix} \begin{pmatrix} a_2 \\ b_2 \end{pmatrix} = k_2 \begin{pmatrix} E & F \\ F & G \end{pmatrix} \begin{pmatrix} a_2 \\ b_2 \end{pmatrix}$$

위 두 식에 각각 (a_2, b_2) 와 (a_1, b_1) 을 내적하면

$$(a_2 \ b_2) \begin{pmatrix} l & m \\ m & n \end{pmatrix} \begin{pmatrix} a_1 \\ b_1 \end{pmatrix} = k_1 (a_2 \ b_2) \begin{pmatrix} E & F \\ F & G \end{pmatrix} \begin{pmatrix} a_1 \\ b_1 \end{pmatrix},$$

$$(a_1 \ b_1) \begin{pmatrix} l & m \\ m & n \end{pmatrix} \begin{pmatrix} a_2 \\ b_2 \end{pmatrix} = k_2 (a_1 \ b_1) \begin{pmatrix} E & F \\ F & G \end{pmatrix} \begin{pmatrix} a_2 \\ b_2 \end{pmatrix}$$

$(a_2 \ b_2) \begin{pmatrix} l & m \\ m & n \end{pmatrix} \begin{pmatrix} a_1 \\ b_1 \end{pmatrix} = (a_1 \ b_1) \begin{pmatrix} l & m \\ m & n \end{pmatrix} \begin{pmatrix} a_2 \\ b_2 \end{pmatrix}$ 이며

$(a_2 \ b_2) \begin{pmatrix} E & F \\ F & G \end{pmatrix} \begin{pmatrix} a_1 \\ b_1 \end{pmatrix} = (a_1 \ b_1) \begin{pmatrix} E & F \\ F & G \end{pmatrix} \begin{pmatrix} a_2 \\ b_2 \end{pmatrix}$ 이므로

$$k_1 (a_1 \ b_1) \begin{pmatrix} E & F \\ F & G \end{pmatrix} \begin{pmatrix} a_2 \\ b_2 \end{pmatrix} = k_2 (a_1 \ b_1) \begin{pmatrix} E & F \\ F & G \end{pmatrix} \begin{pmatrix} a_2 \\ b_2 \end{pmatrix}$$

따라서 $k_1 (v_1 \cdot v_2) = k_2 (v_1 \cdot v_2)$, $(k_1 - k_2)(v_1 \cdot v_2) = 0$ 이며 $k_1 \neq k_2$ 이면 $v_1 \cdot v_2 = 0$. 즉, $v_1 \perp v_2$ 수직이다.

(다른 방법 $-$ ②)

곡면의 단위법벡터를 U 라 두면, $\nabla_{e_1} U \cdot e_2 = \nabla_{e_2} U \cdot e_1$ 이며,

$$\nabla_{e_1} U = -k_1 e_1, \quad \nabla_{e_2} U = -k_2 e_2$$

$k_1 \neq k_2$, $-k_1 e_1 \cdot e_2 = -k_2 e_2 \cdot e_1$ 이므로 $e_1 \cdot e_2 = 0$

또한 $k_1 = k_2$ 이면 법곡률 k_n 이 상수이며 임의의 벡터가 주요벡터가 될 수 있으므로 $v_1 \perp v_2$ 인 두 주요벡터를 선택할 수 있다. 그리고 두 주요벡터는 정규직교가 되도록 선택할 수 있다.

주요곡률 k_1, k_2 를 알면 모든 접벡터의 법곡률 k_n 을 구할 수 있는 공식을 오일러의 공식이라 한다.

[Euler 정리] 주요곡률 k_1, k_2 와 주요벡터 $\vec{e_1}$, $\vec{e_2}$ 와 접벡터 v 일 때,

$k_n(v) = k_1 \cos^2\theta + k_2 \sin^2\theta$ (단, θ 는 v 와 $\vec{e_1}$ 의 사이각)

증명 단위 주요벡터 $\vec{e_1}$, $\vec{e_2}$ 는 점p 의 정규직교 접벡터이므로, 접평면의 기저로 간주할 수 있으며, 점p 의 임의의 단위접벡터는 $\vec{v} = \cos\theta\,\vec{e_1} + \sin\theta\,\vec{e_2}$ 가 되는 각θ 가 있다.

이때, 점 p 에서 단위접벡터 $\vec{v}$ 방향 법곡률 $k_n = -\nabla_{\vec{v}} U \cdot \vec{v}$ 을 계산하면 다음과 같다.

$$k_n = -\nabla_{\vec{v}} U \cdot \vec{v} = -(\cos\theta\,\nabla_{\vec{e_1}} U + \sin\theta\,\nabla_{\vec{e_2}} U) \cdot (\cos\theta\,\vec{e_1} + \sin\theta\,\vec{e_2})$$

$$= -(\cos\theta(-k_1\vec{e_1}) + \sin\theta(-k_2\vec{e_2})) \cdot (\cos\theta\,\vec{e_1} + \sin\theta\,\vec{e_2})$$

$$= (k_1\cos\theta\,\vec{e_1} + k_2\sin\theta\,\vec{e_2}) \cdot (\cos\theta\,\vec{e_1} + \sin\theta\,\vec{e_2})$$

$$= (k_1\cos\theta\,\vec{e_1} + k_2\sin\theta\,\vec{e_2}) \cdot (\cos\theta\,\vec{e_1} + \sin\theta\,\vec{e_2}) = k_1\cos^2\theta + k_2\sin^2\theta$$

따라서 $k_n(v) = k_1\cos^2\theta + k_2\sin^2\theta$ 이다.

오일러의 공식에 따르면, 두 주요곡률 k_1, k_2 를 알면 모든 접벡터의 법곡률 k_n 을 구할 수 있다.

그리고 k_n 으로부터 점p 근방의 곡면 형태를 파악할 수 있다.

따라서 두 주요곡률 k_1, k_2 만으로 곡면의 형태를 결정할 수 있음을 의미한다.

주요곡선이 될 필요충분조건은 다음과 같다.

[정리] {주요곡선} 유향정칙곡면 S 위의 곡선 $\alpha(t)$ 가 주요곡선일 필요충분조건은

$\dfrac{d}{dt} U(\alpha(t)) = -k(t)\,\alpha'(t)$ 인 스칼라함수 $k(t)$ 가 있는 것이다.

법곡률과 주요곡률으로부터 곡면의 형태를 파악하는데 도움이 되는 개념으로서 '듀팡(Dupin)의 지시곡선'을 소개하자.

[정의] {듀팡(Dupin)의 지시곡선} 유향 정칙곡면 $X(u, v)$ 위의 한 점p 의 접평면에서 다음과 같이 정의된 2차곡선을 '듀팡(Dupin)의 지시곡선(indicatrix)'이라 한다.

$$\{\, v \in T_p X \mid -dN(v) \cdot v = \pm 1 \,\}$$

이때, $\left\{\, v \in T_p X \,\middle|\, k_n(v) = -dN\left(\dfrac{v}{\|v\|}\right) \cdot \dfrac{v}{\|v\|} = \dfrac{\pm 1}{\|v\|^2} \,\right\}$

$= \left\{\, v \in T_p X \,\middle|\, k_n(v) = \dfrac{\pm 1}{\|v\|^2} \,\right\}$ 이므로

듀팡의 지시곡선 $= \{\, v = x X_u + y X_v \mid l\,x^2 + 2m\,xy + n\,y^2 = \pm 1 \,\}$

2. 가우스곡률(Gaussian curvature)과 평균곡률(mean curvature)

[정의] {가우스곡률, 평균곡률} 곡면S의 점p의 주요곡률을 k_1, k_2라 하면 주요곡률의 곱을 가우스곡률(Gaussian curvature)이라 하고 기호로 K라 표기하며, 주요곡률의 평균을 평균곡률(mean curvature)이라 하고 기호로 H로 표기한다.

즉, $K(p) = k_1 k_2$, $H(p) = \dfrac{k_1 + k_2}{2}$

역으로, 가우스곡률K와 평균곡률H로부터 주요곡률k_1, k_2를 다음과 같이 구할 수 있다.

$$k_1, k_2 = H \pm \sqrt{H^2 - K}$$

또한 가우스곡률과 평균곡률을 다음과 같이 계산할 수 있다.

[공식] 가우스곡률 $K = \dfrac{ln - m^2}{EG - F^2}$, 평균곡률 $H = \dfrac{1}{2} \dfrac{En + Gl - 2Fm}{EG - F^2}$

증명 $\langle$ 주요곡률이 행렬$S = \begin{pmatrix} E & F \\ F & G \end{pmatrix}^{-1} \begin{pmatrix} l & m \\ m & n \end{pmatrix}$의 고유치이므로 방정식 $\det(S - x \mathrm{I}) = 0$의 근이다.

따라서 근과 계수의 관계로부터 $k_1 k_2 = \det(S)$, $k_1 + k_2 = \mathrm{tr}(S)$이다.

행렬S의 행렬식(determinant)과 대각합(trace)을 계산하면

$$\det(S) = \begin{vmatrix} E & F \\ F & G \end{vmatrix}^{-1} \begin{vmatrix} l & m \\ m & n \end{vmatrix} = \dfrac{ln - m^2}{EG - F^2},$$

$$\mathrm{tr}(S) = \dfrac{1}{EG - F^2} \mathrm{tr}\left(\begin{pmatrix} G & -F \\ -F & E \end{pmatrix} \begin{pmatrix} l & m \\ m & n \end{pmatrix} \right) = \dfrac{En + Gl - 2Fm}{EG - F^2}$$

특히, 유향 곡면S의 두 곡률함수 K, H는 곡면 위에 정의된 연속함수이며, 가우스곡률K를 보통 곡면의 곡률이라 한다.

그리고 곡면S의 가우스곡률 K를 면적소 dS로써 곡면전체에서 적분한 값을 곡면S의 전 가우스곡률(total Gaussian curvature, 전곡률)이라 한다.

[정의] {전곡률} 곡면S의 전곡률$= \displaystyle\iint_S K \, dS$

제1기본량을 알 때, 면적소 dS는
$dS = \| X_u \times X_v \| \, du \, dv = \sqrt{EG - F^2} \, du \, dv$으로 구할 수 있다.

유향정칙곡면 $X(u, v)$의 단위법벡터 $U(u, v)$의 미분U_u, U_v는 U와 수직이므로 U_u, U_v는 곡면의 접벡터이다. 또한 X_u, X_v도 곡면의 접벡터이다. 이들 접벡터 X_u, X_v, U_u, U_v와 가우스곡률, 평균곡률 사이에 다음과 같은 관계가 성립한다.

[정리] 곡면의 조각사상 $X(u,v)$ 와 단위법벡터 $U(u,v)$ 일 때,

(1) $U_u \times U_v = K X_u \times X_v$

(2) $U_v \times X_u + X_v \times U_u = 2H X_u \times X_v$

증명 $U_u \cdot U = U_v \cdot U = 0$ 이므로 U_u, U_v 는 접벡터이며

$-U_u = a X_u + b X_v$, $-U_v = c X_u + d X_v$ 라 쓸 수 있다.

$[-\nabla U] = \begin{pmatrix} E & F \\ F & G \end{pmatrix}^{-1} \begin{pmatrix} l & m \\ m & n \end{pmatrix}$ 이므로 $\begin{pmatrix} a & c \\ b & d \end{pmatrix} = \begin{pmatrix} E & F \\ F & G \end{pmatrix}^{-1} \begin{pmatrix} l & m \\ m & n \end{pmatrix}$ 이다.

(1) $U_u \times U_v = (a X_u + b X_v) \times (c X_u + d X_v) = (ad - bc) X_u \times X_v$ 이며

$ad - bc = \det \begin{pmatrix} a & c \\ b & d \end{pmatrix} = \det \left(\begin{pmatrix} E & F \\ F & G \end{pmatrix}^{-1} \begin{pmatrix} l & m \\ m & n \end{pmatrix} \right) = K$ 이므로

$U_u \times U_v = K X_u \times X_v$ 이다.

(2) $U_v \times X_u + X_v \times U_u = -(c X_u + d X_v) \times X_u - X_v \times (a X_u + b X_v)$

$\qquad\qquad\qquad\qquad = (a + d) X_u \times X_v$ 이며

$a + d = \mathrm{tr} \begin{pmatrix} a & c \\ b & d \end{pmatrix} = \mathrm{tr} \left(\begin{pmatrix} E & F \\ F & G \end{pmatrix}^{-1} \begin{pmatrix} l & m \\ m & n \end{pmatrix} \right) = 2H$ 이므로

$U_v \times X_u + X_v \times U_u = 2H X_u \times X_v$ 이다.

곡면 $X(u,v)$ 의 단위법벡터 U 를 가우스사상 $U : X \to \mathbb{R}^3$ 로 이해할 때, 임의의 한 점 $p \in X$ 에 대하여 $p \in A \subset X$ 인 근방 A 에 관한 극한으로 가우스곡률을 구할 수 있다.

$$K = \lim_{A \to p} \frac{U(A) \text{의 면적}}{A \text{의 면적}}$$

{모양연산자(shape operator)}

(1) $S(v) = -\nabla_v U$ 는 접벡터 v 를 접벡터로 대응하는 사상이다.

(2) $S(av + bw) = -\nabla_{av+bw} U = -a \nabla_v U - b \nabla_w U = a S(v) + b S(w)$

(3) $S(v) \cdot w = -\nabla_v U \cdot w = -\nabla_w U \cdot v = S(w) \cdot v$

(4) 곡면의 조각사상이 $X(u,v)$ 일 때,

$S(X_u) = -\nabla_{X_u} U = -U_u$, $S(X_v) = -\nabla_{X_v} U = -U_v$

행렬표현 $[S]_{\{X_s, X_t\}} = \begin{pmatrix} E & F \\ F & G \end{pmatrix}^{-1} \begin{pmatrix} l & m \\ m & n \end{pmatrix}$

(5) 주요벡터가 v_1, v_2 일 때,

$S(v_1) = -\nabla_{v_1} U = k_1 v_1$, $S(v_2) = -\nabla_{v_2} U = k_2 v_2$

주요벡터 v_1, v_2 에 관한 행렬표현 $[S]_{\{v_1, v_2\}} = \begin{pmatrix} k_1 & 0 \\ 0 & k_2 \end{pmatrix}$

3. 가우스곡률(Gaussian curvature)과 곡면의 성질

곡면 S 의 점 p 에서 가우스곡률 K 의 부호에 따라 점 p 근방의 곡면 형태를 분류하면 다음과 같다.

① 가우스곡률 $K(p)$ 가 양수이면 그 점에서 곡면은 타원면(ellipsoid)의 꼴

② 가우스곡률 $K(p)$ 가 음수이면 그 점에서 곡면은 안장면(saddle)의 꼴

③ 가우스곡률 $K(p)$ 가 0이면 그 점에서 곡면은 원주(cylinder)나 평면의 꼴

이러한 형태에 따라 점 p 를 다음과 같이 정의한다.

① $K(p) > 0$ 일 때 p 를 타원점이라 한다.

② $K(p) < 0$ 일 때 p 를 쌍곡점이라 한다.

③ $K(p) = 0$ 이고 $k_1(p) \neq k_2(p)$ 일 때 p 를 포물점이라 한다.

④ $K(p) = 0$ 이고 $k_1(p) = k_2(p) = 0$ 일 때 p 를 평면점이라 한다.

⑤ $k_1(p) = k_2(p)$ 일 때 p 를 제점(배꼽점, umbilic)이라 한다.

반지름이 r 인 구면의 경우, 모든 점에서 가우스곡률 K 는 $\dfrac{1}{r^2}$ 로서 항상 양수로서 모든 점에서 타원면 형태이다.

구면과 같이 곡면전체의 굽은 형태가 동질적인 경우, 가우스곡률 K 는 일정한 상수가 된다. 이런 곡면을 "상수곡률 곡면(surface of constant curvature)"이라 한다.

곡면의 모든 점에서 $K = 0$ 일 때, 곡면을 '평탄곡면(flat surface)'이라 하고, 모든 점에서 평균곡률 $H = 0$ 일 때, '극소곡면(minimal surface)'이라 한다.

[곡면의 조각사상을 이용한 계산 공식]

제1기본량 $E = X_u \cdot X_u$, $F = X_u \cdot X_v$, $G = X_v \cdot X_v$

제2기본량 $l = X_{uu} \cdot U$, $m = X_{uv} \cdot U$, $n = X_{vv} \cdot U$

$v = aX_u + bX_v$ 일 때, 법곡률 $k_n(v) = \dfrac{la^2 + 2mab + nb^2}{Ea^2 + 2Fab + Gb^2}$

기저 $B = \{X_u, X_v\}$ 에 관한 모양연산자 $[S]_B = \begin{pmatrix} E & F \\ F & G \end{pmatrix}^{-1} \begin{pmatrix} l & m \\ m & n \end{pmatrix}$

주요곡률 k_1, k_2 와 주요벡터 $v_i = a_i X_u + b_i X_v$ 는 행렬 S 의 고유치와 고유벡터이다.

$S \begin{pmatrix} a_1 \\ b_1 \end{pmatrix} = k_1 \begin{pmatrix} a_1 \\ b_1 \end{pmatrix}$, $S \begin{pmatrix} a_2 \\ b_2 \end{pmatrix} = k_2 \begin{pmatrix} a_2 \\ b_2 \end{pmatrix}$

가우스곡률 $K = \dfrac{ln - m^2}{EG - F^2}$, 평균곡률 $H = \dfrac{1}{2} \dfrac{En + Gl - 2Fm}{EG - F^2}$

주요곡률 k_1, $k_2 = H \pm \sqrt{H^2 - K}$

04 여러 가지 곡면과 곡률

1. 회전면(surface of revolution)의 곡률

[명제] 곡선 $C(t) = (x(t), y(t), 0)$ $(a \leq t \leq b)$의 그래프를 X축 둘레로 회전하여 얻은 회전체의 가우스곡률과 평균곡률, 그리고 주요곡률, 전곡률이 다음과 같다. (단, $y(t) > 0$)

$$K = \frac{x'(x''y' - x'y'')}{y\{(x')^2 + (y')^2\}^2}, \quad H = \frac{1}{2}\left[\frac{x''y' - x'y''}{\{(x')^2 + (y')^2\}^{3/2}} + \frac{x'}{y\{(x')^2 + (y')^2\}^{1/2}}\right]$$

$$k_1, k_2 = \frac{x'}{y\{(x')^2 + (y')^2\}^{1/2}}, \quad \frac{x''y' - x'y''}{\{(x')^2 + (y')^2\}^{3/2}}$$

특히, $C(t)$가 단위속력곡선인 경우

$$K = \frac{-y''}{y}, \quad H = \frac{1}{2}\left[\frac{-y''}{x'} + \frac{x'}{y}\right], \quad \text{주요곡률} \quad k_1, k_2 = \frac{-y''}{x'}, \frac{x'}{y}$$

이며 전곡률 $\displaystyle\iint_X K\, dS = 2\pi\{y'(a) - y'(b)\}$

[풀이] 회전체의 조각사상을 아래와 같이 두고, 제 1, 2 기본량을 계산하자.

$$X(t, \theta) = (x(t), y(t)\cos\theta, y(t)\sin\theta) \quad (a \leq t \leq b, \ 0 \leq \theta < 2\pi)$$

$$X_t = (x'(t), y'(t)\cos\theta, y'(t)\sin\theta), \quad X_\theta = (0, -y(t)\sin\theta, y(t)\cos\theta),$$

$$X_t \times X_\theta = (yy', -x'y\cos\theta, -x'y\sin\theta), \quad \|X_t \times X_\theta\| = y\sqrt{(x')^2 + (y')^2}$$

$$U = \left(\frac{y'}{\sqrt{(x')^2 + (y')^2}}, \frac{-x'\cos\theta}{\sqrt{(x')^2 + (y')^2}}, \frac{-x'\sin\theta}{\sqrt{(x')^2 + (y')^2}}\right)$$

$$X_{tt} = (x''(t), y''(t)\cos\theta, y''(t)\sin\theta),$$

$$X_{t\theta} = (0, -y'(t)\sin\theta, y'(t)\cos\theta),$$

$$X_{\theta\theta} = (0, -y(t)\cos\theta, -y(t)\sin\theta)$$

$$E = X_t \cdot X_t = (x')^2 + (y')^2, \quad F = X_t \cdot X_\theta = 0, \quad G = X_\theta \cdot X_\theta = y^2$$

$$l = U \cdot X_{tt} = \frac{x''y' - x'y''}{\sqrt{(x')^2 + (y')^2}}, \quad n = U \cdot F_{\theta\theta} = \frac{x'y}{\sqrt{(x')^2 + (y')^2}},$$

$$m = U \cdot X_{t\theta} = 0$$

따라서 가우스곡률 K와 평균곡률 H는 다음과 같다.

$$K = \frac{x'(x''y' - x'y'')}{y\{(x')^2 + (y')^2\}^2},$$

$$H = \frac{1}{2}\left[\frac{x''y' - x'y''}{\{(x')^2 + (y')^2\}^{3/2}} + \frac{x'}{y\{(x')^2 + (y')^2\}^{1/2}}\right]$$

주요곡률을 구하면, $k_1, k_2 = \dfrac{x'}{y\{(x')^2 + (y')^2\}^{1/2}}, \dfrac{x''y' - x'y''}{\{(x')^2 + (y')^2\}^{3/2}}$

이제, 면적소 $dS = y\sqrt{(x')^2 + (y')^2}\, dt\, d\theta$를 적용하여 전곡률을 계산하면

$$\iint_X K\,dS = \int_0^{2\pi} \int_a^b \frac{x'(x''y' - x'y'')}{\sqrt{(x')^2 + (y')^2}^{\,3}}\, dt\, d\theta$$

$$= 2\pi \int_a^b \frac{x'(x''y' - x'y'')}{\sqrt{(x')^2 + (y')^2}^{\,3}}\, dt = -\,2\,\pi\,\frac{y'}{\sqrt{(x')^2 + (y')^2}}\bigg|_a^b$$

을 얻는다.

특히, $C(t)$ 가 단위속력곡선인 경우, $(x')^2 + (y')^2 = 1$ 이며 미분하면

$x'x'' + y'y'' = 0$ 이므로

$x'(x''y' - x'y'') = x'x''y' - (x')^2 y'' = -y'y''y' - (x')^2 y'' = -y''$,

$x''y' - x'y'' = \dfrac{-y''}{x'}$ 을 대입하면

$K = \dfrac{-y''}{y}$, $H = \dfrac{1}{2}\left[\dfrac{-y''}{x'} + \dfrac{x'}{y}\right]$, 주요곡률 $k_1, k_2 = \dfrac{-y''}{x'}$, $\dfrac{x'}{y}$

$F = 0$, $m = 0$ 이므로 $K = \dfrac{l\,n}{EG}$, $H = \dfrac{1}{2}\left(\dfrac{l}{E} + \dfrac{n}{G}\right)$ 이며

$k_1, k_2 = \dfrac{l}{E}$, $\dfrac{n}{G}$ 이고 법곡률 $k_n = \dfrac{l\,a^2 + n\,b^2}{E a^2 + G b^2}$

$k_n = k_1$ 이면 $a = 1$, $b = 0$ 이며, $k_n = k_2$ 이면 $a = 0$, $b = 1$ 이므로

각각 대응하는 주요벡터는 X_t , X_θ 이다.

2. 선직면(Ruled surface)의 곡률

직선들이 모여서 이루는 곡면을 선직면이라 하고 원기둥이나 원뿔처럼 펼칠 수 있는 곡면에 해당하는 전개가능 곡면을 다음과 같이 정의한다.

> **[정의] {선직면(ruled surface)과 전개가능 곡면(developable surface)}**
> 곡선 $c(u)$ 위의 각 점에서 벡터 $v(u)$ 방향의 직선들을 매개화한 곡면
> $X(u, t) = c(u) + t\,v(u)$ 를 선직면(ruled surface)이라 한다. (단, $v \neq 0$)
> 선직면 $X(u, t) = c(u) + t\,v(u)$ 가 $v(t) \times v'(t) \cdot c'(t) = 0$ 일 때, 곡면 X 를 전개가능 곡면(developable surface)이라 한다.

선직면과 전개가능 곡면에 관하여 다음 성질이 성립한다.

> **[정리]**
> (1) 선직면의 가우스곡률 $K \leq 0$ 이다.
> (2) 선직면이 전개가능 곡면일 필충조건은 가우스곡률 $K = 0$ 이다.

증명 (1) $K = -\dfrac{|c' \cdot (v \times v')|^2}{\|(c' + tv') \times v\|^4}$ 이므로 $K \leq 0$

(2) $v(t) \times v'(t) \cdot c'(t) = 0$ 일 필충조건은 $K = 0$

전개가능 곡면은 국소적으로 평면과 등장(isometric)이다.

3. 몽주 곡면(Monge surface)과 음함수 곡면의 곡률

함수 $z = f(x,y)$ 의 그래프로 주어진 곡면의 가우스곡률을 구해보자.
이러한 곡면의 조각사상 $X(x,y) = (x\,,\,y\,,\,f(x,y))$ 를 몽주(Monge)조각사상
이라 한다.

> **[공식]** 조각사상 $X = (x\,,\,y\,,\,f(x,y))$ 를 몽주(Monge)조각사상이라 하며,
>
> 가우스곡률 $K = \dfrac{f_{xx}f_{yy} - f_{xy}^2}{(1 + f_x^2 + f_y^2)^2} = \dfrac{\det(\mathrm{H}(f))}{\left\{1 + \|\nabla f\|^2\right\}^2}$
>
> 평균곡률 $H = \dfrac{(1 + f_x^2)f_{yy} - 2f_x f_y f_{xy} + (1 + f_y^2)f_{xx}}{2(1 + f_x^2 + f_y^2)^{3/2}}$

위 식에서 $\begin{pmatrix} f_{xx} & f_{xy} \\ f_{yx} & f_{yy} \end{pmatrix} = \mathrm{H}f$ 를 함수 $f(x,y)$ 의 헤세(Hesse) 행렬이라 하고,

$f_{xx}f_{yy} - f_{xy}^2 = \det(\mathrm{H}f)$ 를 $f(x,y)$ 의 헤시안(Hessian)이라 한다.

특히 $f_x(p) = f_y(p) = 0$ (즉, 그래디언트 $\nabla f(p) = 0$)인 곡면위의 점 p 에서 가
우스곡률 $K = \det(\mathrm{H}f(p))$

따라서 $\det(\mathrm{H}f(p)) > 0$ 이면 $K > 0$ 이므로 p 는 극점형을 보이며,

$\det(\mathrm{H}f(p)) < 0$ 이면 $K < 0$ 이므로 p 는 안장형임을 알 수 있다.

음함수 $F(x,y,z) = c$ 으로 주어진 곡면을 음함수 정리를 적용하여
함수 $z = f(x,y)$ 의 몽주 조각사상(Monge patch)으로 놓을 수 있다.
몽주 조각사상의 가우스곡률의 식에

$$f_x = -\frac{F_x}{F_z}\,,\; f_y = -\frac{F_y}{F_z}\;\; \text{와 2계 편도함수를 대입하여}$$

음함수 $F(x,y,z) = c$ 곡면의 가우스곡률을 구하면 다음과 같다.

> **[공식]** $\mathbb{R}^3$ 의 정칙곡면 $F(x,y,z) = c$ 의 가우스곡률 $K(F)$ 는
>
> $$K(F) = \frac{(\nabla F)^T \operatorname{adj}(\mathrm{H}F)(\nabla F)}{\|\nabla F\|^4} \quad \text{(단, } \mathrm{H}F \text{는 } F \text{의 헤세행렬)}$$

위 식에서 ∇F 와 $\mathrm{H}F$ 는 각각 3차원 벡터와 3×3행렬이다.
다른 방식의 가우스곡률 식을 유도할 수도 있다.

곡면 $S : f(x,y,z) = c$ 일 때, 단위법벡터를 $U = \dfrac{\nabla f}{\|\nabla f\|}$ 라 하자.

$\mathrm{G}f = (\nabla f \cdot \nabla f_x) \det(\nabla f, \nabla f_y, \nabla f_z) + (\nabla f \cdot \nabla f_y) \det(\nabla f_x, \nabla f, \nabla f_z)$
$\qquad\qquad\qquad\qquad + (\nabla f \cdot \nabla f_z) \det(\nabla f_x, \nabla f_y, \nabla f)$

라 놓으면 가우스곡률 $K = \det(\mathbb{S}) = \dfrac{\mathrm{G}f}{\|\nabla f\|^5} - \dfrac{\mathrm{H}f}{\|\nabla f\|^3}$ 이다.

4. 복소해석학의 해석함수에 얻은 두 단면의 곡률

해석함수 $f(z) = f(x+yi) = u(x,y) + i\,v(x,y)$ 일 때, 코시-리만 방정식
$u_x = v_y$, $u_y = -v_x$ 가 성립하며 미분하면
$$u_{xx} = v_{xy} = -u_{yy} \ , \ u_{xy} = -v_{xx} = v_{yy}$$
해석함수 $f: D \to \mathbb{C}$ 의 그래프(graph)는 $\mathbb{C}^2 \approx \mathbb{R}^4$ 의 부분집합
$$\{(x,y,u(x,y),v(x,y)) \mid (x,y) \in D\} \quad (단, \ D \subset \mathbb{R}^2 \approx \mathbb{C})$$
이다. 이 그래프를 3차원 공간 $\mathbb{R}^3$ 으로 사영시켜 다음 두 곡면을 얻는다.
$$X(x,y) = (x,y,u(x,y)) \ , \ Y(x,y) = (x,y,v(x,y))$$
두 곡면의 평균곡률과 가우스곡률을 구하고, 비교하자.

$X_x = (1,0,u_x), X_y = (0,1,u_y), Y_x = (1,0,v_x), Y_y = (0,1,v_y),$

$X_{xx} = (0,0,u_{xx}), \ X_{xy} = (0,0,u_{xy}), \ X_{yy} = (0,0,u_{yy}),$

$Y_{xx} = (0,0,v_{xx}), \ Y_{xy} = (0,0,v_{xy}), \ Y_{yy} = (0,0,v_{yy})$

$X_x \times X_y = (-u_x, -u_y, 1) \ , \ Y_x \times Y_y = (-v_x, -v_y, 1)$

$E_X = 1 + u_x^2, \ F_X = u_x u_y, \ G_X = 1 + u_y^2, \ E_X G_X - F_X^2 = 1 + u_x^2 + u_y^2$

$E_Y = 1 + v_x^2, \ F_Y = v_x v_y, \ G_Y = 1 + v_y^2, \ E_Y G_Y - F_Y^2 = 1 + v_x^2 + v_y^2$

$X_{xx} \cdot (X_x \times X_y) = u_{xx}, \ X_{xy} \cdot (X_x \times X_y) = u_{xy}, \ X_{yy} \cdot (X_x \times X_y) = u_{yy}$

$Y_{xx} \cdot (Y_x \times Y_y) = v_{xx}, \ Y_{xy} \cdot (Y_x \times Y_y) = v_{xy}, \ Y_{yy} \cdot (Y_x \times Y_y) = v_{yy}$

$$l_X = \frac{u_{xx}}{\sqrt{1+u_x^2+u_y^2}} \ , \ m_X = \frac{u_{xy}}{\sqrt{1+u_x^2+u_y^2}} \ , \ n_X = \frac{u_{yy}}{\sqrt{1+u_x^2+u_y^2}}$$

$$l_Y = \frac{v_{xx}}{\sqrt{1+v_x^2+v_y^2}} \ , \ m_Y = \frac{v_{xy}}{\sqrt{1+v_x^2+v_y^2}} \ , \ n_Y = \frac{v_{yy}}{\sqrt{1+v_x^2+v_y^2}}$$

코시-리만 방정식을 적용하면 $E_X = G_Y$, $G_X = E_Y$, $F_X = -F_Y$ 이며
$E_X G_X - F_X^2 = E_Y G_Y - F_Y^2$, $l_X = -n_X = m_Y$, $m_X = -l_Y = n_Y$
평균곡률과 가우스곡률을 구하면

$$H_X = \frac{(1+u_x^2)u_{yy} + (1+u_y^2)u_{xx} - 2u_x u_y u_{xy}}{2(1+u_x^2+u_y^2)^{3/2}} = \frac{u_x^2 u_{yy} + u_y^2 u_{xx} - 2u_x u_y u_{xy}}{2(1+u_x^2+u_y^2)^{3/2}} \ ,$$

$$H_Y = \frac{(1+v_x^2)v_{yy} + (1+v_y^2)v_{xx} - 2v_x v_y v_{xy}}{2(1+v_x^2+v_y^2)^{3/2}} = \frac{v_x^2 v_{yy} + v_y^2 v_{xx} - 2v_x v_y v_{xy}}{2(1+v_x^2+v_y^2)^{3/2}}$$

$$K_X = \frac{u_{xx}u_{yy} - u_{xy}^2}{(1+u_x^2+u_y^2)^2} \ , \ K_Y = \frac{v_{xx}v_{yy} - v_{xy}^2}{(1+v_x^2+v_y^2)^2} \ 이며$$

가우스곡률 $K_X = -\dfrac{u_{xy}^2 + v_{xy}^2}{(1+u_x^2+u_y^2)^2} = K_Y$ 이다.

예제 1 $(x,y) \neq (0,0)$ 일 때, 함수 $f(x,y) = \dfrac{(x\ y)\begin{pmatrix} 1 & 1 \\ 1 & 1 \end{pmatrix}\begin{pmatrix} x \\ y \end{pmatrix}}{(x\ y)\begin{pmatrix} 2 & 2 \\ 2 & 5 \end{pmatrix}\begin{pmatrix} x \\ y \end{pmatrix}}$ 의 최댓값과 최솟값을 구하시오.

풀이 $l=1$, $m=1$, $n=1$, $E=2$, $F=2$, $G=5$ 인 법곡률 $k_n(x,y)$ 의 식과 동일하므로 법곡률의 최댓값과 최솟값인 주요곡률을 구하는 문제로 이해할 수 있다.

$k_n = \dfrac{x^2+2xy+y^2}{2x^2+4xy+5y^2}$ 을 정리하면

$(1-2k_n)x^2 + 2(1-2k_n)xy + (1-5k_n)y^2 = 0$ 이며

실수 x, y 에 관한 함숫값 k_n 이 정해지므로 판별식을 구하면

$(1-2k_n)^2 - (1-2k_n)(1-5k_n) \geq 0$ 이 성립하는 k_n 의 값이 함숫값이 된다. 2차 부등식을 풀면 $6k_n^2 - 3k_n \leq 0$, $0 \leq k_n \leq \dfrac{1}{2}$

따라서 $k_n = f(x,y)$ 의 최댓값과 최솟값은 각각 $\dfrac{1}{2}$, 0 이다.

(다른 방법) 다음 절에서 나오는 가우스곡률 K, 평균곡률 H 를 구하는 공식과 주요곡률을 구하는 공식을 적용하면,

$$K = \frac{ln-m^2}{EG-F^2} = 0, \quad 평균곡률\ H = \frac{1}{2}\frac{En+Gl-2Fm}{EG-F^2} = \frac{1}{4}$$

$$주요곡률\ k_1, k_2 = H \pm \sqrt{H^2-K} = 0, \frac{1}{2}$$

따라서 $f(x,y)$ 의 최댓값과 최솟값은 각각 $\dfrac{1}{2}$, 0 이다.

예제 2 유향곡면 $X(u,v)$ 의 단위법벡터 $U(u,v)$ 와 한 점 p 의 아래 값을 이용하여 점 p 의 주요곡률과 주요벡터를 구하시오.

$$X_u(p) = (1,0,2), \quad X_v(p) = (0,1,-2), \quad \nabla U(p) = \begin{pmatrix} 4 & 5 \\ 5 & 4 \\ -2 & 2 \end{pmatrix}$$

풀이 기본량을 계산하면 $E=5$, $F=-4$, $G=5$, $U = \dfrac{1}{3}(-2,2,1)$,

$l=0$, $m=-9$, $n=0$

모양연산자 $S = \begin{pmatrix} 5 & -4 \\ -4 & 5 \end{pmatrix}^{-1}\begin{pmatrix} 0 & -9 \\ -9 & 0 \end{pmatrix} = \begin{pmatrix} -4 & -5 \\ -5 & -4 \end{pmatrix}$ 의 고웃값을 구하면

$\begin{vmatrix} -4-x & -5 \\ -5 & -4-x \end{vmatrix} = x^2 + 8x - 9 = (x+9)(x-1) = 0$, $x = 1, -9$

대응하는 고유벡터는 고웃값=1이면 $(1,-1)$, 고웃값=1이면 $(1,1)$ 이다.

따라서 주요곡률은 -9, 1 이며 주요벡터는 $X_u - X_v$ 와 $X_u + X_v$ 이다.

예제 3 유향곡면 $f(x,y,z)=0$ 의 단위법벡터 $U(x,y,z)$ 와 한 점 p 의 아래 값을 이용하여 점 p 의 주요곡률을 구하시오.

$$U(p) = \frac{1}{\sqrt{3}}(1,1,1), \ \nabla U(p) = \begin{pmatrix} 1 & 4 & 4 \\ 4 & 1 & 4 \\ 4 & 4 & 1 \end{pmatrix}$$

풀이 $U(p)$ 에 수직인 접벡터는 $(1,0,-1)$, $(0,1,-1)$ 로 생성된다.

$\begin{pmatrix} 1 & 4 & 4 \\ 4 & 1 & 4 \\ 4 & 4 & 1 \end{pmatrix}\begin{pmatrix} 1 \\ 0 \\ -1 \end{pmatrix} = -3\begin{pmatrix} 1 \\ 0 \\ -1 \end{pmatrix}$, $\begin{pmatrix} 1 & 4 & 4 \\ 4 & 1 & 4 \\ 4 & 4 & 1 \end{pmatrix}\begin{pmatrix} 0 \\ 1 \\ -1 \end{pmatrix} = -3\begin{pmatrix} 0 \\ 1 \\ -1 \end{pmatrix}$ 이므로 -3 이 고윳값

따라서 주요곡률은 3, 3 이다(부호가 반대).

예제 4 곡면의 한 점 p 에서 주요곡률이 $2, -1$ 이고, 주방향이 $(1,1,1)$, $(1,-1,0)$ 일 때, $(2,0,1)$ 방향의 법곡률을 구하시오. (주방향의 제시 순서는 주요곡률의 순서이다.)

풀이 오일러의 공식을 이용하여 법곡률을 구하기 위하여 각 θ 를 구하자.

$(1,1,1) \cdot (2,0,1) = 3 = \sqrt{3} \cdot \sqrt{5}\cos\theta$ 이므로, $\cos^2\theta = 3/5$ 이며, $\sin^2\theta = 2/5$ 이다.

따라서 법곡률 $k_n = 2 \times \dfrac{3}{5} + (-1) \times \dfrac{2}{5} = \dfrac{4}{5}$ 이다.

예제 5 곡선 $C(t) = (\cos(t), 2+\sin(t), 0)$ $(0 \le t \le 2\pi)$ 의 그래프를 X 축 둘레로 회전한 곡면은 원환면(Torus) T 이다. 원환면(Torus) T 의 가우스곡률과 평균곡률, 그리고 주요곡률, 전곡률을 구하시오.

풀이 곡선의 식을 $x(t) = \cos(t), y(t) = 2+\sin(t)$ 라 두고, 회전면의 곡률에 관한 성질을 이용하자.

$x'(t) = -\sin(t), y'(t) = \cos(t), x''(t) = -\cos(t), y''(t) = -\sin(t)$

위의 예제에서 얻은 가우스곡률, 평균곡률, 주요곡률, 전곡률의 식에 대입하면,

$$K = \frac{x'(x''y' - x'y'')}{y\{(x')^2 + (y')^2\}^2} = \frac{\sin(t)}{2+\sin(t)}, \ H = -\frac{1+\sin(t)}{2+\sin(t)}$$

$$k_1, k_2 = \frac{x'}{y\{(x')^2 + (y')^2\}^{1/2}}, \ \frac{x''y' - x'y''}{\{(x')^2 + (y')^2\}^{3/2}} = \frac{-\sin(t)}{2+\sin(t)}, -1$$

$$\iint_T K \, dS = [-2\pi\cos(t)]_0^{2\pi} = 0 \ \text{이다.}$$

예제 6 타원면 $\dfrac{x^2}{a^2} + \dfrac{y^2}{b^2} + \dfrac{z^2}{c^2} = 1 \ (a, b, c > 0)$ 위의 점 (x_1, y_1, z_1) 에서 접평면 $\dfrac{x_1 x}{a^2} + \dfrac{y_1 y}{b^2} + \dfrac{z_1 z}{c^2} = 1$ 과 중심의 거리를 h 라 할 때, $K = \dfrac{h^4}{a^2 b^2 c^2}$ 임을 보이시오.

풀이
$$h = \frac{1}{\sqrt{\dfrac{x_1^2}{a^4} + \dfrac{y_1^2}{b^4} + \dfrac{z_1^2}{c^4}}} = \frac{a^2 b^2 c^2}{\sqrt{b^4 c^4 x_1^2 + a^4 c^4 y_1^2 + a^4 b^4 z_1^2}}$$

$$= \frac{abc}{\sqrt{\dfrac{b^2 c^2 x_1^2}{a^2} + \dfrac{a^2 c^2 y_1^2}{b^2} + \dfrac{a^2 b^2 z_1^2}{c^2}}}$$

이므로 $\sqrt{\dfrac{b^2 c^2 x_1^2}{a^2} + \dfrac{a^2 c^2 y_1^2}{b^2} + \dfrac{a^2 b^2 z_1^2}{c^2}} = \dfrac{abc}{h}$

$\dfrac{x^2}{a^2} + \dfrac{y^2}{b^2} + \dfrac{z^2}{c^2} = 1$ 의 곡면방정식을

$X(u,v) = (a\cos v \cos u ,\, b\cos v \sin u ,\, c\sin v)$ 라 두면,

$X_u = (-a\cos v \sin u ,\, b\cos v \cos u ,\, 0)$,

$X_v = (-a\sin v \cos u ,\, -b\sin v \sin u ,\, c\cos v)$,

$X_u \times X_v = (bc\cos^2 v \cos u ,\, ac\cos^2 v \sin u ,\, ab\cos v \sin v)$,

$\|X_u \times X_v\| = |\cos v| \sqrt{b^2 c^2 \cos^2 v \cos^2 u + a^2 c^2 \cos^2 v \sin^2 u + a^2 b^2 \sin^2 v}$

$$= \cos v \frac{abc}{h}$$

$EG - F^2 = \cos^2 v \dfrac{a^2 b^2 c^2}{h^2}$

$U = \dfrac{h}{abc}(bc\cos v \cos u ,\, ac\cos v \sin u ,\, ab\sin v)$

$X_{uu} = (-a\cos v \cos u ,\, -b\cos v \sin u ,\, 0)$, $l = -h\cos^2 v$

$X_{uv} = (a\sin v \sin u ,\, -b\sin v \cos u ,\, 0)$, $m = 0$

$X_{vv} = (-a\cos v \cos u ,\, -b\cos v \sin u ,\, -c\sin v)$, $n = -h$

$ln - m^2 = h^2 \cos^2 v$

따라서 가우스곡률 $K = \dfrac{ln - m^2}{EG - F^2} = \dfrac{h^2 \cos^2 v}{\cos^2 v \, a^2 b^2 c^2 / h^2} = \dfrac{h^4}{a^2 b^2 c^2}$

예제 7 적당한 상수 C 에 관하여 방정식 $F(x,y,z) = z - xy = C$ 으로 정의된 곡면의 모양연산자 S 와 주요곡률 k_1, k_2 , 주요벡터 v_1, v_2 , 가우스곡률 K , 평균곡률 H 를 구하시오.

풀이 그래디언트 $\nabla F = (-y ,\, -x ,\, 1)$ 를 이용하여 곡면의 단위법선벡터 U 를 구하면

$U = \dfrac{\nabla F}{\|\nabla F\|} = \dfrac{(-y ,\, -x ,\, 1)}{\sqrt{y^2 + x^2 + 1}}$

$= \left(\dfrac{-y}{\sqrt{y^2 + x^2 + 1}} ,\, \dfrac{-x}{\sqrt{y^2 + x^2 + 1}} ,\, \dfrac{1}{\sqrt{y^2 + x^2 + 1}} \right)$

$U(x,y,z)$ 를 미분하여, 모양연산자 S 를 구하면

$S = -\nabla U = \dfrac{1}{\sqrt{y^2 + x^2 + 1}^3} \begin{pmatrix} -xy & x^2 + 1 & 0 \\ y^2 + 1 & -xy & 0 \\ x & y & 0 \end{pmatrix}$ ····· ①

S의 행렬부분의 고유치와 고유벡터를 계산하여 주요곡률, 주요벡터를 구하자.
고유다항식은

$$\begin{vmatrix} -xy-X & x^2+1 & 0 \\ y^2+1 & -xy-X & 0 \\ x & y & 0-X \end{vmatrix} = -X(X^2+2xyX-x^2-y^2-1)=0 ,$$

고유치는 $X=0$,

$$X=-xy \pm \sqrt{x^2y^2+x^2+y^2+1}=-xy \pm \sqrt{(x^2+1)(y^2+1)}$$

고유치 $X=0$ 일 때, 고유벡터를 구하면 $\begin{pmatrix} -xy & x^2+1 & 0 \\ y^2+1 & -xy & 0 \\ x & y & 0 \end{pmatrix}\begin{pmatrix} 0 \\ 0 \\ 1 \end{pmatrix} = \vec{0}$,

고유치 $X=-xy \pm \sqrt{(x^2+1)(y^2+1)}$ 일 때, 고유벡터 $(a,b,c)^t$ 를 구하면

$$\begin{pmatrix} \mp\sqrt{(x^2+1)(y^2+1)} & x^2+1 & 0 \\ y^2+1 & \mp\sqrt{(x^2+1)(y^2+1)} & 0 \\ x & y & xy\mp\sqrt{(x^2+1)(y^2+1)} \end{pmatrix}\begin{pmatrix} a \\ b \\ c \end{pmatrix} = \vec{0}$$

$$\begin{pmatrix} a \\ b \\ c \end{pmatrix} = \begin{pmatrix} \sqrt{x^2+1} \\ \pm\sqrt{y^2+1} \\ y\sqrt{x^2+1} \pm x\sqrt{y^2+1} \end{pmatrix} = \sqrt{x^2+1}\begin{pmatrix} 1 \\ 0 \\ y \end{pmatrix} \pm \sqrt{y^2+1}\begin{pmatrix} 0 \\ 1 \\ x \end{pmatrix}$$

(단, 복호동순)
주요벡터는 곡면의 접벡터이므로 위의 고유벡터 중에서 $(0,0,1)$은 제외한다.
따라서 곡면의 주요곡률과 주요벡터로서 S의 고유치, 고유벡터는

$$k_1 , k_2 = \frac{-xy \pm \sqrt{(x^2+1)(y^2+1)}}{\sqrt{y^2+x^2+1}^3} , v_1 , v_2 = \sqrt{x^2+1}\begin{pmatrix} 1 \\ 0 \\ y \end{pmatrix} \pm \sqrt{y^2+1}\begin{pmatrix} 0 \\ 1 \\ x \end{pmatrix}$$

가우스곡률 $K=k_1k_2 = \dfrac{-1}{(y^2+x^2+1)^2}$

평균곡률 $H=\dfrac{k_1+k_2}{2} = \dfrac{-xy}{\sqrt{y^2+x^2+1}^3}$

(다른 풀이) 위의 예제를 정칙곡면 $F(x,y,z)=z-xy=C$ 의 고유조각사상을 이용하여 해결할 수도 있다. 곡면의 고유조각사상을 $X(x,y)=(x,y,xy+C)$ 라 하자. 조각사상을 미분하면
$$X_x=(1,0,y), X_y=(0,1,x), X_x \times X_y=(-y,-x,1)$$
곡면의 단위법선벡터를 구하면
$$U=\frac{X_x \times X_y}{\|X_x \times X_y\|} = \frac{1}{\sqrt{y^2+x^2+1}}(-y,-x,1)$$
조각사상을 2계 미분하면
$$X_{xx}=(0,0,0), X_{xy}=(0,0,1), X_{yy}=(0,0,0)$$
제1기본량을 구하면
$$E=X_x \cdot X_x=1+y^2, F=X_x \cdot X_y=xy, G=X_y \cdot X_y=1+x^2,$$
제2기본량을 구하면
$$L=X_{xx} \cdot U=0, M=X_{xy} \cdot U=\frac{1}{\sqrt{y^2+x^2+1}}, N=X_{yy} \cdot U=0$$

가우스곡률과 평균곡률을 구하면,

$$K = \frac{LN - M^2}{EG - F^2} = \frac{-1/(y^2 + x^2 + 1)}{(1 + y^2)(1 + x^2) - (xy)^2} = \frac{-1}{(y^2 + x^2 + 1)^2},$$

$$H = \frac{1}{2} \frac{EN + GL - 2FM}{EG - F^2} = \frac{-xy}{\sqrt{y^2 + x^2 + 1}^3}$$

주요곡률을 구하면

$$k_1, k_2 = H \pm \sqrt{H^2 - K} = \frac{-xy \pm \sqrt{(x^2 + 1)(y^2 + 1)}}{\sqrt{y^2 + x^2 + 1}^3}$$

곡면의 모양연산자는 두 가지 방법으로 구할 수 있다. 첫째, 단위법선벡터 $U(x, y)$ 를 미분한다.

$$S = -\nabla U = \frac{1}{\sqrt{y^2 + x^2 + 1}^3} \begin{pmatrix} -xy & x^2 + 1 \\ y^2 + 1 & -xy \\ x & y \end{pmatrix} \quad \cdots\cdots \ ②$$

둘째, 곡면의 일차독립인 두 접벡터 $X_x = (1, 0, y)$, $X_y = (0, 1, x)$ 를 기저 B 로 삼아 기저에 관한 행렬표현 $[S]_B$ 를 구한다. 성분이 (a, b) 인 접벡터 $aX_x + bX_y$ 에 관하여

$$S(aX_x + bX_y) = S\begin{pmatrix} a \\ b \end{pmatrix} = \frac{1}{\sqrt{y^2 + x^2 + 1}^3} \begin{pmatrix} -xy & x^2 + 1 \\ y^2 + 1 & -xy \\ x & y \end{pmatrix} \begin{pmatrix} a \\ b \end{pmatrix}$$

$$= \frac{1}{\sqrt{y^2 + x^2 + 1}^3} \left(a \begin{pmatrix} -xy \\ y^2 + 1 \\ x \end{pmatrix} + b \begin{pmatrix} x^2 + 1 \\ -xy \\ y \end{pmatrix} \right)$$

$$= \frac{-xya + (x^2 + 1)b}{\sqrt{y^2 + x^2 + 1}^3} X_x + \frac{(y^2 + 1)a - xyb}{\sqrt{y^2 + x^2 + 1}^3} X_y$$

따라서 모양연산자 $[S]_B = \frac{1}{\sqrt{y^2 + x^2 + 1}^3} \begin{pmatrix} -xy & x^2 + 1 \\ y^2 + 1 & -xy \end{pmatrix}$

제1, 2 기본량으로부터 직접 모양연산자 $[S]_B$ 를 구할 수도 있다.

$$[S]_B = \begin{pmatrix} E & F \\ F & G \end{pmatrix}^{-1} \begin{pmatrix} L & M \\ M & N \end{pmatrix} = \frac{1}{\sqrt{y^2 + x^2 + 1}} \begin{pmatrix} y^2 + 1 & xy \\ xy & x^2 + 1 \end{pmatrix} \begin{pmatrix} 0 & 1 \\ 1 & 0 \end{pmatrix}$$

$$= \frac{1}{\sqrt{y^2 + x^2 + 1}^3} \begin{pmatrix} -xy & x^2 + 1 \\ y^2 + 1 & -xy \end{pmatrix} \quad \cdots\cdots \ ③$$

> **예제 8** 좌표공간에서 단위속력곡선 $c(s)$ 는 곡률과 열률이 각각 $k = 1$, $\tau = -1$ 인 나선(helix)이다. $c(s)$ 의 프레네 틀(Frenet frame)을 T, N, B 라 할 때, 정칙곡면 $X(r, s) = c(s) + rT(s)$ 의 가우스곡률(Gaussian curvature) K 를 구하시오. (단, $r > 0$)

증명 프레네공식을 이용하면 $X_r = T$, $X_s = T + r(kN) = T + rN$

$X_r \times X_s = T \times (T + rN) = rB$, $\|X_r \times X_s\| = r$ 이므로

곡면의 단위법벡터 $U = B$

$X_{rr} = 0$, $X_{rs} = N$, $X_{ss} = kN + r(-kT + \tau B) = N - rT - rB$

제1기본량은 $E = 1$, $F = 1$, $G = 1 + r^2$

제2기본량은 $l = 0$, $m = 0$, $n = -r$

따라서 가우스곡률 $K = 0$

예제 9 곡률 $k > 0$ 인 단위속력곡선 $c(s)$ 에 관한 정칙곡면

$X(s,t) = c(s) + t\,N(s)$ 위의 곡선 $c(s) = X(s,0)$ 와 곡선 $\alpha(s) = X(s,1)$ 의 법곡률(normal curvature)을 $c(s)$ 의 k, τ 로써 구하시오. (단, T, N, B 는 곡선 $c(s)$ 의 프레네 틀(Frenet frame))

증명 곡선 $c(s)$ 의 법곡률 $k_n = k\,N \cdot U = k\,N \cdot B = 0$

곡선 $\alpha(s)$ 의 법곡률 $k_n = \dfrac{k'\tau + (1-k)\tau'}{\sqrt{(1-k)^2 + \tau^2}^{\,3}}$

예제 10 곡률 $k > 0$ 인 단위속력곡선 $c(s)$ 에 관한 정칙곡면

$X(s,t) = c(s) + t\,B(s)$ 위의 곡선 $c(s) = X(s,0)$ 와 곡선 $\alpha(s) = X(s,1)$ 의 법곡률(normal curvature)을 $c(s)$ 의 k, τ 로써 구하시오. (단, T, N, B 는 곡선 $c(s)$ 의 프레네 틀(Frenet frame))

증명 곡선 $c(s)$ 의 법곡률 $k_n = k\,N \cdot U = k\,N \cdot (-N) = -k$

곡선 $\alpha(s)$ 의 법곡률 $k_n = \dfrac{\tau' - k - k\tau^2}{\sqrt{1+\tau^2}^{\,3}}$

05 다르보 정리(Darboux Theorem)

곡선의 Frenet-Serret틀과 Frenet-Serret 정리와 유사하게 곡면위의 곡선에 관하여 다음 정의와 정리가 있다.

> **[정의] {다르보 틀(Darboux frame)}**
> 정칙곡면 X 위의 정칙곡선 $c : I \to \mathbb{R}^3$, $\|c''(t)\| \neq 0$ 가 있을 때,
> X 의 단위법선벡터 U 를 $c(t)$ 로 제한한 $U(t) = U(c(t))$,
> $c(t)$ 의 단위접선벡터 $T(t)$ 와 $V(t) = U(t) \times T(t)$ 라 정할 때,
> $\{\, T(t),\ V(t),\ U(t)\, \}$ 는 곡선 $c(t)$ 위의 정규직교기저를 이룬다.
> $\{\, T(t),\ V(t),\ U(t)\, \}$ 을 다르보 틀(Darboux frame)이라 한다.

Frenet-Serret정리와 유사하게 다르보 틀에 관한 다음 성질이 있다.

> **[정리] {다르보 정리(Darboux Theorem)}**
> 정칙곡면 X 위의 정칙곡선 $c : I \to \mathbb{R}^3$, $\|c''(t)\| \neq 0$ 가 있을 때,
> X 의 단위법선벡터 U, $c(t)$ 의 단위접선벡터 T 와 $V = U \times T$ 라 정하면
> $$\begin{cases} \dfrac{d}{ds} T = \quad\quad\ k_g\, V + k_n\, U \\[2mm] \dfrac{d}{ds} V = -k_g\, T \quad\ +\quad\ \tau_g\, U \\[2mm] \dfrac{d}{ds} U = -k_n\, T - \tau_g\, V \end{cases}$$
> 이 식에서 τ_g 를 측지열률(geodesic torsion)이라 한다.

증명 증명의 모든 미분은 $c(t)$ 의 호의 길이 s 에 관한 미분 $\dfrac{d}{ds}$ 이다.

$T' = kN$ 이므로 $(T' - k_n U) \cdot U = kN \cdot U - k_n = 0$ 이며

$(T' - k_n U) \cdot T = 0$ 이므로 $T' - k_n U$ 는 V 와 평행이다.

$T' - k_n U = aV$ 인 스칼라 a 가 존재하며 이때 a 를 측지곡률이라 정의한다.

측지곡률 k_g 라 표기하면 $T' - k_n U = k_g V$ 이므로 $T' = k_g V + k_n U$

$(U' + k_n T) \cdot U = 0$ 이며

$(U' + k_n T) \cdot T = U' \cdot T + k_n = -U \cdot T' + k_n = -k_n + k_n = 0$

이므로 $U' + k_n T$ 는 V 와 평행이다. 이때 $U' + k_n T = -\tau_g V$ 인 스칼라 τ_g 를 측지열률이라 한다.

따라서 $U' = -k_n T - \tau_g V$ 가 성립한다. V 를 미분하면

$V' = U' \times T + U \times T' = (-k_n T - \tau_g V) \times T + U \times (k_g V + k_n U)$

$\quad = -\tau_g V \times T + U \times k_g V = \tau_g U - k_g T$

따라서 $V' = \tau_g U - k_g T$ 이다.

그러므로 다르보(Darboux) 정리가 성립한다.

[정리]

두 정칙곡면 $X(u,v)$ 와 $Y(r,s)$ 는 공통곡선 $\beta(t)$ 에서 교차한다. 곡선 $\beta(t)$ 위의 점 P 에서 곡면 $X(u,v)$ 에 관한 $\beta(t)$ 의 법곡률은 $k_{n,X}$ 이며, 점 P 에서 곡면 $Y(r,s)$ 에 관한 $\beta(t)$ 의 법곡률은 $k_{n,Y}$ 이다. 두 곡면의 단위법선벡터 U_X, U_Y 의 사이각을 θ 라 하면 곡선 $\beta(t)$ 위에서 다음 관계식이 성립한다.

$$k_{nY} = k_{nX}\cos\theta - k_{gX}\sin\theta \ , \ k_{gY} = k_{nX}\sin\theta + k_{gX}\cos\theta$$

증명 두 곡면의 단위법선벡터 U_X, U_Y 의 사이각을 θ 라 하고 교선 $\beta(t)$ 의

단위접벡터 $T = \dfrac{U_X \times U_Y}{|U_X \times U_Y|}$ 이라 하자. (단, $0 < \theta < \pi$)

측지곡률 $k_{g,X}$, $k_{g,Y}$ 의 정의로 부터

$$kN = k_{nX} U_X + k_{gX} U_X \times T, \ \ kN = k_{nY} U_Y + k_{gY} U_Y \times T$$

이므로 $k_{nX} U_X + k_{gX} U_X \times T = k_{nY} U_Y + k_{gY} U_Y \times T$

U_Y 를 내적하면 $k_{nX} U_X \cdot U_Y + k_{gX} U_X \times T \cdot U_Y = k_{nY}$

$U_Y \times T$ 를 내적하면 $k_{nX} U_X \cdot (U_Y \times T) + k_{gX} U_X \times T \cdot (U_Y \times T) = k_{gY}$

$U_X \cdot U_Y = \cos\theta$, $\ U_X \cdot (U_Y \times T) = U_X \times U_Y \cdot T = |U_X \times U_Y| = \sin\theta$,

$U_X \times T \cdot U_Y = -U_X \times U_Y \cdot T = -|U_X \times U_Y| = -\sin\theta$,

$U_X \times T \cdot (U_Y \times T) = (U_X \cdot U_Y)(T \cdot T) = \cos\theta$ 를 대입하면

따라서 $k_{nY} = k_{nX}\cos\theta - k_{gX}\sin\theta$, $\ k_{gY} = k_{nX}\sin\theta + k_{gX}\cos\theta$ 이며

행렬로 정리하면 $\begin{pmatrix} k_{nY} \\ k_{gY} \end{pmatrix} = \begin{pmatrix} \cos\theta & -\sin\theta \\ \sin\theta & \cos\theta \end{pmatrix} \begin{pmatrix} k_{nX} \\ k_{gX} \end{pmatrix}$

[정리]

두 정칙곡면 $X(u,v)$ 와 $Y(r,s)$ 는 공통곡선 $\beta(t)$ 에서 교차한다. 곡선 $\beta(t)$ 위의 점 P 에서 곡면 $X(u,v)$ 에 관한 $\beta(t)$ 의 법곡률은 $k_{n,X}$ 이며, 점 P 에서 곡면 $Y(r,s)$ 에 관한 $\beta(t)$ 의 법곡률은 $k_{n,Y}$ 이다. $\beta(t)$ 의 곡률 k 에 관하여 다음 관계식이 성립한다. (단, θ 는 U_X 와 U_Y 의 사이 각의 크기)

$$k_{n,X}^2 + k_{n,Y}^2 - 2k_{n,X} k_{n,Y}\cos\theta = k^2 \sin^2\theta$$

증명 점 P 에서 곡면 X 의 단위법벡터 U_X 와 Y 의 단위법벡터 U_Y 의 사이각이 θ 이며 곡선의 법선벡터 $N = a U_X + b U_Y$ 으로 쓸 수 있다.

$N = a U_X + b U_Y$ 의 양변에 kN 을 내적하면 $k = a k_{n,X} + b k_{n,Y}$ …… ①

$k U_X$ 와 $k U_Y$ 을 내적하면

$k_{n,X} = ak + bk\cos\theta$ …… ②, $\ k_{n,Y} = bk + ak\cos\theta$ …… ③

② $-$ ③ $\times \cos\theta$: $k_{n,X} - k_{n,Y}\cos\theta = ak\sin^2\theta$ …… ④

③ $-$ ② $\times \cos\theta$: $k_{n,Y} - k_{n,X}\cos\theta = bk\sin^2\theta$ …… ⑤

④$\times k_{n,X}$ + ⑤$\times k_{n,Y}$:

$k_{n,X}^2 + k_{n,Y}^2 - 2 k_{n,X} k_{n,Y} \cos\theta = (a k_{n,Y} + b k_{n,Y}) k \sin^2\theta$

①을 대입하면 $k_{n,X}^2 + k_{n,Y}^2 - 2 k_{n,X} k_{n,Y} \cos\theta = k^2 \sin^2\theta$

따라서 $k_{n,X}^2 + k_{n,Y}^2 - 2 k_{n,X} k_{n,Y} \cos\theta = k^2 \sin^2\theta$ 이 성립한다.

[정리] 정칙곡면 X 위의 단위속력곡선 $c(t)$ 를 따라 곡면 X 의 단위 법벡터를 $U(t)$ 라 놓고, Frenet틀(frame)을 T, N, B 라 하자.

$U(t)$ 와 N 의 사이각 ϕ 는 일정한 상수일 때, 곡선과 곡면의 곡률들 사이의 다음 관계식이 성립한다.

$$2H k_n - K = k_n^2 + \tau^2$$
$$\tau^2 = (k_1 - k_n)(k_n - k_2)$$

증명 $c(t)$ 를 따라 곡면의 단위 주요벡터를 $e_1(t)$, $e_2(t)$ 라 놓자.

T 와 $e_1(t)$ 사이의 각을 $\theta(t)$ 라 하면 $T = \cos\theta\, e_1 + \sin\theta\, e_2$ 이다.

$\nabla_{e_1} U = -k_1 e_1$, $\nabla_{e_2} U = -k_2 e_2$ 이므로

$U' = \nabla_c U = -k_1 \cos\theta\, e_1 - k_2 \sin\theta\, e_2$

따라서 $\|U'\|^2 = k_1^2 \cos^2\theta + k_2^2 \sin^2\theta = 2H k_n - K$ 이다.

$U(t) = \cos\phi\, N + \sin\phi\, B$ 이라 쓸 수 있다.

$U' = \cos\phi\,(-kT + \tau B) - \sin\phi\, \tau N$

$\quad = -k \cos\phi\, T - \tau \sin\phi\, N + \tau \cos\phi\, B$

따라서 $\|U'\|^2 = (k \cos\phi)^2 + \tau^2 = k_n^2 + \tau^2$ 이다.

그러므로 $2H k_n - K = k_n^2 + \tau^2$ 이 성립한다.

또한 $2H = k_1 + k_2$ 와 $K = k_1 k_2$ 를 대입하면 $\tau^2 = (k_1 - k_n)(k_n - k_2)$

측지곡선은 N, U 사이 각이 일정하므로 위 정리의 관계식

$2H k_n - K = k_n^2 + \tau^2$ 이 성립한다.

특히, 열률 $\tau = 0$ 이면 $0 = (k_1 - k_n)(k_n - k_2)$ 이 되어 $k_n = k_1$, k_2 이므로 그 곡선은 주요곡선이 된다.

점근곡선도 $k \neq 0$ 이면 N, U 사이 각이 일정하므로 위 정리의 관계식이 성립한다.

곡면 S 위의 곡선 $c(t)$ 가 측지선이고 주요곡선이면 열률 $\tau = 0$ 이며 N 과 U 는 평행이다.

N, U 사이 각이 일정할 때, 다르보(Darboux) 정리의 식에 나타난 측지열률 τ_g 는 곡선의 열률과 같다. 즉, $\tau_g = \tau$

06 곡면에 관한 정리

점근곡선은 $k_n = 0$ 이며 점근곡선이 $k \neq 0$ 이면 $2Hk_n - K = k_n^2 + \tau^2$ 을 만족하므로 다음 정리가 성립한다.

> **[정리(Beltrami-Enneper)]**
> 곡면 S위의 단위속력 곡선 $c(t)$ 에 대하여 $\|c''\| \neq 0$ 이며, $c'' \cdot U = 0$ (점근곡선)이면 곡선 c 의 열률 τ 와 곡면 S의 가우스곡률 K 에 관하여 $\tau^2 = -K$ 이다.

증명 $\|c''\| \neq 0$ 이고 $c'' \cdot U = 0$ 이므로 $\dfrac{c''}{\|c''\|} \cdot U = N \cdot U = 0$ 이다.

또한 $T \cdot U = 0$ 이므로 U 는 T, N 에 수직이다. 따라서 $U = \pm B$ 이다.

U 를 곡선 $c(t)$ 방향으로 공변미분하면 $\nabla_c U = \pm B'$ 이며, 프레네 공식에 의하여 $\nabla_c U = \mp \tau N$ 이므로 $\|\nabla_c U\|^2 = \tau^2$ 이다. …… ①

곡면의 주요벡터를 e_1, e_2 라 하고, c' 와 e_1 의 사이각을 θ 라 두면

$c' = \cos\theta e_1 + \sin\theta e_2$

그리고 주요곡률 k_1, k_2 에 대하여 $\nabla_{e_1} U = -k_1 e_1$, $\nabla_{e_2} U = -k_2 e_2$ 이다.

$\nabla_{c'} U = \nabla_{\cos\theta e_1 + \sin\theta e_2} U = \cos\theta \nabla_{e_1} U + \sin\theta \nabla_{e_2} U = -k_1 \cos\theta e_1 - k_2 \sin\theta e_2$

$\|\nabla_{c'} U\|^2 = k_1^2 \cos^2\theta + k_2^2 \sin^2\theta = (k_1 + k_2)(k_1 \cos^2\theta + k_2 \sin^2\theta) - k_1 k_2$

오일러의 공식을 적용하면 $k_1 \cos^2\theta + k_2 \sin^2\theta = k_n = k N \cdot U = 0$ 이므로

$\|\nabla_{c'} U\|^2 = -k_1 k_2$ 이다. 따라서 $\|\nabla_{c'} U\|^2 = -K$ 이다. …… ②

그러므로 ①, ②에 의하여 $\tau^2 = -K$ 이며, $\tau^2 + K = 0$ 이다.

> **[정리]**
> (1) 좌표공간 $\mathbb{R}^3$ 의 연결유향 정칙곡면(regular surface) X 의 좌표조각사상을 $X(s,t)$, 단위법선벡터(unit normal vector)를 $U(s,t)$ 라 하자. 모든 s,t 에 대하여 $X(s,t) + f(s,t) U(s,t)$ 가 일정한 한 점인 함수 $f(s,t)$ 라 존재할 때, $f(s,t)$ 가 상수이며, 곡면 X 는 상수 $|f|$ 이 반지름인 구면(또는 일부)이다. 그리고 가우스곡률 $K = 1/f^2$ 이다.
> (2) 연결 정칙곡면의 조각사상 X 의 제1기본량 E, F, G 와 제2기본량 l, m, n 에 대하여, 곡면 위의 모든 점에서 $\dfrac{l}{E} = \dfrac{m}{F} = \dfrac{n}{G}$ 이며, 비가 일정한 양의 상수이면 이 곡면은 구면(또는 일부)이다.

증명 (1) $X + f\,U$ 가 일정한 점이므로 $(X + f\,U)_s = 0$, $(X + f\,U)_t = 0$

$(X + f\,U)_s = X_s + f\,U_s + f_s\,U = 0$ 이며, U 를 내적하면,

$U \cdot X_s = 0$, $U \cdot U_s = 0$, $U \cdot U = 1$ 이므로 $f_s = 0$

$(X + f\,U)_t = X_t + f\,U_t + f_t\,U = 0$ 이며, U 를 내적하면,

$U \cdot X_t = 0$, $U \cdot U_t = 0$, $U \cdot U = 1$ 이므로 $f_t = 0$

따라서 연결곡면 X 에서 $f_s = 0$, $f_t = 0$ 이므로 f 는 상수이다.

일정한 점 $P = X + f\,U$ 라 놓으면 $\|X - P\| = |f|$ 이며

만약 $f = 0$ 이면 $\|X - P\| = 0$, $X = P$ (한 점)가 되어 정칙곡면임에 모순

따라서 $f \neq 0$ 이며 $\|X - P\| = |f| > 0$ 이다.

그러므로 곡면 X 는 중심 P 이고 반지름 $|f|$ 인 구면(또는 일부)이다.

그리고 반지름이 $|f|$ 인 구면의 가우스곡률 $K = 1/f^2$ 이다.

(2) 조각사상을 $X(s, t)$, 비 $\dfrac{l}{E} = \dfrac{m}{F} = \dfrac{n}{G} = \dfrac{1}{c}$ (c: 양의 상수) 두면

$E - c\,l = 0$, $F - c\,m = 0$, $G - c\,n = 0$

$X_s X_s + c\,U_s X_s = 0$, $X_s X_t + c\,U_s X_t = X_t X_s + c\,U_t X_s = 0$,

$X_t X_t + c\,U_t X_t = 0$ 이며 $(X_s + c\,U_s)U = 0$, $(X_t + c\,U_t)U = 0$ 이다.

X_s , X_t , U 는 기저벡터들이므로 $X_s + c\,U_s = 0$, $X_t + c\,U_t = 0$

$(X + c\,U)_s = (X + c\,U)_t = 0$ 이며 X 는 연결이므로 $X + c\,U$ 는 일정한 점

이다. 일정한 점 $P = X + c\,U$ 라 두면 $\|X - P\| = c$ 이다.

그러므로 곡면 X 는 중심 P 이고 반지름 c 인 구면(또는 일부)이다.

곡면의 형태에 관하여 다음과 같은 정리가 성립한다.

[정리]

(1) 연결정칙곡면 X 의 모든 점이 배꼽점이면 가우스곡률 $K \geq 0$ 이다.

(2) 연결정칙곡면 X 의 모든 점이 배꼽점이며 $K > 0$ 이면 곡면 X 는 반지름이 $\dfrac{1}{\sqrt{K}}$ 인 구면 또는 구면의 일부이다.

(3) 연결정칙곡면 X 의 단위법선벡터 U 가 일정벡터이면 곡면 X 는 평면 또는 평면의 일부이다.

(4) 유향정칙연결곡면 S 의 모든 점이 배꼽점이면 S 는 평면 또는 구면에 포함된다.

증명 (1) 배꼽점은 $k_1 = k_2$ 이므로 $K = k_1 k_2 = (k_1)^2 \geq 0$ 이다.

(2) $K > 0$ 이며 모든 점이 배꼽점이므로 연결정칙곡면 $X(u, v)$ 의 모든 점에

서 $k_1 = k_2 \neq 0$ 이다. 간단히 $k_1 = k_2 = k$ 라 놓자.

k 는 모든 접벡터에 관하여 주요곡률이므로

X_u , X_v 에 관하여 $U_u = -k X_u$, $U_v = -k X_v$ 이다.

두 식의 양변을 편미분하면

$U_{uv} = -k_v\,X_u - k\,X_{uv}$ ······ ①, $U_{vu} = -k_u\,X_v - k\,X_{vu}$ ······ ②

① － ②: $k_v X_u - k_u X_v = 0$ 이므로 $k_u = k_v = 0$

따라서 곡면 X 는 연결이며 $k_1 > 0$ 이므로 k 는 양의 상수이다.

$U_u = -kX_u$, $U_v = -kX_v$ 으로부터

$X_u + \dfrac{1}{k}U_u = 0$, $X_v + \dfrac{1}{k}U_v = 0$,

$(X + \dfrac{1}{k}U)_u = 0$, $(X + \dfrac{1}{k}U)_v = 0$ 이며 곡면 X 는 연결이므로

$X + \dfrac{1}{k}U = P$ 는 일정한 점이다. 그리고 $\|X - P\| = \dfrac{1}{|k|}$ 이다.

$\dfrac{1}{|k|} = \dfrac{1}{\sqrt{k_1 k_2}} = \dfrac{1}{\sqrt{K}}$

그러므로 곡면 X 는 중심 P 이고 반지름이 $\dfrac{1}{\sqrt{K}}$ 인 구면(또는 일부)이다.

(3) 곡면의 식을 $X(u, v)$ 이라 두고, 한 점 $P = X(u_0, v_0)$ 라 놓자.

함수 $f(u, v) = U \cdot (X(u, v) - P)$ 이라 하면 점 P 에서 $f(u_0, v_0) = 0$

$f_u = U \cdot X_u = 0$, $f_v = U \cdot X_v = 0$ 이며 X 는 연결곡면이므로 함수 f 는

상수함수이다. $f(u_0, v_0) = 0$ 이므로 $f(u, v) = U \cdot (X(u, v) - P) = 0$

따라서 곡면 X 는 평면 $U \cdot (X - P) = 0$ 또는 평면의 일부이다.

(4) $K > 0$ 이면 (2)에 의하여 구면(또는 일부)이다.

$K = 0$ 이면 모든 점이 배꼽점이므로 $k_1 = k_2 = 0$ 이다.

조각사상 $X(u, v)$ 인 연결곡면 S 위에서 $U_u = U_v = 0$ 이므로 U 는 일정한 벡터이다. (3)으로부터 S 는 평면(또는 일부)이다.

[정리] 3차원 유클리드 공간 E^3 의 컴팩트정칙곡면 S 에는 가우스곡률 K 의 값이 양수가 되는 점이 항상 존재한다.

증명 3차원 유클리드 공간 E^3 의 임의의 폐곡면을 S 라 하자.

S 가 폐곡면이므로 원점 O 에서 이르는 거리가 최대인 점 p 가 S 위에 적어도 하나 존재한다.

이때 원점 O, p 사이의 거리를 d 라 하면 구면 $E : x^2 + y^2 + z^2 = d^2$ 와 폐곡면 S 는 점 p 에서 접하며 구면 E 의 내부에 폐곡면 S 가 포함된다.

따라서 접점 p 에서 구면 E 와 폐곡면 S 의 단위법선벡터는 일치하며, 포함관계에 의하여 점 p 에서 폐곡면 S 의 법곡률 k_n 는 구면 E 의 법곡률 k_E 보다 크거나 같다. 즉 $k_n \geq k_E$ (단, 점 p 에서 두 곡면의 k_n, k_E 는 양의 향을 갖는다.)

그리고 구면 E 의 반지름이 d 이므로 k_E 는 항상 $k_E = \dfrac{1}{d}$ 이다.

따라서 점 p 에서 폐곡면 S 의 법곡률 k_n 는 $k_n \geq \dfrac{1}{d}$ 이며,

주요곡률 k_1 , k_2 도 k_1 , $k_2 \geq \dfrac{1}{d}$ 이다.

그러므로 폐곡면 S 의 점 p 에서 가우스곡률 K 는 $K = k_1 k_2 \geq \dfrac{1}{d^2} > 0$ 이다.

예제 1 다음 각 경우에 $X(u,v) = (\,g(u)\,,\,h(u)\cos v\,,\,h(u)\sin v\,)$ 으로 주어진 정칙곡면 X 의 가우스곡률을 구하시오.

(1) $h(u) = 2\cos(u)$, $g(u) = \displaystyle\int_0^u \sqrt{1 - 4\sin^2 t}\; dt$ (단, $-\dfrac{\pi}{6} < u < \dfrac{\pi}{6}$)

(2) $h(u) = e^{-u}$, $g(u) = \displaystyle\int_0^u \sqrt{1 - e^{-2t}}\; dt$ (단, $u > 0$)

풀이 (1), (2) 공통으로 $(g')^2 + (h')^2 = 1$ 이다.

X 는 회전면이므로 가우스곡률 $K = \dfrac{g'(g''h' - g'h'')}{h\{(g')^2 + (h')^2\}^2} = \dfrac{-h''}{h}$ 이다.

(1)에서 $\dfrac{-h''}{h} = \dfrac{2\cos u}{2\cos u} = 1$ 이므로 $K = 1$ 이다.

(2)에서 $\dfrac{-h''}{h} = \dfrac{-e^{-u}}{e^{-u}} = -1$ 이므로 $K = -1$ 이다.

예제 1 − (1)은 가우스곡률이 1인 상수이지만 구면이 아닌 사례이다.

예제 2 유향 정칙곡면 S 의 좌표조각사상이 다음과 같다.
$X(s,t) = (\,s\,,\,f(s)\cos(t)\,,\,f(s)\sin(t)\,)$ (단, $f(s) > 0$)
$f\,f'' = 1 + (f')^2$ 일 때, 극소곡면(minimal surface)임을 증명하시오.

증명 $X_s = (1, f'\cos t, f'\sin t)$, $X_t = (0, -f\sin t, f\cos t)$

$U = \dfrac{1}{\sqrt{(f')^2 + 1}}(f', -\cos t, -\sin t)$

$X_{ss} = (0, f''\cos t, f''\sin t)$, $X_{st} = (0, -f'\sin t, f'\cos t)$

$X_{tt} = (0, -f\cos t, -f\sin t)$

제1기본량 $E = 1 + (f')^2$, $F = 0$, $G = f^2$

제2기본량 $l = \dfrac{-f''}{\sqrt{(f')^2 + 1}}$, $m = 0$, $n = \dfrac{f}{\sqrt{(f')^2 + 1}}$

문제조건에 의해 $En + Gl - 2Fm = \dfrac{((f')^2 + 1)f - f^2 f''}{\sqrt{(f')^2 + 1}} = 0$

따라서 평균곡률 $H = \dfrac{En + Gl - 2Fm}{2(EG - F^2)} = 0$ 이므로 극소곡면이다.

예제 3 원뿔곡면이 평탄한 곡면(flat surface)임을 증명하시오.

증명 원뿔곡면(단, 직원뿔)을 적당한 좌표계를 택하여 식으로 쓰면
$z = a\sqrt{x^2 + y^2}$, $x^2 + y^2 > 0$, a 는 임의 상수
(원점은 미분불능인 점이므로 제외한다.)
이제 원뿔곡면을 조각사상의 식으로 나타내면 $X(r, \theta) = (r\cos\theta, r\sin\theta, ar)$

가우스곡률을 구하자.

$$X_r = (\cos\theta, \sin\theta, a) \ , \ X_\theta = r(-\sin\theta, \cos\theta, 0)$$

$$X_r \times X_\theta = r(-a\cos\theta, -a\sin\theta, 1)$$

$$N = \frac{1}{\sqrt{a^2+1}}(-a\cos\theta, -a\sin\theta, 1)$$

$$X_{rr} = (0,0,0) \ , X_{r\theta} = (-\sin\theta, \cos\theta, 0) \ , X_{\theta\theta} = -r(\cos\theta, \sin\theta, 0)$$

따라서 $E = a^2 + 1, F = 0, G = r^2 \ , \ l = 0, m = 0, n = \dfrac{ar}{\sqrt{a^2+1}}$

가우스곡률 K 는 $K = \dfrac{ln - m^2}{EG - F^2} = 0$

그러므로 원뿔곡면은 평탄한 곡면이다.

예제 4 유향곡면 $X(u,v)$ 의 단위법벡터를 $U(u,v)$ 라 할 때, 곡면 $X(u,v)$ 위에 놓인 단위속력곡선 $c(t)$ 에 관한 〈보기〉의 내용 중 옳지 않은 것을 지적하고 반례를 제시하시오.

─────〈 보기 〉─────

곡면 $X(u,v)$ 의 단위법벡터 U 를 곡선 $c(t)$ 위의 점에서 구한 것을 $U(c(t))$ 라 하자. $c'(t)$ 는 곡면의 접벡터이므로 $U(c(t))$ 와 수직이다.

(가) $c'(t) \cdot U(c(t)) = 0$

이 식을 미분하고 식을 정리하면

(나) $c''(t) \cdot U(c(t)) = -c'(t) \cdot U(c(t))'$ ······ ①

(다) 곡선 $c(t)$ 가 주요곡선(Principal curve)이면 $-U(c(t))'$ 와 $c'(t)$ 는 평행이다.

(라) 식 ①에 의하여 $-U(c(t))'$ 와 $c'(t)$ 가 평행이면 $c''(t)$ 와 $U(c(t))$ 는 평행이다.

(마) $c''(t)$ 와 $U(c(t))$ 가 평행이면 단위속력곡선 $c(t)$ 는 측지선(Geodesic curve)이다.

따라서 주요곡선은 측지선이다.

> 당연히 이 명제는 거짓 명제이다.

풀이 (라)는 거짓이다.

반례 : 곡면을 평면 $z = 0$ 으로 놓자. $X(u,v) = (u,v,0)$, $U = (0,0,1)$

평면 $z = 0$ 은 모든 점에서 법곡률이 0이므로 0 아닌 모든 접벡터가 주요벡터이며 모든 정칙곡선은 주요곡선이 된다.

예를 들면 $c(t) = (\cos t, \sin t, 0)$ 는 평면 $z = 0$ 위의 주요곡선이다.

그런데 $c'' = (-\cos t, -\sin t, 0)$ 는 $U = (0,0,1)$ 는 평행이 아니다.

07 등장사상과 가우스 정리(Theorema Egregium)

1. 등장사상(Isometry)

두 거리 공간사이에 거리를 보존하는 전단사사상을 거리동형사상이라 한다.

> **[정의] {거리 동형}**
> 거리 공간 (X, d_x) , (Y, d_y) 사이의 전단사사상 $f : X \to Y$ 에 대하여
> $$d_x(p, q) = d_y(f(p), f(q))$$
> 일 때, f 를 거리동형사상(isometry)이라 하고, X, Y 를 거리동형이라 한다.

곡면 사이의 등장사상(또는 등장변환)을 다음과 같이 정의한다.

> **[정의] {두 곡면사이의 거리동형사상(등장사상, isometry)}**
> 두 곡면 X, Y 사이의 미분동형사상(diffeomorphism) $f : X \to Y$ 가
> $\langle f_* \vec{v}, f_* \vec{w} \rangle = \langle \vec{v}, \vec{w} \rangle$ 일 때 f 를 거리동형사상(=등장사상, 등거리 사상)이라 한다.
> 이때, $f_*(v) = df(v)$ 이다.

곡면에서 두 점의 거리를 곡면 속에서 잴 때, 변환 전 후, 거리가 같게 된다.

곡면의 등장사상의 사례 로는 돌돌말기 등이 있다.

> **[정리]** 두 곡면 X, Y 사이의 미분동형사상 $f : X \to Y$ 에 대하여 두 곡면의 조각사상
> $X(u,v)$, $Y(u,v)$ 를 $Y(u,v) = f(X(u,v))$ 이라 할 때,
> f 가 등장사상(거리동형사상)일 필요충분조건은 두 곡면의 제1기본량이 같은 것이다. 즉,
> $X(u,v)$, $Y(u,v)$ 의 제1기본량을 각각 E_X, F_X, G_X 와 E_Y, F_Y, G_Y 라 하면
> $$E_X = E_Y, \ F_X = F_Y, \ G_X = G_Y$$

증명 $(\to)$ $Y(u,v) = f(X(u,v))$ 을 편미분하면

$Y_u = Df(X) X_u = f_* X_u$, $Y_v = Df(X) X_v = f_* X_v$

f 는 거리동형사상(등장사상)이므로 $\langle f_* \vec{v}, f_* \vec{w} \rangle = \langle \vec{v}, \vec{w} \rangle$

$E_Y = \langle Y_u, Y_u \rangle = \langle f_* X_u, f_* X_u \rangle = \langle X_u, X_u \rangle = E_X$,

$F_Y = \langle Y_u, Y_v \rangle = \langle f_* X_u, f_* X_v \rangle = \langle X_u, X_v \rangle = F_X$,

$G_Y = \langle Y_v, Y_v \rangle = \langle f_* X_v, f_* X_v \rangle = \langle X_v, X_v \rangle = G_X$

따라서 $E_X = E_Y$, $F_X = F_Y$, $G_X = G_Y$ 이다.

$(\leftarrow)$ $\vec{v}, \vec{w}$ 가 곡면 X 의 임의의 한 점위의 두 접벡터라 하면

$\vec{v} = a X_u + b X_v$, $\vec{w} = c X_u + d X_v$ 라 쓸 수 있으며

$Y = f(X)$ 이므로 $f_*(\vec{v}) = a Y_u + b Y_v$, $f_*(\vec{w}) = c Y_u + d Y_v$ 이다.

$\langle f_* \vec{v}, f_* \vec{w} \rangle = (a Y_u + b Y_v) \cdot (c Y_u + d Y_v)$

$\qquad = ac E_Y + (ad + bc) F_Y + cd G_Y$

$\qquad = ac E_X + (ad + bc) F_X + cd G_X = \langle \vec{v}, \vec{w} \rangle$

따라서 f 는 등장사상이다.

2. 가우스 정리(Theorema Egregium)

가우스곡률의 등장변환에 관한 불변적 특성을 살펴보자.

> **[정리] {가우스의 Theorema Egregium}**
> 두 곡면 X, Y 사이의 사상 $f : X \to Y$ 가 거리동형사상(등장사상)에 대하여 두 곡면의 조각사상 $X(u,v)$, $Y(u,v)$ 를 $Y(u,v) = f(X(u,v))$ 이라 하면 두 곡면의 가우스곡률은 같다. 즉, $X(u,v)$, $Y(u,v)$ 의 가우스곡률을 각각 K_X, K_Y 라 하면
> $$K_X = K_Y$$

증명 제1기본량으로부터 가우스곡률을 다음과 같이 구할 수 있다.(과정 생략)

$$K = \frac{1}{2\sqrt{EG-F^2}}\left\{\left(\frac{F_v - G_u}{\sqrt{EG-F^2}}\right)_u + \left(\frac{F_u - E_v}{\sqrt{EG-F^2}}\right)_v\right\} + \frac{1}{4(EG-F^2)^2}\begin{vmatrix} E & E_u & E_v \\ F & F_u & F_v \\ G & G_u & G_v \end{vmatrix}$$

거리동형인 두 곡면 $X(u,v)$, $Y(u,v)$ 의 제1기본량은 동일한 값을 갖는다. 따라서 위의 공식으로부터 두 곡면의 가우스곡률은 같다.

직교 좌표사상(orthogonal coordinates) 곡면의 가우스곡률을 조사하자.

정칙곡면은 각 점의 근방에서 항상 $F=0$ 인 조각사상을 만들 수 있다.

> **[공식]** 정칙곡면의 조각사상 $X(s,t)$ 에 대하여 $F = X_s \cdot X_t = 0$ (직교좌표조각사상)일 때, 가우스곡률은
> $$K = -\frac{1}{2\sqrt{EG}}\left\{\frac{\partial}{\partial s}\left(\frac{G_s}{\sqrt{EG}}\right) + \frac{\partial}{\partial t}\left(\frac{E_t}{\sqrt{EG}}\right)\right\}$$

위의 가우스곡률 공식에 $F=0$ 을 대입하여 얻을 수 있다.

증명 $F = X_s \cdot X_t = 0$ 일 때 s, t 로 편미분하면

$X_{ss} \cdot X_t + X_s \cdot X_{st} = 0$, $X_{st} \cdot X_t + X_s \cdot X_{tt} = 0$

$X_{sst} \cdot X_t + X_{ss} \cdot X_{tt} + X_{st} \cdot X_{st} + X_s \cdot X_{stt} = 0$ 이며

$X_{ss} \cdot X_t = -X_s \cdot X_{st}$, $X_{st} \cdot X_t = -X_s \cdot X_{tt}$,

$X_{sst} \cdot X_t + X_s \cdot X_{stt} + 2X_{st} \cdot X_{st} = X_{st} \cdot X_{st} - X_{ss} \cdot X_{tt}$ ...... ①

$E = X_s \cdot X_s$, $G = X_t \cdot X_t$ 을 미분하면

$\frac{1}{2}E_s = X_s \cdot X_{ss}$, $\frac{1}{2}E_t = X_s \cdot X_{st}$,

$\frac{1}{2}G_s = X_t \cdot X_{ts}$, $\frac{1}{2}G_t = X_t \cdot X_{tt}$,

$\frac{1}{2}E_{tt} = X_{st} \cdot X_{st} + X_s \cdot X_{stt}$, $\frac{1}{2}G_{ss} = X_{st} \cdot X_{st} + X_t \cdot X_{sst}$

이며, ①을 이용하면

$X_{ss} \cdot X_t = -X_s \cdot X_{st} = -\frac{1}{2}E_t$, $X_s \cdot X_{tt} = -X_t \cdot X_{st} = -\frac{1}{2}G_s$,

$\frac{1}{2}(E_{tt} + G_{ss}) = X_{sst} \cdot X_t + X_s \cdot X_{stt} + 2X_{st} \cdot X_{st} = X_{st} \cdot X_{st} - X_{ss} \cdot X_{tt}$

정리하면

$$X_s \cdot X_{ss} = \frac{1}{2} E_s, \ X_s \cdot X_{st} = \frac{1}{2} E_t, \ X_t \cdot X_{st} = \frac{1}{2} G_s,$$

$$X_t \cdot X_{tt} = \frac{1}{2} G_t, \ X_t \cdot X_{ss} = -\frac{1}{2} E_t, \ X_s \cdot X_{tt} = -\frac{1}{2} G_s$$

$$X_{ss} \cdot X_{tt} - X_{st} \cdot X_{st} = -\frac{1}{2}(E_{tt} + G_{ss})$$

$$(X_{ss} \cdot (X_s \times X_t))(X_{tt} \cdot (X_s \times X_t))$$

$$= (X_{ss}X_{tt})EG - (X_tX_{ss})(X_tX_{tt})E - (X_sX_{tt})(X_sX_{ss})G$$

$$= (X_{ss}X_{tt})EG + \frac{1}{4}E_t G_t E + \frac{1}{4}G_s E_s G$$

$$(X_{st} \cdot (X_s \times X_t))(X_{st} \cdot (X_s \times X_t)) = (X_{st}X_{st})EG - (X_tX_{st})^2 E - (X_sX_{st})^2 G$$

$$= (X_{st}X_{st})EG - \frac{1}{4}G_s^2 E - \frac{1}{4}E_t^2 G$$

$$(X_{ss} \cdot (X_s \times X_t))(X_{tt} \cdot (X_s \times X_t)) - (X_{st} \cdot (X_s \times X_t))^2$$

$$= (X_{ss}X_{tt})EG + \frac{1}{4}E_t G_t E + \frac{1}{4}G_s E_s G - (X_{st}X_{st})EG + \frac{1}{4}G_s^2 E + \frac{1}{4}E_t^2 G$$

$$= -\frac{1}{2}(E_{tt} + G_{ss})EG + \frac{1}{4}E_t G_t E + \frac{1}{4}G_s E_s G + \frac{1}{4}G_s^2 E + \frac{1}{4}E_t^2 G$$

$$K = |S| = \frac{1}{(EG)^2}\{(X_{ss} \cdot (X_s \times X_t))(X_{tt} \cdot (X_s \times X_t)) - (X_{st} \cdot (X_s \times X_t))^2\}$$

$$= \frac{1}{4(EG)^2}\{E_t^2 G + EE_t G_t - 2E_{tt}EG + G_s^2 E + GG_s E_s - 2G_{ss}EG\}$$

$$= \frac{1}{2\sqrt{EG}}\left\{\frac{E_t(E_t G + EG_t) - 2E_{tt}EG}{2\sqrt{EG}^3} + \frac{G_s(G_s E + GE_s) - 2G_{ss}EG}{2\sqrt{EG}^3}\right\}$$

$$= -\frac{1}{2\sqrt{EG}}\left(\frac{\partial}{\partial t}\left(\frac{E_t}{\sqrt{EG}}\right) + \frac{\partial}{\partial s}\left(\frac{G_s}{\sqrt{EG}}\right)\right)$$

따라서 $K = -\frac{1}{2\sqrt{EG}}\left\{\frac{\partial}{\partial s}\left(\frac{G_s}{\sqrt{EG}}\right) + \frac{\partial}{\partial t}\left(\frac{E_t}{\sqrt{EG}}\right)\right\}$

조각사상 $X(u,v)$ 가 $F = X_u \cdot X_v = 0$ 일 때, '직교 좌표조각사상'이라 하고, $F = m = 0$ 일 때, 조각사상 X 를 '주요(principal) 조각사상'이라 하며 이때 $k_1 = \frac{l}{E}$, $k_2 = \frac{n}{G}$ 는 주요곡률이며 $\frac{X_u}{\sqrt{E}}$, $\frac{X_v}{\sqrt{G}}$ 는 단위 주요벡터이다.

$F = 0$, $E = G$ 일 때, 곡면 $X(u,v)$ 를 '등온적(isothermal) 조각사상'이라 하며 가우스곡률과 평균곡률은 조화함수와 특별한 관련성이 있다.

조화함수를 나타내는 라플라시안(Laplacian) 기호 $\triangle = \dfrac{\partial^2}{\partial u^2} + \dfrac{\partial^2}{\partial v^2}$ 에 관해

$\triangle f = 0$ 일 때, 함수 $f(u,v)$ 를 조화함수(harmonic function)라 한다.

조화함수 $f(u,v)$ 에 관하여 $E = G = e^f$, $F = 0$ 이면 가우스곡률 $K = 0$ 이다.

이러한 성질들을 명제로 나타내고 증명하자.

[정리] 조각사상 $X(u,v)$ 가 $F = 0$ (직교좌표조각사상)일 때,

(1) $-U_u = \dfrac{l}{E}X_u + \dfrac{m}{G}X_v$, $-U_v = \dfrac{m}{E}X_u + \dfrac{n}{G}X_v$

(2) $F = m = 0$ 이면 $-U_u = \dfrac{l}{E}X_u$, $-U_v = \dfrac{n}{G}X_v$ (주요곡률)

(3) $F = m = 0$ 이면 $l_v = \dfrac{E_v}{2}\left(\dfrac{l}{E} + \dfrac{n}{G}\right)$, $n_u = \dfrac{G_u}{2}\left(\dfrac{l}{E} + \dfrac{n}{G}\right)$

즉, $l_v = HE_v$, $n_u = HG_u$ (코다찌(Codazzi) 방정식)

X_u, X_v 는 주요벡터가 된다.

Codazzi 방정식이라 한다. (특수화)

증명 (1) U_u, U_v 는 곡면의 접벡터이므로

$-U_u = aX_u + bX_v$, $-U_v = cX_u + dX_v$ 라 쓸 수 있다.

$l = -U_u \cdot X_u = aX_uX_u + bX_vX_u = aE + bF = aE$ 이므로 $a = \dfrac{l}{E}$

$m = -U_u \cdot X_v = aX_uX_v + bX_vX_v = aF + bG = bG$ 이므로 $b = \dfrac{m}{G}$

$m = -U_v \cdot X_u = cX_uX_u + dX_vX_u = cE + dF = cE$ 이므로 $c = \dfrac{m}{E}$

$n = -U_v \cdot X_v = cX_uX_v + dX_vX_v = cF + dG = dG$ 이므로 $d = \dfrac{n}{G}$

따라서 $-U_u = \dfrac{l}{E}X_u + \dfrac{m}{G}X_v$, $-U_v = \dfrac{m}{E}X_u + \dfrac{n}{G}X_v$ 이다.

(2) $m = 0$ 이므로 (1)에 대입하면 $-U_u = \dfrac{l}{E}X_u$, $-U_v = \dfrac{n}{G}X_v$ 이다.

위의 성질로부터 주요곡률은 $k_1 = \dfrac{l}{E}$, $k_2 = \dfrac{n}{G}$ 이며 $\dfrac{X_u}{\sqrt{E}}$, $\dfrac{X_v}{\sqrt{G}}$ 는 단위 주요벡터이고 $-U_u = k_1X_u$, $-U_v = k_2X_v$ 이다.

(3) 제1기본량 $E = X_uX_u$, $F = 0 = X_uX_v$, $G = X_vX_v$ 을 미분하면

$E_v = 2X_{uv}X_u$, $G_u = 2X_{vu}X_v$, $0 = X_{uu}X_v + X_uX_{vu} = X_{uv}X_v + X_uX_{vv}$,

$\dfrac{1}{2}E_v = X_{uv}X_u$, $-\dfrac{1}{2}E_v = X_{uu}X_v$, $\dfrac{1}{2}G_u = X_{vu}X_v$, $-\dfrac{1}{2}G_u = X_{vv}X_u$. …… ㉠

제2기본량을 미분하자.

$l = -X_u U_u$, $m = 0 = -X_u U_v = -X_v U_u$, $n = -X_v U_v$,

$l_v = -X_{uv} U_u - X_u U_{uv}$, $n_u = -X_{vu} U_v - X_v U_{vu}$,

$0 = X_{uu} U_v + X_u U_{vu} = X_{vv} U_u + X_v U_{uv}$ 이므로

$l_v = -X_{uv} U_u + X_{uu} U_v = k_1 X_{uv} X_u - k_2 X_{uu} X_v$,

$n_u = -X_{vu} U_v + X_{vv} U_u = k_2 X_{vu} X_v - k_1 X_{vv} X_u$ 이다. ㉠을 적용하면

$l_v = k_1 \dfrac{E_v}{2} + k_2 \dfrac{E_v}{2} = HE_v$ 이며 $n_u = k_2 \dfrac{G_u}{2} + k_1 \dfrac{G_u}{2} = HG_u$ 이다.

따라서 $l_v = HE_v$, $n_u = HG_u$ 이 성립한다.

$k_1 = \dfrac{l}{E}$, $k_2 = \dfrac{n}{G}$ 를 대입하면 $l_v = \dfrac{E_v}{2}\left(\dfrac{l}{E} + \dfrac{n}{G}\right)$, $n_u = \dfrac{G_u}{2}\left(\dfrac{l}{E} + \dfrac{n}{G}\right)$ 이 성립한다.

[정리]

(1) $F = 0$, $E = G$ 등온(isothermal) 조각사상 곡면의 가우스곡률은

$$K = -\frac{1}{2E}\left[\frac{\partial^2 \ln(E)}{\partial u^2} + \frac{\partial^2 \ln(E)}{\partial v^2}\right] = -\frac{1}{2E}\Delta \ln(E)$$

특히, 조화함수 $f(u,v)$ 에 관하여 $E = G = e^f$, $F = 0$ 이면 $K = 0$

(2) 정칙곡면 $X(u,v)$ 에 대하여 $E = G$, $F = 0$ 이면 $X_{uu} + X_{vv} = 2EHU$ 이다.

특히, 평균곡률 $H = 0$ 이면 $X_{uu} + X_{vv} = \vec{0}$ 즉, $\Delta X(u,v) = 0$

(3) 곡면 S 에서 평균곡률 $H = 0$, $K \neq 0$ 이면 곡면위의 한 점 p 의 두 접벡터 v , w 에 대하여 $\nabla_v U \cdot \nabla_w U = -K(v \cdot w)$

> 정칙곡면은 국소적으로 등온조각사상을 갖는다.

증명 (1) $F = 0$ 이므로 $K = -\dfrac{1}{2\sqrt{EG}}\left\{\left(\dfrac{G_s}{\sqrt{EG}}\right)_s + \left(\dfrac{E_t}{\sqrt{EG}}\right)_t\right\}$

또한 $E = G$ 이므로

$K = -\dfrac{1}{2E}\left\{\dfrac{\partial}{\partial s}\left(\dfrac{E_s}{E}\right) + \dfrac{\partial}{\partial t}\left(\dfrac{E_t}{E}\right)\right\}$

$\quad = -\dfrac{1}{2E}\left\{\dfrac{\partial}{\partial s}\left(\dfrac{\partial \ln(E)}{\partial s}\right) + \dfrac{\partial}{\partial t}\left(\dfrac{\partial \ln(E)}{\partial t}\right)\right\}$

$\quad = -\dfrac{1}{2E}\left\{\dfrac{\partial^2 \ln(E)}{\partial s^2} + \dfrac{\partial^2 \ln(E)}{\partial s^2}\right\} = -\dfrac{1}{2E}\Delta \ln(E)$

따라서 $K = -\dfrac{1}{2E}\Delta \ln(E)$ 이다.

$E = G = e^f$, $F = 0$ 이면 $K = -\dfrac{e^{-f}}{2}\Delta \ln(e^f) = -\dfrac{e^{-f}}{2}\Delta f$ 이며,

f 는 조화함수이므로 $\Delta f = 0$. 따라서 $K = 0$

(2) 증명하자. $E = X_u X_u = X_v X_v = G$, $F = X_u X_v = 0$ 을 미분하면

① $X_{uu} X_u = X_{vu} X_v$, ② $X_{uv} X_u = X_{vv} X_v$,

③ $X_{uu} X_v + X_u X_{vu} = 0$, ④ $X_{uv} X_v + X_u X_{vv} = 0$

①+④을 정돈하면 $X_{uu} X_u + X_{vv} X_u = 0$ 이며,

②-③을 정돈하면 $X_{uu} X_v + X_{vv} X_v = 0$

$(X_{uu} + X_{vv}) \cdot X_u = X_{uu} X_u + X_{vv} X_u = 0$,

$(X_{uu} + X_{vv}) \cdot X_v = X_{uu} X_v + X_{vv} X_v = 0$

따라서 $X_{uu} + X_{vv}$ 와 U 는 평행이다. $X_{uu} + X_{vv} = cU$ 인 스칼라 c 가 있으며 $c = (X_{uu} + X_{vv}) \cdot U = X_{uu} U + X_{vv} U = l + n$ 이다.

$H = \dfrac{1}{2} \dfrac{En + Gl - 2Fm}{EG - F^2} = \dfrac{1}{2} \dfrac{En + El}{E^2} = \dfrac{n + l}{2E}$ 이므로

$l + n = 2HE$

따라서 $X_{uu} + X_{vv} = 2HEU$ 이다.

특히, $H = 0$ 이면 $X_{uu} + X_{vv} = \vec{0}$ 즉, $\triangle X(u, v) = 0$

[정리]

(1) **{힐베르트(Hilbert) 보조정리}** 정칙곡면 X 의 한 점 p 에서 k_1 는 극댓값을 갖고, k_2 는 극솟값을 가지며 $k_1(p) > k_2(p)$ 이면 가우스곡률 $K(p) \leq 0$ 이다.

(2) **{리브만(Liebmann) 정리}** 컴팩트 정칙곡면 X 의 가우스곡률이 상수이면 곡면 X 는 반지름이 $\dfrac{1}{\sqrt{K}}$ 인 구면이다.

증명 (1) 정칙곡면 X 위의 점 p 에서 $k_1(p) > k_2(p)$ 이므로 주요벡터 e_1, e_2 는 수직이다.

이때, p 근방을 $X_u(p) = e_1$, $X_v(p) = e_2$ 가 되는 조각사상 $X(u, v)$ 로 나타낼 수 있으며 $F = m = 0$ 이다.

$F = m = 0$ 이므로 $k_1 = \dfrac{l}{E}$, $k_2 = \dfrac{n}{G}$ 이며 $l_v = HE_v$, $n_u = HG_u$

$l = k_1 E$, $n = k_2 G$ 를 미분하면

$l_v = k_{1v} E + k_1 E_v$, $n_u = k_{2u} G + k_2 G_u$ 이므로

$HE_v = k_{1v} E + k_1 E_v$, $HG_u = k_{2u} G + k_2 G_u$ 이며

$(k_2 - k_1) E_v = 2k_{1v} E$, $(k_1 - k_2) G_u = 2k_{2u} G$ 이다. …… ㉠

$F = 0$ 이므로 $K = -\dfrac{1}{2\sqrt{EG}} \left\{ \left(\dfrac{G_u}{\sqrt{EG}} \right)_u + \left(\dfrac{E_v}{\sqrt{EG}} \right)_v \right\}$ …… ㉡

㉠, ㉡으로부터 적당한 함수 $g(u, v)$, $h(u, v)$ 가 존재하여

$2(k_1 - k_2) EGK = 2Ek_{1vv} - 2Gk_{2uu} + g(u, v) k_{1v} + h(u, v) k_{2u}$ …… ㉢

라 정리할 수 있다.

식을 유도하는 계산 과정이 길다.

조각사상 $X(u, v)$ 를 이용하여 구한 주요곡률을 $k_1(u, v)$, $k_2(u, v)$ 라 놓자.

$k_1(u, v)$ 는 p 에서 극대이므로 $k_{1u}(p) = k_{1v}(p) = 0$ 이며

$k_{1uu}(p) \leq 0$, $k_{1vv}(p) \leq 0$ 이다.

$k_2(u, v)$ 는 p 에서 극소이므로 $k_{2u}(p) = k_{2v}(p) = 0$ 이며

$k_{2uu}(p) \geq 0$, $k_{2vv}(p) \geq 0$ 이다.

ⓒ에 점 p 를 대입하면 $(k_1 - k_2)EGK = Ek_{1vv} - Gk_{2uu}$

점 p 에서 $k_1 - k_2 > 0$, $E > 0$, $G > 0$, $k_{1vv} \leq 0$, $k_{2uu} \geq 0$ 이므로

$K \leq 0$ 이다. 그러므로 $K(p) \leq 0$ 이 성립한다.

(2) 곡면 X 가 컴팩트 정칙곡면이므로 $K > 0$ 인 점이 적어도 하나 있다.

문제조건에 따라 K 는 상수이므로 K 는 양수인 상수이다. $k_1 \geq k_2$ 라 하자.

주요곡률 k_1 는 컴팩트 곡면에서 연속이므로 최대가 되는 점 p 를 갖는다.

$K = k_1 k_2$ 는 양의 상수이므로 k_2 는 p 에서 최소가 된다.

$K(p) > 0$ 이므로 (1)로부터 $k_1(p) = k_2(p)$ 이다.

$k_1 \geq k_2$ 일 때, 점 p 에서 k_1 은 최대이고 k_2 는 최소이므로 모든 점에서

$k_1 = k_2$ 이다. 모든 점에서 $k_1 = k_2 \neq 0$ 이면 곡면 X 는 구면(일부)이다.

그러므로 컴팩트 정칙곡면 X 는 구면이며 반지름이 $1/\sqrt{K}$ 이다.

3. 국소적 등장사상과 측지곡률(geodesic curvature)

측지곡률에 관한 다음 정리를 이용하여 등장사상에 관해 불변임을 살펴보자.

> **[정리]** 곡면 $X(u, v)$ 가 $F = 0$ (orthogonal, 직교조각사상)일 때,
>
> (1) 곡선 $\alpha(t) = X(u(t), v(t))$ 의 측지곡률 k_g 는 다음 관계식을 만족한다.
>
> X_u 와 α' 가 이루는 각을 $\varphi(t)$ 라 놓자.
>
> $$k_g = \frac{1}{2\sqrt{EG}}\left(G_u \frac{dv}{ds} - E_v \frac{du}{ds}\right) + \frac{d\varphi}{ds}$$
>
> (2) $\alpha(t) = X(u(t), v(t))$ 위의 점 $P = \alpha(t_0)$ 를 지나는 두 곡선
> $e_1(t) = X(u(t), v(t_0))$, $e_2(t) = X(u(t_0), v(t))$ 의 측지곡률을 각각 k_{g1} , k_{g2} 라
> 하면 (단, $\varphi(t)$ 는 e_1' 과 α' 이 이루는 각)
>
> $$k_g = k_{g1}\cos\varphi + k_{g2}\sin\varphi + \frac{d\varphi}{ds}$$

증명 (1) $F = 0$ 이므로 두 벡터 $\dfrac{X_u}{\sqrt{E}}$, $\dfrac{X_v}{\sqrt{G}}$ 는 정규직교 접벡터이며

$U = \dfrac{X_u}{\sqrt{E}} \times \dfrac{X_v}{\sqrt{G}}$ 이다.

$T = \dfrac{d}{ds}\alpha = \dfrac{du}{ds}X_u + \dfrac{dv}{ds}X_v = \dfrac{du}{ds}\sqrt{E}\dfrac{1}{\sqrt{E}}X_u + \dfrac{dv}{ds}\sqrt{G}\dfrac{1}{\sqrt{G}}X_v$

이므로 $\cos\varphi = \sqrt{E}\dfrac{du}{ds}$, $\sin\varphi = \sqrt{G}\dfrac{dv}{ds}$ 이며

$T = \cos\varphi\dfrac{X_u}{\sqrt{E}} + \sin\varphi\dfrac{X_v}{\sqrt{G}}$

미분하고, 프레네-세레 정리를 적용하면

$$\frac{d}{ds}T = kN = -\sin\varphi\frac{d\varphi}{ds}\frac{X_u}{\sqrt{E}} + \cos\varphi\frac{d\varphi}{ds}\frac{X_v}{\sqrt{G}}$$
$$+ \cos\varphi\left(\frac{X_u}{\sqrt{E}}\right)_s + \sin\varphi\left(\frac{X_v}{\sqrt{G}}\right)_s$$

$$U\times T = \cos\varphi\, U\times\frac{X_u}{\sqrt{E}} + \sin\varphi\, U\times\frac{X_v}{\sqrt{G}} = \cos\varphi\frac{X_v}{\sqrt{G}} - \sin\varphi\frac{X_u}{\sqrt{E}}\ ,$$

벡터 $V = U\times T$ 라 놓으면 $V = \cos\varphi\dfrac{X_v}{\sqrt{G}} - \sin\varphi\dfrac{X_u}{\sqrt{E}}$

$$\frac{X_u}{\sqrt{E}}\cdot\frac{X_u}{\sqrt{E}} = 1\ ,\ \ \frac{X_v}{\sqrt{G}}\cdot\frac{X_v}{\sqrt{G}} = 1\ ,\ \ \frac{X_u}{\sqrt{E}}\cdot\frac{X_v}{\sqrt{G}} = 0\ \text{을 미분하면}$$

$$\left(\frac{X_u}{\sqrt{E}}\right)_s\cdot\frac{X_u}{\sqrt{E}} = 0\ ,\ \ \left(\frac{X_v}{\sqrt{G}}\right)_s\cdot\frac{X_v}{\sqrt{G}} = 0\ \text{이며}$$

$$\left(\frac{X_u}{\sqrt{E}}\right)_s\cdot\frac{X_v}{\sqrt{G}} + \frac{X_u}{\sqrt{E}}\cdot\left(\frac{X_v}{\sqrt{G}}\right)_s = 0\ \text{이므로}$$

$$\left(-\sin\varphi\frac{d\varphi}{ds}\frac{X_u}{\sqrt{E}} + \cos\varphi\frac{d\varphi}{ds}\frac{X_v}{\sqrt{G}}\right)\cdot\left(\cos\varphi\frac{X_v}{\sqrt{G}} - \sin\varphi\frac{X_u}{\sqrt{E}}\right) = \frac{d\varphi}{ds}$$

$$\left(\cos\varphi\left(\frac{X_u}{\sqrt{E}}\right)_s + \sin\varphi\left(\frac{X_v}{\sqrt{G}}\right)_s\right)\cdot\left(\cos\varphi\frac{X_v}{\sqrt{G}} - \sin\varphi\frac{X_u}{\sqrt{E}}\right)$$

$$= \cos^2\varphi\left(\frac{X_u}{\sqrt{E}}\right)_s\cdot\frac{X_v}{\sqrt{G}} - \sin^2\varphi\left(\frac{X_v}{\sqrt{G}}\right)_s\cdot\frac{X_u}{\sqrt{E}}$$

$$= \left(\frac{X_u}{\sqrt{E}}\right)_s\cdot\frac{X_v}{\sqrt{G}}$$

$$= \left(-\frac{(E)_s}{2E\sqrt{E}}X_u + \frac{1}{\sqrt{E}}\frac{du}{ds}X_{uu} + \frac{1}{\sqrt{E}}\frac{dv}{ds}X_{uv}\right)\cdot\frac{X_v}{\sqrt{G}}$$

$$= \frac{1}{\sqrt{EG}}\left(\frac{du}{ds}X_{uu}\cdot X_v + \frac{dv}{ds}X_{uv}\cdot X_v\right)$$

E, G를 미분하면 $X_{uu}\cdot X_u = \dfrac{1}{2}E_u$, $X_{uv}\cdot X_u = \dfrac{1}{2}E_v$,

$X_{vu}\cdot X_v = \dfrac{1}{2}G_u$, $X_{vv}\cdot X_v = \dfrac{1}{2}G_v$,

$F = 0$ 을 미분하면 $X_{uu}\cdot X_v = -\dfrac{1}{2}E_v$, $X_{vv}\cdot X_u = -\dfrac{1}{2}G_u$

$$\frac{1}{\sqrt{EG}}\left(\frac{du}{ds}X_{uu}\cdot X_v + \frac{dv}{ds}X_{uv}\cdot X_v\right) = \frac{1}{\sqrt{EG}}\left(-\frac{1}{2}E_v\frac{du}{ds} + \frac{1}{2}G_u\frac{dv}{ds}\right)$$

따라서 $kN\cdot V = \dfrac{d\varphi}{ds} + \dfrac{1}{2\sqrt{EG}}\left(G_u\dfrac{dv}{ds} - E_v\dfrac{du}{ds}\right)$ 이다.

측지곡률 $k_g = k(T \times N) \cdot U = kN \cdot (U \times T) = kN \cdot V$ 이므로

$$k_g = \frac{d\varphi}{ds} + \frac{1}{2\sqrt{EG}}\left(G_u \frac{dv}{ds} - E_v \frac{du}{ds}\right)$$

그러므로 측지곡률 $k_g = \frac{1}{2\sqrt{EG}}\left(G_u \frac{dv}{ds} - E_v \frac{du}{ds}\right) + \frac{d\varphi}{ds}$ 이다.

(2) $\cos\varphi = \sqrt{E}\,\frac{du}{ds}$, $\sin\varphi = \sqrt{G}\,\frac{dv}{ds}$ 을 대입하면

$$k_g = \frac{G_u}{2G\sqrt{E}}\sin\varphi - \frac{E_v}{2E\sqrt{G}}\cos\varphi + \frac{d\varphi}{ds}$$

이며, $k_{g1} = -\frac{E_v}{2E\sqrt{G}}$, $k_{g2} = \frac{G_u}{2G\sqrt{E}}$ 이므로

$$k_g = k_{g2}\sin\varphi + k_{g1}\cos\varphi + \frac{d\varphi}{ds}$$

그러므로 $k_g = k_{g1}\cos\varphi + k_{g2}\sin\varphi + \frac{d\varphi}{ds}$ 이다.

[정리] 국소적 등장사상(local isometry)은 측지곡률을 보존한다.

증명 두 곡면 X, Y가 국소 등장적이라 하자. $\alpha(t)$ 가 X 위의 곡선이며 $\alpha(t)$ 위의 점에서 $X_u \cdot X_v = 0$ 인 직교조각사상 $X(u,v)$ 가 존재한다.

X 에서 Y 로의 국소 등장사상 f 라 할 때, 곡면 Y 의 좌표조각사상을 $f(X(u,v)) = Y(u,v)$ 라 놓으면 X, Y 의 제1기본량은 동일하므로 두 곡면의 제1기본량을 공통적으로 E, F, G 라 쓰기로 하자.

f 에 의하여 $\alpha(t)$ 를 사상한 곡선을 $\beta(t) = f(\alpha(t))$ 라 하자.

$\alpha(t)$ 는 $X(u,v)$ 위의 곡선이므로 $\alpha(t) = X(u(t), v(t))$ 인 함수 $u(t), v(t)$ 가 있다. 이때, $\beta(t) = f(\alpha(t)) = f(X(u(t), v(t))) = Y(u(t), v(t))$ 이므로 $\beta(t) = Y(u(t), v(t))$ 이다.

따라서 $\alpha(t) = X(u(t), v(t))$ 와 $\beta(t) = Y(u(t), v(t))$ 를 나타내는 두 함수 $u(t), v(t)$ 는 동일하다.

국소 등장사상은 접벡터의 각을 보존하므로 α' 과 X_u 의 사이 각과 β' 과 Y_u 의 사이 각은 같다.

따라서 곡선 $\alpha(t)$ 의 측지곡률 $k_g = \frac{1}{2\sqrt{EG}}\left(G_u \frac{dv}{ds} - E_v \frac{du}{ds}\right) + \frac{d\varphi}{ds}$ 와

곡선 $\beta(t)$ 의 측지곡률 $k_g = \frac{1}{2\sqrt{EG}}\left(G_u \frac{dv}{ds} - E_v \frac{du}{ds}\right) + \frac{d\varphi}{ds}$ 은 같다.

그러므로 국소적 등장사상 f 에 의하여 $\beta(t) = f(\alpha(t))$ 이면 곡선 $\alpha(t)$ 와 $\beta(t)$ 의 측지곡률은 같다.

일반적인 등장사상(isometry, 거리동형사상)은 국소적 등장사상이므로 등장사상에 의한 변환에 대하여 측지곡률은 불변적 성질이다.

그리고 가우스 정리에 의하여 가우스곡률도 등장사상에 의한 변환에 대하여 불변적 성질이다.

등장사상이 측지곡률을 보존하므로 측지곡선을 측지곡선으로 옮긴다.

즉, $\alpha(t)$ 가 곡면 X 의 측지곡선이고 사상 $f : X \to Y$ 가 등장사상이면 $f(\alpha(t))$ 는 곡면 Y 의 측지곡선이다.

예제 1 다음 정칙곡면 X_t 는 곡면 X_0 와 거리동형임을 보이시오.

$$X_t(u,v) = \cos t \, (\sinh u \cos v,\, \sinh u \sin v,\, v)$$
$$+ \sin t \, (-\cosh u \sin v,\, \cosh u \cos v,\, u)$$

그리고 가우스곡률 K 를 구하시오.

증명 두 조각사상 $X_0 = \phi$ 와 ψ 를 다음과 같이 놓자.

$\phi(u,v) = (\sinh u \cos v,\, \sinh u \sin v,\, v)$,

$\psi(u,v) = (-\cosh u \sin v,\, \cosh u \cos v,\, u)$

우선, 두 조각사상 ϕ 와 ψ 로 주어진 곡면의 제1기본량을 구하자.

$\phi_u = (\cosh u \cos v,\, \cosh u \sin v,\, 0)$, $\phi_v = (-\sinh u \sin v,\, \sinh u \cos v,\, 1)$

$E_\phi = \cosh^2 u$, $F_\phi = 0$, $G_\phi = \cosh^2 u$

$\psi_u = (-\sinh u \sin v,\, \sinh u \cos v,\, 1)$, $\psi_v = (-\cosh u \cos v,\, -\cosh u \sin v,\, 0)$

$E_\psi = \cosh^2 u$, $F_\psi = 0$, $G_\psi = \cosh^2 u$

따라서 $E_\phi = E_\psi$, $F_\phi = F_\psi$, $G_\phi = G_\psi$ 이며 $\phi_u \cdot \psi_u = \phi_v \cdot \psi_v = 0$ 이다.

곡면 $X_t(u,v)$ 를 간단히 $X(u,v)$ 라 쓰기로 하자.

주어진 곡면 $X(u,v) = \cos t \, \phi(u,v) + \sin t \, \psi(u,v)$ 이며 제1기본량을 구하면

$X_u = \cos t \, \phi_u + \sin t \, \psi_u$, $X_v = \cos t \, \phi_v + \sin t \, \psi_v$,

$E_X = \cos^2 t \, E_\phi + \sin^2 t \, E_\psi = E_\phi$, $G_X = \cos^2 t \, G_\phi + \sin^2 t \, G_\psi = G_\phi$,

$F_X = \cos^2 t \, \phi_u \cdot \psi_u + \cos t \sin t \, (\phi_u \cdot \psi_v + \phi_v \cdot \psi_u) + \sin^2 t \, \phi_v \cdot \psi_v = 0 = F_\phi$

그러므로 사상 $F(X_0(u,v)) = X_t(u,v)$ 는 두 곡면 ϕ 와 X_t 사이의 등장사상(거리동형사상, isometry)이다.

가우스 정리에 따라 곡면 X_t 와 곡면 ϕ 는 가우스곡률이 같다.

곡면 ϕ 의 제2기본량과 가우스곡률을 구하자.

$\phi_{uu} = (\sinh u \cos v,\, \sinh u \sin v,\, 0)$, $\phi_{vv} = (-\sinh u \cos v,\, -\sinh u \sin v,\, 0)$

$\phi_{uv} = (-\cosh u \sin v,\, \cosh u \cos v,\, 0)$,

$\phi_u \times \phi_v = (\cosh u \sin v,\, -\cosh u \cos v,\, \cosh u \sinh u)$,

$U = (\operatorname{sech} u \sin v,\, -\operatorname{sech} u \cos v,\, \tanh u)$

$L_\phi = 0$, $M_\phi = -1$, $N_\phi = 0$ 이므로 $K = \dfrac{-1}{\cosh^4 u}$ 이다.

따라서 곡면 X_t 의 가우스곡률은 $K = \dfrac{-1}{\cosh^4 u}$ 이다.

예제 2 정칙곡면 X 가 $\| a X_s(s,t) + b X_t(s,t) \| = f(s,t) \sqrt{a^2 + b^2}$ 일 때, $E = G$, $F = 0$ 임을 보이시오.

증명 $a = 1$, $b = 0$ 대입하면 $\| X_s(s,t) \| = f(s,t)$ 이므로 $E = f^2$

$a = 0$, $b = 1$ 대입하면 $\| X_t(s,t) \| = f(s,t)$ 이므로 $G = f^2$

따라서 $E = G$ 이다.

$a = 1$, $b = 1$ 대입하면 $\| X_s + X_t \| = \sqrt{2} f(s,t)$ 이므로

$E + 2F + G = 2f^2$

$a = 1$, $b = -1$ 대입하면 $\| X_s - X_t \| = \sqrt{2} f(s,t)$ 이므로

$E - 2F + G = 2f^2$

두 식을 빼면 $4F = 0$, $F = 0$

따라서 $E = G$ 이며 $F = 0$

예제 3 부채꼴 D 와 원뿔면 S 와 그 사이의 사상 ϕ 가 있다.

$D = \{ (u\cos t, u\sin t) \mid 0 \le u \le 2r, 0 \le t \le \pi \}$

$S = \{ (v\cos\theta, v\sin\theta, \sqrt{3}\, v) \mid 0 \le v \le r, 0 \le \theta \le 2\pi \}$

$\phi(u\cos t, u\sin t) = \left(\dfrac{u}{2}\cos(2t), \dfrac{u}{2}\sin(2t), \dfrac{\sqrt{3}}{2}u \right)$

사상 ϕ 는 국소 등장사상(local isometry)임을 보이시오.

증명 부채꼴 D 의 조각사상 $X(u,t) = (u\cos t, u\sin t, 0)$,

원뿔면 S 의 조각사상 $Y(u,t) = \left(\dfrac{u}{2}\cos(2t), \dfrac{u}{2}\sin(2t), \dfrac{\sqrt{3}}{2}u \right)$ 라 두면

$X_u = (\cos t, \sin t, 0)$, $X_t = (-u\sin t, u\cos t, 0)$

이므로 $E_X = 1$, $F_X = 0$, $G_X = u^2$ 이며,

$Y_u = \left(\dfrac{1}{2}\cos(2t), \dfrac{1}{2}\sin(2t), \dfrac{\sqrt{3}}{2} \right)$, $Y_t = (-u\sin(2t), u\cos(2t), 0)$

이므로 $E_Y = 1$, $F_Y = 0$, $G_Y = u^2$ 이다.

따라서 $E_X = E_Y$, $F_X = F_Y$, $G_X = G_Y$

그러므로 부채꼴 D 와 원뿔면 S 는 국소적 등장이다.

예제 4 다음 조각사상으로 주어진 두 곡면의 관계를 설명하시오.

$X(u,v) = ((R+r\cos u)\cos v, (R+r\cos u)\sin v, r\sin u)$

$Y(u,v) = \left((R+r\cos u)\cos v, \dfrac{(R+r\cos u)\sin v - r\sin u}{\sqrt{2}},\right.$

$$\left.\dfrac{(R+r\cos u)\sin v + r\sin u}{\sqrt{2}}\right)$$

풀이 변환행렬 $T = \begin{pmatrix} 1 & 0 & 0 \\ 0 & \dfrac{1}{\sqrt{2}} & \dfrac{-1}{\sqrt{2}} \\ 0 & \dfrac{1}{\sqrt{2}} & \dfrac{1}{\sqrt{2}} \end{pmatrix}$ 라 두면 $T\,T^t = \mathrm{I}$, $\det(T) = 1$ 이므로 T

는 회전변환 행렬이며 $T(X(u,v)) = Y(u,v)$ 이므로 곡면 X를 T-회전이동한 도형이 곡면 Y이다.

따라서 두 곡면은 합동이다.

두 곡면이 합동(congruence)이면 등장(isometric)이다. 역은 성립하지 않는다.

08 가우스–보네 정리(Gauss–Bonnet Theorem)

1. 가우스–보네(Gauss–Bonnet) 정리

유향 곡면 S 의 다각형 영역 X 의 경계(boundary) ∂X 가 유한개의 곡선 C_i 들의 합집합 C 로 나타날 때, C_i 들의 끝 점들을 꼭짓점이라 하고, 꼭짓점 p 들의 외각(exterior angle)들을 ε_p 이라 하면 다음과 같이 국소적인 가우스–보네 정리(Gauss–Bonnet Theorem)가 성립한다.

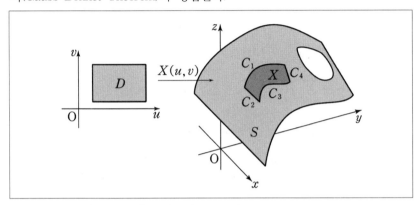

[국소적 가우스–보네 정리]
유향 곡면 S 의 다각형 영역 X 의 경계 ∂X 와 경계의 꼭짓점들에 관하여

$$\iint_X K\,dS + \int_{\partial X} k_g\,ds + \sum_{\text{꼭짓점}\,p} \varepsilon_p = 2\pi \quad (\text{단, } \varepsilon_p \text{ 는 외각})$$

증명 유향 정칙곡면 S 위의 각 점마다 경계를 구분적으로 정칙곡선 C_i 들의 합집합 $C = \bigcup_{i=1}^{n} C_i$ 로 나타낼 수 있는 단순연결 컴팩트근방 X 의 직교조각사상을 $X(u,v)$ 라 하자. 직교조각사상이므로 $F = 0$ 이다.

측지곡률 $k_g = \dfrac{1}{2\sqrt{EG}}\left(G_u \dfrac{dv}{ds} - E_v \dfrac{du}{ds}\right) + \dfrac{d\varphi}{ds}$ 이므로

$$\frac{1}{2\sqrt{EG}}\left(E_v \frac{du}{ds} - G_u \frac{dv}{ds}\right) + k_g - \frac{d\varphi}{ds} = 0$$

영역 X 의 경계 곡선들의 집합 $C = \bigcup_{i=1}^{n} C_i$ 를 따라 각 항별로 선적분하자.

첫 번째 항의 선적분:

$$\int_C \frac{1}{2\sqrt{EG}}\left(E_v \frac{du}{ds} - G_u \frac{dv}{ds}\right) ds = \int_C \frac{E_v}{2\sqrt{EG}}\,du - \frac{G_u}{2\sqrt{EG}}\,dv$$

이며, 그린 정리를 적용하면

$$\int_C \frac{E_v}{2\sqrt{EG}}\,du - \frac{G_u}{2\sqrt{EG}}\,dv = -\frac{1}{2}\iint_D \left(\frac{G_u}{\sqrt{EG}}\right)_u + \left(\frac{E_v}{\sqrt{EG}}\right)_v du\,dv$$

가우스곡률 $K = -\dfrac{1}{2\sqrt{EG}}\left\{\dfrac{\partial}{\partial u}\left(\dfrac{G_u}{\sqrt{EG}}\right) + \dfrac{\partial}{\partial v}\left(\dfrac{E_v}{\sqrt{EG}}\right)\right\}$ 이며

$\left(\dfrac{G_u}{\sqrt{EG}}\right)_u + \left(\dfrac{E_v}{\sqrt{EG}}\right)_v = -2K\sqrt{EG} = -2K\sqrt{EG-F^2}$ 이므로

$$\int_C \dfrac{1}{2\sqrt{EG}}\left(E_v\dfrac{du}{ds} - G_u\dfrac{dv}{ds}\right)ds = \int\!\!\int_D K\sqrt{EG-F^2}\,du\,dv$$

$$= \int\!\!\int_X K\,dS$$

두 번째 항의 선적분: $\displaystyle\int_C k_g\,ds = \sum_{i=1}^{n}\int_{C_i} k_g\,ds$

세 번째 항의 선적분:

$$\int_C \dfrac{d\varphi}{ds}\,ds = \sum_{i=1}^{n}\int_{C_i}\dfrac{d\varphi}{ds}\,ds = \sum_{i=1}^{n}(\varphi(b_i) - \varphi(a_i))$$

$$= \sum_{i=1}^{n-1}(\varphi(b_i) - \varphi(a_{i+1})) + \varphi(b_n) - \varphi(a_1)$$

$1 \le i < n$ 이면 $\varepsilon_i = \varphi(b_i) - \varphi(a_{i+1})$ 이라 두고

$\varepsilon_n = \varphi(b_n) - \varphi(a_1) + 2\pi$ 라 두면 ε_i 는 i-번째 꼭짓점의 외각이므로

$$\int_C \dfrac{d\varphi}{ds}\,ds = \sum_{i=1}^{n}\varepsilon_i - 2\pi$$ 이며 모든 항들을 선적분한 결과

$$0 = \int_C \left\{\dfrac{1}{2\sqrt{EG}}\left(E_v\dfrac{du}{ds} - G_u\dfrac{dv}{ds}\right) + k_g - \dfrac{d\varphi}{ds}\right\}ds$$

$$= \int\!\!\int_X K\,dS + \int_C k_g\,ds + \sum_{i=1}^{n}\varepsilon_i - 2\pi$$

따라서 조각사상 $X(u,v)$ 로 곡면조각을 X 라 놓으면 $\partial X = C$ 이므로 위 식을 정리하면

$$\int\!\!\int_X K\,dS + \int_{\partial X} k_g\,ds + \sum_v \varepsilon_v = 2\pi$$ 이다.

컴팩트 유향 곡면 S 의 경계(boundary) ∂S 가 꼭짓점 P_i 들 사이에서 구분적으로 미분가능한 곡선들로 이루어질 때, 컴팩트 곡면 S 를 작은 삼각형 영역들로 분할(삼각분할)한 후, 각각의 삼각형영역에서 국소적 가우스-보네 정리를 적용하여 모두 합산할 때, 곡면 S 의 가우스곡률 K, 경계곡선 ∂S 의 측지곡률 k_g, 꼭짓점 P_i 의 외각 $\epsilon(P_i)$ 사이에 다음과 같이 가우스-보네 정리(Gauss-Bonnet Theorem)가 성립한다.

[가우스-보네 정리] S 가 컴팩트 유향곡면일 때,
$$\int\!\!\int_S K\,dS + \int_{\partial S} k_g\,ds + \sum_i \epsilon(P_i) = 2\pi\chi(S)$$

여기서 $\chi(S)$ 는 곡면 S 의 오일러 표수(Euler characteristic) $v - e + f$ 이다.

2. 컴팩트 정칙곡면에 관한 가우스–보네의 정리

가우스–보네의 공식으로부터 다음의 정리를 얻는다.

유향 정칙곡면 S 가 컴팩트 곡면(compact surface)이고, K 가 S 에 정의된 가우스곡률일 때, 컴팩트 정칙곡면은 경계가 공집합이므로 측지곡률의 적분과 외각의 합이 모두 0이다.

곡면 S 전체에서 K 를 적분한 결과는 S 의 오일러 표수(Euler characteristic)에 2π 를 곱한 값과 같다. 이를 가우스–보네 정리라 한다. S 를 폐곡면(closed surface, 닫힌 곡면)이라 하기도 한다.

> **[가우스–보네 정리]** 컴팩트 정칙곡면 S 에 대하여
> $$\iint_S K \, dS = 2\pi \chi(S)$$

따라서 컴팩트 정칙곡면 S 의 전곡률(total Gaussian curvature)은 항상 2π 의 정수배다.

가우스–보네 정리에서 사용된 오일러 표수의 정의는 다음과 같다.

곡면 S 을 삼각형 분해(triangulation) 또는 사각형 분해(rectangular decomposition) 했을 때, 꼭짓점의 개수를 v, 모서리의 개수를 e, 면의 개수를 f 라 하면 $v-e+f$ 의 값은 곡면을 분해하는 방법에 관계없이 항상 일정하며, 이 일정한 값을 곡면 S 의 오일러 표수 또는 오일러 지표(Euler characteristic)라 하고, 기호로 $\chi(S)$ 으로 쓴다.

특히, 두 곡면이 위상적으로 동형(homeomorphic)이면 오일러 표수는 동일하다. 구면과 위상적으로 동형인 곡면의 오일러 표수는 다음의 다면체 정리에 의하여 2이다.

> **[Euler의 다면체 정리]** 모든 단순 다면체의 오일러 표수는 2이다.

예를 들어, 곡면 S 가 세 꼭짓점 사이에 미분가능한 곡선을 세 변으로 갖는 삼각형 꼴의 곡면인 경우,

$\chi(S) = v-e+f = 1$ 이므로

$$\iint_S K \, dS + \int_{\partial S} k_g \, ds + \sum_i \epsilon(P_i) = 2\pi$$

특히, 곡면 S 가 측지선을 세 변으로 하는 측지삼각형 $\triangle$ 인 경우, 측지선에서 측지곡률 κ_g 은 항상 0이므로 삼각형의 외각 ϵ_p 대신 내각(interior angle) i_1, i_2, i_3 를 사용하여 주어진 식을 다시 쓰면

$$\iint_\triangle K \, dS + (\pi-i_1) + (\pi-i_2) + (\pi-i_3) = 2\pi$$

3. 상수 곡률을 갖는 곡면 위의 삼각형의 내각의 합

가우스-보네 공식의 응용으로서 특별한 곡면의 몇 가지 공식을 소개한다. 이 식으로부터 몇 가지 곡면에 놓여 있는 삼각형에 대한 정보를 얻을 수 있다.

측지삼각형 $\triangle$ 의 가우스곡률이 모든 점에서 일정한 상수(constant) K 라 하고, 측지삼각형 $\triangle$ 의 면적을 A 라 하면 가우스곡률에 관한 다음의 공식을 얻는다.

$$KA = i_1 + i_2 + i_3 - \pi \quad \text{또는} \quad K = \frac{i_1 + i_2 + i_3 - \pi}{A}$$

이 공식으로부터 가우스곡률의 기하학적 의미를 다음과 같이 이해할 수 있다. 정칙곡면 S 위의 한 점 P 에서 가우스곡률 K 의 값이 거의 일정한 매우 작은 근방 내에서 점 P 를 한 꼭짓점으로 갖는 작은 측지삼각형을 만든 후, 내각의 합과 삼각형의 면적을 측정하면, 점 P 의 가우스곡률 K 는 '(내각의 합$-\pi$)/면적'이 된다.

(1) 평면에 놓여있는 삼각형의 경우 $K=0$ 이므로 다음이 성립한다.

$$i_1 + i_2 + i_3 = \pi$$

(2) 반지름이 1인 구면(타원기하의 모델)의 경우 $K=1$ 이므로
$i_1 + i_2 + i_3 = \pi + A$ 을 이용하면 삼각형의 면적이 다음과 같다.

$$A = i_1 + i_2 + i_3 - \pi$$

(3) Poincaré의 쌍곡평면(hyperbolic plane : 비유클리드 공간의 예)의 경우
$K = -1$ 이므로 $i_1 + i_2 + i_3 = \pi - A$ 을 이용하여 삼각형의 면적을 구할 수 있다.

$$A = \pi - (i_1 + i_2 + i_3)$$

4. 유향 컴팩트 정칙곡면의 분류

두 위상공간이 위상동형이라는 성질은 동치관계(equivalent relation)이다. 따라서 위상공간을 위상동형인 것끼리 분류할 수 있으며 특히 컴팩트 정칙곡면을 분류해 보자.

컴팩트 정칙곡면은 향을 정할 수 없는 곡면과 향을 정할 수 있는 곡면으로 나눌 수 있으며 "향"이라는 성질은 위상불변성이므로, 이들 두 가지 곡면들은 서로 위상동형이 될 수 없다.

향을 줄 수 있는 임의의 컴팩트 곡면은 M_h $(h = 0,1,2,\cdots)$ 의 하나와 위상적으로 동형이다. 이때, M_h 는 구면에 h 의 구멍을 낸 다음 h 개의 손잡이(handle)를 붙여서 얻은 곡면이다. 붙인 손잡이(handle)의 개수가 다르면 위상적으로 동형이 아니므로 컴팩트 곡면을 위상적으로 분류할 수 있다. 손잡이(handle)의 개수를 종수(genus)라 부르며 이는 위상불변량이다. 컴팩트 곡면의 종수 g

와 오일러 표수 χ 사이에 $\chi = 2 - 2g$ 의 관계식이 성립함이 알려져 있으며, 종수 g 가 위상 불변량이므로 오일러 표수 χ, 가우스-보네 정리에 의하여 전 가우스곡률(total Gaussian curvature) 등도 위상불변량이다.

① $g = 0$ 일 때, 곡면은 구면과 위상동형
② $g = 1$ 일 때, 곡면은 토러스(torus)와 위상동형
③ $g > 1$ 일 때, 구멍(hole)의 수가 g 개인 곡면과 위상동형

5. 향을 정할 수 없는 컴팩트 곡면의 분류

방향을 줄 수 없는 컴팩트 곡면은 N_p $(p = 1, 2, \cdots)$ 의 하나와 위상적으로 동형이다. 이때, N_p 는 구면에 p 의 구멍을 낸 다음 p 개의 뫼비우스 띠(Möbuis band)를 붙여서 얻은 곡면이다. 붙인 뫼비우스 띠의 개수가 다르면 위상적으로 동형이 아니다.

이때, 오일러 표수는 $\chi(N_p) = 2 - p$ 이다.

① $p = 1$ 일 때, 실사영평면(real projective plane)과 위상동형
② $p = 2$ 일 때, 클라인 병(Klein bottle)과 위상동형

여기서 주의할 특징은 이 곡면들을 3차원공간에 구현할 수는 없다는 점이다. 따라서 3차원공간에서 구현가능한 컴팩트 곡면(폐곡면)은 위에서 열거한 M_h 들 뿐이다.

예제 1 반지름이 1 인 구면 위에 북극(north pole) N 과 적도를 따라 거리가 $\frac{\pi}{4}$ 떨어진 적도상의 두 점 A, B 로 이루어진 구면삼각형 ABN 의 면적을 구하시오.

풀이 반지름이 1인 구면의 가우스곡률 K는 1이므로, 구면삼각형 ABN의 면적을 S 라 하면, 구면삼각형의 세 내각 i_A, i_B, i_N 에 대하여 가우스-보네의 공식
$i_A + i_B + i_N = \pi + S$ 가 성립한다.

이때, $i_A = \frac{\pi}{2}$, $i_B = \frac{\pi}{2}$, $i_N = \frac{\pi}{4}$ 이므로 $S = \frac{\pi}{4}$ 이다.

예제 2 반지름이 1인 구면 위에 놓여있는 정삼각형의 면적이 π 일 때, 한 내각의 크기를 구하시오.

풀이 구면 정삼각형 ABC의 세 내각 i_A, i_B, i_C 에 대하여 가우스-보네의 공식
$i_A + i_B + i_C = \pi + \pi = 2\pi$ 가 성립하며, 구면 정삼각형 ABC의 경우 $i_A = i_B = i_C$ 이다.

따라서 한 내각의 크기는 $\frac{2\pi}{3}$ 이다.

예제 3 표면적이 20π 인 컴팩트 정칙 곡면 S 의 모든 점에서 법곡률 k_n 이 부등식 $-\dfrac{1}{2} < k_n < -\dfrac{1}{3}$ 을 만족한다. 이 곡면의 오일러 지표 $\chi(S)$ 를 구하시오.

풀이 곡면 S 위의 임의의 점에서 법곡률 k_n 이 $-\dfrac{1}{2} < k_n < -\dfrac{1}{3}$ 이므로, 주요곡률 k_1, k_2 도 $-\dfrac{1}{2} < k_1, k_2 < -\dfrac{1}{3}$ 이다. 따라서 부등식

$\dfrac{1}{4} > k_1 k_2 > \dfrac{1}{9}$ 이며, 가우스곡률 $K = k_1 k_2$ 이므로 $\dfrac{1}{9} < K < \dfrac{1}{4}$ 이다.

부등식의 각 변을 곡면 S 위에서 면적분하면,

$$\iint_S \frac{1}{9}\,dS < \iint_S K\,dS < \iint_S \frac{1}{4}\,dS$$ 이며,

곡면 S 의 표면적이 20π 이므로 부등식 $\dfrac{20}{9}\pi < \iint_S K\,dS < \dfrac{20}{4}\pi$

곡면 S 가 닫힌곡면이므로 가우스-보네 정리를 적용하면,

$$\frac{20}{9}\pi < 2\pi\chi(S) < \frac{20}{4}\pi$$ 이며, $\dfrac{10}{9} < \chi(S) < \dfrac{10}{4}$

그런데, 곡면의 오일러 지표 $\chi(S)$ 는 정수이므로 위의 부등식에 의하여 $\chi(S) = 2$ 이다.

그러므로 곡면 S 의 오일러 지표는 2이다.

Chapter 03 선적분과 면적분

01 선적분(Line integral)

1. 선적분의 정의

(1) 함수(function)의 선적분

유향곡선 $C : [a,b] \to \mathbb{R}^n$ 위에 정의된 함수 $f : \mathbb{R}^3 \to \mathbb{R}$ 가 있을 때, 경로 C 위의 함수 f 의 선적분(line integral)을 다음과 같이 정의한다.

> **[정의] {실함수의 선적분(line integral)}**
> $$\int_C f \, ds \equiv \int_a^b f(C(t)) \, \|C'(t)\| \, dt$$

(2) 벡터함수(벡터장, Vector field)의 선적분

유향곡선 $C : [a,b] \to \mathbb{R}^n$ 위에 정의된 벡터함수(vector field) $V : \mathbb{R}^n \to \mathbb{R}^n$ 이 있을 때, 경로 C 위의 벡터함수 V 의 선적분(line integral)은 다음과 같이 정의한다.

> **[정의] {벡터함수의 선적분(line integral)}**
> $$\int_C V \cdot ds \equiv \int_a^b V(C(t)) \cdot C'(t) \, dt$$

벡터함수의 선적분을 $\displaystyle\int_C V \cdot ds \equiv \int_C V \cdot T \, ds$ 와 같이 쓸 수도 있다.

2. 선적분의 정리

(1) 선적분의 기본 정리

> **[선적분의 기본 정리]** 경로 $C : [a,b] \to \mathbb{R}^n$ 위에 정의된 벡터함수 $F : \mathbb{R}^n \to \mathbb{R}^n$ 가 함수 $\varphi : \mathbb{R}^n \to \mathbb{R}$ 의 $\nabla \varphi = F$ 일 때,
> $$\int_C F \cdot ds = \varphi(C(b)) - \varphi(C(a))$$

증명 정의에 따라 $\displaystyle\int_C F \cdot ds = \int_a^b \nabla\varphi(C(t)) \cdot C'(t) \, dt$ 이며,

함수 $g(t) = \varphi(C(t))$ 라 두면 $\dfrac{d}{dt} g(t) = \nabla\varphi(C(t)) \cdot C'(t)$ 이므로

$$\int_C F \cdot ds = \int_a^b \frac{dg}{dt} \, dt = g(b) - g(a) \text{ 이다.}$$

따라서 $\displaystyle\int_C F \cdot ds = \varphi(C(b)) - \varphi(C(a))$ 이 성립한다.

(2) 그린(Green) 정리와 발산 정리

[Green 정리] 경로 $C \colon [a,b] \to \mathbb{R}^2$ 가 영역 $D \subset \mathbb{R}^2$ 의 경계를 이루는 단일폐곡선이고, $F \colon \mathbb{R}^2 \to \mathbb{R}^2$, $F(x,y) = P(x,y)\vec{e_1} + Q(x,y)\vec{e_2}$ 가 영역 D 에서 미분가능할 때,

$$\int_C F \cdot ds = \int_C P\,dx + Q\,dy = \iint_D (Q_x - P_y)\,dx\,dy$$

증명 단일폐곡선 C 로 둘러쌓인 영역 D 를 직사각형조각으로 잘게 나누어 각각의 직사각형에서 위의 식이 성립하면 전체영역 D 에서 성립하므로 D 를 직사각형 $[a,b] \times [c,d]$ 이라 하고 이 직사각형에서 성립함을 보이면 된다.

$$\iint_D (Q_x - P_y)\,dx\,dy = \int_c^d \left(\int_a^b Q_x\,dx \right) dy - \int_a^b \left(\int_c^d P_y\,dy \right) dx$$
$$= \int_c^d Q(b,y) - Q(a,y)\,dy - \int_a^b P(x,d) - P(x,c)\,dx$$
$$= \int_C Q\,dy + \int_C P\,dx = \int_C P\,dx + Q\,dy$$

곡선의 법벡터 $\vec{n}$ 은 곡선의 $-N$ 과 같으며, 벡터함수 F 의 발산(divergence)을

$$\mathrm{div}(F) = \nabla \cdot F = \nabla \cdot (f(x,y)e_1 + g(x,y)e_2) = f_x + g_y$$

이라 정의할 때, 그린정리는 다음 발산정리와 동치명제가 된다.

[발산 정리] 폐곡선 $C \colon I \to \mathbb{R}^2$ 가 유계 영역 $D \subset \mathbb{R}^2$ 의 경계이고, 영역 D 에서 미분 가능한 벡터함수 $F \colon \mathbb{R}^2 \to \mathbb{R}^2$ 가 있을 때, 곡선 C 를 따라 벡터함수 F 의 선적분은 다음 등식을 만족한다.

$$\int_C F \cdot \vec{n}\,ds = \iint_D (\nabla \cdot F)\,dx\,dy$$

증명 단일폐곡선 C 로 둘러쌓인 영역 D 를 직사각형조각으로 잘게 나누어 각각의 직사각형에서 위의 식이 성립하면 전체영역 D 에서 성립하므로 D 를 직사각형 $[a,b] \times [c,d]$ 이라 하고 이 직사각형에서 성립함을 보이면 된다.

$$\iint_D (P_x + Q_y)\,dx\,dy$$
$$= \int_c^d \left(\int_a^b P_x\,dx \right) dy + \int_a^b \left(\int_c^d Q_y\,dy \right) dx$$
$$= \int_c^d P(b,y) - P(a,y)\,dy + \int_a^b Q(x,d) - Q(x,c)\,dx$$
$$= \int_C P(e_1 \cdot n)\,ds + \int_C Q(e_2 \cdot n)\,ds = \int_C (Pe_1 + Qe_2) \cdot n\,ds$$

발산정리는 3차원으로 유추적으로 확장할 수 있다.

02 면적분(Surface integral)

1. 면적분의 정의

(1) 함수(function)의 면적분

유향곡면 $X : D \to \mathbb{R}^3$ 위에 정의된 함수 $f : \mathbb{R}^3 \to \mathbb{R}$ 가 있을 때, 곡면 X 를 따른 벡터장 F 의 면적분(surface integral)을 다음과 같이 정의한다.
(단, $D \subset \mathbb{R}^2$)

> **[정의] {실함수의 면적분}**
> $$\iint_X f \, dS \equiv \iint_D f(X(u,v)) \, \| X_u \times X_v \| \, du \, dv$$

(2) 벡터함수(벡터장, Vector field)의 면적분

유향곡면 $X : D \to \mathbb{R}^3$ 위에 정의된 벡터함수(vector field) $V : \mathbb{R}^3 \to \mathbb{R}^3$ 가 있을 때, 곡면 X 위의 벡터장 V 의 면적분(surface integral)은 다음과 같다.
(단, $D \subset \mathbb{R}^2$)

> **[정의] {벡터함수의 면적분}**
> $$\iint_X V \cdot \vec{n} \, dS \equiv \iint_D V(X(u,v)) \cdot (X_u \times X_v) \, du \, dv$$

2. 면적분의 정리

(1) 발산(divergence) 정리

> **[발산 정리]** 유향곡면 $X : D \to R^3$ 가 유계 영역 $V \subset R^3$ 의 경계이고, 영역 V 에서 미분 가능한 벡터장 $F : R^3 \to R^3$ 가 있을 때, 곡면 X 를 따른 벡터장 F 의 면적분은 다음 등식을 만족한다.
> $$\iint_X F \cdot \vec{n} \, dS = \iiint_V (\nabla \cdot F) \, dx \, dy \, dz$$

$F = f(x,y,z)\mathrm{i} + g(x,y,z)\mathrm{j} + h(x,y,z)\mathrm{k}$ 일 때, F 의 발산(divergence)

$$\nabla \cdot F = \mathrm{div}(F) \equiv \frac{\partial f}{\partial x} + \frac{\partial g}{\partial y} + \frac{\partial h}{\partial z}$$

벡터함수 $F = f(x,y,z)\mathrm{i} + g(x,y,z)\mathrm{j} + h(x,y,z)\mathrm{k}$ 이라 하자.
한 점 p 와 아주 작은 반지름 r 의 속이 찬 구(ball) $B(p\,;r)$ 의 임의의 점 x 가 벡터함수 F 에 의해 t 만큼 이동한 점은 $\mathrm{x} + t\,F(\mathrm{x})$ 이며
집합 $B_t = \{ \mathrm{x} + t\,F(\mathrm{x}) \mid \mathrm{x} \in B(p\,;r) \}$ 이라 놓으면 B_t 는 집합 $B(p\,;r)$ 이 벡터함수 F 에 의해 움직인 후의 집합이라 볼 수 있고 $B_0 = B(p\,;r)$ 이다.
두 집합 $B(p\,;r)$ 과 B_t 의 부피의 비율을 조사해보자.
영역 B_0 를 영역 B_t 로 사상하는 함수는 $G(\mathrm{x}) = \mathrm{x} + t\,F(\mathrm{x})$ 이다.

부피 $Vol(B_t) = \iiint_{B_t} 1 \, dV = \iiint_{G(B_0)} 1 \, dV$

$$= \iiint_{B_0} |\det(J_G)| \, dV$$

반지름 r 이 아주 작은 양수이므로 $B_0 = B(p\,;r)$ 는 점 p 의 아주 작은 영역이며 $|\det(J_G)|$ 는 거의 일정한 함숫값을 갖는다고 볼 수 있으므로

$$Vol(B_t) \approx |\det(J_G)| \iiint_{B_0} 1 \, dV = |\det(J_G)| \, Vol(B_0)$$

따라서 $\dfrac{Vol(B_t)}{Vol(B_0)} \approx |\det(J_G)|$ 이다.

$G(\mathrm{x}) = \mathrm{x} + t\,F(\mathrm{x})$ 를 미분한 야코비 행렬은 $DG(\mathrm{x}) = I + t\,DF(\mathrm{x})$ 이며 야코비 행렬식은 $J_G(\mathrm{x}) = \det(I + t\,DF(\mathrm{x})) = 1 + t\,\mathrm{tr}(DF(\mathrm{x})) + O(t^2)$

$\mathrm{tr}(DF(\mathrm{x})) = \mathrm{tr}\begin{pmatrix} f_x & f_y & f_z \\ g_x & g_y & g_z \\ h_x & h_y & h_z \end{pmatrix} = f_x + g_y + h_z = \mathrm{div}(F)$ 이므로

$$\dfrac{Vol(B_t)}{Vol(B_0)} \approx 1 + t\,\mathrm{div}(F) \text{ 이다.}$$

따라서 벡터함수 F 의 발산 $\mathrm{div}(F) = \lim\limits_{t \to 0} \dfrac{Vol(B_t) - Vol(B_0)}{t\,Vol(B_0)}$ 이다.

벡터함수 F 의 발산값은 F 에 의해 부피의 순간변화율로 이해할 수 있다. 예를 들어 다음과 같이 이해할 수 있다.

① $\mathrm{div}(F)(p) = 0$ 이면 점 p 의 근방은 F 에 의한 부피변화가 없다.
② $\mathrm{div}(F)(p) > 0$ 이면 점 p 의 근방은 F 에 의해 부피가 증가한다.
③ $\mathrm{div}(F)(p) < 0$ 이면 점 p 의 근방은 F 에 의해 부피가 감소한다.

발산정리의 유추명제를 2차원 평면 $\mathbb{R}^2$ 에 적용해도 성립한다.

[발산 정리] 폐곡선 $C\colon I \to \mathbb{R}^2$ 가 유계 영역 $D \subset \mathbb{R}^2$ 의 경계이고, 영역 D 에서 미분 가능한 벡터함수 $F\colon \mathbb{R}^2 \to \mathbb{R}^2$ 가 있을 때, 곡선 C 를 따라 벡터함수 F 의 선적분은 다음 등식을 만족한다.

$$\int_C F \cdot \vec{n} \, ds = \iint_D (\nabla \cdot F) \, dx\,dy$$

2차원 발산정리를 3차원으로 확장하듯이 2차원 그린 정리를 3차원으로 확장할 수 있다. 스톡스 정리에 대하여 살펴보자.

02

⑵ 스톡스(Stokes) 정리

[Stokes 정리] 유향곡면 $X: \ D \to \mathrm{R}^3$ 의 경계가 폐곡선들의 집합 C 이고, 벡터장 F 가 주어져 있을 때, 곡면 X 를 따라 벡터장 F 의 회전 $\mathrm{curl}\,(\mathrm{F})$ 을 적분하면 다음 등식이 성립한다.

$$\iint_X (\nabla \times F) \cdot \vec{n}\, dS = \int_C F \cdot T\, ds$$

$F = f\,\mathrm{i} + g\,\mathrm{j} + h\,\mathrm{k}$ 일 때, F 의 회전장(curl, rot) $\nabla \times F = \mathrm{curl}\,(F)$

$$\nabla \times F = \mathrm{curl}\,(F) \equiv \left(\frac{\partial h}{\partial y} - \frac{\partial g}{\partial z} \right)\mathrm{i} + \left(\frac{\partial f}{\partial z} - \frac{\partial h}{\partial x} \right)\mathrm{j} + \left(\frac{\partial g}{\partial x} - \frac{\partial f}{\partial y} \right)\mathrm{k}$$

스톡스 정리에서 선적분하게 될 곡선 C 의 방향 T 는 다음과 같이 정한다. 곡면의 경계를 이루는 곡선 C 의 각 점에서 곡면이 놓인 쪽으로 벡터 v 를 표시할 때, 외적한 벡터 $v \times \vec{n}$ 이 가리키는 방향으로 T 를 정한다.

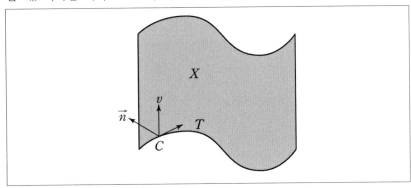

윤양동
임용수학 Ⅲ

위상수학 미분기하

초판인쇄 2025년 1월 15일   **초판발행** 2025년 1월 20일
편저자 윤양동   **발행인** 박 용   **발행처** (주)박문각출판
표지디자인 박문각 디자인팀
등록 2015년 4월 29일 제2019-000137호
주소 06654 서울시 서초구 효령로 283 서경 B/D
팩스 (02)584-2927
전화 교재 주문 (02)6466-7202   동영상 문의 (02)6466-7201

저자와의
협의하에
인지생략

정 가 20,000원
ISBN 979-11-7262-492-7
     979-11-7262-489-7(set)